“十二五”职业教育国家规划教材
经全国职业教育教材审定委员会审定

全国高等职业教育医疗器械类专业
国家卫生健康委员会“十三五”规划教材

供医疗器械类专业用

医用光学仪器应用与维护

第 2 版

主　编　冯　奇
副主编　郑　建

编　者　（按姓氏笔画排序）

冯　奇　（浙江医药高等专科学校）
黄涨国　（宁波明星科技发展有限公司）
郑　建　（浙江省医疗器械检验研究院）
鞠志国　（上海健康医学院）

U0285239

人民卫生出版社

图书在版编目（CIP）数据

医用光学仪器应用与维护/冯奇主编. —2 版.
—北京：人民卫生出版社,2018
ISBN 978-7-117-26548-5

Ⅰ.①医… Ⅱ.①冯… Ⅲ.①医疗器械-光学仪器-应用-高等职业教育-教材②医疗器械-光学仪器-维修-高等职业教育-教材 Ⅳ.①TH773

中国版本图书馆 CIP 数据核字(2018)第 099777 号

人卫智网	www.ipmph.com	医学教育、学术、考试、健康，购书智慧智能综合服务平台
人卫官网	www.pmph.com	人卫官方资讯发布平台

版权所有，侵权必究！

医用光学仪器应用与维护

第 2 版

主　　编：冯　奇
出版发行：人民卫生出版社(中继线 010-59780011)
地　　址：北京市朝阳区潘家园南里 19 号
邮　　编：100021
E - mail：pmph @ pmph.com
购书热线：010-59787592　010-59787584　010-65264830
印　　刷：人卫印务（北京）有限公司
经　　销：新华书店
开　　本：850×1168　1/16　　印张：18
字　　数：423 千字
版　　次：2011 年 8 月第 1 版　　2019 年 6 月第 2 版
2019 年 6 月第 2 版第 1 次印刷(总第 2 次印刷)
标准书号：ISBN 978-7-117-26548-5
定　　价：45.00 元

打击盗版举报电话：010-59787491　E-mail：WQ @ pmph.com
（凡属印装质量问题请与本社市场营销中心联系退换）

全国高等职业教育医疗器械类专业
国家卫生健康委员会“十三五”规划教材
出版说明

随着《国务院关于加快发展现代职业教育的决定》《高等职业教育创新发展行动计划（2015—2018年）》《教育部关于深化职业教育教学改革全面提高人才培养质量的若干意见》等一系列重要指导性文件相继出台，明确了职业教育的战略地位、发展方向。同时，在过去的几年，中国医疗器械行业以明显高于同期国民经济发展的增幅快速成长。特别是随着《关于深化审评审批制度改革鼓励药品医疗器械创新的意见》的印发、《医疗器械监督管理条例》的修订，以及一系列相关政策法规的出台，中国医疗器械行业已经踏上了迅速崛起的“高速路”。

为全面贯彻国家教育方针，跟上行业发展的步伐，将现代职教发展理念融入教材建设全过程，人民卫生出版社组建了全国食品药品职业教育教材建设指导委员会。在指导委员会的直接指导下，经过广泛调研论证，启动了全国高等职业教育医疗器械类专业第二轮规划教材的修订出版工作。

本套规划教材首版于2011年，是国内首套高职高专医疗器械相关专业的规划教材，其中部分教材入选了“十二五”职业教育国家规划教材。本轮规划教材是国家卫生健康委员会“十三五”规划教材，是“十三五”时期人卫社重点教材建设项目。适用于包括医疗设备应用技术、医疗器械维护与管理、精密医疗器械技术等医疗器类相关专业。本轮教材继续秉承“五个对接”的职教理念，结合国内医疗器械类专业领域教育教学发展趋势，紧跟行业发展的方向与需求，重点突出如下特点：

1. **适应发展需求，体现高职特色** 本套教材定位于高等职业教育医疗器械类专业，教材的顶层设计既考虑行业创新驱动发展对技术技能人才的需要，又充分考虑职业人才的全面发展和技术技能人才的成长规律；既集合了几十年我国职业教育快速发展的实际，又充分体现了现代高等职业教育的发展理念，突出高等职业教育特色。

2. **完善课程标准，兼顾接续培养** 根据各专业对应从业岗位的任职标准优化课程标准，避免重要知识点的遗漏和不必要的交叉重复，以保证教学内容的设计与职业标准精准对接，学校的人才培养与企业的岗位需求精准对接。同时，顺应接续培养的需要，适当考虑建立各课程的衔接体系，以保证高等职业教育对口招收中职学生的需要和高职学生对口升学至应用型本科专业学习的衔接。

3. **推进产学结合，实现一体化教学** 本套教材的内容编排以技能培养为目标，以技术应用为主线，使学生在逐步了解岗位工作实践、掌握工作技能的过程中获取相应的知识。为此，在编写队伍组建上，特别邀请了一大批具有丰富实践经验的行业专家参加编写工作，与从全国高职院校中遴选出的优秀师资共同合作，确保教材内容贴近一线工作岗位实际，促使一体化教学成为现实。

4. **注重素养教育，打造工匠精神** 在全国“劳动光荣、技能宝贵”的氛围逐渐形成，“工匠精神”在各行各业广为倡导的形势下，医疗器械行业的从业人员更要有崇高的道德和职业素养。教材更加强调要充分体现对学生职业素养的培养，在适当的环节，特别是案例中要体现出医疗器械从业人员的行为准则和道德规范，以及精益求精的工作态度。

5. **培养创新意识，提高创业能力** 为有效地开展大学生创新创业教育，促进学生全面发展和全面成才，本套教材特别注意将创新创业教育融入专业课程中，帮助学生培养创新思维，提高创新能力、实践能力和解决复杂问题的能力，引导学生独立思考、客观判断，以积极的、锲而不舍的精神寻求解决问题的方案。

6. **对接岗位实际，确保课证融通** 按照课程标准与职业标准融通、课程评价方式与职业技能鉴定方式融通、学历教育管理与职业资格管理融通的现代职业教育发展趋势，本套教材中的专业课程，充分考虑学生考取相关职业资格证书的需要，其内容和实训项目的选取尽量涵盖相关的考试内容，使其成为一本既是学历教育的教科书，又是职业岗位证书的培训教材，实现“双证书”培养。

7. **营造真实场景，活化教学模式** 本套教材在继承保持人卫版职业教育教材栏目式编写模式的基础上，进行了进一步系统优化。例如，增加了“导学情景”，借助真实工作情景开启知识内容的学习；“复习导图”以思维导图的模式，为学生梳理本章的知识脉络，帮助学生构建知识框架。进而提高教材的可读性，体现教材的职业教育属性，做到学以致用。

8. **全面“纸数”融合，促进多媒体共享** 为了适应新的教学模式的需要，本套教材同步建设以纸质教材内容为核心的多样化的数字教学资源，从广度、深度上拓展纸质教材内容。通过在纸质教材中增加二维码的方式“无缝隙”地链接视频、动画、图片、PPT、音频、文档等富媒体资源，丰富纸质教材的表现形式，补充拓展性的知识内容，为多元化的人才培养提供更多的信息知识支撑。

本套教材的编写过程中，全体编者以高度负责、严谨认真的态度为教材的编写工作付出了诸多心血，各参编院校为编写工作的顺利开展给予了大力支持，从而使本套教材得以高质量的如期出版，在此对有关单位和各位专家表示诚挚的感谢！教材出版后，各位教师、学生在使用过程中，如发现问题请反馈给我们(renweiyaoxue@163.com)，以便及时更正和修订完善。

人民卫生出版社
2018 年 3 月

全国高等职业教育医疗器械类专业
国家卫生健康委员会“十三五”规划教材
教材目录

序号	教材名称	主编	单位
1	医疗器械概论(第2版)	郑彦云	广东食品药品职业学院
2	临床信息管理系统(第2版)	王云光	上海健康医学院
3	医电产品生产工艺与管理(第2版)	李晓欧	上海健康医学院
4	医疗器械管理与法规(第2版)	蒋海洪	上海健康医学院
5	医疗器械营销实务(第2版)	金　兴	上海健康医学院
6	医疗器械专业英语(第2版)	陈秋兰	广东食品药品职业学院
7	医用X线机应用与维护(第2版)*	徐小萍	上海健康医学院
8	医用电子仪器分析与维护(第2版)	莫国民	上海健康医学院
9	医用物理(第2版)	梅　滨	上海健康医学院
10	医用治疗设备(第2版)	张　欣	上海健康医学院
11	医用超声诊断仪器应用与维护(第2版)*	金浩宇	广东食品药品职业学院
		李哲旭	上海健康医学院
12	医用超声诊断仪器应用与维护实训教程(第2版)*	王　锐	沈阳药科大学
13	医用电子线路设计与制作(第2版)	刘　红	上海健康医学院
14	医用检验仪器应用与维护(第2版)*	蒋长顺	安徽医学高等专科学校
15	医院医疗器械管理实务(第2版)	袁丹江	湖北中医药高等专科学校/荆州市中心医院
16	医用光学仪器应用与维护(第2版)*	冯　奇	浙江医药高等专科学校

说明:* 为“十二五”职业教育国家规划教材,全套教材均配有数字资源。

全国食品药品职业教育教材建设指导委员会
成员名单

主任委员： **姚文兵** 中国药科大学

副主任委员：

刘　斌 天津职业大学
郑彦云 广东食品药品职业学院
冯连贵 重庆医药高等专科学校
张彦文 天津医学高等专科学校
陶书中 江苏食品药品职业技术学院
许莉勇 浙江医药高等专科学校
昝雪峰 楚雄医药高等专科学校
陈国忠 江苏医药职业学院
马　波 安徽中医药高等专科学校
袁　龙 江苏省徐州医药高等职业学校
缪立德 长江职业学院
张伟群 安庆医药高等专科学校
罗晓清 苏州卫生职业技术学院
葛淑兰 山东医学高等专科学校
孙勇民 天津现代职业技术学院

委　　员（以姓氏笔画为序）：

于文国 河北化工医药职业技术学院
毛小明 安庆医药高等专科学校
牛红云 黑龙江农垦职业学院
王　宁 江苏医药职业学院
王明军 厦门医学高等专科学校
王玮瑛 黑龙江护理高等专科学校
王峥业 江苏省徐州医药高等职业学校
王瑞兰 广东食品药品职业学院
边　江 中国医学装备协会康复医学装备技术专业委员会
刘　燕 肇庆医学高等专科学校
刘玉兵 黑龙江农业经济职业学院
刘德军 连云港中医药高等职业技术学校
吕　平 天津职业大学
孙　莹 长春医学高等专科学校
朱照静 重庆医药高等专科学校
师邱毅 浙江医药高等专科学校
严　振 广东食品药品监督管理局
张　庆 济南护理职业学院
张　建 天津生物工程职业技术学院
张　铎 河北化工医药职业技术学院
张志琴 楚雄医药高等专科学校
张佳佳 浙江医药高等专科学校
张健泓 广东食品药品职业学院
张海涛 辽宁农业职业技术学院
李　霞 天津职业大学
李群力 金华职业技术学院
杨元娟 重庆医药高等专科学校
杨先振 楚雄医药高等专科学校
邹浩军 无锡卫生高等职业技术学校
陈芳梅 广西卫生职业技术学院
陈海洋 湖南环境生物职业技术学院
周双林 浙江医药高等专科学校
罗兴洪 先声药业集团
罗跃娥 天津医学高等专科学校
郝枝花 安徽医学高等专科学校
金浩宇 广东食品药品职业学院
段如春 楚雄医药高等专科学校
胡雪琴 重庆医药高等专科学校
郝晶晶 北京卫生职业学院

倪　峰　福建卫生职业技术学院
徐一新　上海健康医学院
莫国民　上海健康医学院
袁加程　江苏食品药品职业技术学院
顾立众　江苏食品药品职业技术学院
晨　阳　江苏医药职业学院
黄丽萍　安徽中医药高等专科学校
黄美娥　湖南食品药品职业学院
景维斌　江苏省徐州医药高等职业学校
葛　虹　广东食品药品职业学院
蒋长顺　安徽医学高等专科学校
潘志恒　天津现代职业技术学院

前　言

《医用光学仪器应用与维护》(第1版)自2011年出版以来,已成为广大医疗器械相关高职高专院校医用光学仪器类课程的首选教材。

时代的发展以及教学情况的变化,对本书提出了新的要求,在使用过程中,不少师生对本教材也提出了有益的建议,原编者也对已有的著述有了更高的要求。

再版教材对原教材作了重大的调整,删去原教材中“光学材料及光学元器件”一章的内容,以及其他章节中过多的维修部分的内容;增补了若干新近仪器;更新多幅插图。与原版相同,全书围绕原理、应用、维护这条主线按类别逐一展开。

编者字斟句酌,大幅调整了原书的语言、组织结构,从内在的逻辑关联出发,顺理成文。编者力图使思路简洁明了,逻辑脉络清晰、易见,在保持原版教材优点的基础上,学者易学,教者易教,使前因后果能了然于胸,成为本书再版的最大出发点和落脚点。

按照出版社的统一要求,为便于教学,本版教材提供了数字资源包括多媒体课件、同步练习等,并调整了整书的体例框架。

本书由上海健康医学院鞠志国、宁波明星科技发展有限公司黄涨国担任编者,分别编写其中第四、五两章。浙江医疗器械检验研究院郑建担任副主编,并编写第六、七章。本书由原版编者兼统稿者浙江医药高等专科学校冯奇担任主编,并编写其中第一、二、三章。本书主编对各位编者所编正文、插图及插图说明进行逐字修订,对有关公式进行重新推导并加图例解释,最后统稿全书,使本版教材逻辑更为严谨、可读性更强。

本版编者对原版编者吕维敏、洪平、吕庆友、贾锋、郭世俊等老师致以崇高敬意!

编　者

2019年3月

目录

第一章

几何光学基本规律

导学情景 √

情景描述：

王小明拿到这本书，翻开一看，刚好翻到第一章，一下子就懵了。不知道如何学习这部分内容，也没信心学好这门课。

学前导语：

学习医用光学仪器，首先要有光学的基本知识，光学包括几何光学及物理光学。本章将带领同学们进入到几何光学的世界。

本章主要包括几何光学的基本概念、基本定律、物像间的基本关系、透镜成像规律、像差等。具体要求有：

掌握光线、物、像、近轴、共轴球面系统等几何光学基本概念，光传播的基本规律，单球面折射成像规律。

熟悉光程的概念与应用，熟悉物像之间的关系、熟悉共轴球面系统成像分析方法。熟悉光阑的性质和作用。

了解牛顿成像公式和高斯成像公式，球差、彗差、像散、场曲、畸变、色差等像差的概念及其纠正的方法。

学习本章，王小明将了解到生活中能观察到的各种几何光学现象，并能用几何光学知识对其进行解释；同时也将了解一个集合光学系统成像分析思路、光学系统中存在的像差以及改善像质的基本方法。为进一步学习后面的医用光学仪器的知识技能打下基础。

按照光的性质和研究手段，光学可分为几何光学和物理光学两部分：

1. 几何光学 以光的直线传播的基本特性和反射、折射定律为基础的学科，研究一般光学仪器成像的规律、消除像差的方法及光学仪器的设计原理等。

2. 物理光学 以光的波动性和粒子性为基础，研究光传输过程以及与物质相互作用现象的基本规律的学科。前者为波动光学，后者为量子光学。

第一节 几何光学的基本概念

几何光学，实际上就是以几何概念为手段、几何关系为依据，把组成物体的物点看作是几何点，它发出的光看作是无数几何光线，光线的方向代表光能量的传播方向，依此去研究光的传播和成像的规律，以及设计光学成像仪器。

一、发光点、光线和光束

（一）发光点

物体总可看成是由点组成的，分析物体所成的像，实际上就可以简化为物体上的每个发光点成像。有时某些很远的物体，比如星星也可以看成是发光点。

（二）光线

发光点发射出来的光，携带一定的能量，沿着一定的方向传播，可以用一条直线来描述，这就是光线。

（三）光束

具有一定关系的光线形成的集合就是光束。物体能发出光束，而像是由光束会聚而成的。

1. 同心光束　如图 1-1 所示，凡交于一点或延长线交于一点的光线集合，称为同心光束，包括：

（1）发散光束：由某点发出或其延长线发自一点的光束（图中 1、2）。

（2）会聚光束：会聚到某点或延长线会聚到某点的光束（图中 3、4）。

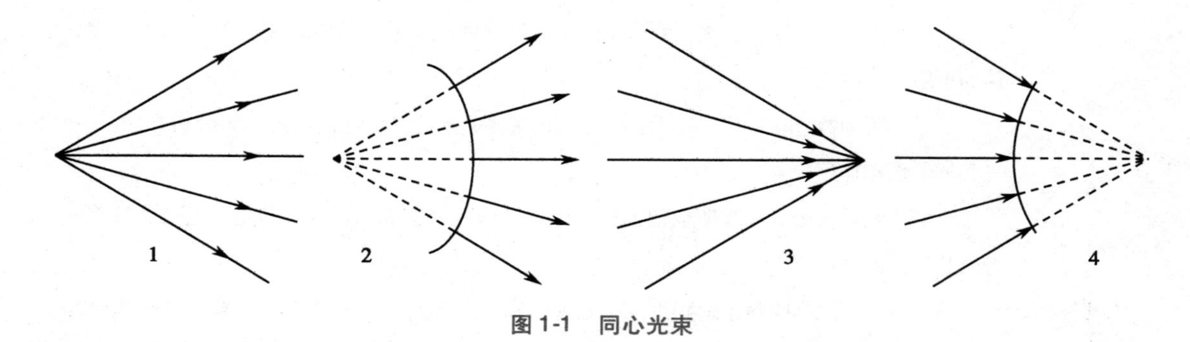

图 1-1　同心光束

平行光束可看成是从无穷远处的点发出或会聚到无穷远处的点，因而也可以看成是同心光束。

物点向四面八方发出光线，发出的是同心光束，这些光线通过理想的成像系统后会聚成一个点，同样形成同心光束；但物点发出的同心光束经不理想成像系统以后会失去同心性，形成模糊的像。

2. 像散光束　如图 1-2 所示，不交于一点但又有一定关系的光束，称为像散光束。比如一个竖直放置的柱面透镜，能会聚水平面上的光线，却不能会聚竖直面上的光线——该柱面透镜将平行光会聚成一条竖直线。

几何光学一般不是分析物体发出的所有光线、或是整个光束，而是选择若干典型的、特殊的或有代表性的光线，研究它的传播途径，这就得到该物体经光学系统的光路图。

二、几何光学的基本定律

光的直线传播定律、独立传播定律、折射反射定律是几何光学最基本的定律。几何光学中所有的光路分析和计算都遵从这几条定律。光路可逆性原理在分析光路中也经常用到。

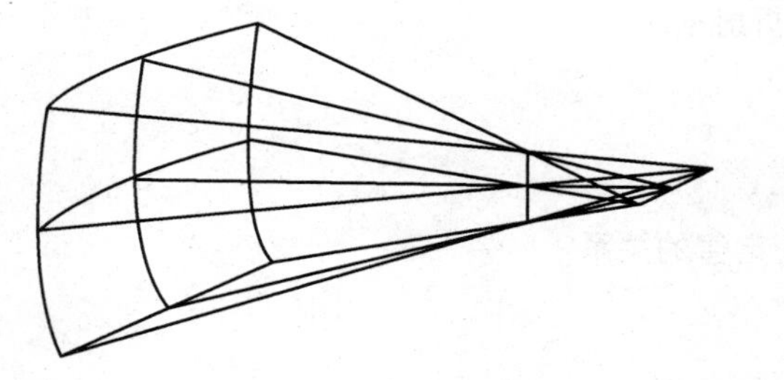
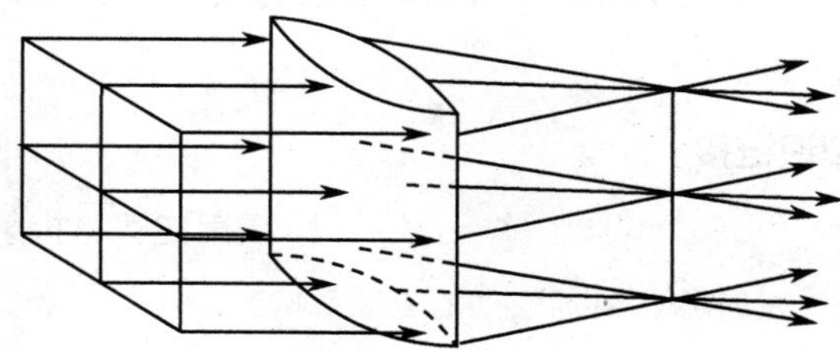

图 1-2　像散光束

（一）光的直线传播定律

在各向同性的均匀介质中，光在两点之间沿直线传播。

（二）光的独立传播定律

以不同途径传播的各路光在空间某处相遇时，彼此互不影响，独立传播，好像其他光线不存在似的。相遇处的光强度，总是增强，为各路光强的简单相加。

只有在不考虑光的波动性质时，光的直线传播定律和光的独立传播定律才是正确的。比如当光经小孔传播时，将表现出明显的衍射现象，不沿直线传播；当两束相干光相遇时，将表现出明显的干涉现象，光强也不是简单相加。

（三）光的反射定律

反射光线和入射光线，与法线在同一介质、同一平面内，且分居法线两侧，并与法线夹角大小相同（图 1-3），即：

$$i''=-i \qquad 式(1\text{-}1)$$

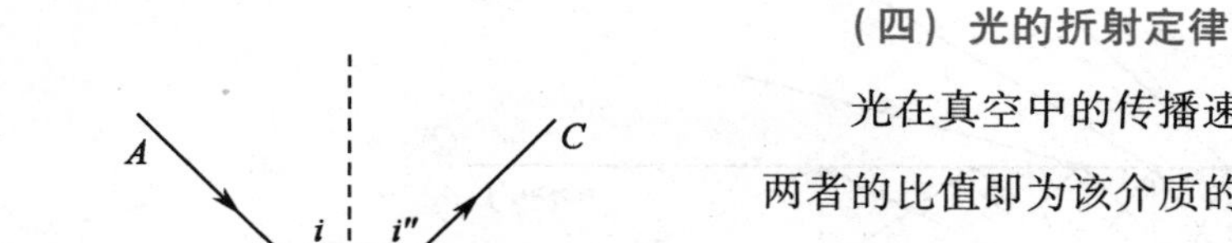

（四）光的折射定律

光在真空中的传播速度 c 一般大于介质中的速度 v，两者的比值即为该介质的折射率。

$$n=\frac{c}{v} \qquad 式(1\text{-}2)$$

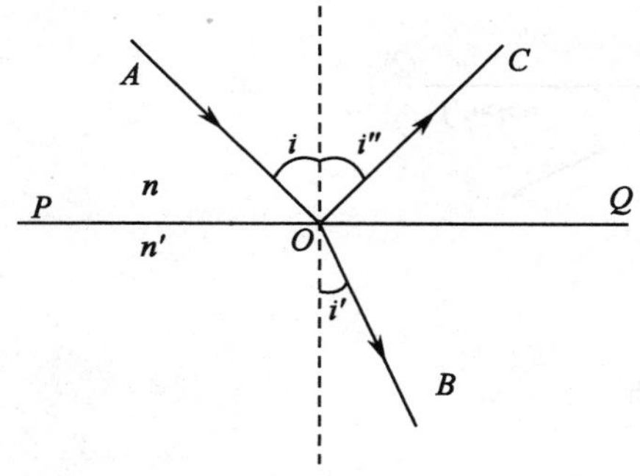

图 1-3　光线在界面上的折射和反射

一些常见介质的折射率如下：

真空　$n=1$

空气　$n\approx1$

水　$n=1.33$

玻璃　$n=1.50\sim2.0$

两介质，折射率相对较大的介质叫光密介质，小的叫光疏介质。

光射在两介质的界面上时，会发生折射和反射。

折射光线和入射光线与法线在同一平面内；折射角的正弦与入射角的正弦之比等于前一介质的折射率与后一介质的折射率之比，即

$$\frac{\sin i}{\sin i''}=\frac{n'}{n} \qquad 式(1\text{-}3)$$

n 及 n'分别是入射光线和折射光线所在介质的折射率。

知识链接

反射定律与折射定律的关系

反射定律与折射定律存在联系吗?

若令折射公式$\frac{\sin i''}{\sin i}=\frac{n}{n'}$中的 $n'=-n$；则折射公式就变形为:

$\frac{i''}{i}=-1$；这恰好就是反射定律!

所以反射可以理解为一种特殊的折射，只要将反射面理解为折射面，并且另一介质的折射率为$-n$。因此所有的反射问题都可以用折射方法去解决。

当光从光密介质射向光疏介质，折射角大于入射角，增大入射角，折射角也增大，当入射角增大到 $\alpha_0=\arcsin\frac{1}{n}$时，折射角为 90°，若再增大入射角，折射光线将消失，入射光被完全反射，这就是全反射，α_0 称为临界角。如图 1-4。

全反射现象在光学仪器中有着重要的应用:

1. 全反射棱镜　只要光束孔径角在一定范围内，所有光线在斜面上的入射角都大于临界角，因而可以在该面上发生全反射。如图 1-5。

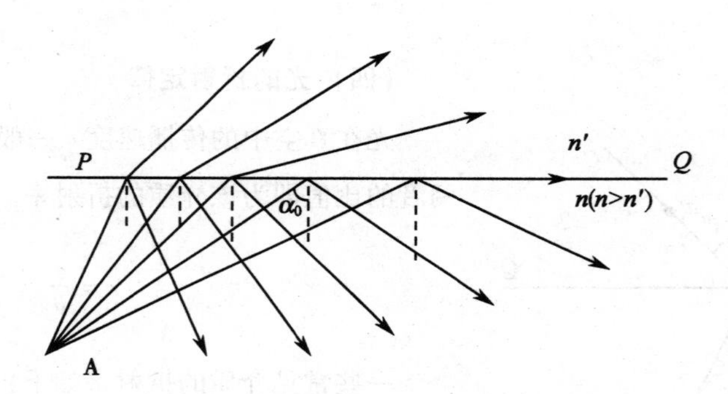

图 1-4　光的全反射图

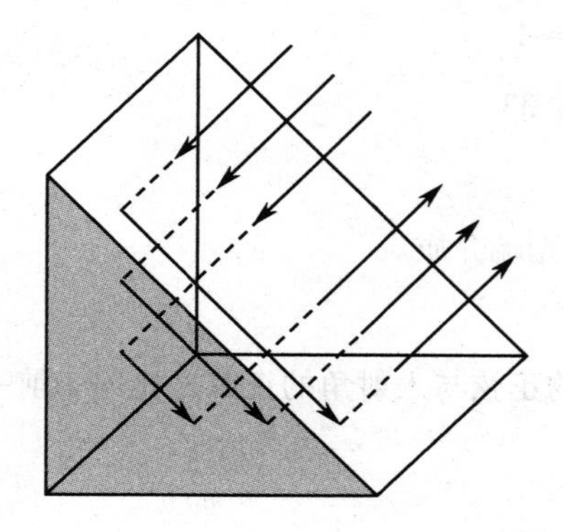

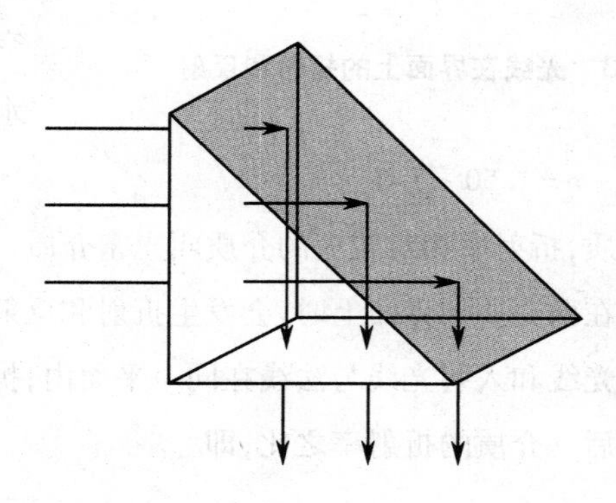

图 1-5　全反射棱镜

2. 光导纤维　单根光导纤维有内外两层透明介质，内层芯线折射率高，外包层折射率低，进入光纤的光束在两层分界面上的入射角大于临界角，产生全反射，直至传到光纤的另一端，如图 1-6 所示。这样光线就可被导到任一方向和位置上，而几乎不发生衰减。

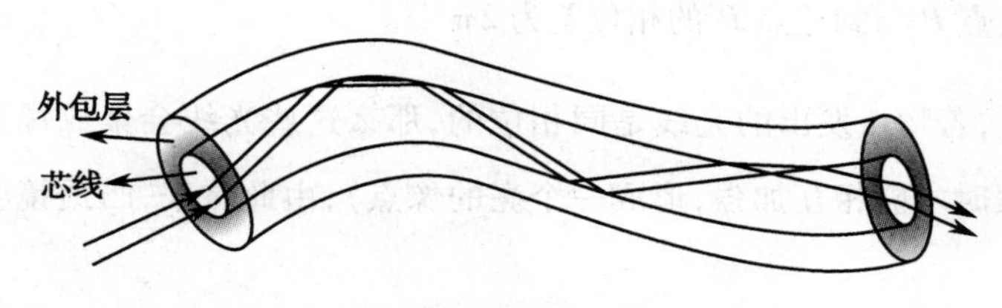

图 1-6　光导纤维

自然界中也有全反射现象，比如海市蜃楼幻景、沙漠幻景等。

三、物像的基本概念

（一）光程

光学系统的作用之一是对物体成像。物点发出入射到光学系统的光束，而出射自光学系统的光束形成像。形象地说，发光端的是物，光到达端形成像。

根据光路可逆原理，如果将像看成是物，则原来的物就是现在的像。我们称这两物、像之间的关系为共轭关系。

对于一个理想的光学系统，一个物点应该成一个唯一的像点，而且，从物点发出到达像点的任一条光线，其光程相等。

光程：在均匀介质中，光在介质中通过的几何路程 l 与该介质折射率 n 的乘积，即光程。

$$[l]=n\cdot l \qquad \text{式(1-4)}$$

显然 $[l]=n\cdot l=c\cdot\frac{l}{c/n}=c\cdot\frac{l}{v}=c\cdot t$，$t$ 为光在介质中经过的时间，c 为真空中的光速。

由上式可得光程的物理意义：表示光在介质中通过真实路程所需时间内，折算到真空中所能传播的路程。任意两条光线，如果在任意介质中经过的光程相等，则所花的时间也必然相等。

举例说明：我们熟悉的凸透镜，将光轴上的一个物点 P 所发出的光线，会聚到 P' 处。我们观察其中的两条光线（图 1-7）：①从 P 经 O 到 P' 点；②P 经 M 到 P' 点。

按照光经过的实际距离算，前者总的距离比后者要短些，但按光程，光在介质中经过的光程比实际经过的距离更长，就把相差的部分弥补过来了——实际上两光程恰好相等！

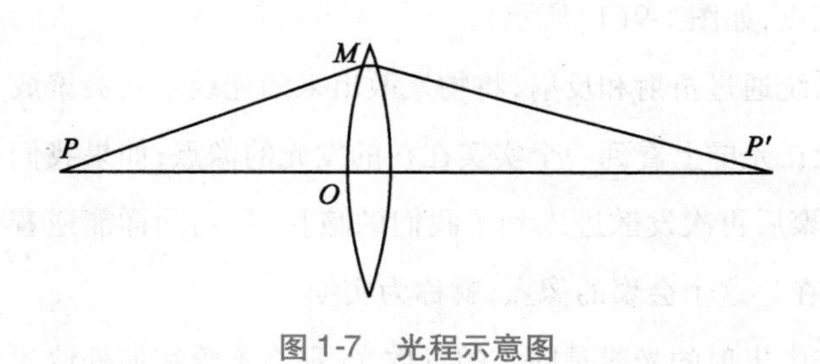

图 1-7　光程示意图

光程相等意味着什么呢？

前面提到：如果在任意介质中经过的光程 $[l]$ 相等，则光经过所花的时间 t 也必然相等。因为光在不同介质中传播时的频率 v、周期 T 都是不变的，那么两束光线从 P 到 P' 的时间相等就意味着：

1. 这段时间内，两光线的光波传播的个数相等——均为$\frac{t}{T}$；

2. 两光线同从 P 点发出，传播的光波个数相等，意味着它们到达 P' 点仍步调一致，也就是相位仍保持同相——出发点 P 与到达点 P' 的相位差为 $2\pi\frac{t}{T}$。

从相位的观点看，若物点发出的光线是同相位的，那么这些光线会聚成像点时，也是同相位的（这样，这些光线会聚时才能相互加强，形成一个亮的像点），由此看来，凸透镜会聚光线，确实不带来光程差。

同样，透镜会聚平行光线也不会带来光程差。

课堂活动

思考以下问题：

如图 1-8 左图所示，透镜会聚平行光线会带来光程差吗？ 即作一平面 S 垂直于光线，则从 S 平面（实际就是平行光的波阵面）出发的平行光线到达 P' 点，其光程一样吗？

提示：作辅助图如下右图所示，发光点 P、透镜 1 和透镜 2、会聚点 P' 关于 S 左右对称，且两透镜靠得很近——可看成是一个；则根据上述原理，从 P 到 P' 所有光线的光程（设为[1]）相等，从中间 S 平面发出的所有平行光线到 P' 点的光程（为[1]/2）自然也相等。

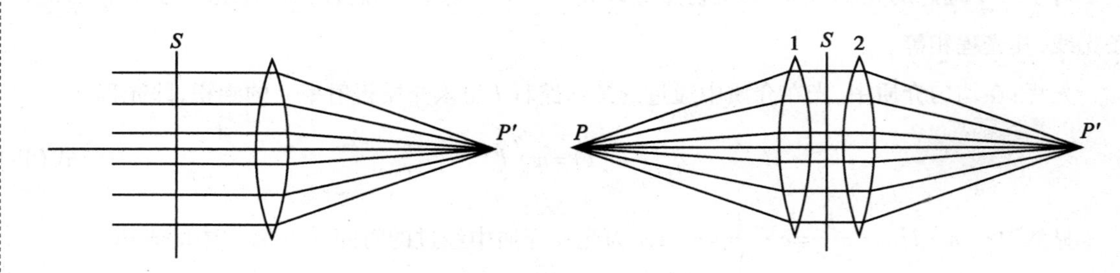

图 1-8　透镜不带来附加光程

（二）实像、虚像和实物、虚物

这里再来明确一下物与像的一些概念。

1. 实物　一个实际物体，是由大量的发光点所构成，每一个点都在发射同心光束，光线呈发散状，这些发散状的光线进入瞳孔在视网膜上会聚成一个像点，所以，我们人的眼睛感觉到了物体的存在——实际上是逆着发散光线找到了那个发光点，如图 1-9(1)所示。

2. 实像　在图 1-9(2)中，如果一个光学系统通过折射和反射，将物发散出来的光线重新会聚成同心光束，那么在会聚点处放上光屏，我们就能在光屏上看到一个实实在在的发光的像点；如果我们的眼睛处在这个会聚点的前方（右侧），光线会聚后再次发散进入到了我们的瞳孔，我们同样能逆着发散光线 P' 找到该会聚点，好像有物在该处存在。这个会聚的像点，就称为实像。

3. 虚像　在图 1-9(3)中，如果从光学系统中出射的光线是同心的发散光，那么不管在何处放置

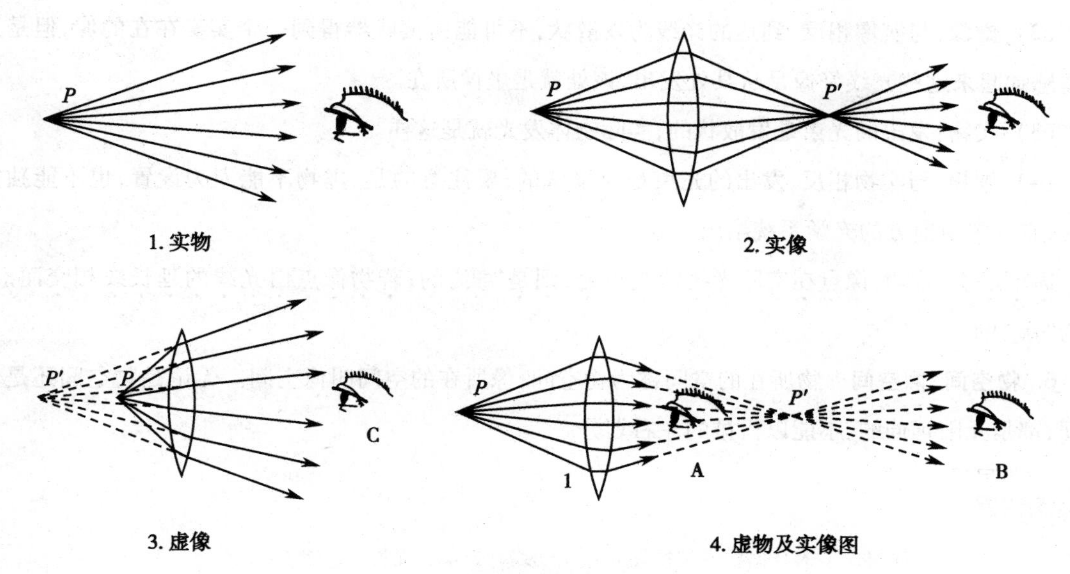

图 1-9　实像、虚像和实物、虚物

光屏，我们都得不到一个与物点对应的像，但是我们的眼睛若处在 C 处，我们仍能逆着光线，本能地感觉到这些光线的反向延长交点 P'处，好像有一物在发光。此时我们说光学系统将物点成像于 P'处，该像为虚像。

4. 虚物　物点能不能发出会聚光束？肯定不能！一个点发出的光线只能是发散的！但是光学系统能将发散光束会聚起来，如图 1-9(4) A 处光线，如果把这个光线仍看成是物体发射过来的，那就得把这个物看成是虚物——因为没有一个实际的物点会发出这样的光。人眼在 A 处也观察不到任何物点(也观察不到像)。那个虚物在哪里呢？延长这些会聚光线交于 P'点，点 P'就是这个虚物的位置！

如果人的眼睛退到 B 处，会聚光束重新发散，人眼就观察到了物点在 P'点所成的像——实像！这真是件有趣的事情，同一光束，还没会聚时，看成是虚物，会聚后，就得到一个实像了。

5. 成像与光线的同心性　其实人眼睛只对到达瞳孔处的光线产生感觉，至于这个光线的来源到底是实际物体发出的、还是来自于光学系统成像的结果，这是无关紧要的。所以，实物也好，实像也好，虚像也好，只要到达瞳孔的光状态是一样的，人眼的感觉就一样。

再来看一种情况，人眼观察被灯光照亮的粗糙的粉刷墙壁，这时，墙壁对灯丝上每个点所发出的光进行漫反射，整个墙壁都在反射光线，且反射回来的光杂乱无章，既不是发散也不是会聚状态，即无法保持发射光同心性——所以人眼无论如何也观察不到墙壁上的像——不管是实像还是虚像。

如果把粉刷墙换成玻璃镜面墙，想想情况会怎么样？(镜面反射、光线仍将保持原来的同心性)——你是否再次体会到了理想光学系统保持光线同心性的重要性？

其实在分析透镜系统成像过程用到逐次成像法，就是把上一级透镜所成的像看成是下级系统的物，如果在 A 处的眼睛前放另一个透镜 2，那么，原透镜 1 所要成的实像，对透镜 2 来说，就是一个虚物。

现将四种物像的特点归纳如下：

(1) 实像：由到达的光线会聚而成；可以由接收器(屏幕、CCD、底片、光电倍增管等)所接收。

（2）虚像：与实像相反，到达的光线为发散状，不可能由接收器得到一个实实在在的像，但是人眼睛感觉起来这些光线好像是从某处发出，该处就是虚像所在。

（3）实物：发出的光束是发散状的，实际物体发光就是这样。

（4）虚物：与实物相反，发出的光束是会聚状的，要注意的是，虚物不能人为设置，也不能独立存在，它只能由前方的光学系统给出。

简单地说，若物、像点在实际光线的交点处，则是“实”的；若物像点由光线的延长线相交而成，则为“虚”的。

6. 物空间、像空间　物所在的空间称为物空间；像所在的空间叫像空间。无论是物空间还是像空间，都是无限延伸的，不能以机械的左右划分。

点滴积累

1. 几何光学的几何要素包括发光点、光线、光束、光程。
2. 几何光学基本定律有直线传播定律、反射定律、折射定律。
3. 物像基本概念：实物、虚物、实像、虚像以及它们的成像条件。成像的基本条件是光程相等。

第二节　球面光学成像系统

一、单球面折射规律

光学仪器中的光学系统由一系列折射和反射表面组成，物体经过光学系统的成像，实际上是物体发出的光线束经过光学系统逐面折射、反射的结果。平面可以看成是半径无限大的球面；反射则是可看成折射在 $n'=-n$ 时的特例。因此，折射球面系统具有普遍意义。

我们首先讨论近轴光线经过单个折射球面折射的规律，然后再逐面过渡到整个光学系统。

（一）近轴光线单球面成像规律

所谓近轴光线，指的就是光线与折射面的交点离轴很近（相对于球面半径），且与主光轴的夹角很小的光线。

如图 1-10（图中光线已不能算是近轴光线，只是为了说明问题。）：

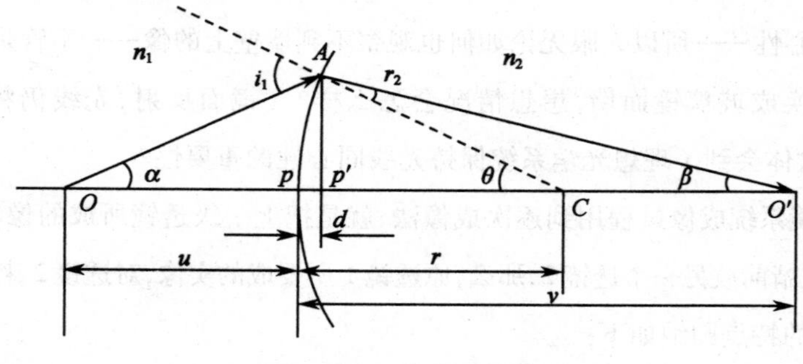

图 1-10　单球面折射

n_1、n_2分别为球面左、右两侧两种介质的折射率；

C为球面的球心，r为球面的半径。过球心的直线就是其光轴。光轴与球面的交点称为顶点，记为p；

O为光轴上发光物点，发出的近轴光线OA，经球面折射后射向光轴上的O'点，i_1、r_2分别为入射角和折射角，由于OA为近轴光线，α很小，其他几个夹角β、θ、i_1、r_2也都很小。

p'为过A点主光轴OO'的垂足，由于α很小，故可以近似认为pp'重合，$d\approx0$。

物点到顶点的距离，即物距$u=Op\approx Op'$，像点到顶点的距离，即像距$v=O'p\approx O'p'$

根据折射定律，$n_1\sin i_1=n_2\sin r_2$，当OA为近轴光线，i_1、r_2很小且以弧度为单位时，$\sin i_1\approx i_1$；$\sin r_2\approx r_2$，即

$$n_1 i_1=n_2 r_2; \qquad \text{式(1-5)}$$

根据三角关系$i_1=\alpha+\theta$，$r_2=\theta-\beta$，上式可写成

$$n_1(\alpha+\theta)=n_2(\theta-\beta) \qquad \text{式(1-6)}$$

又由于$\alpha\approx\tan\alpha=\frac{AP'}{u}\approx\frac{AP}{u}$，同理$\beta\approx\frac{AP}{v}$；$\theta\approx\frac{AP}{r}$，将这些式子代入上式可得：

$n_1\left(\frac{AP}{u}+\frac{AP}{r}\right)=n_2\left(\frac{AP}{r}-\frac{AP}{v}\right)$，经过整理，即可得：

$$\frac{n_1}{u}+\frac{n_2}{v}=\frac{n_2-n_1}{r} \qquad \text{式(1-7)}$$

由此可见，只要物点发出的光线满足近轴条件，α较小，像的位置与物点发射光线的方向无关、而只与球面两侧的介质折射率及球面半径有关；也就是说，物点发出的所有近轴光线都能很好地会聚到一点O'，成一个清晰的像。

公式说明：

1. 以上球面迎着物点凸出，为凸球面；若为凹球面，则球面半径取负值；

2. 若物为虚物，则物距就是负值；

3. 若计算结果像距为负值，则像为虚像，折射光线为发散状。

比如：从正上方看水中的一条鱼，好像在水面下1.5m处，空气的折射率为1，水的折射率为1.33，这时鱼的实际深度为多少呢？

分析：鱼看成是物，鱼发出的光经水（折射率n_1）与空气（折射率n_2）的界面发生折射，形成水下虚像。界面为平面，应看成曲率半径为无穷大的球面；像为虚像，与物同侧，其像距应为负值。

设鱼与水面的距离即物距为u，根据球面折射公式：$\frac{n_1}{u}+\frac{n_2}{v}=\frac{n_2-n_1}{r}$代入相应数据，得：$\frac{1.33}{u}+\frac{1}{-1.5}=\frac{1-1.33}{\infty}$，$u=2.0\text{m}$。

所以此鱼实际离水面2m，看起来水下的像要浅些，符合实际经验。

（二）非近轴光线成像

1. 轴上物点发出的大角度光线　光线与光轴之间的夹角较大时，不满足上述近轴光线条件，单球面成像公式便不能成立；入射光线经球面折射后，折射光线就不能很好地会聚到一起，也就不能成一个理想的像。如图 1-11 所示：

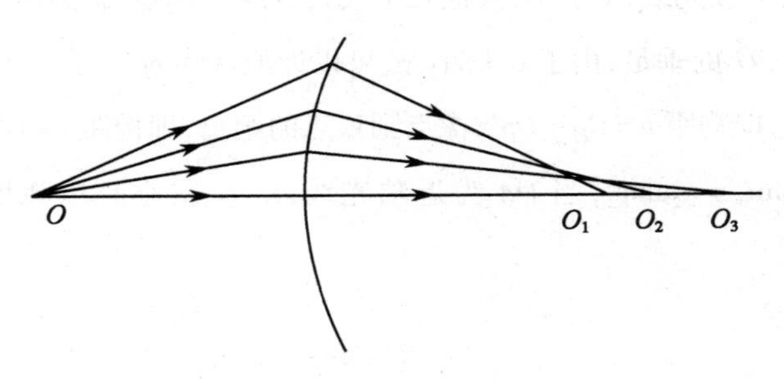

图 1-11　轴上大角度光线成像

2. 离轴物点发出的光线　如图 1-12 所示，把原来的物点 A 绕球面球心 C 转到 A_1 点，根据对称性，像以相同的角度转到 A_1'点，而 A_1 外的 B_1 点所成的像应该在 A_1'内侧的 B_1'点。

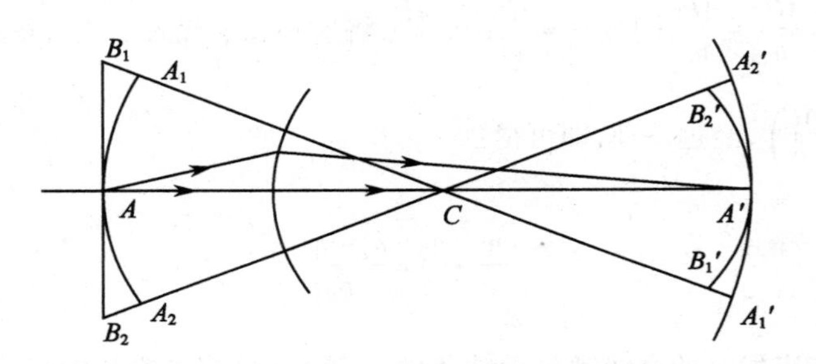

图 1-12　离轴物点发出的光线

这样直立的平直物体 AB_1，成了一个弯曲的像 $A'B_1'$。但若物 AB_1 较小、B_1 点离轴很近、与顶点或球面球心之间的夹角很小，则像 $A'B_1'$仍可以看成是平直的。

3. 理想像　对于一个理想的光学系统，物点成像为唯一的像点；直线成像为唯一的直线；平面成像为唯一的平面。

所以严格说来，单球面系统不能对物点成一理想的像，只是在物体发出的光线为近轴光线，与光轴的夹角 i 满足 $\sin i \approx i \approx \mathrm{tg} i$ 时才成立：

若此条件不满足，一个物点就不能成一个像点，而是弥散成一个光斑；平面直立状的物也不能成平面直立的像，而是成一个弯曲的像面，形成种种像差。当然有很多种办法减少这种像差，最简单的办法就是限制非近轴光线——这就需要在光学系统中引入光阑。

二、球面透镜

实际的光学系统，绝大部分是共轴球面系统，主要由球面透镜组成，球面透镜的两个表面均为球面，且两光轴重合；两表面之间的距离很小，则称之为球面薄透镜，如图 1-13。

图中 C_1、C_2 分别为前后两个球表面的球心，两球心的连线即为光轴。显然，光轴上的一点 A 要

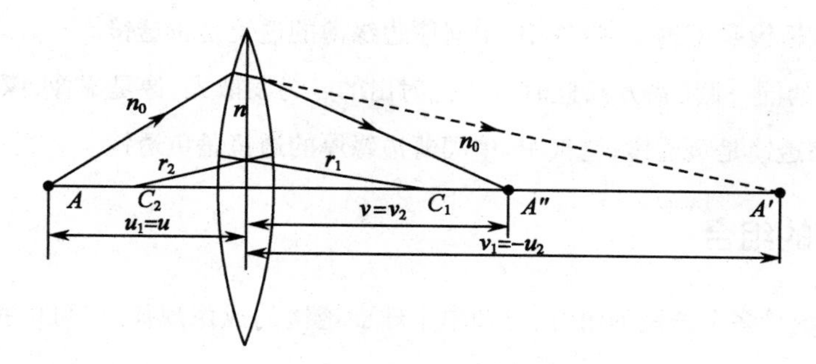

图 1-13　球面透镜成像

经两次球面折射才成最终的像。

用逐次成像法分析，思路：

物 A 经前方系统所成的像 A'，看成是后方系统的物 B，物 B 所成的像为 B'，再次将 B'看成是后方系统的物 C，依次成像，即可分析出整个光学系统所成的像。即：

$$A \to A'(B) \to B'(C) \to C'(D) \to \cdots\cdots\cdots \to X'(\text{最终的像})$$

（1）首先分析物点 A 对前表面成像，利用前面的单球面成像公式，可得：

$$\frac{n_0}{u}+\frac{n}{v_1}=\frac{n-n_0}{r_1} \qquad \text{式(1-8)}$$

其中 n_0、n 分别为空气及介质的折射率。r_1 为前表面的球面半径，v_1 为所成像的像距。

（2）若没有透镜后表面与空气所成的第二个界面，那么经前表面折射后的光线应射向 A'点，A'点就是 A 点的像。

（3）考虑到后表面折射，把第一次所成的像 A'看成是第二次成像的物，不过，由于此物的光束是会聚状的，又在球面的后方，所以，该物应该是虚物，其物距为负值：

$$u_2=-v_1 \qquad \text{式(1-9)}$$

（4）将上式代入式(1-8)，可得：

$$\frac{n}{-v_1}+\frac{n_0}{v}=\frac{n_0-n}{r_2} \qquad \text{式(1-10)}$$

式(1-10)+式(1-8)可得：$\frac{1}{u}+\frac{1}{v}=\frac{n-n_0}{n_0}\left(\frac{1}{r_1}-\frac{1}{r_2}\right)$，若在空气中，$n_0=1$，则：

$\frac{1}{u}+\frac{1}{v}=(n-1)\left(\frac{1}{r_1}-\frac{1}{r_2}\right)$，令$(n-1)\left(\frac{1}{r_1}-\frac{1}{r_2}\right)=\frac{1}{f}=\Phi$，($f$ 就是该透镜的焦距，其倒数即为焦度。焦度乘以 100，就是我们平常说的眼镜的度数)。上式则可写为：

$$\frac{1}{u}+\frac{1}{v}=\frac{1}{f} \qquad \text{式(1-11)}$$

若物处于无穷远处，则 $f=u$，像点就在焦点上，此时：

1. 若像点在物的另一侧（像方），此时从透镜射出的光为会聚光，像是实像，像距 $v>0$，焦距 $f>0$，焦点是像方焦点，该透镜是正透镜；空气中，中间厚边缘薄的透镜是正透镜。

2. 若像点在物的同一侧（物方），此时从透镜射出的光为发散光，像是虚像，像距 $v<0$，焦距 $f<0$，焦点是物方焦点，该透镜是负透镜；空气中，中间薄边缘厚的透镜是负透镜。

三、薄透镜的组合

实际的光学系统是多个透镜的组合，已知单个球面透镜的成像规律，就可以扩展到多个透镜组合的成像规律。

例 1-1：两个透镜 L_1 与 L_2 组成共轴透镜组，两者的焦距分别为 $f_1=15\text{cm}$ 与 $f_2=25\text{cm}$，它们之间的距离为 $d=70\text{cm}$，若一物体在 L_1 前 20cm 处，求此透镜组所成的像在何处（图 1-14）？

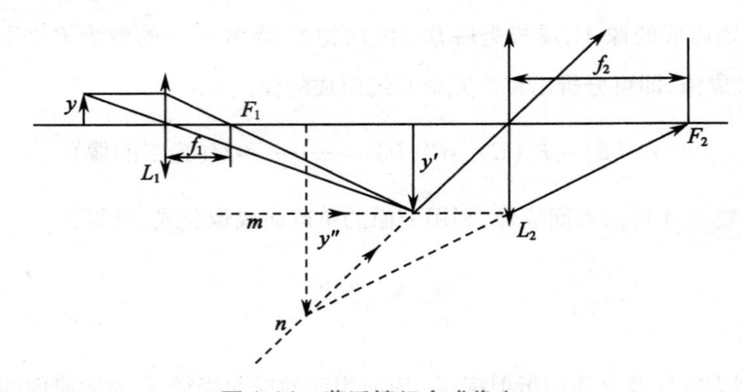

图 1-14　薄透镜组合成像之一

1. 首先用作图的方法解：

（1）对于透镜 L_1：

1）物体 y 上顶点发出的平行于光轴的光线通过 L_1 后，射向其像方焦点 F_1；

2）通过透镜 L_1 光心的光线不改变方向；

3）上述两光线的交点成像于 y' 的顶点处，y' 就是 y 的像，该像是实像；

4）y' 与 L_2 的距离实际已经小于其一倍焦距。

（2）因为会聚成 y' 顶点的光线有无数条，为了作图，假想会聚成 y' 顶点的另外两条光线 m 与 n，其中 m 平行于光轴，n 的延长线通过 L_2 的光心。所以对于透镜 L_2：

1）光线 m 通过 L_2 后，射向其像方焦点 F_2；

2）光线 n 通过 L_2 后，不改变其方向；

3）因为 y' 与 L_2 的距离实际已经小于其一倍焦距，所以光线 m、n 通过 L_2 后得到的两光线呈发散状，将其反相延长后交于 y'' 的顶点，y'' 就是最终的像。

2. 公式计算法

（1）先分析物体对于第一个透镜成像，已知 $u=20\text{cm}$，$f_1=15\text{cm}$，求 v_1：

$\frac{1}{u_1}+\frac{1}{v_1}=\frac{1}{f_1}$，代入数据，$\frac{1}{20.0}+\frac{1}{v_1}=\frac{1}{15.0}$，可得 $v_1=60\text{cm}$。

（2）此像为实像，并且在第二个透镜的前方，对于第二个透镜，会聚成实像的光线重新发散，因此，该实像对第二个透镜应看成是实物。且物距 $u_2=70-60=10(\text{cm})$。

（3）根据公式，$\frac{1}{u_2}+\frac{1}{v_2}=\frac{1}{f_2}$，$\frac{1}{10.0}+\frac{1}{v_2}=\frac{1}{25.0}$，$v_2=-16.7\text{cm}$，该像为最终的像，显然，是一个倒立的虚像。

若两透镜的距离为45cm，其他同例1-1，求此透镜组所成的像在何处（图1-15）？

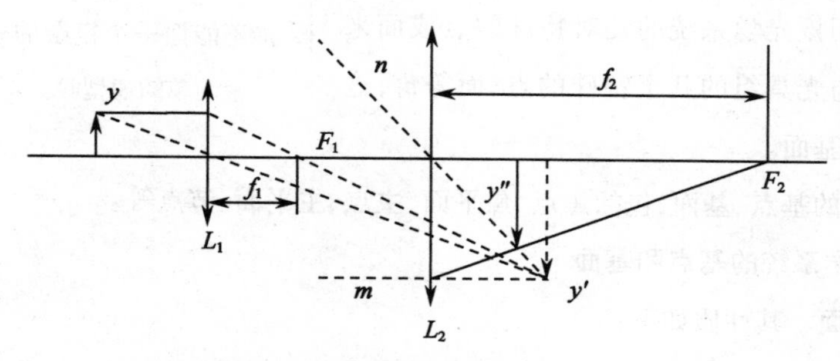

图1-15 薄透镜组合成像之二

1. 首先用作图的方法解：

（1）对于透镜 L_1：

1）物体 y 上顶点发出的平行于光轴的光线通过 L_1 后，射向其像方焦点 F_1；

2）通过透镜 L_1 光心的光线不改变方向；

3）若没有透镜 L_2，上述两光线的交点成像于 y' 的顶点处，y' 就是 y 的像，该像是实像；

4）但实际上，透镜 L_2 在 y' 的前方（左侧），没有成 y' 像之前，成像光束就受到 L_2 的折射；同时考虑到成像光束实为会聚光束，会聚处应看成是虚物 y' 的顶点。

（2）同理，会聚成 y' 顶点的光线有无数条，假想有会聚成 y' 顶点的另外两条光线 m 与 n，其中 m 平行于光轴，n 通过 L_2 的光心。所以对于透镜 L_2：

1）光线 m 通过 L_2 后，射向其像方焦点 F_2；

2）上述光线与 n 交于 y'' 的顶点，y'' 就是最终的像。

2. 也可以用公式计算：

（1）由于两透镜之间的距离为45cm，第一个透镜成像为实像。位于第二个透镜的后方，又因为在透镜的前方光线为会聚光线，因此，对于第二个透镜，该像应看成是虚物，物距为负，$u_2=45-60=-15(\text{cm})$。

（2）根据公式，$\frac{1}{u_2}+\frac{1}{v_2}=\frac{1}{f_2}$，$\frac{1}{-15.0}+\frac{1}{v_2}=\frac{1}{25.0}$，$v_2=9.4\text{cm}$，该像为最终的像，显然，是一个倒立的虚像。

透镜 L_2 放在 y' 的前方（左侧）时，成像光束虽为会聚光束，但 y' 并未真正成像，而应看成是透镜 L_2 虚物 y'。

重要提示：

我们从单球面折射规律出发，过渡到两个球面构成的单薄透镜，又进一步过渡到两个薄透镜的组合，以此类推，可以求出任意复杂共轴球面系统（任意透镜组合）的成像情况。

同样,如果每一个球面成像都满足近轴光线成像条件,则每一次成像均成理想像,最终所成的像也是理想像。

四、共轴球面光学系统、光具组

> ▶▶ 课堂活动
>
> 实际的光学系统往往由复杂的透镜组合起来，完成相应的成像要求。能不能把一个复杂的光学系统等效成一个简单的模型呢？

一个理想的共轴球面光学系统(或称理想光具组)的成像性质,可以用该光学系统的几对特殊的点或面来确定;一个光具组与光具组的几个特殊的点、面等价;这些点、面称为基点、基面。

理想光学系统的基点、基面,包括焦点、焦平面、主点、主平面、节点等。

(一) 理想光学系统的基点和基面

1. 焦点、焦平面　其性质如下:

(1) 所有平行于主光轴的入射光,经过光学系统之后都将会聚于 F' 处,F' 称像方焦点,过 F' 垂直于光轴的平面称像方焦平面。所有平行入射光都将会聚到像方焦平面上(图 1-16)。

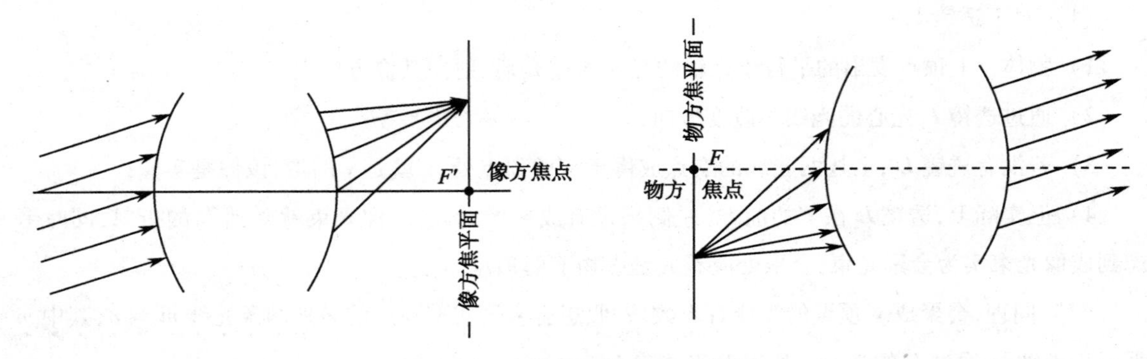

图 1-16　光学系统的焦点、焦平面

(2) 从 F 方射出的光束,平行于主光轴射出。F 称物方焦点,过 F 点且垂直于主光轴的平面称物方焦平面,所有从物方焦平面上某点发出的光线经光学系统后,平行射出。

2. 主点、主平面　其性质如下:

(1) 在图 1-17 中,一平行于光轴的光线入射到理想光学系统,相应的出射光线必通过像方焦点 F';延长入射光线、反向延长出射光线,两线交于点 Q',过 Q' 点作一平面垂直于光轴,交于 H',H' 即为像方主点,过像方主点的垂轴平面 $Q'H'$ 称像方主平面。

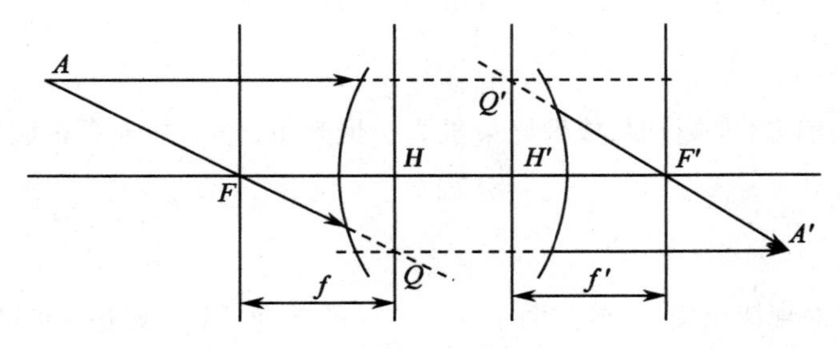

图 1-17　光学系统的主点、主平面

（2）过焦点的光线 AF 的延长线与平行于光轴的出射光线反向延长线交点 Q，过 Q 作平面垂直于光轴，交于 H，H 即为物方主点，过物方主点的垂轴平面 QH 称物方主平面。

主平面是一对放大率为 1 的共轭面，任意一条入射光线与物方主平面的交点高度和出射光线与像方主平面的交点高度相同。

在几何光学成像分析中，实际光线可看成是只在主平面发生折射。焦距、物距、像距均可算至 H 点与 H' 点，如图 1-17 所示。

3. 节点　如图 1-18 所示，A 点发出的无数光线经光学系统会聚于 A'，在这些光线中，有一条出射光线与入射光线平行，分别交主光轴于 N'、N，分别称为像方节点、物方节点。

其他任何射向物方节点 N 的光线必从像方 N' 以相同的角度射出。若系统前后介质的折射率相同，则 $f=f_1=f_2$，N 与 H 重合，N' 与 H' 重合。

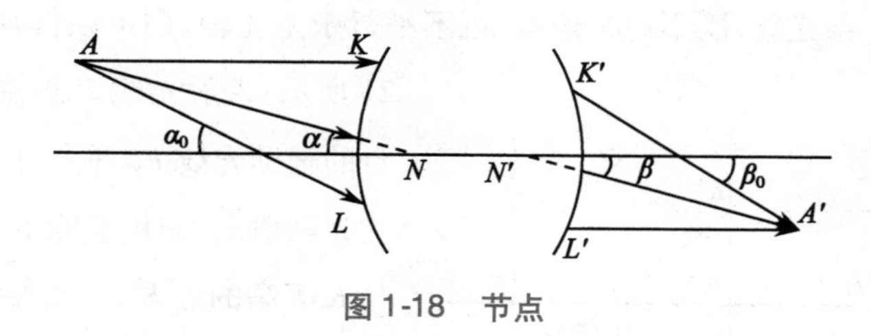

图 1-18　节点

（二）理想光学系统成像的基点、基面作图法

有了基点、基面，可以很方便地用作图或计算的方法得出该理想光学系统对物体成像的性质。

例 1-2：求理想光学系统对主光轴外一物点 B 所成的像（图 1-19）。

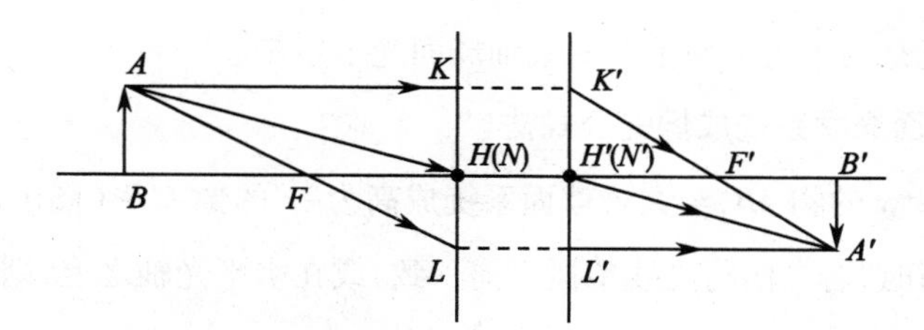

图 1-19　光学系统对主光轴外物点成像——例 1-2

1. A 点发出的光线包括一平行于光轴的光线 AK，该光线交像方主平面于 K' 点，连 K' 与像方焦点 F' 点并延长，这就是出射光线。

2. 从 A 点发出的过物方焦点 F 的光线交物方主平面于 L 点，自 L 点引平行线 LL' 平行于主光轴并延长，与 $K'F'$ 延长线交于 A' 点，该 A' 点就是物 A 的像。

3. 同样也可以连物点 A 与节点 N（与主点 H 重合），并从 N'（与主点 H' 点重合）点以相同的角度引射线，该射线同样与 $K'A'$ 和 $L'A'$ 交于 A' 点。

事实上 B 点发出的所有光线，经理想光学系统成像后，都交于 B' 点。

例 1-3：如图 1-20 所示，若有物点 B 位于物方焦平面和物方主平面之间，同样可以利用上述方法作图：

1. 物点 B 发出的一条光线平行光轴入射至光学系统，出射时应经过像方焦点 F'；

2. 另一条沿物方焦点 F 与物点 B 连线方向入射，射出时应与光轴平行。

3. 将两出射光线延长相交，交点 B' 即物点 B 的像。

同样也可以连物点 B、节点 N（与主点 H 重合），并过 N' 点（与主点 H' 重合）作 BN 的平行线，该平行线同样与其他两线交于 B' 点。

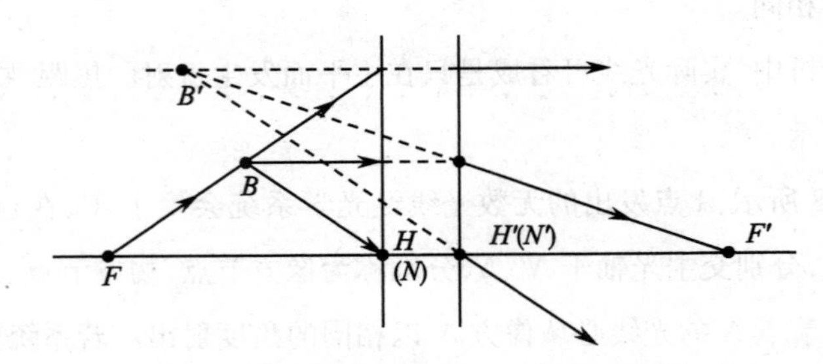

图 1-20　光学系统对主光轴外物点成像——例 1-3

对于入射的任意一条光线，既不通过焦点，也不平行于主光轴，则可以作辅助线的方法，如图 1-21 所示：入射光线 L 与主平面交于 K，作过焦点的辅助光线 FL 平行于入射光线，FL 平行于主光轴射出，交焦平面于 P；在另一主平面上作与 K 等高的点 K'，因为平行光必会聚于焦平面上的一点，所以 $K'P$ 就是出射光线的方向。

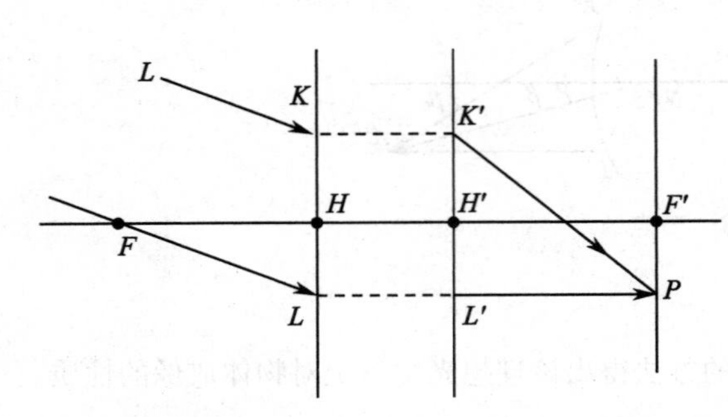

图 1-21　光学系统对任意入射光线成像

通过以上三个例子，对于共轴的球面光学系统，借助于基点、基面的概念，完全可以确定物像关系，就像薄透镜成像作图一样。实际上我们较熟悉的薄透镜就是两个主平面重合的共轴球面光学系统。

（三）理想共轴球面光学系统成像的公式法

1. 牛顿公式　高为 y 的物 AB，经共轴球面系统成高为 $-y'$ 的像 $A'B'$（图 1-22），物点、像点、焦点等点的位置坐标在取值时，若方向与光线传播方向一致，或在水平光轴之上，则为正值；反之为负值。

x：以物方焦点 F 为原点到物 A 的距离

x'：以像方焦点 F' 为原点算到像点 A' 的距离

观察其中的相似三角形关系：

1）$\Delta ABF \sim \Delta HLF$，所以：$\frac{HL}{AB}=\frac{FH}{FA}$，即 $\frac{-y'}{y}=\frac{-f}{-x}$，

2）$\Delta H'K'F' \sim \Delta A'B'F'$，所以：$\frac{A'B'}{H'K'}=\frac{F'A'}{H'F'}$，即 $\frac{-y'}{y}=\frac{x'}{f'}$

根据 1）和 2），可得：$-\frac{f}{x}=-\frac{x'}{f'}$，即

$$xx'=ff' \tag{1-12}$$

这就是理想共轴球面光学系统成像的牛顿公式。

同时可得垂轴放大倍数 β：

$$\beta=\frac{-y'}{y}=\frac{f}{x}$$ 式(1-13)

垂轴放大倍数β就是我们一般理解的对物体的放大倍数，比如物高为1cm，垂轴放大倍数为10，则像高即为10cm。

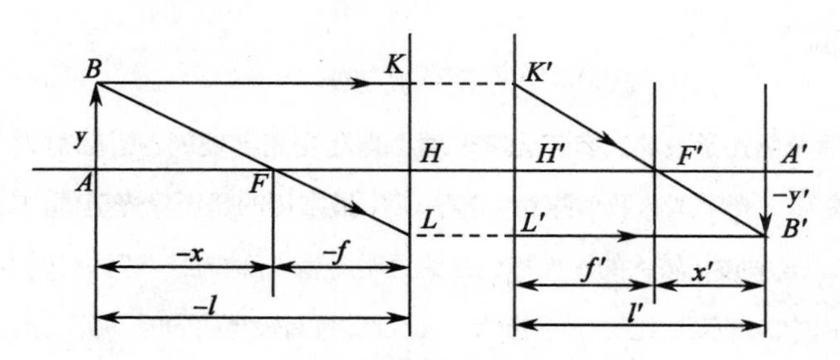

图1-22　光学系统成像的物像关系图

2. 高斯公式　在高斯公式中，表示物点和像点位置的坐标均以相应的主点为原点计算，物点和像点位置的坐标取值时，方向与光线传播方向一致，则为正值；反之为负值：

l：以物方主点H为原点算到物点A；

l'：以像方主点H'为原点算到像点A'。

所以$x=l-f$，$x'=l'-f'$，代入牛顿公式，化简可得理想共轴球面光学系统成像的高斯公式：

$$\frac{f'}{l'}+\frac{f}{l}=1$$ 式(1-14)

以及垂轴放大倍数β：

$$\beta=\frac{-fl'}{f'l}$$ 式(1-15)

若光具组前后表面处于同一介质（一般为空气），物方焦距与像方焦距一致$f=-f'$，则可得

$$\frac{1}{l'}-\frac{1}{l}=\frac{1}{f'}$$ 式(1-16)

比较式(1-11)，可见式(1-11)就是高斯公式在薄透镜成像时的特例。

同样也可算出垂轴放大倍数：$\beta=\frac{l'}{l}$。

如图1-23所示，轴上点A发出的光线与光轴夹角为U（按符号规则，U为负值），通过光学系统

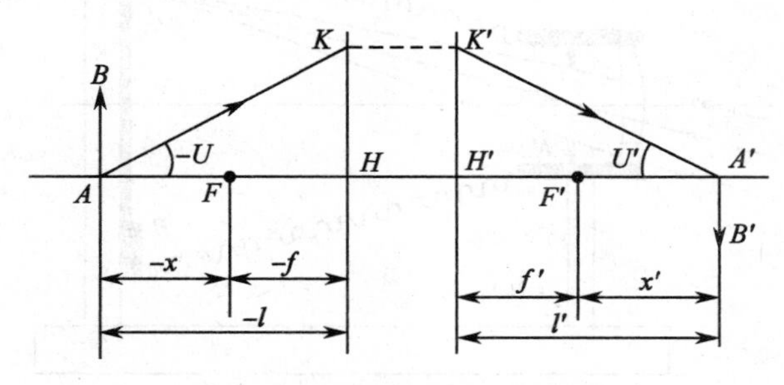

图1-23　角放大倍数示意图

后，与光轴的夹角 U'，则角放大倍数定义：

$$\gamma=\frac{\mathrm{tg}U'}{\mathrm{tg}U}=\frac{l}{l'} \qquad 式(1\text{-}17)$$

知识链接

光学玻璃

光学材料主要包括无色光学玻璃、有色光学玻璃、光互变光学玻璃、耐辐射光学玻璃、石英光学玻璃、激光玻璃、光学晶体、光学塑料及偏振材料等，其中最常用的是可见光范围内的光学玻璃。

光学玻璃除具有较高的硬度、较大的脆性和一定的透明度等外部特征，还具有以下物理通性：①各向同性；②从熔融状态到固体状态的变化过程是可逆的；③比晶体具有较高的内能，在一定条件下可析出结晶。

光学玻璃应能满足光学设计上多种光学参数要求，以及高度均匀性、高度透明性、化学稳定性、热性能和机械性能等要求，它具有复杂的化学组成和严格的熔炼过程。光学玻璃一般由硅、磷、硼、铅、钾、钡、砷、铝等多种氧化物按一定比例组成，采用各氧化物的盐类，按一定配比在高温下熔炼而成。多数光学玻璃以 SiO_2 为主要成分，称为硅酸盐玻璃。

熔炼光学玻璃的过程大致为：

配料→硅酸盐形成（800～900℃）→玻璃形成（1000～1250℃）→澄清、消除气泡（1400～1500℃）→冷却（200～300℃）→成型→退火（消除内应力）→型料。

五、光阑

前面提到，光学系统为了提高成像质量，在光学系统中加入光阑，挡住透镜边缘部分，以限制非近轴光线。

光阑，实际就是限制成像光束的孔，一般为圆孔。每个光学零件的边缘以及外框，也起到限制光束的作用，也可以看作是光阑。

（一）孔径光阑、光瞳

1. 孔径光阑　对限制进入光学系统的光束孔径角（也限制了能流）起决定性作用的光阑称为孔径光阑。它限制成像光束口径的大小，从而影响像的照度、清晰程度及景深。如图 1-24 所示，照相

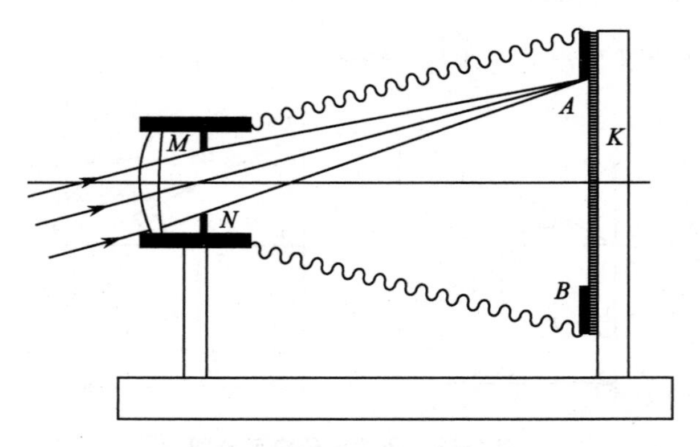

图 1-24　照相机内的孔径光阑和视场光阑

机中的可变光阑 MN 即为孔径光阑,改变 MN 的大小就改变了进入照相机镜头到达底片的光的通过量。人眼睛的瞳孔也是眼光学系统的孔径光阑,在亮处,人的瞳孔较小,可降低外界进入眼内的强光通量;在暗处,人的瞳孔自动变大,使尽可能多的光线进入眼内,产生视觉。

来看几个特殊的例子,如图 1-25 所示,对 A,L_1 对物点所张的孔径角远大于 L_2 所张之角,只要改变 L_2 的孔径,就改变成像光的通量,而在一定范围内改变 L_1,对成像光的通量没有任何影响。因此孔径光阑——就有点像“木桶上最短的那块板”。A 的孔径光阑就是 L_2 透镜的外框;α 就是其物方孔径角。

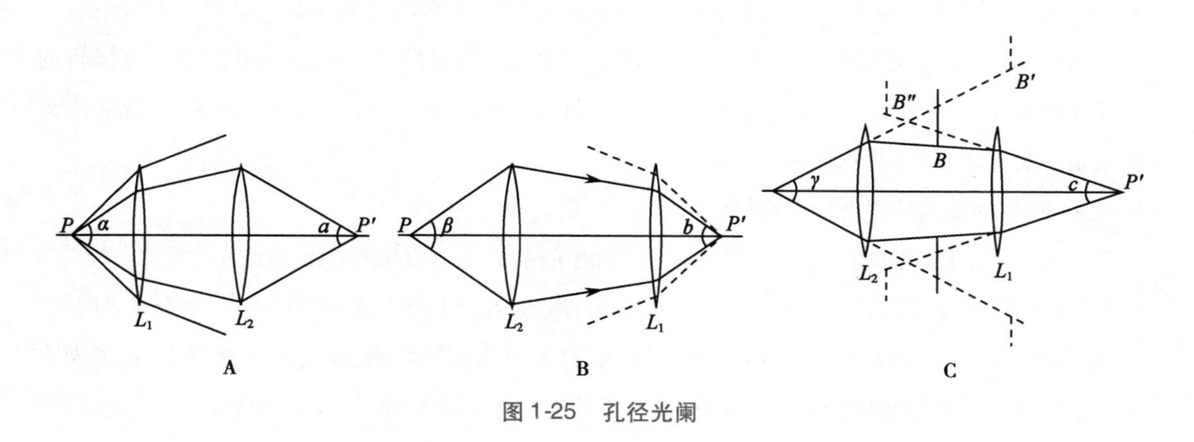

图 1-25 孔径光阑

同理,B 的孔径光阑是 L_2 的外框,孔径角是 β;C 的孔径光阑是光阑 B,孔径角是 γ。

而 a、b、c 分别为光学系统的像方孔径角。

孔径光阑的大小决定了像平面的照度,同时也影响系统的分辨本领。孔径光阑越大,像平面的照度越大,系统的分辨本领也越大。

孔径光阑可以这样确定:将透镜中的每个光阑成像到物空间(即对位于光阑与物之间的所有透镜成像),所成像对物点张角最小的光阑就是对于该物的孔径光阑;或者反过来,过物点对每一光阑分别做经过该光阑的入射光线,无法经过该光阑的,该光阑直接去除,这样,经过剩余光阑的入射光线中,对物点张角最小的光线经过的光阑就是孔径光阑。就是这个张角(也就是入射光束的顶角)决定了光通量的大小。孔径光阑总是对某一个指定的物点而言的。

2. 光瞳 所谓光瞳,就是孔径光阑经光学系统所成的像:①经其前方(入射侧)的光学系统所成的像为入射光瞳;从光学系统的前面看孔径光阑,看到的就是入瞳。②经后方(出射侧)的光学系统所成的像为出射光瞳;从光学系统的后面看孔径光阑,看到的是就是出瞳。入射光瞳、孔径光阑和出射光瞳三者共轭。

出射光瞳的大小应与观测者眼睛的瞳孔相当,并在眼睛平面上,这样出射光才能没有附加损失地进入眼睛,形成清晰的像。入射光瞳、出射光瞳的位置要根据具体的情况而定,前后并不一定。

主光线:通过物点及入瞳中心的光线。

(二)视场光阑、窗

1. 视场光阑 对限制成像范围起决定性作用的光阑称为视场光阑。例如,图 1-24 中照相机的底片框 AB 就是视场光阑。改变 AB 框的大小,就可以改变照片的成像范围。再如,看演出时舞台的幕布也可以看成是舞台场景到人眼底视网膜这一整个光学系统的视场光阑，幕布的位置，决定了我们看到舞台场景的范围。

视场光阑可以这样确定：将每个光阑成像到物空间，所成像对入射光瞳中心张角最小的光阑为对应于该物平面的视场光阑。入射光束的倾角范围决定了视场的范围。视场光阑也是对某一个指定的物而言的。

视场光阑避免了影响成像质量的光线进入光学系统而成像，在有中间实像平面的系统（例如开普勒望远镜和显微镜）和有实像平面的系统（例如摄影系统）中，视场光阑都设置在这种实像平面上。

2. 窗　所谓窗，就是视场光阑经光学系统所成的像。①入射窗：视场光阑经其前面（入射侧）的光学系统所成的像；②出射窗：视场光阑经后面（出射侧）的光学系统所成的像。入射窗、视场光阑和出射窗三者共轭，即互为物像。

入射窗、出射窗的位置要根据具体的情况而定，前后并不一定。

另外光学系统中由于折射面和镜筒内壁的反射而生的杂光，会降低像的对比，因此在一些要求较高的长焦距照相物镜中，必须设置几个光阑以遮拦杂光，限制进入光学系统杂光的光阑称为“消杂光光阑”。

对于理想光学系统，要求成像光线为近轴光线，这就要求孔径光阑、视场光阑都很小，孔径光阑限制了非近轴光线的进入成像，视场光阑把成像不佳的边缘部分去除，这样通过光学系统所成的像才能尽可能接近理想像。

点滴积累

1. 单球面成像规律：依据折射定律、几何原理。
2. 球面透镜成像规律：两次单球面成像。
3. 球面透镜组成像规律：多次球面透镜成像。
4. 理想共轴球面光学系统的等效：主点、主平面，焦点、焦平面，节点。将复杂共轴球面光学系统当成单个透镜成像来处理。
5. 透镜成像作图法，透镜成像公式法：牛顿公式、高斯公式。
6. 光阑、孔径光阑：入射光瞳及出射光瞳；视场光阑：入射窗及出射窗。

第三节　像差

实际的光学系统希望成像范围大（视场光阑大），通光量大（孔径光阑大），但是一个球面光学系统要成理想像，其成像光线为近轴光线，这就要求视场光阑、孔径光阑很小。这就与实际要求相矛盾。所以实际的光学系统所成的一般都不是理想像。

实际像与理想像的差异，就叫像差。像差包括：

（1）单色像差：单色光进入光学系统成像产生的像差，有球差、彗差、像散、场曲和畸变 5 类。

（2）色差：复色光进入光学系统成像时产生的像差，有轴向色差（位置色差）和垂轴色差（倍率色差）2 类。

对于一个实际的光学系统来说，这些像差可能是同时存在的。要将所有的像差完全消除是不可能的,也是不必要的;只要将某些像差消除到一定程度,就可以满足实际需要。

一、球差

(一) 概述

在第二节单球面折射中我们已知,由光轴上一点发出的同心光束经球面折射后不能很好地会聚到一点,不复为同心光束,如图 1-11 所示,这是单色光的成像缺陷之一,称为球差。

如图 1-26 所示,凸透镜对平行光成像,极靠近光轴处的光线大致都能会聚到焦点处,越往外侧,产生的折射越厉害(相当于焦距越短),在Ⅰ、Ⅱ、Ⅲ处得到的像为大小不一的弥散圆,可见平行光无法通过这样的透镜成一个理想的像点。

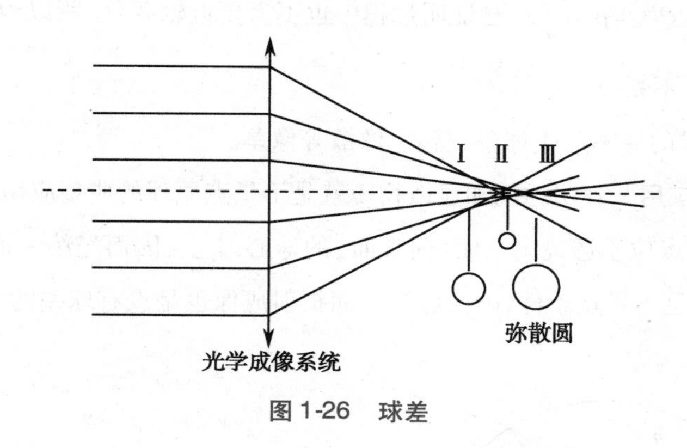

图 1-26　球差

(二) 减小球差的方法

减小球差最简单的方法就是加光阑,挡住外缘的光线,使非近轴光线不参与成像。这是比较被动的办法。

另一思路:使透镜对外侧的远轴光线的偏折相对减弱些,则外缘光线可以较好地与近轴光线会聚在一起,形成一个较理想的像。这就要求球面透镜材料越往外缘,其折射率越小,这就是变折射率透镜。

思路三:将球面改成非球面的形式,降低透镜外缘曲面的曲率,使透镜对远轴外缘光线的折射相对降低,这就是非球面透镜。

实际最通常的做法是利用复合透镜,如正负透镜组合、多片透镜按一定的规则配合,或者用专用的透明胶胶合起来等,使得一片透镜产生的球差被另一片透镜的球差抵消或部分抵消,也可以很好的降低球差,起到提高像质的作用。如图 1-27 所示,如果平行入射光经凸透镜直接会聚,边缘光线

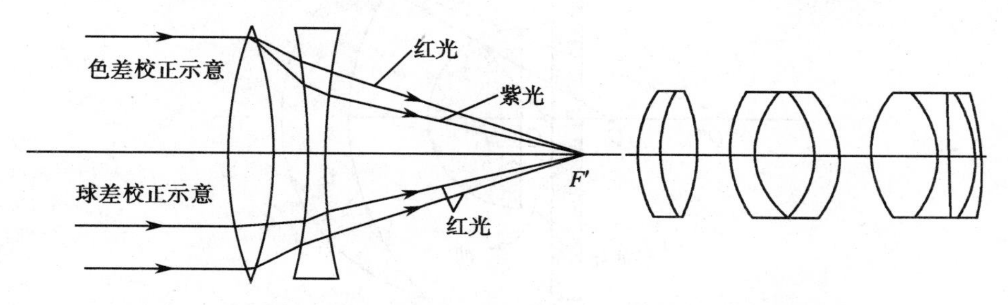

图 1-27　复合透镜校正球差及色差以及各种胶合透镜示意图

被会聚得更为厉害，如果在其后方置一块凹透镜，凹透镜也存在球差，但作用刚好相反：对边缘光线的发散程度要甚于靠近光轴的光线，这样在透镜后方的某点 F'，两光线刚好能很好地会聚起来，一定程度上消除了球差现象。

光学零件的胶合

另外，利用不晕点也是降低球差的一个常用方法。

（三）不晕点

1. 不晕点原理　当物点处于球面的球心时，物点发出的光束经垂直于入射面，折射后不改变方向，仍成像于物点处，而不需要近轴条件。此时不存在球差，像为理想像。

如图 1-28 所示，若介质球内有 Q 点、离球心之间的距离为 $QC=\rho=\frac{n'}{n}r$，则可以用几何光学的方法证明其像点为 Q'，且 $Q'C=\rho'=\frac{n}{n'}r$，在证明过程中也不需要近轴条件，所以 Q' 点也是 Q 的理想像，不存在球差。Q 点就是不晕点。

不晕点处物点所成的像不产生球差、彗差、像散等像差。

2. 不晕点原理的应用　齐明透镜和显微物镜就是不晕点原理的典型应用：

（1）齐明透镜：物点位于透镜第一面（前表面）的球心 C_1 上，因而经第一面成像在原处，并且没有球差，C_1 与第二面满足不晕点条件，因而经第二面折射成像也是没有球差的像。如图 1-29 所示。

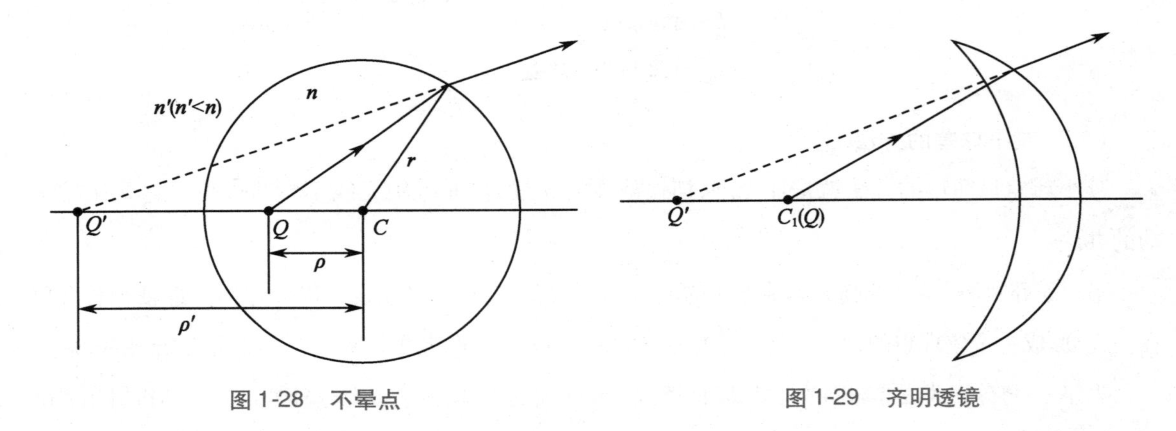

图 1-28　不晕点　　　　图 1-29　齐明透镜

（2）显微物镜：在显微镜的物镜设计中就用到了不晕点原理，如图 1-30 所示，显微镜的物镜最前面的一片镜片为平凸透镜 L_1，前表面为平面，后表面为球面，如果盖玻片的折射率与透镜的折射

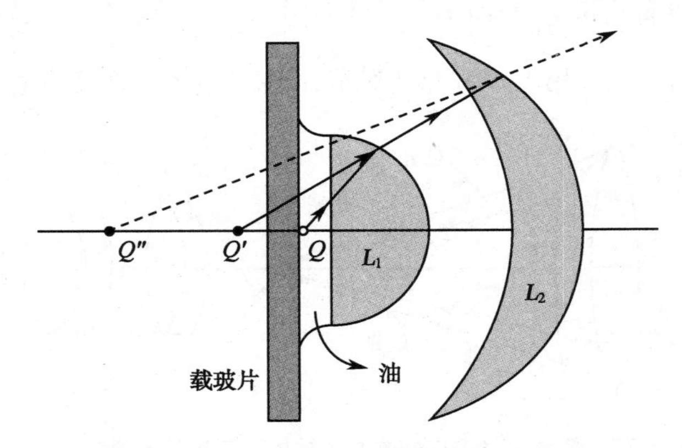

图 1-30　不晕点原理在显微镜中的应用

率相等，并且在盖玻片与物镜间充满折射率相同的香柏油，这样在透镜后表面与物之间可以看成是均匀介质，若在不晕点处放置观察物 Q，经该物镜成像为 Q'，没有球差。而如果 Q' 又正好安排在齐明透镜 L_2 的不晕点，则通过齐明透镜所成的像为 Q''，也是没有球差。

二、彗差

彗差指光学系统对倾斜于主光轴入射的同心光束光不能完全会聚的像差。主光轴上物点所发出的同心光束，在经共轴球面系统的成像过程中，一直保持其对称性。一旦物点移到主光轴外，原本关于中心光线对称的光束，经球面折射后失去对称性，靠近主光线的细光束成像于主光线形成一亮点，远离主光线的光线束形成的像点是离开主光线的不同直径的圆斑。彗差像其形状如图 1-31 所示：

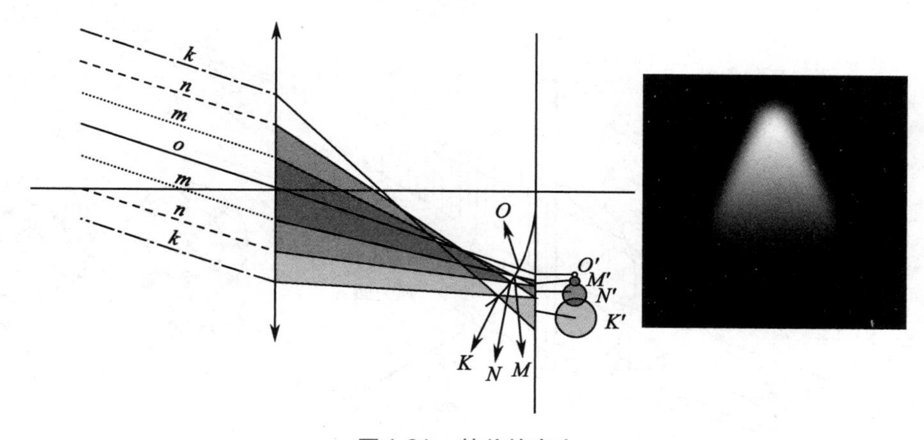

图 1-31　彗差的产生

以平行斜入射光经光学系统成像为例来分析彗差的成因，大致如下：

1. 因为是斜入射光，平行光线中中央部分会聚到 O 点。

2. 由于存在球差，稍外圈的光线（图中 m 部分）被折射至 O 点下方的 M 处，焦距变短，并且弥散成一个光斑（M'）。

3. 再外圈的光线（图中 n 部分）被折射至 N 处，焦距变短，并且弥散成一个更大的光斑（N'）。

4. 接近光阑最外缘的光线离轴最远（图中 k 部分），折射偏离中央光束最大，被折射至 K 处，并且存在最大的球差，弥散成一个最大的光斑（K'）。

考虑到将上述各部分光叠加起来，就是彗星状的光斑，即形成彗差。轴上物点发出光线不会产生彗差。

可见主要原因是：光线越是偏离主光线，其焦点也越偏离主光线的焦点，且成像时越弥散。

彗差的校正往往采用加光阑和复合透镜的方法。

三、像散

对于离轴近的细光束，彗差和球差可以忽略，但当光线离轴较远时，还有一种像差，叫像散，像散是光学系统对倾斜入射光线在子午方向(离轴方向,图中为 y 方向)上的会聚能力与在弧矢方向(垂直于光轴及子午方向,图中为 x 方向)上的会聚能力不一致导致。

如图 1-32 所示:

1. 在 T 这个位置,出射光线在 y 方向上已会聚了一个点,而由于光学系统对 x 方向上的光线会聚能力不足,x 方向上出射光尚未会聚成点。由此,得到一垂直于子午面的短线,称作子午焦线。

2. 直到 S 位置,出射光才在 x 方向上会聚成点,而此处,出射光在 y 方向早已越过会聚点 T,在 y 方向发散。所以在弧矢像点 S 处,得到一垂直于弧矢平面的短线,称作弧矢焦线。

两条焦线互相垂直,在子午焦线和弧矢焦线中间,物点的像是一个圆斑,其他位置是椭圆形弥散斑。

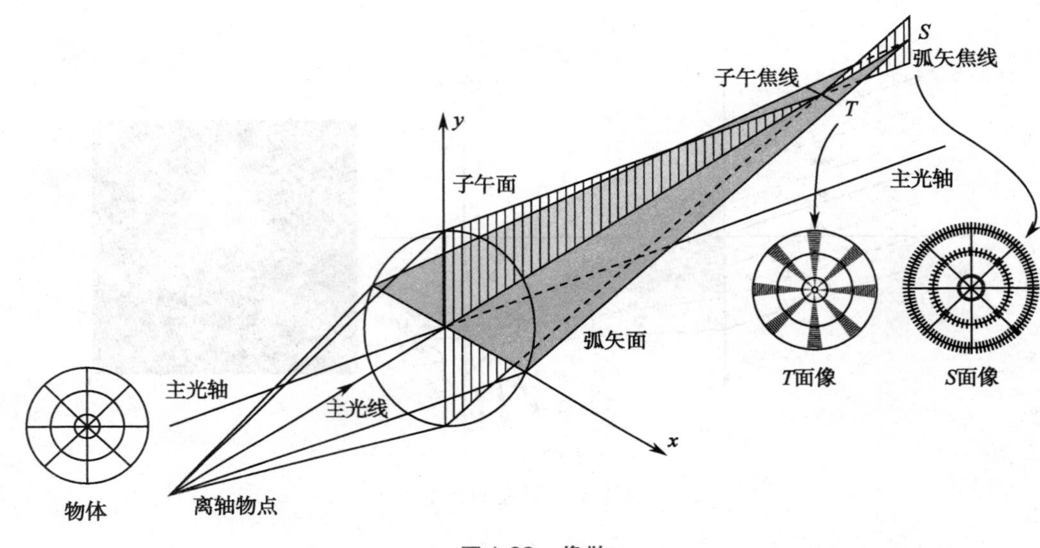

图 1-32　像散

形成像散的原因是光学系统对两个方向的光线会聚能力不一致所致。如果光学系统对两个方向的光线会聚能力一致(当平行光与光轴平行时),T 和 S 位置重合,光线既在 x 方向上、又在 y 方向上会聚成点,形成一个理想的像点。

加视场光阑,限制离轴远的光线,可以消极地减少像散。而实际的消像散系统一般由正、负透镜适当组合而成。

四、场曲

假定其他像差都等于零,而只存在场曲时,光学系统虽然对每一物点都能得到一个清晰的像点,但是整个像面不在一个平面上,而是在一个回转的曲面上,如图 1-33 所示;而在一个像平面上,每一个像点只能得到一个弥散圆,使得像模糊。场曲往往与像散结伴而生。

当光学系统存在严重场曲时,就不能使一个较大的平面物体各点同时清晰成像。当把中心调清晰了,边缘变得模糊;反之,边缘清晰则中心变模糊。

对于照相机,投影仪等物镜,其底片或屏都是平面,所以要对场曲进行很好的校正。

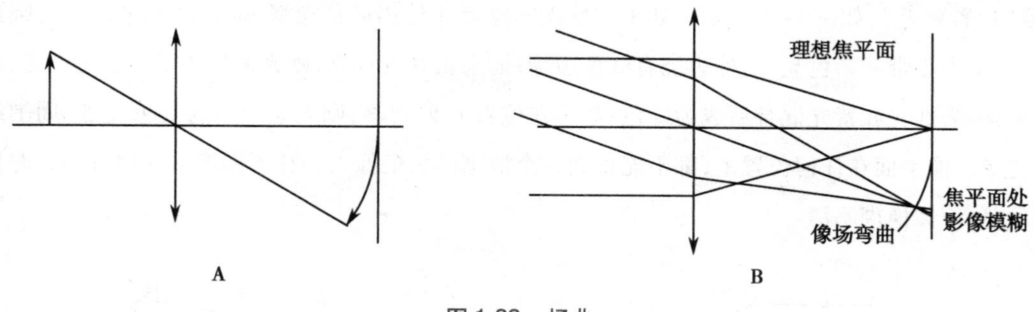

图 1-33　场曲

五、畸变

当光学系统只存在畸变时，整个物平面能够成一清晰的平面像，但像的大小和理想像不一致，像发生变形，如图 1-34 所示。其中(2)称为枕形畸变，(3)称为桶形畸变。在视场比较小的光学系统中畸变不显著。

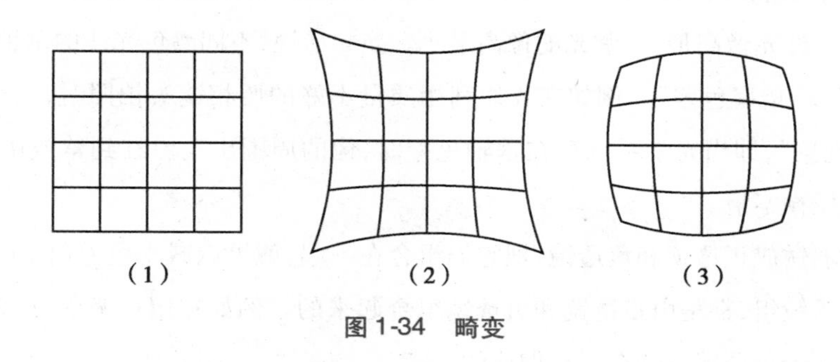

图 1-34　畸变

畸变是因为实际光学系统对离轴位置不一的物点的放大倍率不一致：

1. 当光学系统对物平面上各点的垂轴放大率一致时，像与物一致，无畸变。

2. 当光学系统对远轴物点的垂轴放大率相对较大时，离轴远的物点的像离轴更远，正方形的四角向外突出，形成枕形畸变。

3. 当光学系统对远轴物点的垂轴放大率相对较小时，离轴远的物点的像离轴变近，正方形的四角向里收拢，形成桶形畸变。

畸变影响像的形状，不会影响到像的清晰度。

对畸变要求较高的光学系统有各种投影物镜（如幻灯机、投影仪、放映机）、摄影物镜（航空摄影物镜、大视场物镜等）。

完全校正畸变是很困难的，一般采用加光阑以及采用对称光学系统的办法降低畸变。

六、色差

可见光实际是波长为 400～760nm 的电磁波。红光的波长最长，透镜对红光的折射率较小，焦距较长；紫光的波长最短，透镜对紫光的折射率较大，焦距较短。

若把一个简单的正透镜用来对无限远的物体成像，红光的像点最远，紫光的像点最近。各种颜色光线的像点依次排列在光轴上。这种不同颜色光线的像点沿光轴方向的位置之差称为“轴向色差”或“位置色差”，如图1-35所示。如果在紫光的像点A处用屏幕观察，则屏幕上呈现一个圆形的光斑，光斑中心带一紫色亮点，外边绕有红色边缘；如果在B处观察，则光斑中心带一黄色亮点，周围为绛色，因为红光和紫光混合后成为绛色；如果在位置C处观察，则光斑中心为红色亮点，周围绕有紫色边缘。像平面在任何位置上，都不能得到一个清晰的白色像点。在不同像平面位置观察时像都带有颜色，使像模糊不清。

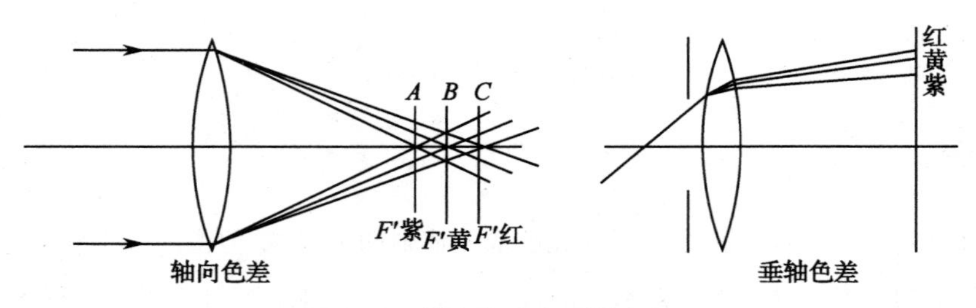

图1-35　轴向色差和垂轴色差

在图1-35中，当透镜的折射率、焦距随波长改变时，像高也随之改变。因此，不同颜色光线所成的像高也不一样。红光像高最大，紫光的像高最小。换句话说，不同颜色光线的垂轴放大率不一样，称为“垂轴色差”或“倍率色差”。例如在我们利用质量不好的照相镜头拍照时，往往能够看到照片上所谓的“紫边现象”，即当光学系统存在垂轴色差时，像的周围出现由红到紫或由紫到红的色边，它同样也会使像模糊不清。

用不同的玻璃做成正透镜和负透镜，把它们组合在一起，就可以减小色差（图1-27）。实际光学系统中所使用的透镜组，都是由正透镜和负透镜组合起来的。例如在望远镜中，最常用的物镜就是由一个正透镜和一个负透镜胶合在一起做成的。

知识链接

光学塑料

在光学材料中，光学塑料得到了越来越广泛的应用。相比光学玻璃，光学塑料具有以下优点：

（1）可塑性好，成型方便，制造方法简单，成本低廉。能制造用光学玻璃不能制造的复杂零件（如阶梯透镜、非球面镜、塑料光学纤维等）。

（2）重量轻（比重在1.2～1.3），还是制造偏振片和滤光片的良好材料。

（3）抗震、抗冲击性好（抗震性比玻璃高10倍）。

（4）化学稳定性好，耐腐蚀。

光学塑料的缺点：

（1）膨胀系数比光学玻璃大10倍，耐热性能差，即具有热变形。

（2）高温作用下易发生变色和分解，对温度的依赖性比玻璃大10倍，折射率梯度约为2×10^{-4}/℃。表面硬度差，容易出现划痕，可采用真空镀膜方法补救。

目前得到应用的光学塑料有聚甲基异丁烯酸树脂、聚碳酸酯等。某些树脂镜片的光学折射率可达1.7以上。

点滴积累

1. 像差：实际像与理想像的差异，就叫像差，包括单色像差和色差。
2. 单色像差：单色光进入光学系统成像产生的像差，有球差、彗差、像散、场曲和畸变。
3. 复色光进入光学系统成像时产生的像差，有轴向色差、垂轴色差。
4. 像差的校正常用：加光阑、复合透镜、低色差光学材料等方法。

复习导图

一、学习内容

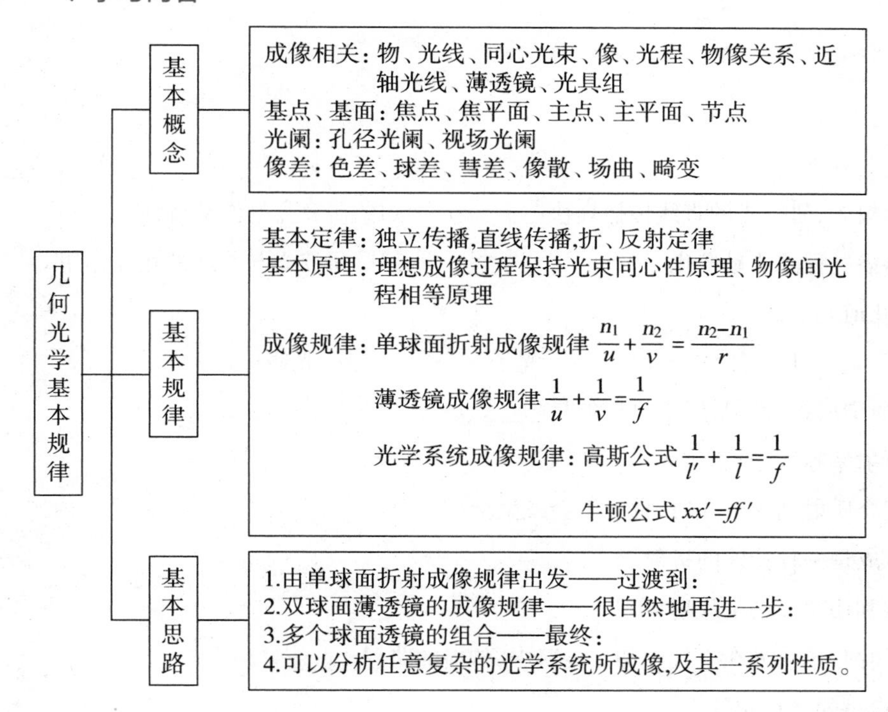

二、学习方法体会

几何光学是研究光的唯像理论，基本不涉及光的实质，而只是把光看成是几何学中的一条线，研究它与介质相互作用产生折、反射的一系列外在表现。

1. 几何光学研究光线的传播，其实主要就是折、反射成像，依托诸如点、线、面、正弦、余弦等几何学的概念，构成三个基本定律：光的独立传播、光的直线传播以及折、反射定律（反射可看成是一种特殊的折射）。

2. 绝大部分光学仪器，其目的无非是成像：物点发出的同心光束，经过光学系统的作用，改变形态，但仍保持其同心性，这样，物点就能形成一个理想的像；与此同时，直线形成的像也是直线，平面形成的像也是平面。

3. 一个单球面在一定程度上就可以做到成像，但是性能很差，实际的光学系统要经多个球面、多个透镜成像。但只要有了单球面的折射规律，将两个球面折射组合起来就可以得到一个透镜的成像规律，进而得到多个透镜组合后的成像规律，这样我们就能弄清楚任意光学系统的成像特点。

4. 实际光学系统的成像很复杂,但是利用焦点、焦平面、主点、主平面、节点等概念可以对其光路性质进行等效,很方便地求出所成的像,就像薄透镜成像一样方便。

5. 实际光学系统的孔径光阑和视场光阑分别对物体发出的成像光的通量和范围产生一定的限制;光阑对透镜前方、后方所成的像,形成入射、出射光瞳和入射窗、出射窗等概念。这些都是衡量实际光学系统重要的概念。

6. 实际光学系统与理想几何成像的差异形成像差。光学介质对不同色光的折射率不一样,形成色差;光学系统对非近轴光线的折射偏离单球面折射公式,形成球差、彗差、像散、场曲、畸变等。可以通过加光阑、不同透镜的组合、改善透镜本身的性质等方法,改善成像质量。

目标检测

一、单项选择题

1. 几何光学______。

A. 以光线为概念,研究光的直线传播规律　　B. 研究光的波动特性

C. 研究光传播过程的能量变化　　D. 研究光与物质的相互作用

2. 以下不属于几何光学概念的是______。

A. 光束　　B. 折射　　C. 光子　　D. 光线

3. 关于光在介质中的折、反射,以下错误的是______。

A. 介质的折射率越大,光速越大

B. 光从光疏介质射到光密介质,肯定不会发生全反射

C. 反射可看成是一种特殊的折射

D. 光导纤维利用了光的全反射原理

4. 在相同的时间内,单色光在空气中和在玻璃中,传播的路程______。

A. 相等,且走过的光程相等

B. 相等,走过的光程不相等

C. 不相等,走过的光程相等

D. 不相等,且走过的光程也不相等

5. 以下关于球面折射规律错误的是______。

A. 研究的光线必须是近轴光线

B. 一物点经球面折射所成的像,不一定是理想的像点

C. 只要物点离轴很近,就一定遵循球面折射规律,成一理想像点

D. 球面可以是平面也可是凹面

6. 关于理想光学系统中物像关系,以下错误的是______。

A. 一个物点成唯一的一个像点

B. 物点出发到像点的任一条光线,其光程都相等,所花时间相等

C. 物点出发到像点的任一条光线,路程不一定相等,但所花时间必定相等

D. 物点出发到像点的任一条光线，路程不一定相等，所花时间也不一定相等

7. 关于光阑，下列说法正确的是______。

A. 孔径光阑控制入射光强，但不能改变像质

B. 视场光阑可以控制成像范围，但不能改变像质

C. 视场光阑、孔径光阑都可以改善像质

D. 视场光阑也可以控制入射光强，孔径光阑也可以控制成像范围

8. 关于光具组的基点、基面，下列说法错误的是______。

A. 任一复杂光具组的所有光学特性都可以用这些概念来概括

B. 物方焦平面、物方主平面的位置与物点的位置无关

C. 保持物体静止，调节光具组，若发现像发生了变化，则光具组基点或基面的位置一定发生了变化

D. 像方焦平面、像方主平面的位置与物点的位置无关

9. 光具组对相互垂直的两个面（子午面和弧矢面）上的光线会聚能力不一致导致的像差是______。

A. 球差　　B. 像散　　C. 场曲　　D. 畸变

10. 当光学系统对远轴物点的垂轴放大率相对较大时，将导致______。

A. 桶形畸变　　B. 枕形畸变　　C. 色差　　D. 彗差

11. 不会影响像清晰度的像差是______。

A. 球差　　B. 像散　　C. 场曲　　D. 畸变

12. 玻璃中的气泡看上去特别明亮，是由于______。

A. 光的折射　　B. 光的反射　　C. 光的全反射　　D. 光的散射

13. 通过一个厚玻璃观察一个发光点，看到发光点的位置______。

A. 移近了　　B. 移远了　　C. 不变　　D. 不能确定

14. 将折射率为1.5的凸透镜置于水中（$n=1.33$），则凸透镜的焦距______。

A. 变短　　B. 变长　　C. 不变　　D. 变凹透镜

15. 一双凹透镜折射率为 n，置于折射率为 n' 的介质中，则下列说法正确的是

A. 若 $n>n'$，透镜是发散的　　B. 若 $n>n'$，透镜是会聚的

C. 若 $n'>n$，透镜是发散的　　D. 双凹薄透镜是发散的，与周围介质无关

16. 当光线从折射率为 n_1 的光密介质射向折射率为 n_2 的光疏介质时，发生全反射的临界角为______。

A. $\arcsin\dfrac{n_1}{n_2}$　　B. $\arcsin\dfrac{n_2}{n_1}$

C. $\arctan\dfrac{n_1}{n_2}$　　D. $\arctan\dfrac{n_2}{n_1}$

17. 一物体放在焦距为8cm的薄凸透镜前12cm处，现将另一焦距为6cm的薄凸透镜放在第一

透镜右侧 30cm 处，则最后像的性质为______。

A. 一个倒立的实像　　B. 一个放大的实像

C. 成像于无穷远处　　D. 一个缩小的实像

二、简答题

1. 几何光学的基本规律有哪些？

2. 单球面折射规律在球面成像系统中有何重要意义？什么叫逐次成像法？简单叙述逐次成像法的基本步骤。

3. 理想光具组的基点、基面有哪些？如何得来？利用基点基面的概念可以做什么？

4. 什么叫光阑？光学仪器中的光阑主要有哪几种，各有什么意义？

5. 什么是像差，有哪几类？各有什么成因、表现？简单谈谈减少光学系统中各种像差的主要方法。

三、综合、计算题

1. 凸透镜 L_1 和凹透镜 L_2 共轴放置，相距 10cm，凸透镜的像方焦距为 20cm，凹透镜的物方焦距为 20cm，物体 A 位于凸透镜前方 30cm 处，试确定物体所成的像的位置和性质，并作出光路图。

2. 半径为 20cm 的薄壁球形金鱼缸中心有一条小鱼，问①缸外观察者看到小鱼的位置在哪里？像的性质如何？②如小鱼在后壁处，看到的情况又如何？($n_{水}=1.33$)

3. 光学系统的基点 H、H'，F、F'，如图所示作出物 AB 的像。

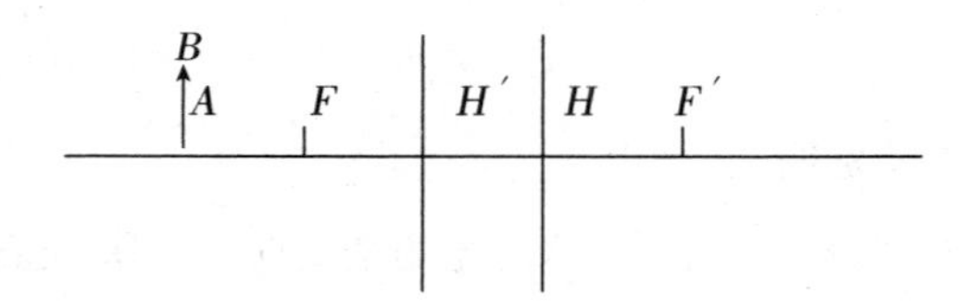

4. 光学系统的基点如图所示，求光线 AB 的共轭光线。

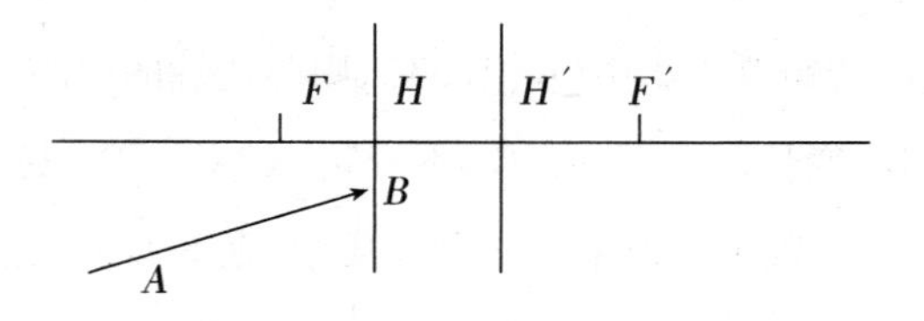

（冯　奇）

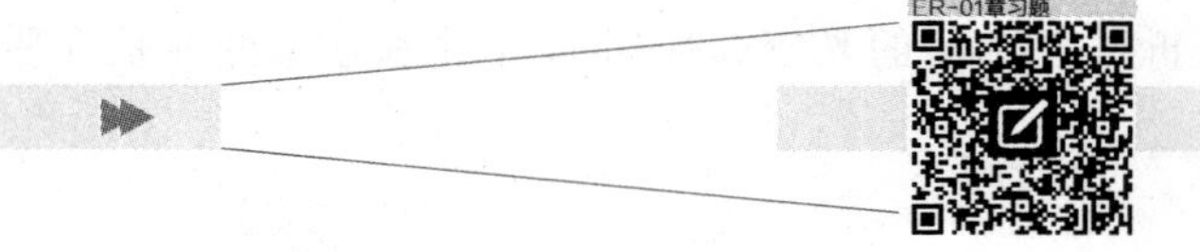

第二章

物理光学基本规律

ER-02章PPT

导学情景

情景描述：

"王小明，你刚才给我解释了光线的传播、透镜的成像、像差等，说得头头是道，那你给我讲一下这光，到底是什么东西啊，它的本质属性到底是什么？"

学前导语：

光的物理性质，涉及光的本质，即有关光的波动和量子性特性，包括光的干涉、衍射、偏振、旋光现象，以及光的辐射、光的吸收以及光与物质相互作用的其他规律，具体要求有：

掌握光程差的概念及其应用，掌握光的杨氏双缝干涉原理和分析方法，掌握光学仪器的分辨率。

熟悉相干光基本概念，光的单缝夫朗和费衍射和圆孔衍射现象、惠更斯-菲涅耳原理、光的偏振现象、光的量子特性。

了解半波带法，了解衍射光栅及其应用，了解光的旋光性、光的双折射现象、光的散射、光的受激辐射及光放大原理、激光的构成、激光的特性及应用。

学习本章，王小明将了解到光的根本性质，光与物体间的相互作用。几何光学可以看成是物理光学的一种近似唯像理论。

在第一章，我们用几何学的手段研究了光线的传播规律，并将光线这个概念运用到了光学系统的成像过程中，但实际上，光还具有复杂的物理特性。光是一种电磁波，具有干涉、衍射、偏振等性质，同时在与物质相互作用时又表现出量子特性，所以纯粹的几何意义上的光线是不存在的，几何光学只是波动光学在一定程度上的近似，是当光波的波长很小时的极限情况，作此近似后，几何光学就可以不涉及光的物理本性，而能以较简便的方法解决光学仪器中的光的传播即光路问题。

光的波动性质能够说明光的干涉、衍射、散射、偏振等许多光传播的现象，但不能解释光与物质相互作用中的能量量子化转换的性质，所以还需要近代的量子理论来补充。

本章我们将从物理意义上把握光的本性，包括光的波动性质和量子(即粒子)特性。

第一节　光的干涉

一、光波的基本概念

1. 光是电磁波　一定振动的传播称为波动，机械振动在介质中的传播称为机械波，如声波、水波、地震波等；变化电场和变化磁场在空间的传播称为电磁波（光主要是通过其中的电场与物体相互作用）。通常意义上的光是指可见光，就是一种能引起人视觉的电磁波。它的频率在 3.9×10^{10} ~ 7.5×10^{10}Hz 之间，相应在真空中的波长为 760 ~ 400nm。广义上，光还包括波长大于 760nm 的红外线与波长小于 400nm 的紫外线。

根据麦克斯韦的电磁理论，可以推知介质中的光速为：

$$v=\frac{1}{\sqrt{\varepsilon\mu}}=\frac{1}{\sqrt{\varepsilon_0\varepsilon_r\mu_0\mu_r}}=\frac{c}{\sqrt{\varepsilon_r\mu_r}}=\frac{c}{n} \qquad 式(2\text{-}1)$$

其中 ε、ε_0、ε_r 分别为介质的介电常数、真空的介电常数以及介质相对真空的相对介电常数；μ、μ_0、μ_r 分别为介质的磁导率、真空的磁导率以及介质相对真空的相对磁导率；n 为介质的折射率。式(2-1)从根本上证明了光的电磁波本性。

2. 光的颜色　光的颜色由光的频率决定，而频率一般仅由光源决定，与介质无关。可见光的频率从小到大依次对应从红到紫的各种颜色。

（1）复色光：包含多种波长的光，如白光以及绝大多数看到的光。

（2）单色光：只含单一波长的光，绝对单色的光是不存在的，任何光总有一定的频率范围 $\Delta\nu$ 和波长范围 $\Delta\lambda$，$\Delta\nu$ 或 $\Delta\lambda$ 越小，光的单色性越好。例如：

钠灯、汞灯：$\Delta\nu$ 为 10^{12}Hz 量级，$\Delta\lambda$ 为 nm 量级

镉灯：$\Delta\nu$ 为 10^{9}Hz 量级，$\Delta\lambda$ 为 10^{-3}nm 量级

单色性较好的激光：$\Delta\nu$ 为 10Hz 量级，$\Delta\lambda$ 为 10^{-12}nm 量级

3. 横波　光是一种电磁波，在光的传播过程中，电场与磁场和扰动的传播方向垂直，所以光是一种横波。由于光与视觉器官以及光探测器的作用多半是通过电场产生的，我们把电场的方向规定为光矢量的方向。光波可以由以下关于电场 E 的波动方程来描述：

$$E=E_0\cos\omega\left(t-\frac{r}{u}\right) \qquad 式(2\text{-}2)$$

其中 $\omega=\frac{2\pi}{T}$为光的圆频率；u 为波速且 $u=\frac{\lambda}{T}$，λ 为波长，T 为波动周期；r 为离开光源的距离。

4. 偏振　如果一束光的光矢量都在一个方向上，则称光在该方向上偏振。

5. 相位　相位描述了波传播过程中介质振动的状态。例如图 2-1 为一列向右传播的正弦波，可以分析如下：

（1）原点处的质点刚要振动（所以相位为 0）；

(2) 点已振动半个周期，处在波峰$\left(相位为\frac{\pi}{2}\right)$；

(3) B 点则刚好完成半个振动，处在平衡位置(相位为 π)；

(4) C 点处在波谷$\left(相位为\frac{3\pi}{2}\right)$。

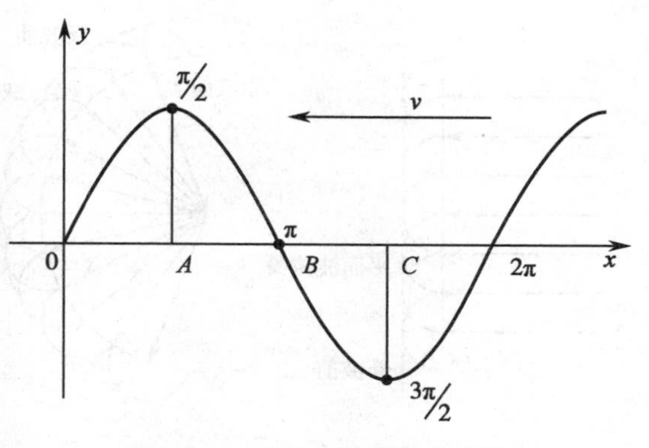

图 2-1　一列向左传播的正弦波

当两列波相遇时，如果相位相同，则波峰与波峰相遇，两列波相互加强，若相位相差 π 或者反相，则两列波相互削弱。

6. 波阵面　波在传播过程中相位相同(即振动状态相同)的相邻点构成波阵面。以一圈一圈荡漾开去的水波为例，每一圈上的水质点的振动状态相同，因而构成一个波阵面(实际表现为水平面上的一个圆)，传播时列在最前的波阵面称为波前，如图 2-2 所示。

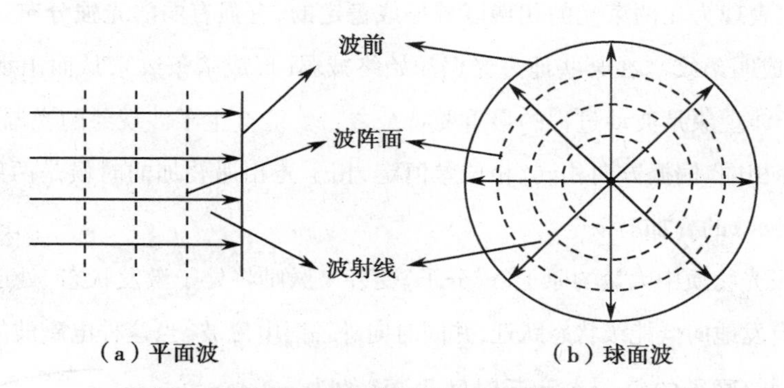

图 2-2　平面波及球面波的波前、波阵面及波射线

波阵面总是与波的传播方向 r 垂直，波的传播方向用波射线来表示，波射线在几何光学中是一个重要概念——光线。

(1) 球面波：波阵面为球面的波，点光源发出的光波就是球面波；

(2) 平面波：波阵面为平面的波，当观察点离光源的距离很远时，球面可近似地看成是平面。

7. 惠更斯原理　波是如何传播的呢？波源振动引起介质的振动从而形成波，其中传在最前的相位相同的点构成波前，惠更斯认为：波前曲面上的每一个点，因其振动，都可以看成是一个新的振动中心，向前发出球面子波，这些新的球面子波会形成一个包络面，这个包络面就是新的波前，如图 2-3 所示。这样波不断向前传播。这就是惠更斯原理。

光是以波的形式存在，具有波的所有特征，将惠更斯原理应用于光波上，可以解释光的传播、反射和折射，以及干涉、衍射等现象。

由于波在空间中以子波的形式传播，所以光波总是不断弥散的，那么，几何光学中的光线、光束等概念和模型是不适用的。严格地说，是没有"光线"或"光束"之类的概念的。

8. 光强　光强即光的平均能流密度，表示单位时间内通过与传播方向垂直的单位面积的光的

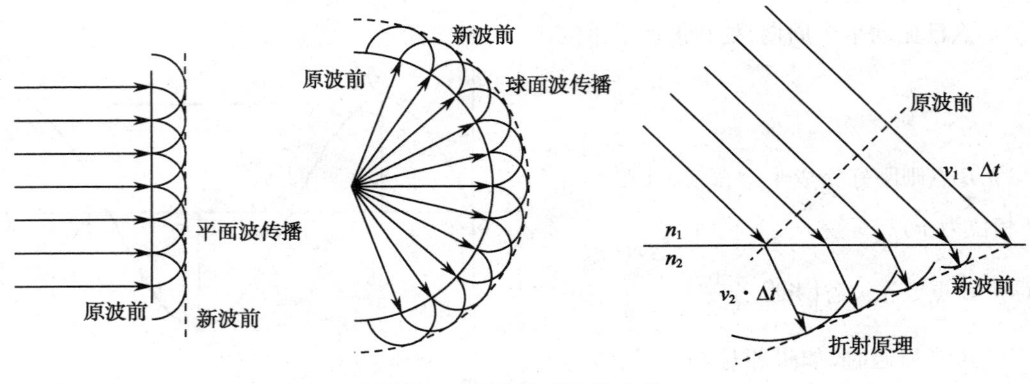

图 2-3　惠更斯原理示意图

能量在一个周期内的平均值，即单位面积上的平均光功率。光通过电场与物体相互作用，光强与光矢量的电场强度振幅平方成正比：$I \propto E_0^2$。其中 E_0 为光电场强度矢量 $\vec{E}$ 的振幅。

二、相干光

光的干涉现象表现为在两束光的相遇区域形成稳定的、有强有弱的光强分布。即在某些地方光振动始终加强（形成明条纹），在某些地方光振动始终减弱（形成暗条纹），从而出现明暗相间的干涉条纹图样。光的干涉现象是波动过程的最重要特征之一。能产生干涉现象的光源叫相干光，两光源相干的条件是频率相同、偏振方向相同、相位差恒定，相干光相遇叠加的时候是两束光的光矢量（一般用电场强度来表示）的叠加。

1. 普通光　发光物质中大量的原子（或分子）受外来激励将处于激发状态。处于激发状态的原子是不稳定的，它要自发地向低能级状态跃迁，并同时向外辐射电磁波。当这种电磁波的波长在可见光范围内时，即为可见光。原子的每一次跃迁时间很短（约为 10^{-8}s），每个原子每一次发光只能发出频率一定、振动方向一定而长度有限的一个波列。由于每个原子发光相互独立，互不影响，呈无规则性，同一个原子先后发出的波列之间，以及不同原子发出的波列之间都没有固定的相位关系，且振动方向与频率也不尽相同，这就决定了两个独立的普通光源发出的光不是相干光，因而不能产生干涉现象，而只是两束光强度（标量）的简单相加（而干涉是两束光矢量的叠加）。

2. 产生相干光的方法　利用普通光源产生相干光的思路如下：

让这两束光来自于同一束光，把同一光源发出的一束光分为两束，再让它们相遇，也就是让一个波列自己与自己相遇，这就肯定满足频率相同、振动方向、相位差稳定的条件。

由普通光获得相干光源的两种方法：

（1）波阵面分割法：如图 2-4，将同一光源 S 上同一

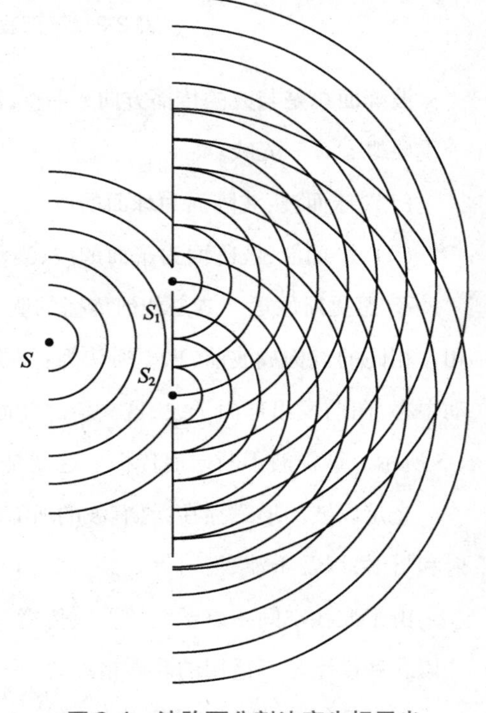

图 2-4　波阵面分割法产生相干光

点或极小区域（可视为点光源）发出的一束光分成两束 S_1 和 S_2，这两束光来自于同一波阵面的不同位置（因而叫波阵面分割），所以光的频率和振动方向相同，两束光经过不同的传播路径相遇后，相位差也是恒定的，因而是相干光。在杨氏双缝干涉实验中就用到这个方法。

（2）振幅分割法：如图 2-5 所示，一束光线 I 在两介质界面上产生折射与反射，反射光 I_1 与折射光 I_3 都来自于同一束光 I 波阵面上的同一点（P 点），这两束光的频率和振动方向相同，相位差也是恒定的，所以也是相干光；但两束光的振幅减小，故而叫振幅分割法。同理 I_3 继续折反射形成 I_2，I_2 与 I_1 仍是相干光，薄膜干涉时两相干光就是由这样的振幅分割法产生。

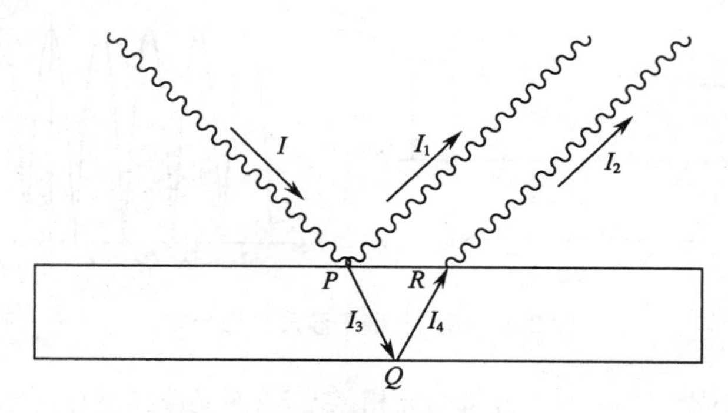

图 2-5　振幅分割法产生相干光

其他还有分振动面的方法，如偏振光干涉等。

利用上述方式获得相干光时，首先是普通光源发出的大量短暂的相互独立的波列，每一列都一分为二，两者能相互干涉（相干叠加），形成一个短暂的干涉花样，不同的波列产生的条纹样子一样，但不能相互干涉。其次，大量相同的干涉条纹在时间上持续出现，因而在视觉上最终形成明亮、稳定的干涉条纹。

三、杨氏双缝干涉

杨氏双缝干涉是最典型的自然光波阵面分割干涉现象。

杨氏双缝干涉实验示意如图 2-6 所示，光源 L 发出的光照射到单缝 S 上，在单缝 S 的前面放置

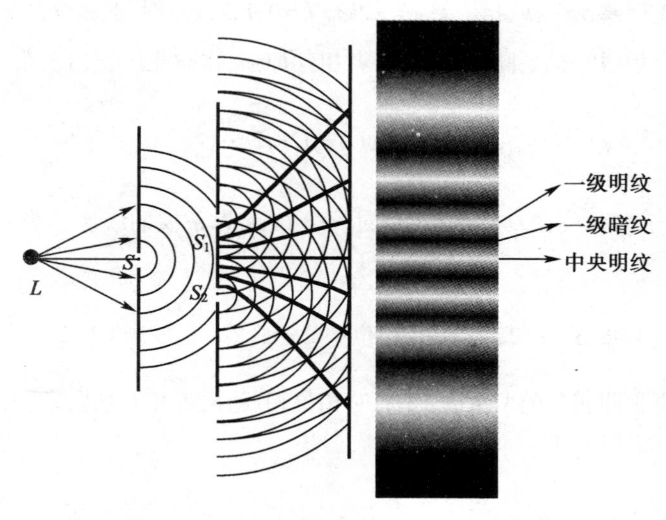

图 2-6　双缝干涉及其条纹示意图

两个相距很近的狭缝 S_1、S_2，S 到 S_1、S_2的距离很小并且相等。按照惠更斯原理，S_1、S_2是由同一光源 S 分割波阵面形成的，振动方向相同，频率相同，相位差恒定，是一对相干光。

条纹位置及宽度

如图 2-7 所示，S 为单缝，O 为屏幕中心，双缝 S_1 和 S_2 对 SO 对称，$OS_1=OS_2$。设双缝的间距为 d，双缝到屏幕的距离为 D，且 $D\gg d$，S_1 和 S_2 到屏幕上 P 点的距离分别为 r_1 和 r_2，P 到 O 点的距离为 x。

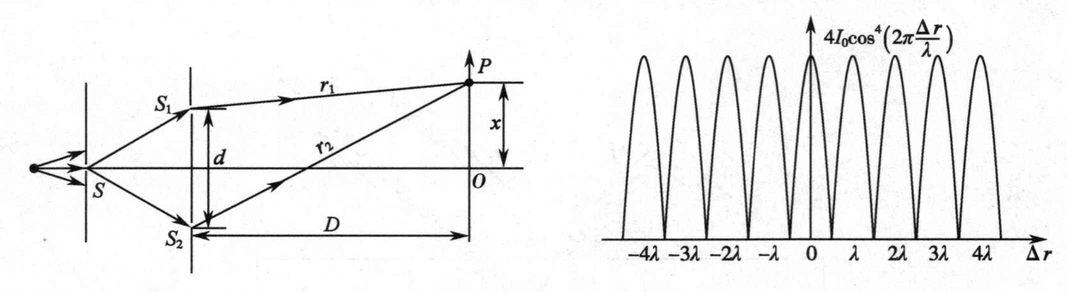

图 2-7　杨氏双缝干涉及光强分布

设整个装置在真空或空气中，且两光源间无相位差，故两光波在 P 点的光程差为 $\delta=r_1-r_2$。由几何关系：

$$r_1^2=D^2+(x-d/2)^2;r_2^2=D^2+(x+d/2)^2$$

可得：$r_2^2-r_1^2=2dx$

即 $(r_2-r_1)(r_2+r_1)=2dx$，

因为 $D\gg d$，x 很小，所以有 $r_1+r_2\approx 2D$，故光程差为：

$$\delta=r_2-r_1=\frac{d}{D}x \qquad 式(2\text{-}3)$$

这时就可以分析干涉条纹的位置：

(1) 明条纹：当光程差 $\delta=\pm k\lambda$、相位差 $\varphi=\pm 2k\pi(k=0,1,2,\cdots)$ 时，两束光的光程差为整数个波长，原来同相位的两束光，相遇时也是同相位的，两者相互加强，这时光屏上出现明条纹，条纹的位置为：

$$x=\pm k\frac{D}{d}\lambda(k=0,1,2,\cdots) \qquad 式(2\text{-}4)$$

式中正负号表示干涉条纹在 O 点两侧，呈对称分布，k 为条纹的级次。当 $k=0$ 时，$x=0$，形成中央零级明条纹。

(2) 暗条纹：当光程差 $\delta=\pm(2k-1)\frac{\lambda}{2}$、相位差 $\varphi=\pm(2k-1)\pi(k=1,2,\cdots)$ 时，两束光的光程差为半波长的奇数倍，原来同相位的两束光，相遇时相位相反，两者相互削弱，这时光屏上出现暗条纹，条纹的位置为：

$$x=\pm(2k-1)\frac{D}{d}\frac{\lambda}{2}(k=0,1,2,\cdots) \qquad 式(2\text{-}5)$$

（3）条纹间距：k 级明条纹的位置为 $x_k=k\dfrac{D}{d}\lambda$，$(k-1)$ 级明条纹的位置为 $x_{k-1}=\pm(k-1)\dfrac{D}{d}\lambda$，则两条纹间距离为 $\Delta x=x_k-x_{k-1}=\dfrac{D}{d}\lambda$。

条纹间距与级次 k 无关，如图 2-8 所示。

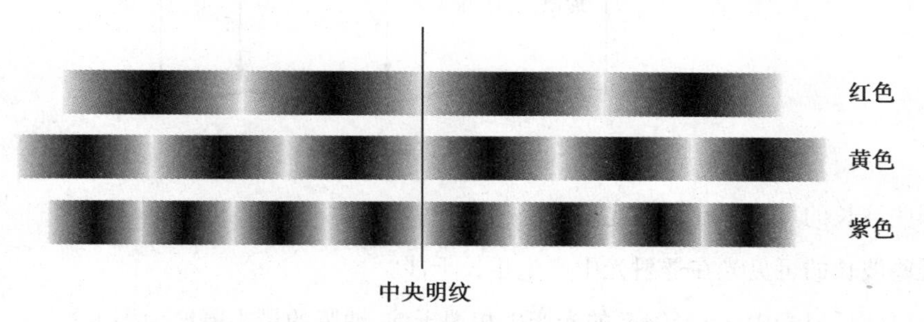

图 2-8　复色光的干涉条纹

照射光的波长不同，明暗条纹的间距 Δx 也不同；若用白光照射，除中央因各色光重叠仍为白色外，两侧因不同波长明纹位置不同，形成一个由紫到红的彩色条纹。

四、薄膜干涉

由薄膜两表面反射（或透射）光产生的干涉现象，叫做薄膜干涉。薄膜干涉属于分振幅法，日常在太阳光下见到的肥皂膜和水面上的油膜所呈现的彩色都是薄膜干涉的实例，如图 2-9 所示。

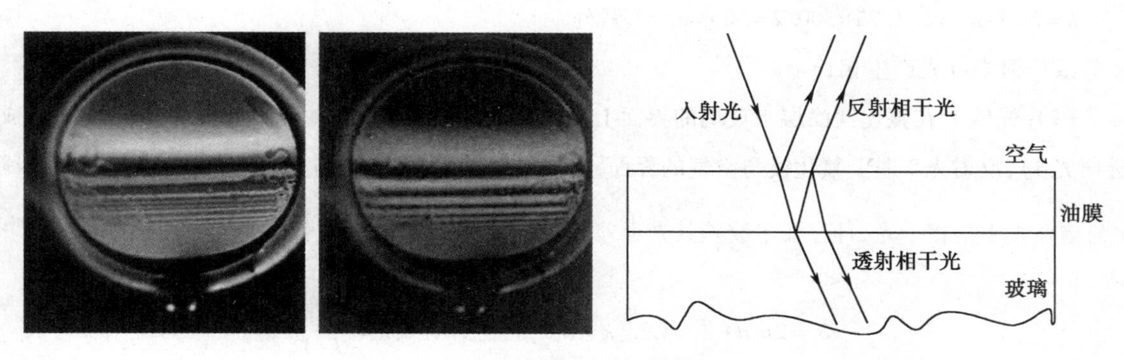

图 2-9　薄膜干涉及其条纹

1. 半波损失　当薄膜很薄时，入射光与反射光的光程差接近零，照理似乎这时应该能观察到明条纹，但实际是暗条纹（例如肥皂膜变薄破裂前的状态）。

解释：当光从光疏介质（光速较大、折射率较小）的介质射向光密介质（光速较小、折射率较大）的介质时，反射光的相位相对入射光的相位发生了 π 跃变，这就相当于反射光与入射光之间附加了 $\lambda/2$ 的光程差。这就叫做“半波损失”。这样，当膜的厚度接近于零的时候，反射光与入射光之间的光程差为 $\lambda/2$，观察到暗条纹。

注意：半波损失只发生在反射时，且必须是光疏介质入射至光密介质。

举例说明，如图 2-10 所示，在折射率 n_3 为 1.50 的平板玻璃表面镀有一层厚度为 300nm、折射率 n_2 为 1.38 的氟化镁涂层，问：

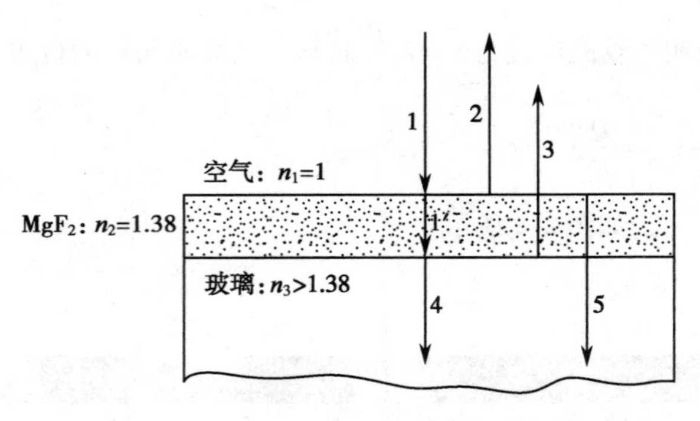

图 2-10　镀氟化镁的玻璃

（1）哪些波长的可见光在反射光中产生相长干涉？

（2）哪些波长的可见光在透射光中产生相长干涉？

（3）若要使反射光中 $\lambda=550\text{nm}$ 的光产生相消干涉，油膜的最小厚度为多少？

解：（1）入射光 1 在空气与氟化镁涂层界面上发生透反射，形成反射光 2，透射光 1′进入氟化镁后，又在与玻璃的界面上发生反射，形成反射光 3；因为（$n<n_2<n_3$），故两反射光都发生半波损失，可以不计，则两反射光之间的光程差为 $\delta_1=2n_2d$，d 为氟化镁涂层厚度。

若反射相长，则：$\delta_1=2n_2d=k\lambda$，　　$k=1,2,3\cdots$

由上式可得：$\lambda=\dfrac{2n_2d}{k}$

$k=1$ 时：$\lambda_1=2\times1.22\times300/1=732\text{nm}$　　红光

$k=2$ 时：$\lambda_2=2\times1.22\times300/2=366\text{nm}$　　紫外

故反射中红光产生相长干涉。

（2）光线 1′在氟化镁涂层与玻璃的界面上发生反射（形成反射光 3，有半波损失）和透射（形成透射光 4），反射光 3 遇上氟化镁与空气的界面，再次发生反射（无半波损失）而形成光线 5，所以光线 5 与透射光 4 是相干光，且存在半波差其光程差 $\delta_2=2n_2d+\dfrac{\lambda}{2}$为整数个波长时，干涉相长，即：

$$\delta_2=2n_2d+\frac{\lambda}{2}=k\lambda,(k=1,2,3\cdots)，所以：\lambda=\frac{4n_2d}{2k-1}$$

$k=1$ 时：$\lambda_1=4n_2d=4\times1.22\times300/1=1656\text{nm}$　　红外线

$k=2$ 时：$\lambda_2=4n_2d=4\times1.22\times300/3=552\text{nm}$　　青色光

$k=3$ 时：$\lambda_3=4n_2d=4\times1.22\times300/5=331\text{nm}$　　紫外线

故透射光中青光产生相长干涉。

（3）由（1）中反射相消干涉条件为：$\delta_1=2n_2d=\dfrac{(2k-1)\lambda}{2}$，　　$k=1,2,3\cdots$，

很显然，取 $k=1$ 所产生对应的厚度最小，应为：$d=\dfrac{k\lambda}{4n_2}=\dfrac{550}{4\times1.38}=99.6\text{nm}$。

另外我们可以发现，本题中两反射光的光程差 δ_1 与两透射光的光程差 δ_2 相差半个波长，也就是若反射光相长，透射光必定相消；反过来，反射光相消，透射光必相长。符合能量守恒定律，自然界的

事情就是这样奇妙！

由以上例题，很自然，我们引出增透膜与增反膜的概念。

2. 增透膜　在现代光学仪器中，为减少入射光在透镜等光学元件的玻璃表面上反射引起的能量损失，常在其表面上镀一层厚度均匀的透明薄膜（如 MgF_2），其折射率介于空气和玻璃之间，当膜的厚度适当时，可使某波长的反射光因干涉而减弱，从而能使光学元件透过更多光，这种使透射光增强的薄膜称为增透膜，如图 2-11 所示。

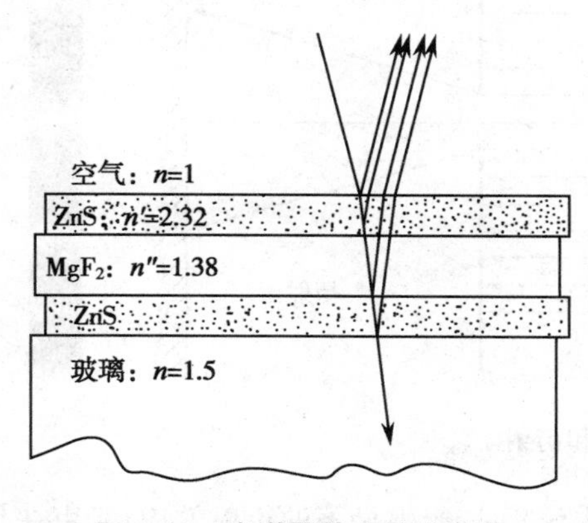

图 2-11　光学器件上的增透膜

在照相机等光学仪器的镜头表面镀上 MgF_2 薄膜后，能使对人眼视觉最灵敏的黄绿光反射减弱而透射增强，这样的镜头在白光照射下，其反射常给人以蓝紫色的视觉，这是因为白光中波长大于和小于黄绿光的光不完全满足干涉相消条件而使镜头表面呈现黄绿色的互补色——蓝紫色的缘故。

透镜经镀膜后，光线因空气-玻璃界面反射损失的光线可由 5% 下降至 1%，大大降低了反射光线对物像清晰度和对比度的影响。

3. 增反膜　在镜面上镀上透明薄膜后，能使某些波长的反射光因干涉而增强，从而使该波长更多的光能得到反射，这种反射光增强的薄膜称为增反膜。

在玻璃表面交替镀上高折射率和低折射率的膜层可形成高反射膜，如图 2-10 所示。例如，不镀膜时透镜表面的反射率<5%；若用 MgF_2（$n=1.38$）与 ZnS（$n=2.32$）交替镀膜 3 层，则反射率<70%。若是 15 层，反射率为 99%，几乎全部反射。

点滴积累

1. 干涉光条件：相同的频率、相同的振动方向、恒定的相位差。
2. 获得干涉光的方法：振幅分割法、波阵面分割法。
3. 干涉的典型种类：双缝干涉、薄膜干涉。

第二节　光的衍射

光在传播过程中遇到障碍物时，能够绕过障碍物边缘继续前进，光的这种偏离直线传播的现象称为光的衍射。衍射和干涉一样，是波动的基本特征，本部分着重介绍单缝衍射、光栅衍射、圆孔衍射的特点和规律，并引入光学仪器的分辨本领。

一、光的衍射现象

光通过狭缝照射在屏上，按几何光学的观点，若狭缝变窄，屏上的像也将变窄。实验发现，狭缝较大时，呈上述规律，但继续减小狭缝的宽度以致接近光的波长时，像的亮度降低，但范围反而扩大，有明暗相间的条纹。

像这样光波遇到障碍物时，偏离直线传播而进入几何阴影区域，使光强重新分布的现象，称为衍射现象。光的直线传播和衍射，如图 2-12 所示。

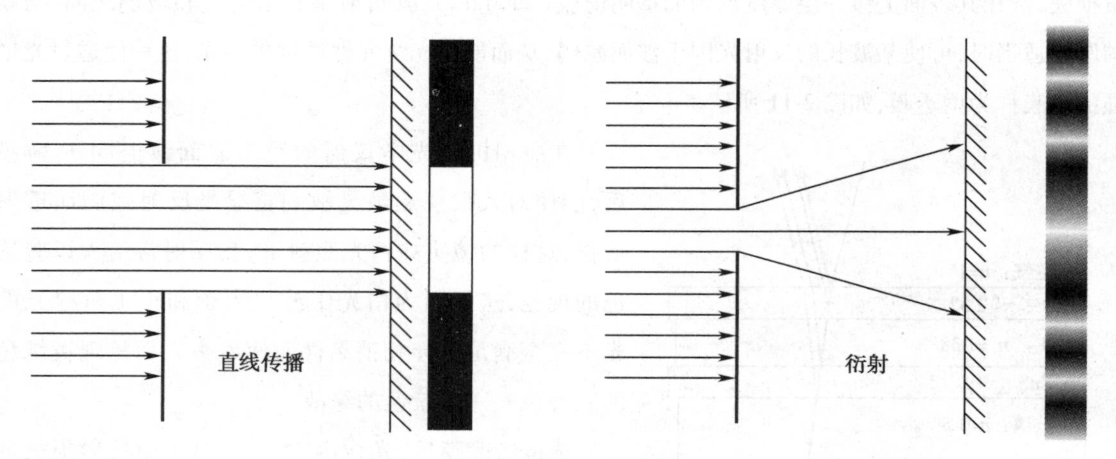

图 2-12　光的直线传播和衍射

衍射的特点是：当障碍物的线度比光的波长大，且大得不多时，产生显著的衍射效应；光束在什么方向上受到了限制，就在什么方向衍射；光孔越小，对光束的限制越厉害，衍射图样越扩展，衍射效应越厉害。当障碍物的线度小到与光的波长可以比拟时，衍射范围将弥漫整个视场。各种孔的衍射图样，如图 2-13 所示。

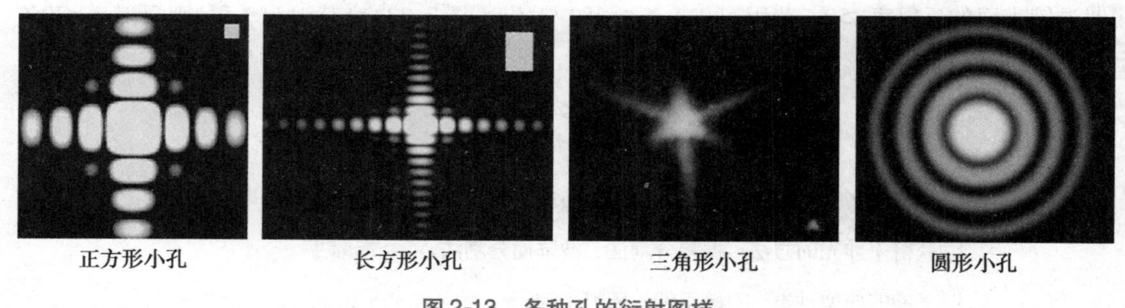

图 2-13　各种孔的衍射图样

二、衍射的分类

衍射系统一般由光源、衍射屏和接受屏组成。按它们相互间的距离关系，通常把光的衍射分为两大类，如图 2-14 所示。

（1）菲涅尔衍射：当光源和屏或两者之一离障碍物的距离为有限远时产生的衍射现象（即不平行光的衍射现象）。

（2）夫朗和费衍射：当光源和屏离障碍物的距离均为无限远时产生的衍射（其特点是平行光衍射）。实验室中是用透镜来实现的。

由于光学仪器中的衍射多半都是夫朗和费衍射，以下只讨论该类衍射。

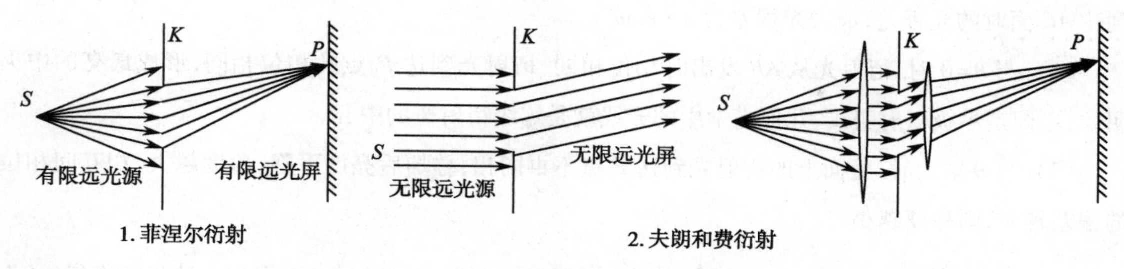

图 2-14　菲涅尔衍射和夫朗和费衍射

三、单缝夫朗和费衍射

所谓单缝，即宽度远小于长度的矩形孔。

当单色平行光垂直入射到单缝上后，由缝平面上各面元发出的向不同方向传播的平行光束，被透镜会聚到放在其焦平面处的屏幕上，则在屏幕上可以观察到一组平行于狭缝的明暗相间的衍射条纹，屏幕中心为中央明纹，两侧对称分布着其他明纹（图 2-15）。

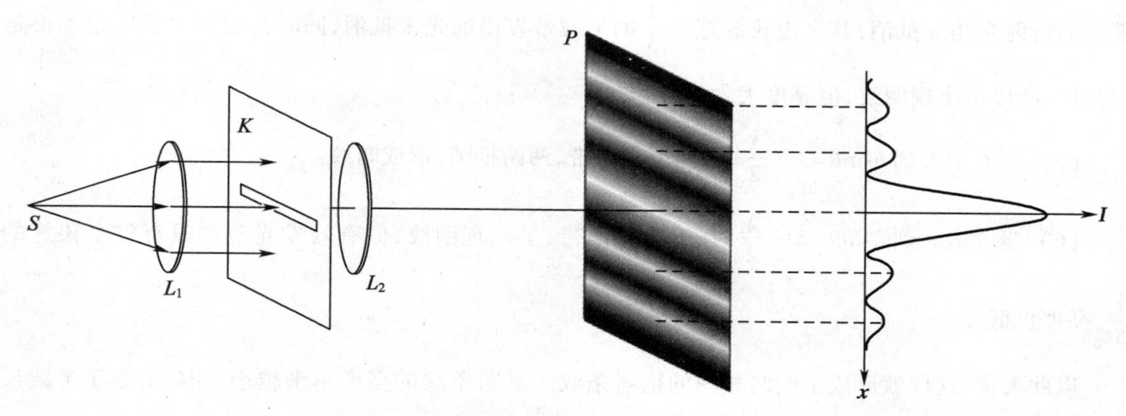

图 2-15　单缝夫朗和费衍射及强度示意图

（一）单缝夫朗和费衍射的分析方法

分析衍射问题的基本方法就是利用前面谈到的惠更斯原理：狭缝处的波面发出子波，在屏幕上的某点相互叠加，就可得到该点的光强，进而得到整个屏幕各点的亮度及形成的明暗条纹。该方法涉及比较复杂的积分运算，可以运用菲涅尔半波带法很方便地得到近似结果。

（二）菲涅尔半波带法——定性分析

所谓半波带，即是把单缝处的波面分割成等宽的平行窄带，使相邻两条窄带上对应点发出的沿 θ 方向的子波光线的光程差为 $\lambda/2$，如图 2-16 所示。

（三）利用半波带法解释单缝衍射

设单缝夫朗和费衍射光的衍射角为 θ，A、B 为狭缝的上、下缘，缝宽为 AB，作 $AC \perp BC$，由 AC 面上各点到 P 点光程相等（透镜会聚平行光不带来附加的光程差）；所以从狭缝面上各点发出的平行衍射光到达 P 点的光程差等于它们

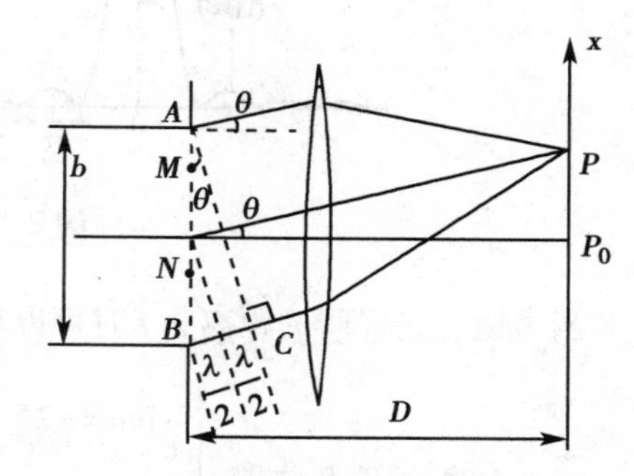

图 2-16　单缝夫朗和费衍射的半波带分析法

到达 AC 面时的光程差，最大光程差为 $b\cdot\sin\theta$。

（1）当 $\theta=0$ 时，衍射光从 AB 发出时相位相同，衍射光到达 P_0 点的相位相同，形成最亮的中央明纹，也即是零级衍射明纹，几何光学中的光线就是零级衍射斑的中心。

（2）当 θ 增大时，缝面上的衍射光到达 P 点不再同相，叠加后亮度下降，角度越大，相互间相位的偏差越大，则亮度越小。

（3）θ 增大使得 $BC=b\sin\theta=2\cdot\dfrac{\lambda}{2}$ 时，BC 长度为两个半波，作与 AC 距离为半波长的平行线，将缝面 AB 分成两个半波带。相邻两个半波带上任意两个对应点$\left(如 M、N，两者相距为半波带宽度\dfrac{\lambda}{2\sin\theta}\right)$，沿 θ 角发出的平行衍射光，到达 AC 面的光程差（到达 P 点的光程差），都是$\dfrac{\lambda}{2}$。这样，原来缝面上同相的光变反相，相互抵消，形成暗纹。

（4）θ 继续增大，亮度上升，当 θ 增大到 $b\sin\theta=3\cdot\dfrac{\lambda}{2}$ 时，波面分割成三个半波带，两个相邻半波带上的衍射光相互抵消；其余占狭缝宽度$\dfrac{1}{3}$的半波带发出的光未抵消，同时会聚到 P 点时也不再是同相位，所以虽出现明纹，但亮度大大下降。

（5）当 θ 增大到 $b\sin\theta=4\cdot\dfrac{\lambda}{2}$ 时，四个半波带，两两抵消，形成暗纹。

（6）当 θ 增大到 $b\sin\theta=5\cdot\dfrac{\lambda}{2}$ 时，五个半波带，虽出现明纹，但有效发光范围只有整个狭缝的$\dfrac{1}{5}$，亮度更低。

以此类推，这样就形成了明暗相间的衍射条纹。且明条纹的亮度越来越小。AC 不等于半波长的整数倍，由 Q 点光强介于最明与最暗之间，其衍射强度如图 2-17 所示。

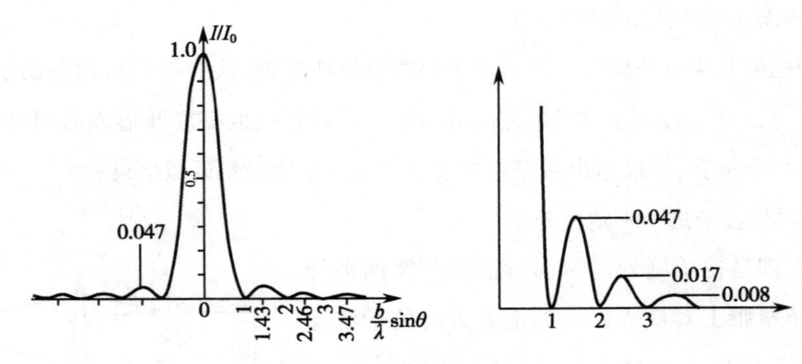

图 2-17　单缝夫朗和费衍射强度

当透镜与光屏间的距离为 f 时可以算得：

（1）暗纹条件及位置：$\begin{cases} b\sin\theta=\pm 2k\cdot\dfrac{\lambda}{2} \\ x=f\cdot\sin\theta=k\cdot\lambda\cdot\dfrac{f}{b} \end{cases}$　　$k=1,2,\cdots$　　式(2-6)

（2）明纹条件及位置：$\begin{cases} b\sin\theta=\pm(2k+1)\cdot\dfrac{\lambda}{2} \\ x=f\cdot\sin\theta=\pm(2k+1)\cdot\dfrac{\lambda}{2}\cdot\dfrac{f}{b} \end{cases}$ $k=0,1,2,\cdots$ 式(2-7)

其中 k 为衍射级次，中央明纹线宽度：$\Delta x_0=2f\sin\theta_0=2\dfrac{f\lambda}{b}$，其他明纹宽度：$\Delta x_0=\dfrac{f\lambda}{b}$。

用白色平行可见光垂直照射，衍射图样的中央仍为白光，其两侧则呈现由紫到红的彩色条纹。

例如：用波长为500nm的单色平行可见光垂直照射到缝宽为 $b=0.5$mm 的单缝上，在缝后放一焦距 $f=1$m 的透镜，在位于焦平面的观察屏上形成衍射条纹，求：

（1）一级明纹在屏上的位置。

（2）此时单缝波面可分成几个半波带？

（3）中央明纹的宽度。

解：(1)由单缝衍射公式可知($k=1$)：

$$x=3\frac{\lambda}{2}\cdot\frac{f}{b},x=1.5\text{mm}$$

（2）$k=1$，半波带数为：$2k+1=3$

（3）中央明纹宽度为：$\Delta x=2f\dfrac{\lambda}{b}=2\times1\times\dfrac{500\text{nm}\times10^{-9}}{0.5\text{mm}\times10^{-3}}=2\text{mm}$

半波带法是一种比较精确的近似方法，实际上的各级明纹都要向中央明纹靠近一些。

（四）干涉与衍射的本质

光的干涉与衍射一样，本质上都是光波相干叠加的结果。一般来说，干涉是指有限个分立的光束的相干叠加，衍射则是连续的无限个子波的相干叠加。干涉强调的是不同光束相互影响而形成相长或相消的现象；衍射强调的是光线偏离直线而进入阴影区域(也即两者的宏观现象)。

事实上，干涉与衍射往往是同时存在的，分析双缝干涉时，如果没有衍射，则光沿直线传播，在屏幕形成的只是边缘清晰的双缝的像。它们不会相遇，也不会产生干涉。双缝出射光相对入射光有较大角度偏折，这是衍射的结果。双缝干涉实际上是每个缝自身发出的光的衍射与两个缝衍射光之间干涉的综合效果。

四、圆孔衍射及光学仪器的分辨率

大多数光学仪器上所用的透镜边缘均为圆形，所以光透过凸透镜，相当于先经过一个圆孔，发生衍射，再通过透镜将衍射光会聚到透镜的焦平面上，因此研究圆孔夫朗和费衍射对于分析光学仪器的成像质量有重要意义。

（一）圆孔夫朗和费衍射

用单色平行光垂直照射小圆孔时，若不考虑衍射，在透镜 L 的焦平面处的屏幕上，本来应该出现一个无限小的焦点；而实际上，焦点处出现由中央圆形亮斑以及外围一系列明暗相间的同心圆环组成的衍射图样，即圆孔夫朗和费衍射图样，如图2-18所示。

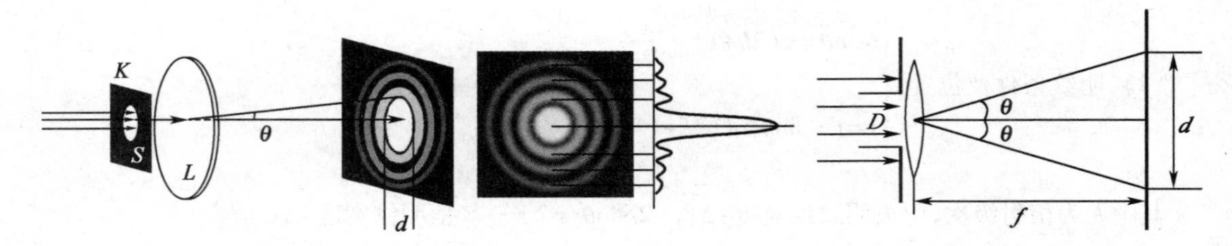

图 2-18 圆孔夫朗和费衍射示意图

分析圆孔衍射的成因,最有效的方法还是利用惠更斯原理:

1. 圆孔处波阵面上各点发出球面子波,与光轴成 θ 角的平行衍射光,经透镜会聚成焦平面上的一点,将之叠加,该点光强。

2. 整个衍射系统是关于光轴中心对称的,与光轴成 θ 角的衍射光应成圆环状,且以光轴与屏幕的交点为圆心,圆环上的衍射光亮度相同。

3. 改变 θ 角,可以得到光屏上另一圆环上的衍射光强,这样可得整个屏上衍射光强分布。

当然,也有类似的波带法可以分析圆孔的衍射,在此不再赘述。

艾里斑:如图 2-18 所示,在圆孔衍射中,圆环中心有一亮斑,亮度最高,称为艾里斑,占通过圆孔总光能的 84% 左右。艾里斑对应衍射角:

$$\theta=0.61\frac{\lambda}{r}=1.22\frac{\lambda}{D} \qquad 式(2\text{-}8)$$

其中,λ 为入射光波长,r 为圆孔半径,D 为圆孔直径。

艾里斑的半径为:$r_0=f\theta=1.22\dfrac{\lambda f}{D}$ 式(2-9)

(二) 光学仪器的分辨率

光学仪器中的每个透镜边缘都是一个光阑,即一个透光的小圆孔。由于圆孔衍射,点状物的像实际上是一个衍射图样,中央为最主要的艾里斑,如图 2-19 所示。

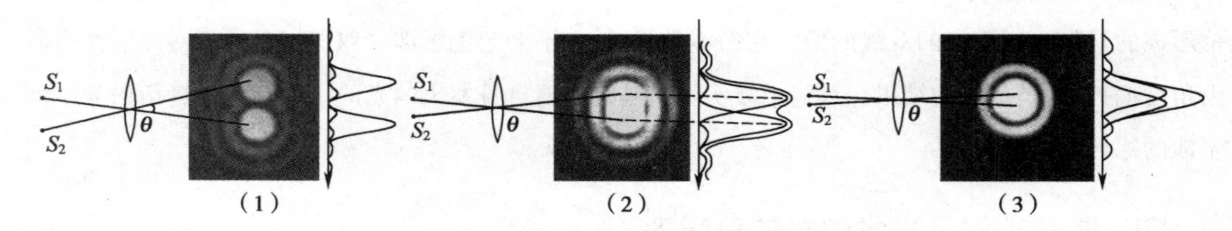

图 2-19 透镜的分辨率

两个物点:S_1、S_2 在经光学仪器后成两个艾里斑。

若两点对透镜主点夹角 θ 较大,两个艾里斑只有很小的部分重叠,可以分辨出这两个物点,如图 2-19(1)。

若 θ 较小,两个艾里斑因重叠过多而无法分辨,如图 2-19(3)。

若 $\theta=\theta_0$ 时,S_1 的第一极暗环恰好与 S_2 的艾里斑中心重合,S_2 的第一极暗环恰好与 S_1 的艾里斑中心重合,如图 2-19(2);这时,两点恰好可以为透镜分辨,这就是瑞利判据。这时两物点对透镜光心的张角 θ_0 称为透镜的最小分辨角:

$$\theta_0 = 0.61\frac{\lambda}{a} = 1.22\frac{\lambda}{D} \qquad 式(2\text{-}10)$$

以此透镜作为物镜的光学仪器的分辨角不可能小于 θ_0。

分辨本领为最小分辨角的倒数：

$$\frac{1}{\theta_0} = \frac{a}{0.61\lambda} = \frac{D}{1.22\lambda} \qquad 式(2\text{-}11)$$

光学仪器的分辨本领与 D 成正比，与 λ 成反比，如图 2-20 所示。

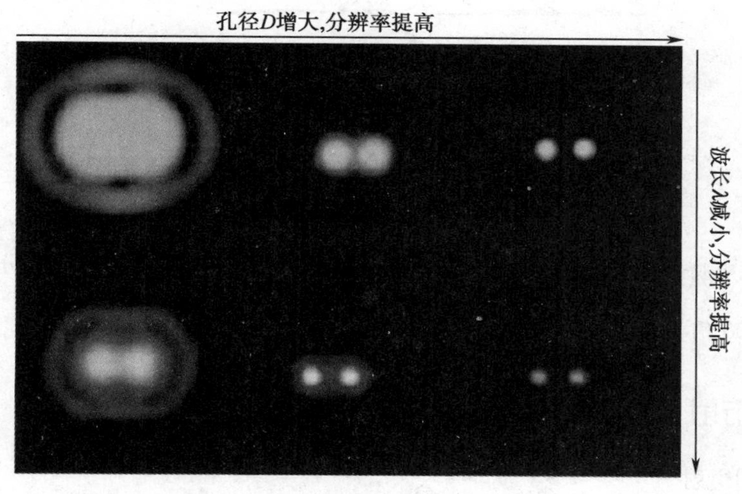

图 2-20　影响光学仪器分辨率的因素

（1）D 越大，分辨本领越大。所以要用大口径的透镜，某些情况下大口径透镜制造困难，通常采用反射式物镜，比如天文望远镜，大口径的天文望远镜基本都是反射式。

（2）λ 越小，分辨本领越大。光学显微镜采用的可见光波长在 550nm 左右，最小可分辨 200nm 的两个物体，其放大率最高也只有 1000 倍左右。

在 D 和 λ 一定的条件下，如果只是简单地提高放大倍数，由于衍射的影响，会将艾里斑也放大，还是不能分辨两物，如图 2-21 所示。而电子显微镜，采用的电子束波长可小至 10^{-3}nm，分辨率可达 10^{-1}nm，放大率直至几百万倍。

假设人眼在白天的瞳孔直径为 5mm，明视距离为 25cm，人眼的敏感波长设为 550nm，若只考虑眼睛瞳孔的衍射效应，根据瑞利判据，最小分辨角为：$\theta_0 = 1.22\frac{\lambda}{D}$；所对应的最小分辨距离为：

$$s = \theta_0 \cdot l = 1.22\frac{\lambda}{D} \cdot l = 1.22 \cdot \frac{550\text{nm}}{5\text{mm}} \cdot 250\text{mm} = 0.03355\text{mm} = 33.55\mu\text{m}$$

若采用通光直径为 2mm 的显微镜观察，刚好将物体放在离物镜 0.5mm 的地方，显微镜的最小分辨距离为：

$$s = \theta_0 \cdot l = 1.22\frac{\lambda}{D} \cdot l = 1.22 \cdot \frac{550\text{nm}}{2\text{mm}} \cdot 0.5\text{mm} = 167.75\text{nm} = 0.16775\mu\text{m}$$

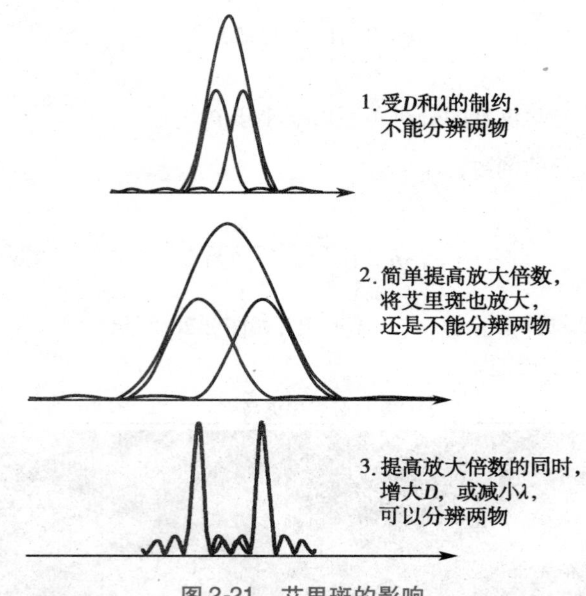

图 2-21　艾里斑的影响

这样，显微镜可将 0.16775μm 的物体放大而不致引起模糊，所以该显微镜的分辨能力可达人眼的$\frac{0.03355\text{mm}}{0.16775\text{nm}}=200$ 倍只考虑衍射效应；实际更大。

五、光栅衍射

（一）光栅的衍射

1. **光栅**　用金刚石尖在玻璃片上刻划大量的等宽且等间距的平行刻线，在每条刻痕处，入射光不易透过；刻痕间的玻璃面是可以透光，相当于一个狭缝。这样由一组相互平行、等宽、等间隔的狭缝构成的光学器件称为光栅。通常光栅上每厘米上的刻痕数有几千条，甚至达几万条。

光栅上每个缝宽 a 和相邻两缝之间不透光部分的宽度 b 之和 $d=a+b$ 称为光栅常量，是代表光栅性能的重要参数。

2. **光栅衍射图样**　单色平行光垂直照射到光栅上，从各缝发出衍射角 θ 相同的平行光，由透镜 L 会聚于平面处屏上的同一点，如图 2-22 所示，衍射角不同的各组平行光则会聚于不同的点，从而形

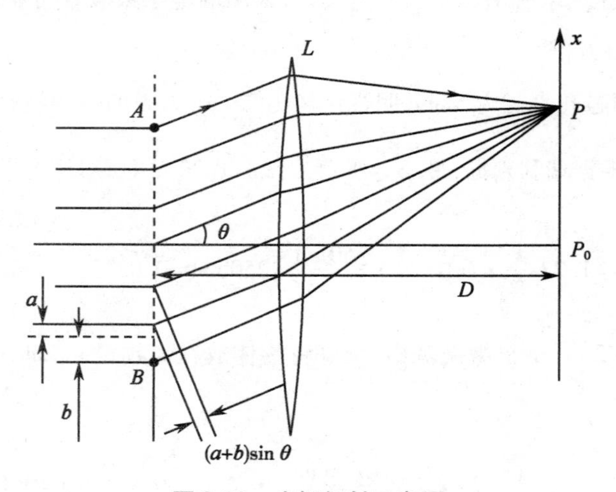

图 2-22　光栅衍射示意图

成光栅衍射图样。光栅衍射条纹的主要特点：明纹细而明亮，明纹间暗区较宽。

3. 光栅衍射的分析思路　有了前面分析双缝干涉和单缝衍射的分析思路，很容易看出光栅衍射有以下特点：

（1）单缝衍射：光栅中的每一条缝按单缝衍射规律对入射光进行衍射，如图2-23（1）所示。

（2）多缝干涉：各单缝发出的光来自于同一个波阵面，是相干光，存在相互干涉；如果每个狭缝朝不同方向的衍射光光强相同，则干涉图样如图2-23（2）所示。

（3）综合结果：由于单缝衍射的影响，朝不同方向的衍射光光强实际是不一样的，所以总的光强是单缝衍射与多缝干涉的综合结果，如图2-23（3）所示。

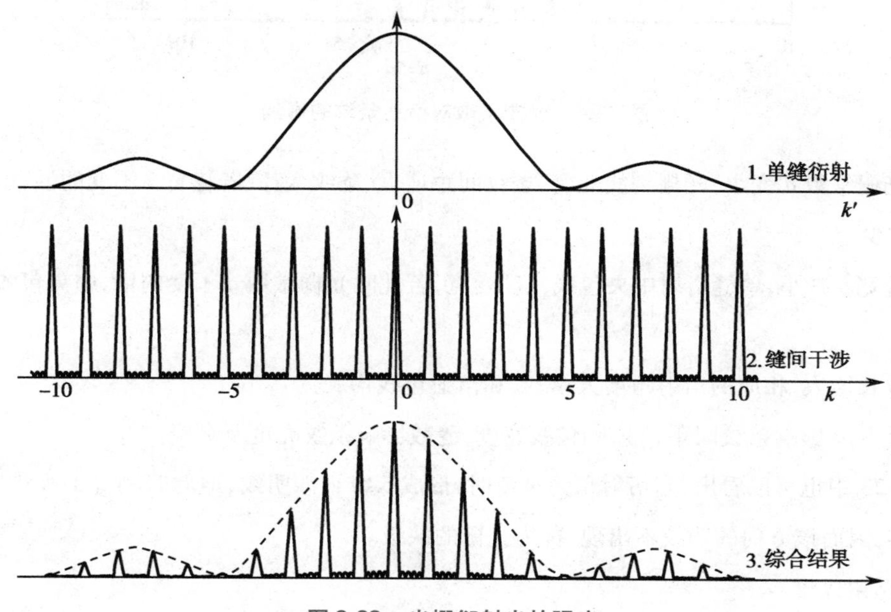

图2-23　光栅衍射光的强度

（二）光栅方程

如图2-22所示，平行光垂直入射到光栅平面上，此时整个光栅平面上所有狭缝发出的衍射光行为相同。当相邻两缝间衍射光到达光屏的光程差为波长的整数倍时，相互同相叠加，缝间光线干涉相长，呈现明亮的条纹。此时有以下光栅衍射方程：

$$(a+b)\sin\theta=\pm k\lambda,\qquad k=0,1,2,\cdots \qquad 式(2\text{-}12)$$

$k=0$：对应于中央明纹，±号表示各明纹在中央明纹两侧对称分布，明纹的位置：

$$x=D\sin\theta=\pm\frac{k\lambda}{a+b}D,\qquad k=0,1,2,\cdots \qquad 式(2\text{-}13)$$

说明对于固定的实验装置：

（1）明纹位置由$\frac{k\lambda}{a+b}D$确定，与光栅的缝数无关，缝数增大也不影响衍射包线，不影响亮纹数目，只是使条纹亮度增大与条纹变窄，如图2-24所示。

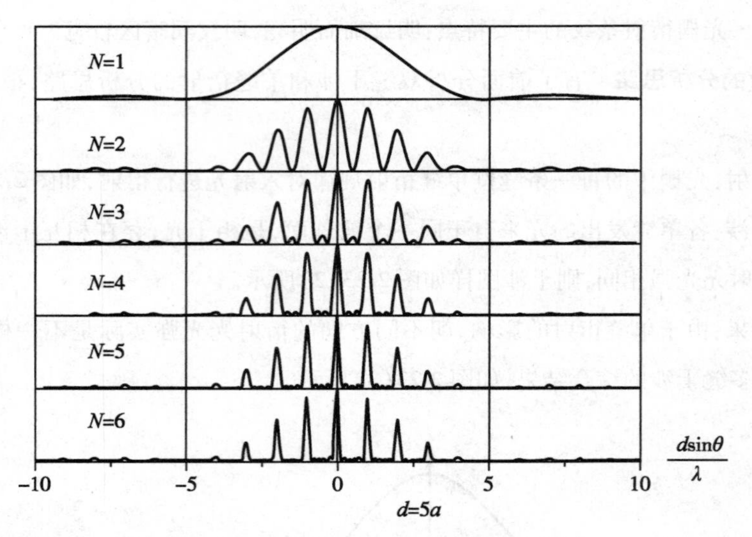

图 2-24　光栅条数对衍射条纹的影响

（2）光栅常数 d 变小，光栅刻线变密，条纹间距增大，条纹变稀；若缝宽 b 不变的话，中央包线内亮纹数目减少。

（3）缝宽 b 减小，单缝衍射中央包线宽度变宽，若此时光栅常数 d 不变的话，中央包线内亮纹数目将增加。

（4）波长增大，相应的衍射角增大，亮纹和衍射包线均展宽。

综上所述，d 影响条纹间距，b 影响包线宽度，缝数影响条纹亮度及宽窄。

在图 2-23 中也可以看出，当衍射角为某值时，形成 5 级干涉明纹，但此时刚好 1 级衍射暗纹，其结果仍是零，因而该方向的明纹不出现，称为光栅的缺级。

（三）衍射光谱

由光栅方程 $\sin\theta_k=\dfrac{k\lambda}{a+b}$ 及其他分析可知，入射光波长不同，衍射明纹的衍射角不同，在光屏上的位置也不同，这样就可以把不同颜色的光分开，形成光谱。光栅常数 d 越小，或光谱级次越高，则同一级衍射光谱中的各色谱线分散得越开。光栅的上缝数越多，条纹越亮、越细，不同颜色的光也越容易分辨。

当入射光为白光时，白光中各色光产生衍射，中央零级明条纹仍为各色光的混合，形成白色；由中间向两边外，按波长由短到长，依次呈现紫、蓝一直到黄、橙、红等各种颜色，形成光栅光谱。一级光谱不与其他级次的光谱重叠，二级光谱中的红橙光与三级光谱中的蓝紫光有重叠，如图 2-25 所示。

存储光盘的凹槽形成一个衍射光栅，在白光下能观察到入射光被分离成彩色光谱。在光谱式分

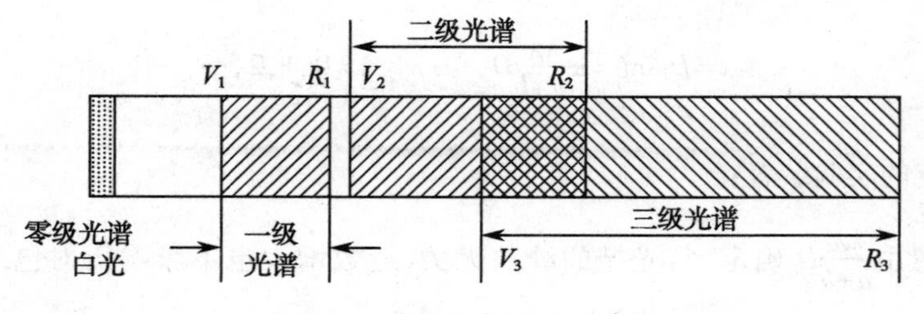

图 2-25　光栅衍射光谱示意图

析仪器中，往往利用衍射光栅将复色光在空间上分解为单色光后，利用光电器件如光电倍增管、光电二极管或 CCD 器件，对样品进行透射、反射或散射分析。

点滴积累 √

1. 衍射：偏离直线传播，进入被阻挡的区域。
2. 典型衍射类别：单缝衍射（半波带法）、圆孔衍射（光学仪器的分辨率）、光栅衍射（衍射光栅对光进行色散）。
3. 光学仪器的分辨率：本质是衍射现象，最小衍射角为 $1.22\frac{\lambda}{D}$。

第三节　光的偏振

一、光的偏振性、马吕斯定律

（一）光的偏振性

光是电磁波，主要通过与光传播方向垂直的电场与物体相互作用，因而一般用电场方向表示光矢量振动方向。同时，光矢量的方向与光传播方向垂直，因而光是横波，存在偏振现象。光的干涉现象和衍射现象证实了光的波动性，而光的偏振现象则进一步说明了光是横波。

机械波可以用类似狭缝的办法来判断是横波还是纵波。当狭缝处于如图 2-26 所示中的竖直状态时，无论机械横波、机械纵波均能通过狭缝。旋转狭缝成水平状态，纵波仍能通过，但横波不能通过。

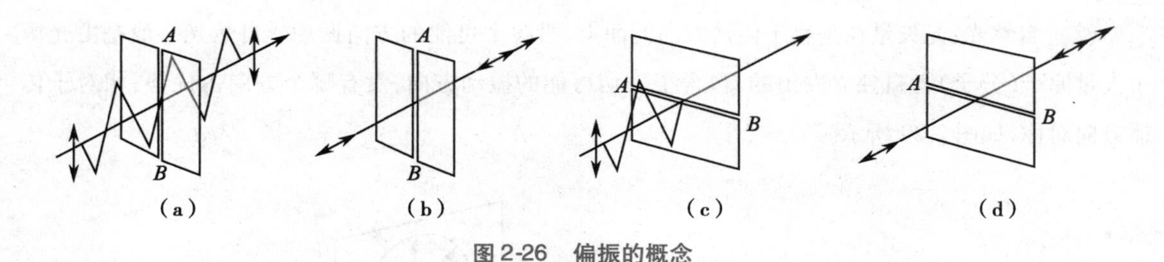

图 2-26　偏振的概念

如图 2-27 所示，在光学中，也有一种叫偏振片的器件：让一束普通的光相继垂直通过两片平行放置的偏振片 A 和 B，旋转 B 偏振片，发现透射光的强度发生由最大到零的变化。

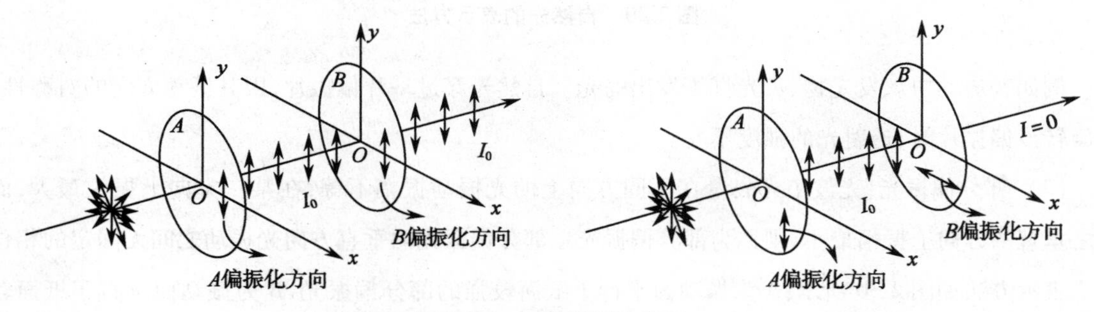

图 2-27　光的偏振示意图

（二）光偏振性的解释

1. 偏振片 *A* 相当于一个狭缝，有特定的方向，只让平行于该方向的光振动矢量通过，形成光的偏振；这一方向称为偏振化方向，由偏振片内部分子的排列结构决定，用“↕”表示。两向色性的有机晶体，如硫酸碘奎宁、电气石或聚乙烯醇薄膜在碘溶液中浸泡后，在高温下拉伸、烘干，然后粘在两个玻璃片之间就形成了偏振片。

2. 若偏振片 *B* 的偏振化方向与这个偏振光的偏振方向 *oy* 一致，则偏振光能通过偏振片 *B*，就像上下波动的软绳通过竖直狭缝。

3. 若偏振片 *B* 的偏振化方向与这个偏振光的偏振方向 *oy* 垂直，则偏振光不能通过偏振片 *B*，就像上下波动的软绳不能通过水平狭缝。

4. 当上述两方向不垂直也不平行时，只有部分光能通过偏振片 *B*。

偏振片又可以用来检验偏振光，叫检偏器。

光的偏振充分说明光的横波特性。

（三）几种偏振光

（1）线偏振光：光矢量只沿某一个固定方向振动，例如穿过第一片偏振片 *A* 后的光。

表示方法：如图 2-28 所示，短线表示振动方向平行于纸面的线偏振光；而圆点表示振动方向垂直于纸面的线偏振光。

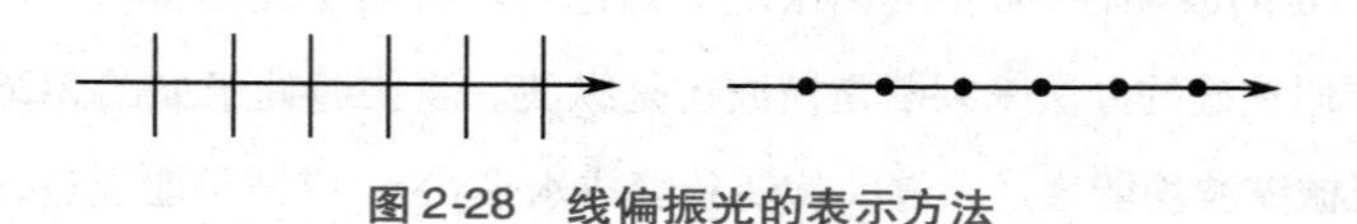

图 2-28 线偏振光的表示方法

（2）自然光：光矢量在垂直于传播方向的面上，沿各个可能的方向振动。自然光一般是由光源中大量原子（分子）各自独立发出的，包含了一切可能的振动方向，没有哪个方向占优势，相对于传播方向对称，如图 2-29 所示。

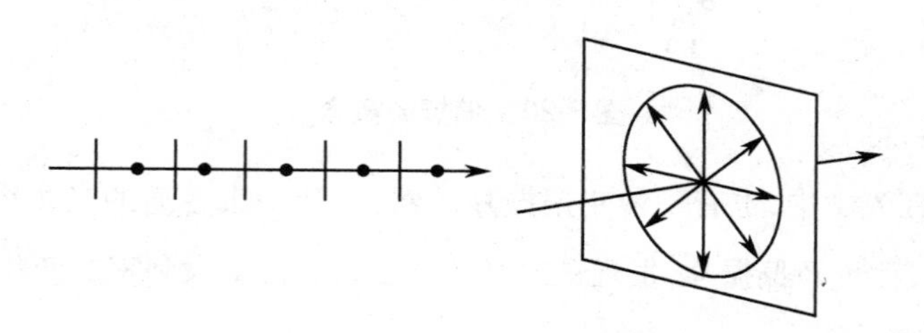

图 2-29 自然光的表示方法

例如普通的白炽发光物、荧光灯等发出的光。自然光穿过一片偏振片，因其振动方向的对称性，当旋转该偏振片时，透射光的强度不变。

（3）部分偏振光：光波中光矢量在不同方向上的光振动振幅不等，在某一方向上振幅最大，而与之垂直的方向上振幅最小，则称为部分偏振光。部分偏振光两垂直方向光振动之间无固定的相位差。表示方法如图 2-30 所示：A 为振动面平行于纸面较强的部分偏振光，B 为振动面垂直于纸面较强的部分偏振光。

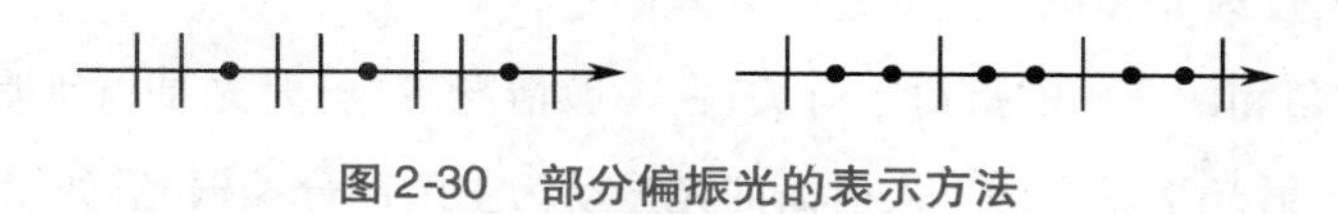

图 2-30 部分偏振光的表示方法

(4) 其他偏振光:如椭圆偏振光、圆偏振光等。

(四) 马吕斯定律

强度为 I_0 的线偏振光透过偏振化方向与之成 α 角的偏振片后,透射光仍为线偏振光,偏振方向与偏振片的偏振化方向一致,其强度为 I:

$$I=I_0\cos^2\alpha \qquad 式(2\text{-}14)$$

这就是马吕斯定律。

如图 2-31 所示,自然光通过偏振化方向为 y 的起偏器 P_1 后,变为线偏振光。假设其振幅为 I_0,偏振方向为 y;检偏器的偏振化方向为 OM,与 y 间的夹角为 α,偏振光矢量 $\vec{A}$ 在 OM 方向上的、能得以通过检偏器的振幅分量为 $A_{//}=A\cos\alpha$,因光的强度与光矢量的振幅平方成正比,透射光的强度 I 与入射光强度的比值为:$\dfrac{I}{I_0}=\dfrac{A_{//}^2}{A^2}=\cos^2\alpha$,$I=I_0\cos^2\alpha$。

而另一分量 $A_{\perp}=A\sin\alpha$,因为垂直于检偏器的偏振化方向 OM,所以被完全阻挡,无法通过检偏器。

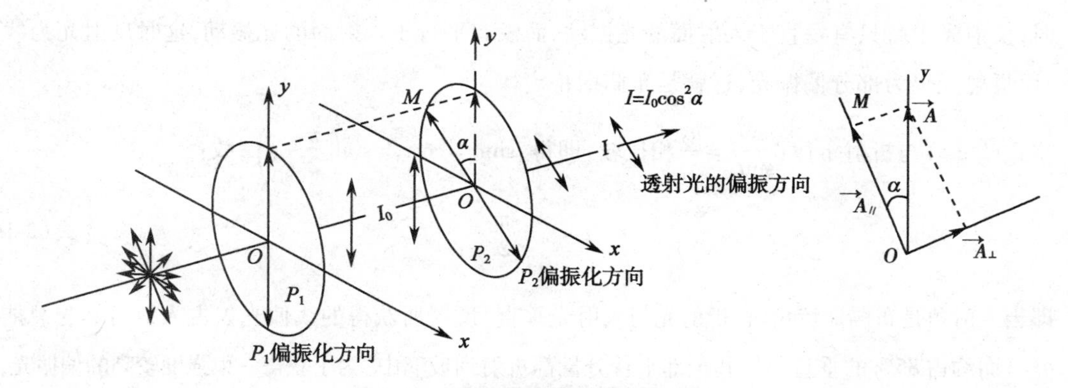

图 2-31 马吕斯定律、偏振光的分解

马吕斯定律的对象是无吸收的偏振光,对于自然光并不成立。自然光的光矢量包含所有的方向,且没有一个方向占优势,所以,在任意两个相互垂直的方向上的分量相同,均为 $I_0/2$,由于偏振片只让其中一个方向的光通过,所以自然光通过偏振片的光强为入射光的一半,偏振片在这里实际上起着起偏器的作用。

例如,自然光垂直射到互相平行的两个偏振片上,若透射光强为透射光最大光强的三分之一,则这两个偏振片的偏振化方向的夹角为多少?

设自然光的光强为 I_0,通过第一个偏振片以后,光强为 $I_0/2$,因此通过第二个偏振片后的最大光强为 $I_0/2$。根据题意和马吕斯定律有:$\dfrac{I_0}{2}\cos^2\alpha=\dfrac{I_0}{3}$,可得 $\alpha=\pm35.24°$。

(五) 反射光和折射光的偏振

实验发现,自然光在两种各向同性介质的分界面上折反射时,不但光的传播方向要改变,而且光的偏振状态也要改变，反射光和折射光都是部分偏振光。

偏振状态与入射角和两介质的折射率有关；在一般情况下，反射光是以垂直于入射面的光振动为主的部分偏振光；折射光是以平行于入射面的光振动为主的部分偏振光，如图 2-32 所示。

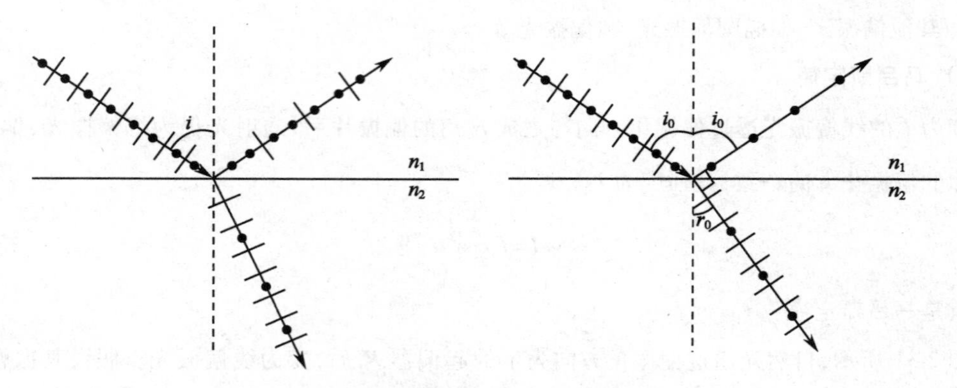

图 2-32 反射光和折射光的偏振

反射光的偏振化程度与入射角有关，若光从折射率为 n_1 的介质射向折射率为 n_2 的介质，当入射角满足

$$\tan i_0=\frac{n_2}{n_1} \qquad \text{式(2-15)}$$

时，反射光中就只有垂直于入射面的光振动，而没有平行于入射面的光振动，这时反射光为线偏振光，而折射光仍为部分偏振光，这就是布儒斯特定律。

将式(2-14)与折射定律：$\frac{\sin i_0}{\sin r_0}=\frac{n_2}{n_1}$ 相比较，即得：$\sin r_0=\cos i_0=\sin\left(\frac{\pi}{2}-i_0\right)$，故：

$$i_0+r_0=\frac{\pi}{2} \qquad \text{式(2-16)}$$

即当入射角是布儒斯特角时，折射光与入射光垂直。反射所获得的线偏光仅占入射自然光总能量的 7.4%，而约占 85% 的垂直分量和全部平行分量都折射到玻璃中。为了获得一束强度较高的偏振光，可以使自然光通过一系列玻璃片重叠在一起的玻璃堆，并使入射角为起偏角，则透射光近似地为线偏振光。

一束自然光以起偏角 56.3°入射到 20 层平板玻璃上，如图 2-33 所示。

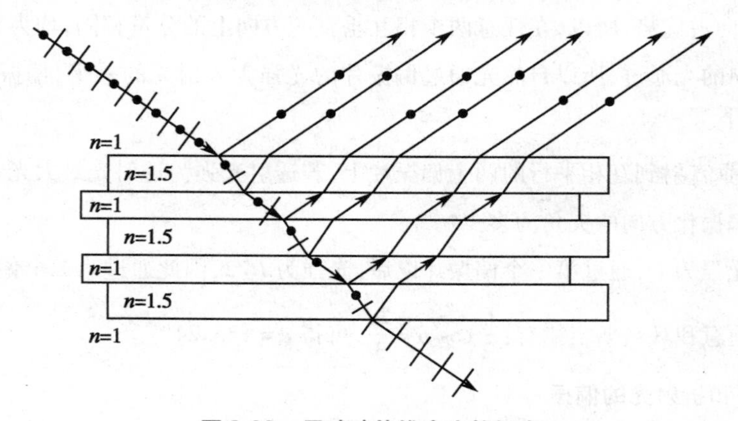

图 2-33 用玻璃片堆产生偏振光

在玻璃片下表面处的反射，其入射角33.7°也正是光从玻璃射向空气的起偏振角，所以反射光仍是垂直于入射面振动的偏振光。

二、双折射

（一）双折射现象

1. 双折射现象　一束自然光射向石英、方解石等各向异性介质时，其折射光有两束，分别称为寻常光线与非常光线。通过双折射晶体看物体，会出现两个像，如图2-34所示，这种现象称为双折射现象。

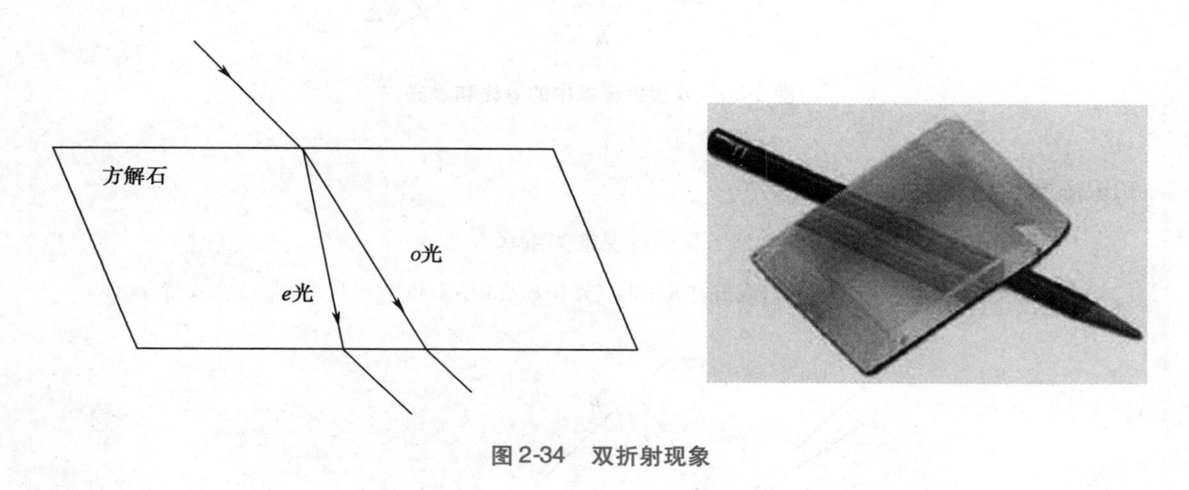

图2-34　双折射现象

（1）寻常光线（简称o光）：遵守折射定律，折射光线总在入射面内；在晶体中各个方向传播速度相同。

（2）非常光线（简称e光）：不遵守折射定律，折射光线不一定在入射面内；在晶体中各个方向传播速度不同。

产生双折射现象的原因是由于o光和e光在各向同性的晶体内有不同的传播速度。对应不同的折射率n_o与n_e；$n_o<n_e$的称为正晶体，例如石英；$n_o>n_e$的称为负晶体，例如方解石。

2. 晶体的光轴　某些晶体内有一个确定的方向，在这个方向上，o光和e光的传播速度相同，这个方向称为晶体的光轴。若沿光轴方向入射，o光和e光具有相同的折射率和相同的波速，因而无双折射现象。

实验证明，o光和e光都是线偏振光，但是光矢量的振动方向不同，如图2-35所示。

（1）光轴和o光组成的平面为o光主平面，o光振动垂直于它的主平面；由光轴和e光组成的平面为e光主平面，e光振动平行于它的主平面。

（2）若光轴在入射面（法线与入射光线所构成的平面）内，o光、e光均在入射面内传播，传播方向成一小角度，振动方向相互垂直。

（3）在一般情况下，光轴不一定在入射面，此时o光仍在入射面，但e光不在入射面内，且e光的振动方向和o光的振动方向并不完全垂直，而是有一个不大的夹角。

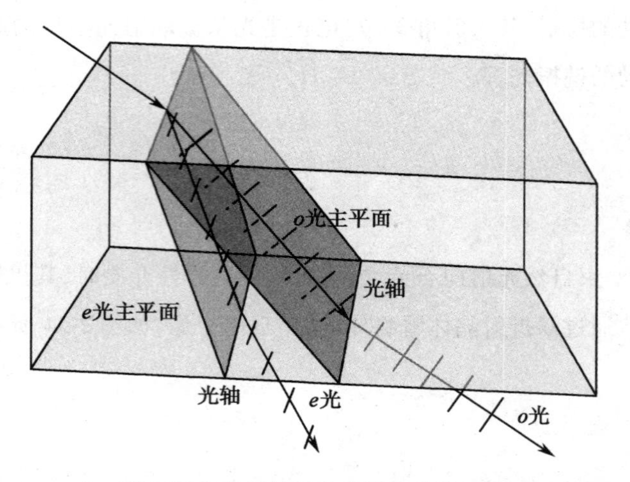

图 2-35　双折射现象中的 *o* 光和 *e* 光

知识拓展

双折射现象的解释

可以用惠更斯原理和作图法求得双折射现象的 *o* 光和 *e* 光（图 2-36）。

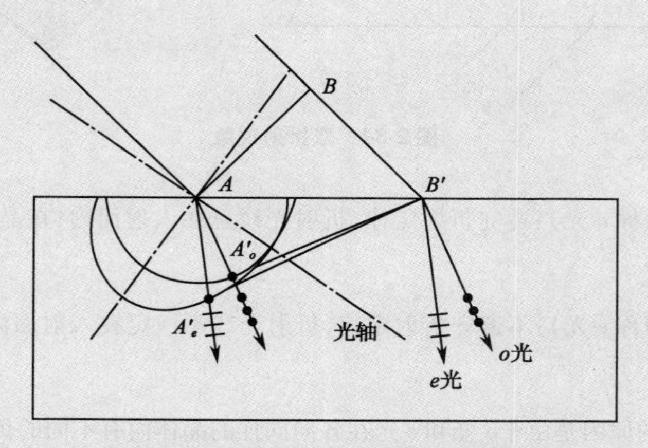

图 2-36　惠更斯原理对双折射现象的解释

假定光轴在入射面内，根据单轴晶体中 *o* 光、*e* 光的波面特征，可以利用惠更斯原理确定晶体中 *o* 光、*e* 光的方向。

设入射光的波面分别为 AB，晶体中 *o* 光、*e* 光的波面分别为 $A_o'B'$、$A_e'B'$。

1. 平行线入射光分别与晶体的表面交于 A 点和 B'点。 过 A 点的垂线 AB 为入射光的波面。
2. 入射光由 B 点传播到 B'点时，A 点的光将在晶体中传播光一定的距离 $v_o\Delta t$。
3. 过 B'点作该球面的切平面，切点为 A_o'，$A_o'B'$就是 *o* 光在晶体中的波面，AA_o'就是 *o* 光的传播方向。
4. 同理，$A_e'B'$就是 *e* 光在晶体中的波面，AA_e'就是 *e* 光的传播方向。

在晶体中，*o* 光的波面仍然与其传播方向垂直，但是 *e* 光的波面与其传播方向不再垂直。

若光轴与晶体表面垂直，且入射光垂直入射。 则 *e* 光与 *o* 光的波面是重合的，*o* 光、*e* 光方向相同，速度也是相同的，这时，并没有发生双折射。

所谓 o 光和 e 光，只是相对于晶体介质而言的，在光线透出晶体后，它们只是振动方向不同的线偏振光，这时就无所谓 o 光和 e 光，只为表述简便仍称之。

双折射现象、o 光和 e 光等概念在相衬干涉显微镜中有主要的应用。

（二）尼科尔棱镜

天然方解石厚度有限，不可能把 o 光和 e 光分得很开。而尼科尔棱镜是利用光的全反射原理与晶体的双折射现象制成的一种偏振仪器。可以将两束光完全分开，获得完全线偏振光，如图 2-37、图 2-38 所示。

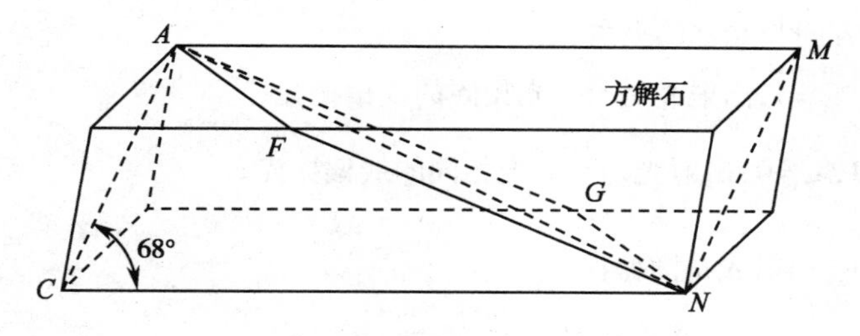

图 2-37　尼科尔棱镜图

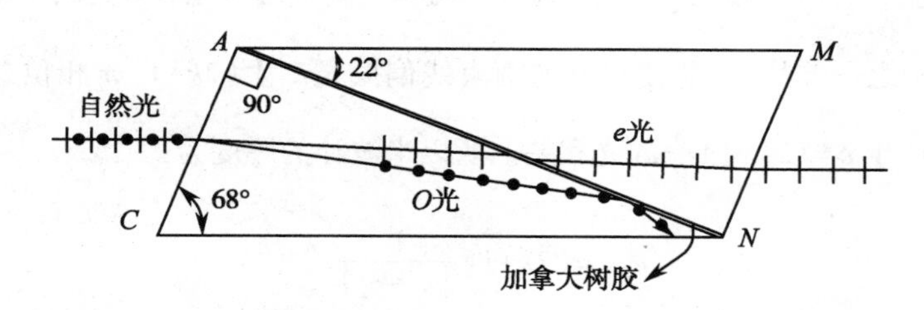

图 2-38　利用尼科尔棱镜产生偏振光

1. 取一块长度约为宽度三倍的方解石晶体，将两端切去一部分，使主截面（入射面法线与光轴构成的平面）上的角度为 68°。

2. 将晶体沿着垂直于主截面及两端面的 AN 切开，再用加拿大树胶黏合起来。

3. 分析：对于钠黄光，$n_0=1.658$，$n_e=1.486$，$n_{加}=1.55$，所以前半个棱镜中的 o 光射到树胶层中产生全反射，被涂黑的 NC 面吸收；而 e 光不产生全反射，折射后透过树胶层及后半棱镜，成为偏振光。所以自尼科尔棱镜出来的偏振光的振动面在棱镜的主截面内。

尼科尔棱镜可用作起偏器，也可用作检偏器。

（三）波片

所谓波片就是厚度均匀、光轴与表面平行的双折射晶体薄片，如图 2-39 所示，由于 o 光和 e 光在晶体中的速度不一样，折射率也不一样，因而穿过相同厚度的双折射晶体，其光程也不一样，使得 o 光与 e 光产生确定的相位差 δ。

$$\delta=(n_o-n_e)\cdot d \qquad 式(2\text{-}17)$$

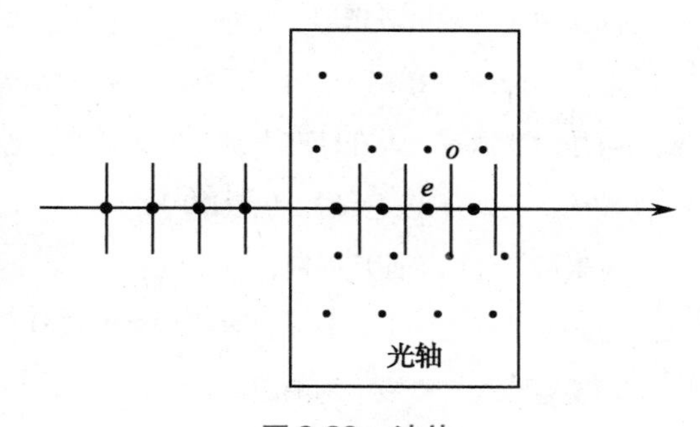

图 2-39　波片

波片使 o 光与 e 光产生相位差的原理在相衬显微镜中就有重要的应用，常用的波片有四分之一波片与半波片。

1. 四分之一波片　能使出射的两束线偏振光产生 $\frac{\pi}{2}$ 相位差的波片称为四分之一波片。此时两束光的光程差应满足：$(n_o-n_e)\cdot\delta=(2k+1)\frac{\lambda}{4}$，波片的厚度应为：$d_{1/4}=(2k+1)\frac{1}{|n_o-n_e|}\frac{\lambda}{4}$，由 $k=0$ 得四分之一波片的最小厚度为：$d_{1/4(\min)}=\frac{1}{|n_o-n_e|}\frac{\lambda}{4}$。

如果入射的是一束线偏振光，则其通过四分之一波片后，出射光线的偏振状态由 α 角确定，α 为入射线偏振光的偏振方向与光轴的夹角。

（1）$\alpha=0, A_o=0, A_e=A$，出射光是与 e 光相同的线偏振光；

（2）$\alpha=\frac{\pi}{2}, A_o=A, A_e=0$，出射光是与 o 光相同的线偏振光；

（3）$\alpha=\frac{\pi}{4}, A_o=A_e$，出射光是圆偏振光；

（4）其他情况，出射光是椭圆偏振光。

其实质是线偏振光分解为相位差为 $\frac{\pi}{2}$、偏振方向相互垂直的 o 光和 e 光的两个光矢量的合成。

2. 半波片（二分之一波片）　能使出射的两束线偏振光产生 $(2k+1)\pi$ 相位差的波片称为半波片。它能使两束光产生 $\delta=(2k+1)\frac{\lambda}{2}$ 的光程差。所以半波片的厚度为：

$$d_{1/2}=(2k+1)\frac{1}{|n_o-n_e|}\frac{\lambda}{2}$$

由 $k=0$ 得二分之一波片的最小厚度为：

$$d_{1/2(\min)}=\frac{1}{|n_o-n_e|}\frac{\lambda}{2}$$

一束线偏振光通过半波片后，出射光线仍然为线偏振光，但其振动方向却转动了 2α。其实质是线偏振光分解为相位差为 π、偏振方向相互垂直的 o 光和 e 光两个光矢量的合成。

知识链接

光 学 元 件

除文中涉及的诸多光学元件外，还有菲涅尔透镜等其他的光学元件。

菲涅尔透镜：由平面上的一系列同心圆环状带区（中心截面为一系列的梯形）构成，故又称环带透镜，可作为消球差的大孔径聚光镜，广泛应用于电影、电视、精密投影及舞台照明系统中。

棱镜：起到分光、反射、色散作用。

反射镜：包括平面反射镜、球面反射镜。

分划元件：在一个表面上制有一定刻度或其他特定图案的光学零件，一般放在后端系统的焦平面上，如望远镜或显微镜中的测距分划板。

玻璃平板和光楔：常用于光学测微器及补偿器上，利用光楔的移动或转动来测量或补偿微小的角量或线量。

分束元件：将入射光通量分割成反射和透射两部分并保证两者有适当的比例关系，一般在某个反射面上镀半透膜。

滤光片：能够衰减光的强度、改变光谱成分。 它对紫外、可见、红外区等特定波长区域具有选择吸收和透过性能。

三、旋光现象

光学元件的加工

线偏振光通过某些物质后，其偏振面将以光传播方向为轴线转过一定角度，这种现象称为旋光现象。这类物质称为旋光物质，如石英、糖、酒石酸钾钠等。

旋光物质又分两类：

(1) 右旋物质：迎着光的传播方向观看，使振动面按顺时针方向转动的物质，如葡萄糖。

(2) 左旋物质：迎着光的传播方向观看，使振动面按逆时针方向转动的物质，如果糖等。

对于晶体旋光物质，如图 2-40 所示，振动面的旋转角 φ 与光在物质中所经过的距离 l 成正比，即：

$$\varphi=\alpha l \quad \text{式(2-18)}$$

式中，α 为旋光率，与波长和物质性质有关。如石英：对 $\lambda=589.3\text{nm}$，$\alpha=21.7°/\text{mm}$；对 $\lambda=405\text{nm}$，$\alpha=48.9°/\text{mm}$

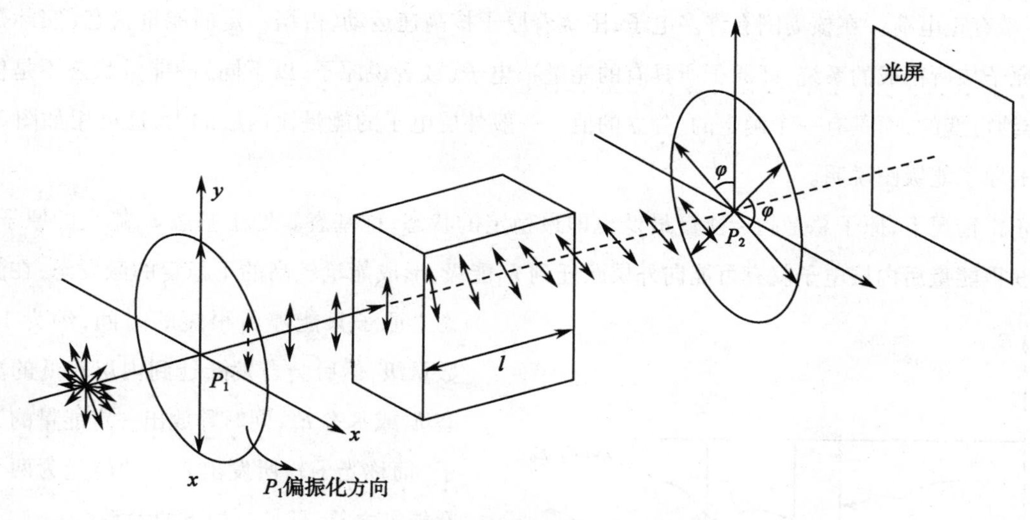

图 2-40　旋光现象的观察

对于液体类旋转物质(如松节油、糖溶液等)，振动面旋转的角度 φ 与光在物质中所经过的距离 l 以及溶液浓度 c 成正比，即：

$$\varphi=\alpha lc \quad \text{式(2-19)}$$

式中，α 为旋光率，与光的波长、溶液性质和温度有关。

利用旋光规律，可以根据待测溶液的旋光角度与溶液的旋光率，或者待测溶液与标准溶液的旋光角度的对比，测出待测溶液的浓度。典型的是制糖工业中，测定糖液浓度的糖量计。

在生物医学中，许多生物活性分子都是左旋和右旋的异构体，如自然界中的氨基酸（蛋白质的基本部分）和糖类，大部分的旋光性药物存在左旋或右旋的异构体，其中只有一种异构体是有效的，被抛弃的另一种异构体往往有很高的副作用或者没有任何医疗作用。

课堂活动

光学透镜、棱镜以及其他光学元件是怎样加工出来的?

点滴积累

1. 光的偏振概念，偏振光的获得，偏振片，玻璃片堆
2. 马吕斯定律：$I=I_0\cos^2\alpha$
3. 双折射现象：玻片，可以产生线偏振光、圆偏振光，使两偏振光产生相位差
4. 旋光性：测定旋光物质的浓度 $\varphi=alc$

第四节　物质的发光原理及光源

一、原子能级与物质的发光原理

物质的基本构成单位是原子，通常所见的光几乎都由原子内部发出。原子很小，其直径仅有 10^{-10}m 数量级，中间是一个原子核，直径只有 10^{-15}m 数量级，但是原子的质量几乎全部集中在它上面，并带有正电荷。在核周围有许多电子，围绕着原子核高速运动，占据一定的能量状态（实际是电子与原子核所构成的系统，即原子所具有的能量），电子（或者说原子，以下同）的能量状态不是任意的、连续可变的，而是有一个确定的、分立的值。一般外层电子的能量比内层的大，这可用如图 2-41 所示的原子能级图说明。

正常情况下，原子总是趋于能量最低也即最稳定的状态，称基态。处于基态 E_0 能级的原子，从外界获得能量后内层电子就有可能向外层跃迁到 E_2 能级，形成能量较高的不稳定的激发态；在激发态上原子只能停留很短的时间，约为 10^{-8}s 数量级，然后会自发跃迁到内层较低的激发态 E_1 或基态 E_0，同时释放出一定能量的光量子（简称光子），所发出光子的能量为两个能态能量之差，且具有如下的关系：

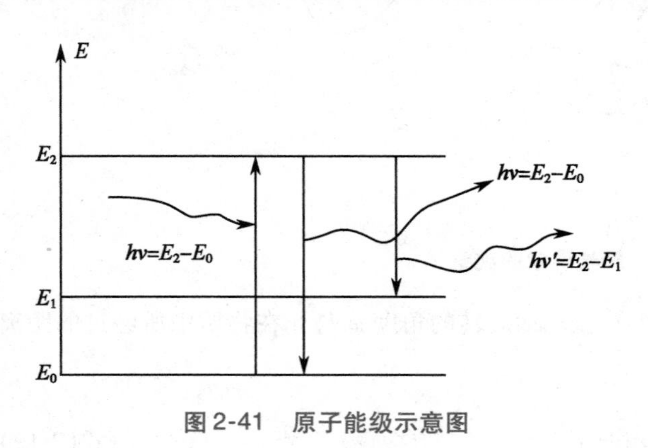

图 2-41　原子能级示意图

$$h\nu=E_m-E_n \qquad \text{式(2-20)}$$

式中，h 为普朗克常数，为 6.6260693×10^{-34}J·s，ν 为发出的光子的频率，E_m、E_n 分

别表示激发态与基态的能量。这就是物体发光的原理。由此可知,只要知道了电子的能级变化,就可简便地计算出它辐射出的光的频率和波长。

如果激发发光原子的是另一种波长更短、能量更大的射线,这时发光原子发出的光被称为荧光,如在荧光显微镜中,样品的原子发出的荧光。

医用光学仪器中使用的光源一般都是电光源。凡可以将电能转换为光能,从而提供光通量的设备、器具则称为电光源。常用的电光源有:①热致发光光源(如白炽灯、卤钨灯等);②气体放电发光光源(如荧光灯、汞灯、钠灯、金属卤化物灯等);③固体发光光源(如LED和场致发光器件等)。其中后两种有时也被称为冷光源,因为其发光机理不是由于物体发热而发光。

二、热辐射及热光源

(一) 热辐射

任何温度下,宏观物体内部的带电粒子都在做无规则的振动、碰撞,伴随着电子的跃迁,不断地有原子被激发到高能态;同时不断有处于高能态的原子退激回到基态,发射出光子。跃迁电子的能量及能量变化一般呈连续分布,辐射出的电磁波波长亦然,不同波长的辐射能量比重、总的辐射强度,都与温度有关。这种辐射光的方式称为热辐射。

如果一个物体在任何温度下,对任何波长的电磁波都完全吸收,而不反射与透射,则称这种物体为黑体,黑体是一个理想的吸收体;物体对辐射的吸收本领越强,其本身辐射电磁波的本领也越强,所以黑体同时也是一个理想的辐射体。一般物体都不是黑体,但在一定条件下,可以当成黑体来处理。

如图2-42所示,黑体温度越高,任一波长处的辐射能力相对越大(表现为高温物体的辐射曲线整个在低温物体辐射曲线的上方),整体辐射电磁波的能力也越大:

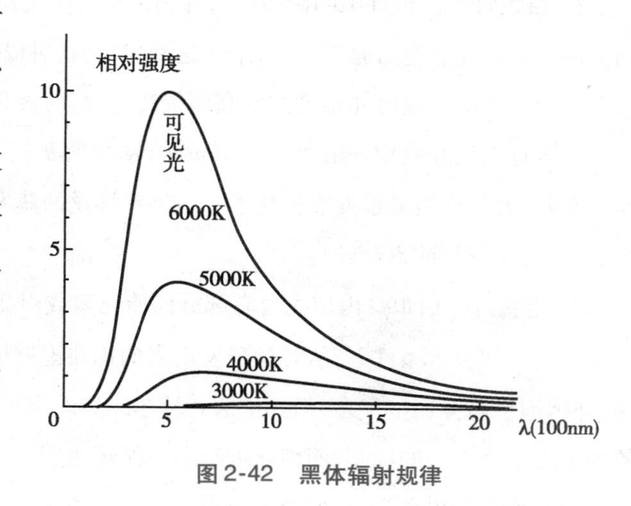

图2-42 黑体辐射规律

1. 斯特藩-玻尔兹曼定律 黑体辐射强度与其温度的四次方成正比,即

$$M(T)=\sigma T^4 \qquad 式(2\text{-}21)$$

2. 维恩位移定律 如表2-1所示,黑体温度越高,辐射出的各种波长光中,相对强度最大的波长λ_m越短,且与温度成反比,精确的关系有:

$$\lambda_m \cdot T=b \qquad 式(2\text{-}22)$$

式中,$b=2.899\times10^{-3}\text{m}\cdot\text{K}$,这就是维恩位移定律。

当物体的温度很低时,主要辐射出远红外、红外线,基本不能辐射人眼所能见的可见光。人体表面温度约为300K,因而人体辐射出去的电磁波中强度相对最大的波长为9600nm,处在远红外区。

当温度上升到3000K以上,波长为400~760nm的电磁波比例明显上升,强度增大,这就是人眼可见的可见光。太阳表面的温度约为6000K，这时辐射出来的电磁波主要为可见光，λ_m为480nm（绿色）；太阳辐射还包含了大量的红外线和紫外线，这两种射线在医学上都有重要的意义。

表2-1　黑体辐射中相对强度最大的波长与黑体温度的关系

T(K)	500	1000	2000	3000	4000	5000	6000	7000	8000
λ_m(nm)	5760	2880	1440	960	720	580	480	410	360

在经典物理中，物理量可以是连续的，经典的电磁理论认为电磁波的能量与电磁场的振幅有关，而振幅是可以连续分布、可以取任意值的，任一波长的辐射能也可以连续分布、取任意值。这种观点不能很好地解释黑体辐射的特性。

普朗克提出电磁辐射的能量总是一份一份的，而且任一波长辐射的能量应该是某最小值$E=h\nu$的整数倍——$E=Nh\nu$，h为普朗克常数，ν为辐射的频率，$h\nu$即为一个光量子的能量，N为光量子的个数。这样，普朗克就在历史上首次引入了电磁辐射的量子概念。

当然现在我们还知道，热辐射在本质上还是由于原子在高、低两个能级上进行跃迁而以光子的形式释放出能量的结果。在与物质相互作用的过程中，光往往呈现出粒子的性质。只有光的量子理论，才能很好地解释这些现象。

（二）热光源

一般把发光物因热辐射而发光的光源称为热光源。

1. 白炽灯　白炽灯中的固体钨丝在通电后产生大约3000K的高温，从而产生热辐射，是最常见的光源。灯丝在点亮后温度上升，最后达到稳定值，可以观察到灯丝的颜色从暗红经过桔黄、发白的过程。色温也随着辐射体温度的升高而提高；关灯时过程相反。

白炽灯的发光效率一般为7～20lm/W，发光效率仅有10%左右，红外、热能消耗分别占70%及20%左右；大部分能量被发热损耗了。由于钨灯丝的蒸发，蒸发的钨沉淀在玻壳上，产生灯泡玻壳发黑的现象，白炽灯的寿命较短。

2. 卤钨灯　白炽灯内填充含有部分卤族元素或卤化物气体，称为卤钨灯。

在适当的温度条件下，从灯丝蒸发出来的钨在泡壁区域内与卤素反应，形成挥发性的卤钨化合物，并因泡壁高温而呈气态，当其扩散到较热的灯丝周围区域时又还原为卤素和钨。钨回到灯丝上，钨的蒸发受到有力的抑制，而卤素继续参与循环过程。卤钨循环消除了泡壳的发黑，灯丝工作温度和光效就可大为提高，而灯的寿命也得到相应延长。

卤钨灯的泡壳尺寸很小，必须使用耐高温的石英玻璃或硬玻璃。

热光源发出的都是连续光谱，包含从红到紫的各种可见光，也包含部分红外线及紫外线，各波长光的强度之间没有明确的界线。

三、气体放电光源

利用电流，可将各种气体原子由低能态激发到高能态，在气体原子退激的过程中，产生光辐射。

各种气体放电灯都由泡壳、电极和放电气体构成，基本结构大同小异，如图2-43所示。泡壳与电极之间是真空气密封接，泡壳内充有放电气体。气体放电灯必须与触发器、镇流器等辅助电器一起接入电路才能启动和稳定工作。

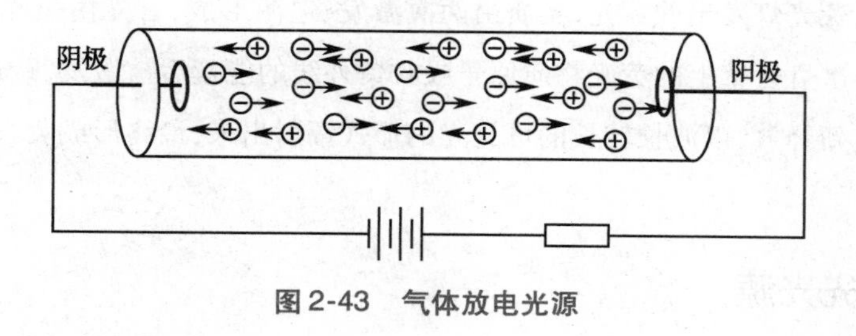

图 2-43 气体放电光源

气体放电灯接入工作电路后：

1. 阴极发射的电子被外电场加速，电能转化为自由电子的动能；

2. 高速运动的电子与气体原子碰撞，自由电子的动能被气体原子吸收，气体原子被激发，原子核外电子由低能态向高能态跃迁而处于激发态；

3. 受激气体原子从激发态返回基态，将原先获得的能量以光辐射的形式释放出来。

上述过程重复进行，灯就持续发光。

放电灯的光辐射与电流密度的大小、气体的种类及气压的高低有关。一定种类的气体原子只能辐射某些特定波长的光谱线。低气压时，放电灯的辐射光谱主要就是该原子的特征谱线。气压升高时，放电灯的辐射光谱展宽，向长波方向发展。当气压很高时，放电灯的辐射光谱中才有强的连续光谱成分。

低气压气体放电电光源以荧光灯及节能灯为代表；高压气体放电电光源以高压水银荧光灯、高压钠灯（国外还有低压钠灯）和金卤灯为代表。高压钠灯的发光效率是白炽灯的 8 ~ 10 倍，寿命长、特性稳定、光通量维持率高。

一般气体放电电光源产生的光谱为线状光谱，典型的线状光谱为激光的光谱，光谱由狭窄谱线组成，辐射出的光波波长单一（图 2-44）。但由于原子能级本身有一定宽度，以及多普勒效应等原因，原子所辐射的光谱线总会有一定宽度，即在较窄的波长范围内仍包含各种不同的波长成分。原

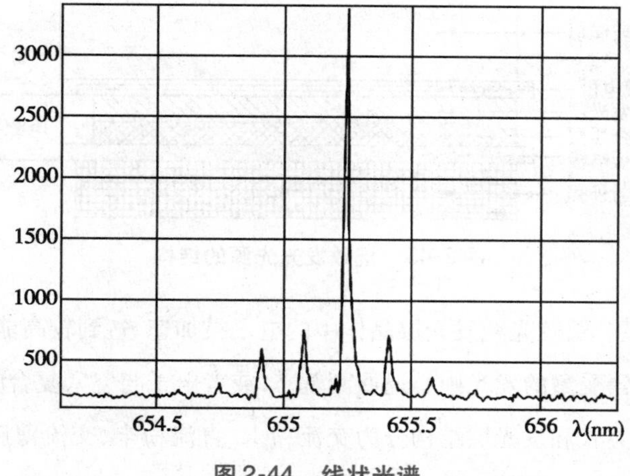

图 2-44 线状光谱

子光谱按波长的分布规律反映了原子的内部结构,每种原子都有自己特殊的光谱系列。通过对原子光谱的研究可了解原子内部的结构,或对样品所含成分进行定性和定量分析。

值得指出的是,荧光灯发出的荧光,实质由两次激发、退激形成,首先由荧光灯内部气体放电产生高能的紫外线,其次灯管壁上的荧光物质原子吸收紫外线的能量后被激发,跃迁至高能态,当其退激时,吸收的能量重新释放,以波长较长的可见光的形式辐射出来,最终形成荧光。后者才是真正的荧光的成因。

四、固体发光光源

固体发光光源主要包含发光二极管及场致发光光源等。

1. 发光二极管(LED)　发光二极管主要由半导体 *PN* 结、电极和光学系统组成。其发光过程包括三部分:①正向偏压下的载流子注入;②复合辐射;③光能传输。

微小的半导体晶片被封装在洁净的环氧树脂物中,*PN* 结两端加上一定电压时,*N* 区带负电的多子电子以及 *P* 区带正电的多子空穴分别向对方扩散,与对方多子复合;复合过程实际是电子从高能态向低能态跃迁而发光的过程。电子和空穴之间的能差(带隙)越大,产生的光子的能量就越高,波长越短。由于不同半导体材料具有不同的带隙,从而能够发出不同颜色的光。

蓝光 LED 产生蓝光,与黄色荧光粉产生的光混合后产生白光,是双波长白光 LED;三波长白光 LED,以无机紫外光 LED 产生紫外线,加红、蓝、绿三颜色荧光粉后发出三色混合光从而产生白光。

2. 场致发光光源　场致发光光源,又称电致发光光源,是两电极之间的固体发光材料在电场激发下发光的电光源。

场致发光光源的结构类似平板电容,如图 2-45 所示。有两个紧靠的平板电极,其中一个是透明的导电膜电极。两电极之间夹有荧光粉发光层和介质层。发光层材料一般是在高纯的硫化锌中添加一定量的激活剂铜、银、金或锰,介质材料可以是环氧树脂、搪瓷粉等。透明导电膜材料是氧化锡或氧化铟,其基底材料可以是玻璃、不锈钢或塑料等。电极间施加工作电压约为 100～250V。

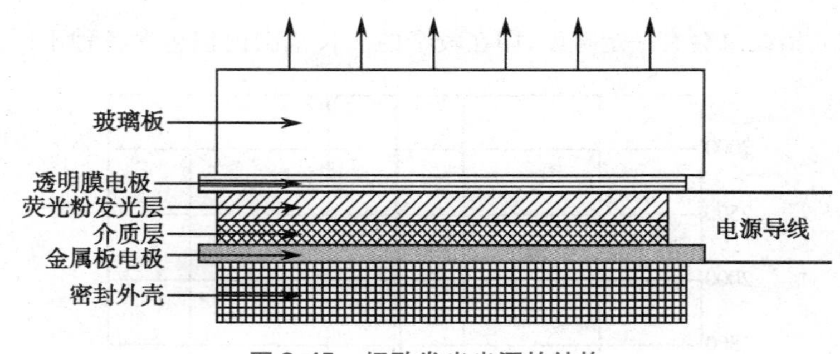

图 2-45　场致发光光源的结构

在外加强电场的作用下,荧光粉发光层晶体中的电子被加速,达到较高能量,并与发光中心碰撞使发光中心原子激发。当受激的发光中心退回到基态,或者电子与空穴复合时,释放出能量而发光。场致发光光源按其激发方式和发光层结构分为交流粉末、直流粉末、交流薄膜和直流薄膜场致发光光源 4 种,后两种用的较多。薄膜场致发光层是用真空薄膜技术制成的,厚度约 1μm。交流薄膜发光层与各电极之间有一层绝缘薄膜，如 Y_2O_3、Si_3N_4、Al_2O_3和 SiO_2等。

点滴积累

1. 电子在原子高能级向低能级的跃迁，是物质发光的根本原因。
2. 物质发光的形式有：热辐射（连续光谱），气体放电光源（线状光谱）、固态发光光源（发光二极管）、场致发光光源（线状光谱，具体取决于荧光粉）。

第五节　光与物质的作用

光与物质的作用形式多种多样，在此，列举在医用光学仪器中有重要应用的两种形式，即光的吸收和光的散射。光电效应并非与光的吸收及光的散射并列的一种光作用形式，但它直接反映了光的基本属性，也有重要的应用，也一并介绍。

一、光的吸收

当一束平行单色光通过单一均匀的、非散射的吸光物质时，光的能量即光强，要受到衰减，透射光强度与吸收体的厚度存在指数关系，即有朗伯定律：

$$I=I_0e^{-\alpha x} \qquad 式(2\text{-}23)$$

式中，I 为透射光的强度，I_0为入射光的强度，x 为物质厚度，α 称为吸光系数。

当该物质为浓度不太大的溶液时，溶液的吸光系数与浓度成正比，即比尔定律：

$$\alpha=AC \qquad 式(2\text{-}24)$$

式中，C 为溶液的浓度，这样将上述两个定律结合起来，可得：

$$I=I_0e^{-ACx} \qquad 式(2\text{-}25)$$

这就是朗伯-比尔定律，该定律是众多医用光学分析仪器的物理基础。

物质对光的吸收与光的波长有关，形成吸收光谱，不同的物质有不同的吸收光谱，可以用分光光度计来测定，用来对微量物质做定性和定量的成分分析。

若物质对各种波长 λ 的光的吸收程度几乎相等，即吸收系数 α 与 λ 无关，则称为普遍吸收。在可见光范围内的普遍吸收意味着光束通过介质后只改变强度，不改变颜色。例如空气、无色玻璃等介质都在可见光范围内产生**普遍吸收**。

若物质对某些波长的光的吸收特别强烈，则称为**选择吸收**。对可见光进行选择吸收，会使白光变为彩色光，绝大部分物体呈现颜色，都是其表面或体内对可见光进行选择吸收的结果。严格讲普遍吸收的介质是不存在的，在可见光范围内普遍吸收的物质，往往在红外和紫外波段内存在选择吸收。例如地球大气对可见光和波长在 300nm 以上的紫外线是透明的，波长短于 300nm 的紫外线将被空气中的臭氧强烈吸收，对于红外辐射，大气只在某些狭窄的波段内是透明的。

制作分光仪器中棱镜、透镜的材料必须对所研究的波长范围是透明的，紫外光谱仪中的棱镜需用石英制作，红外光谱仪中的棱镜则常用岩盐或 CaF_2、LiF 等晶体制成。

令具有连续谱的光（白光）通过吸收物质后再经光谱仪分析，即可将不同波长的光被吸收的情况显示出来，形成所谓“吸收光谱”。

物质的发射光谱有多种——线状光谱、带状光谱、连续光谱等。大致说来，原子气体的光谱为线状光谱，而分子气体、液体和固体的光谱多是带状光谱；吸收光谱的情况也是如此。如图 2-46 所示，其中 a 为物质对不同波长光的透射率；b 为该物质对不同波长光的吸收率（构成吸收光谱），与透射率互补。同一物质的发射光谱和吸收光谱之间有相当严格的对应关系：某种物质自身发射哪些波长的光，它就强烈地吸收那些波长的光。

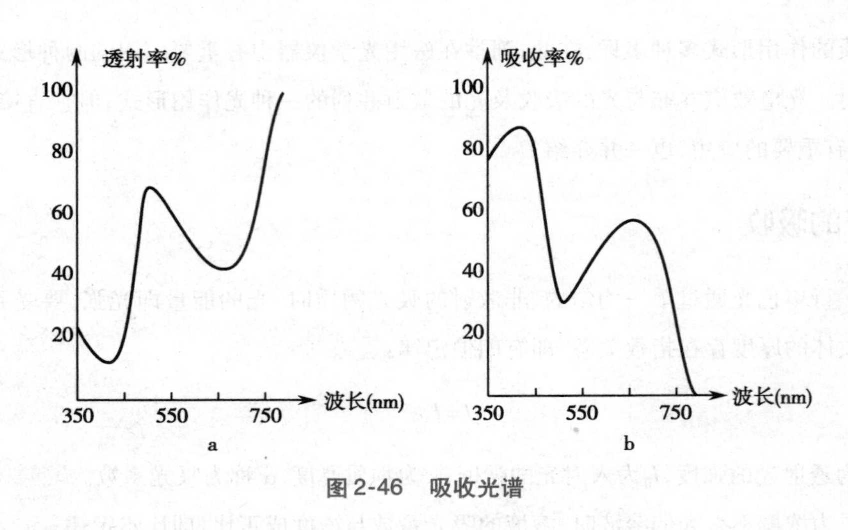

图 2-46　吸收光谱

二、光的散射

光线通过均匀的透明介质（如玻璃、清水）时，从侧面是难以看到光线的。如果介质不均匀，如有悬浮微粒的浑浊液体，我们便可从侧面清晰地看到光束的径迹，这是介质的不均匀性使光线朝四面八方散射的结果，光的散射与介质的不均匀性及其尺度有关，如图 2-47 所示。

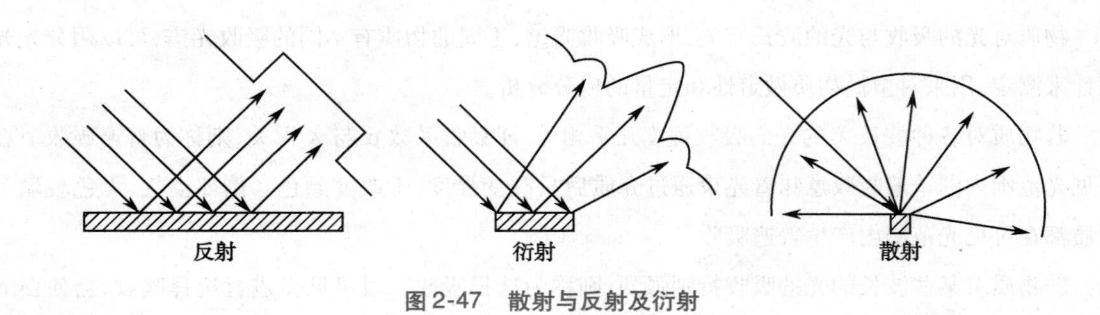

图 2-47　散射与反射及衍射

如果介质在波长数量级的尺度上光学性质（如折射率）有较大差异，在光波的作用下它们将成为强度差别较大的次波源，使空间光强分布与均匀介质情形不同，在异于光的传播方向上也有光线存在，这就是散射光，不均匀度的尺度增大时，表现为衍射的效果，出现条纹，如果介质中不均匀团块的尺度达到远大于波长的数量级，就表现为光在这些团块上的反射和折射了。

按照引起介质光学非均匀性的原因，可将光的散射分为两大类：

1. 悬浮微粒的散射　悬浮微粒的散射又可大致分为两类：

（1）瑞利散射：当悬浮微粒的线度小于十分之一波长时，散射光强度与光波长的四次方成反比，即 $I \propto \lambda^{-4}$。波长越短，散射越厉害，可以解释晴朗天空呈现的蓝色。

（2）米-德拜散射：当悬浮微粒的线度可与入射光波长相比拟（接近或大于波长）时，散射光强与波长几乎无关，且沿入射光方向的散射光强将大于逆入射光方向的散射光强。

2. 纯净介质中的分子散射　通常情况下，纯净介质中由于分子热运动，会产生密度起伏，引起折射率不均匀，所以也会产生散射，称分子散射，但这种不均匀区域的线度比可见光波长小得多，所以分子散射中，散射光强与散射角的关系与瑞利散射相同。

知识链接

为什么蓝天中飘浮着白云？

首先，白昼天空之所以是亮的，完全是大气散射阳光的结果。 如果没有大气，即使在白昼，人们仰观天空，将看到光辉夺目的太阳悬挂在漆黑的背景中。 这景象是宇航员司空见惯了的。 由于大气的散射，将阳光从各个方向射向观察者，我们才看到了光亮的天穹，按瑞利定律，白光中的短波成分（蓝紫色）遭到的散射比长波成分（红黄色）强烈得多，散射光乃因短波的富集而呈蔚蓝色。

大气的散射一部分来自悬浮的尘埃，大部分是密度涨落引起的分子散射，后者的尺度往往比前者小得多，瑞利反比律的作用更加明显。 所以每当雨后初晴、涤荡了尘埃，或秋高气爽，天空总是显得很蓝。

天空中的白云实际是较大的水滴，水滴对光线的散射是一种米-德拜散射，散射光强与波长几乎无关，因而不同颜色的光受到同种程度的散射，因而云就呈现白色。

三、光电效应及光的量子特性

所谓光电效应，就是当光照射到金属表面时，金属中有电子逸出的现象。所逸出的电子叫光电子，由光电子形成的电流叫光电流，使电子逸出某种金属表面所需的功称为该种金属的逸出功。

对某一种金属来说，只有当入射光的频率大于某一频率 ν_0（截止频率）时，电子才能从金属表面逸出，电路中才有光电流；光的频率小于 ν_0，无论其强度多大，都没有光电子从金属表面逸出。光电效应具有瞬时性，即使光的强度非常弱，只要光的频率大于 ν_0，当光照射到金属面上时，立刻就有光电子产生，时间滞后不超过 10 纳秒。

经典的电磁理论认为光的能量与振幅（即强度）有关，与频率无关，光强很小时，物质中的电子只要（只有）经过较长时间的吸收，就（才）有足够的能量而逸出；由此，光电子的逸出不应具有瞬时性。

显然，把光简单看成是电磁波的思路，不能很好地解释光电效应现象。

为了解决这个问题，爱因斯坦提出了光量子理论，主要包括：

（1）光是由一份一份的光量子组成的光子流。每个光子的能量为 $E=h\nu$。

（2）光与物质相互作用，即是每个光子与物质中的微观粒子相互作用。

当光子入射到金属表面时，一个光子的能量 $h\nu$ 一次性地被金属中的一个电子全部吸收：部分消耗于自金属表面逸出时所需的功 W，另一部分转变成电子离开金属表面后的初动能$\frac{1}{2}mv^2$，即：

$$h\nu=\frac{1}{2}mv^2+W \tag{2-26}$$

这就是著名的爱因斯坦光电效应方程。

只有当入射光的频率足够高，以致每个光子的能量足够大时，电子才能够克服逸出功而逸出金属表面，这个过程极其迅速。同样，光的强度越大，光量子的数目就越多，打出来的光电子的数目也越多，最终形成的光电流也越大，并且，饱和光电流与入射光强成正比。光量子论很好地解释了光电效应现象，再一次有力地证明了光的量子属性。

利用光电效应，可以制造光电转换器——实现光信号与电信号之间的相互转换，广泛应用于光信号、光功率测量、电影、电视和自动控制等以及光能发电等诸多方面。

光的量子特性实际上还蕴藏在其他众多的现象中，通过许多物理效应体现出来，比如康普顿效应、电子对效应等，这里不再赘述。

知识拓展

光电效应

以上光电效应实际是外光电效应。如果光电效应发生在物质的内部，引发物质电化学性质变化，则成为内光电效应。内光电效应又可分为光电导效应和光生伏特效应。

光电导效应：当入射光子射入到半导体表面时，半导体吸收入射光子产生电子空穴对，使其自身电导增大；可以制成光敏电阻、光敏二极管等，测量光的强度。

光敏二极管的 *PN* 结处于反向偏置，在无光照时具有高阻特性，反向暗电流很小。当光照时，结区产生电子-空穴对，在结电场作用下，电子向 *N* 区运动，空穴向 *P* 区运动，形成光电流。光的照度越大，光电流越大。

光生伏特效应：当一定波长的光照射非均匀半导体，产生内建电场，最终在半导体的两端产生光电压，并在闭合回路中产生光电流；既可以用来测量微弱光的强度，也可以用来发电。

例如光照 *PN* 结。*PN* 结势垒区内原本就存在着内建结电场，当光照射到结区时，光照产生的电子-空穴对在结电场作用下，电子推向 *N* 区，空穴推向 *P* 区；电子在 *N* 区积累和空穴在 *P* 区积累使 *PN* 结两边的电位发生变化，*PN* 结两端出现一个因光照而产生的电动势。由于它可以像电池那样为外电路提供能量，因此常称为光电池。

点滴积累

1. 光的吸收：朗伯-比尔定律，是一大类分析仪器的物理基础。
2. 光与物质的相互作用：反射、衍射、散射，其中散射包括瑞利散射及米-德拜散射。
3. 光电效应。

第六节 激光基本概念

一、光的受激辐射及光放大原理

激光(laser)即受激辐射光放大的简称。

光和原子的相互作用主要有三个基本过程:光的受激吸收、自发辐射、受激辐射。

(一) 受激吸收

如图 2-48 所示,设原子的两个能级为 E_1 和 E_2,并且 $E_2>E_1$。如果有能量为 $h\nu=E_2-E_1$ 的光子照射时,原子就有可能吸收此光子的能量,从低能级 E_1 跃迁到高能级 E_2,这个过程称为光的吸收,又称为受激吸收。受激吸收使外来光子被吸收,光强减弱。如果外来光子的能量 $h\nu$ 大于(E_2-E_1),那么只有(E_2-E_1)部分被吸收,剩余部分转化成其他形式的能量。

(二) 自发辐射

原子受激后处于高能级 E_2 的状态是不稳定的,一般只能停留 10^{-8} 秒左右。它会在没有外界影响的情况下自发地返回到低能级 E_1 的状态,同时向外辐射一个能量为 $h\nu=E_2-E_1$ 的光子,如图 2-49 所示。这就是自发辐射。

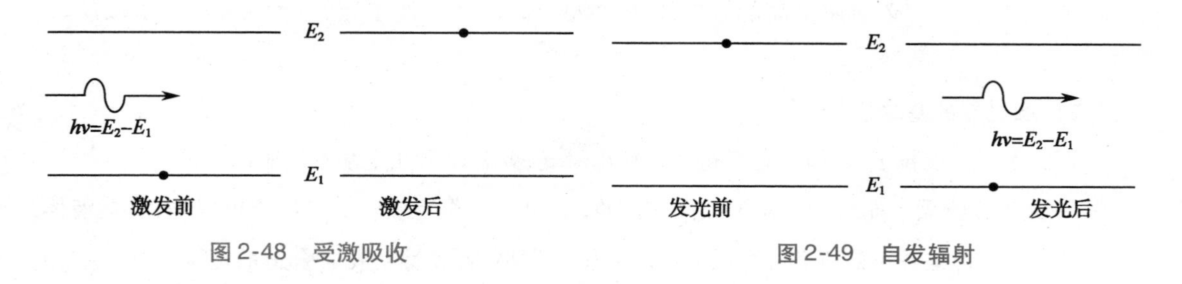

图 2-48 受激吸收　　图 2-49 自发辐射

自发辐射的特点是:每一个原子的跃迁都是自发、独立地进行,与外界作用无关,它们所发出的光的振动方向、相位都不一定相同,也不是纯单色光,所以这些光源发出的光不是相干光。普通光源如日光灯等,发光都是自发辐射的过程。

(三) 受激辐射

如果处于高能级 E_2 状态的原子在自发辐射之前,受到能量为 $h\nu=E_2-E_1$ 的光子的"激励"作用,就有可能从高能级的 E_2 状态向低能级 E_1 状态跃迁,并且向外辐射一个光子,且受激辐射出的光子与外来激励的光子的频率、方向、相位及偏振状态等都相同,完全无法区分这两者,光强增大一倍;如图 2-50 所示。因外来光子的激励而从高能级状态向低能级状态跃迁并辐射光子的过程,称为受激辐射。

受激辐射必须有外来光子的激励,且其频率必须满足 $h\nu=E_2-E_1$。

若能将这个过程持续下去,就能获得大量的状态完全相同的光子,即形成了光放大。激光光束的一些新颖特性主要就是来源于大量光子都具有完全相同的状态。

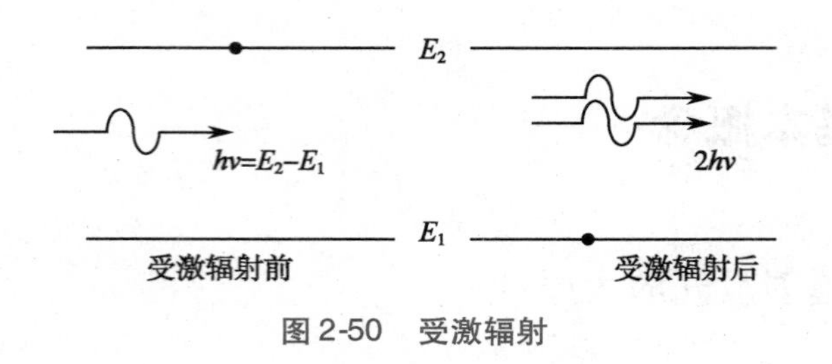

图 2-50　受激辐射

二、激光产生条件及激光器的构成

（一）粒子数的正常分布与反转分布——光放大的必要条件

光与物质相互作用时，总是同时存在受激吸收、受激辐射，到底哪一方占主导地位，取决于粒子在两个能级上的分布。低能态的原子数多，受激吸收占主导，观察不到光的放大现象；若高能态的原子数远多于低能态的原子数，则受激辐射总体上占优势，能实现持续的光放大。

在通常情况下，原子总是处于热平衡状态，原子数目按能级的分布服从玻尔兹曼统计规律，能量越高，粒子数越少，并且以指数规律急剧下降。所以在常温下，激发态的原子数是很少的，原子几乎全部处于基态。

这样，当 $h\nu=E_2-E_1$ 的光子到来时，几乎全部被低能级的原子吸收；而很少被高能级原子吸收进而产生受激辐射，更不会产生持续的光放大。

为了实现光放大，必须使得高能态的原子数大于低能态的原子数，从而形成“粒子数反转”状态。

（二）激光器的基本构成

激光器为了实现粒子数反转，并且持续地输出激光，要有以下几个基本组成部分：

1. 激光工作物质　能够产生粒子数反转的物质，也叫工作物质。工作物质可以是固体、液体，也可以是气体。但是并不是所有的物质都可以当作工作物质，关键是要有合适的能级结构，主要有三能级或四能级结构等。如图 2-51 所示，在四能级工作物质中，与受激辐射相关的能级有四个，产生受激辐射的过程包括：

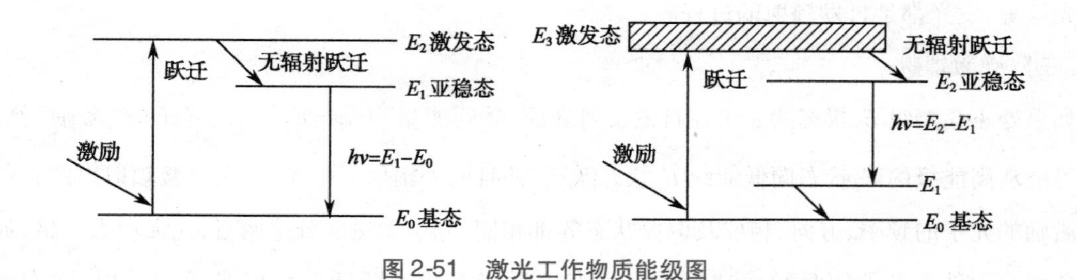

图 2-51　激光工作物质能级图

（1）受激吸收：用频率为 $\nu=\dfrac{E_3-E_0}{h}$ 的光照射时，一部分原子将迅速跃迁到 E_3 能级，从而使 E_3 能级上的原子数大为增加。

（2）无辐射跃迁：处于 E_3 能级的原子将迅速通过与其他原子的碰撞释放能量，无辐射跃迁到亚

稳态能级 E_2，停留较长的时间，即寿命很长。所以处于 E_2 能级的原子大大增加，又处于 E_1 能级的原子由于被大量地激发，所以数目极其微小，这样就建立了一个粒子数反转体系。

(3) 受激辐射：处于 E_2 能级的原子受到 (E_2-E_1) 的辐射能量的激励，产生受激辐射，其能量也是 (E_2-E_1)。该辐射光子又会引起其他受激辐射，从而产生持续的受激辐射光放大，即激光。

(4) 回到基态：受激辐射后的原子处于 E_1 能级，通过不同方式释放能量后重新回到基态。

不同类型的激光器，常见的工作物质有：

1) 气体激光器：He-Ne 气体，CO_2 气体，气态的 Ar^+、Kr^+ 等。

2) 固体激光器：红宝石，钕玻璃，掺钕钇铝石榴石(Nd：YAG)。

3) 半导体激光器：如砷化镓(GaAs)、硫化镉(CdS)、磷化铟(InP)、硫化锌(ZnS)等。

4) 液体激光器：溶解在乙醇、甲醇或水等液体中的有机染料，如若丹明染料等。

2. 激励源　激光器必须从外界输入大量的能量，将低能级状态的粒子激发到高能级状态，这就叫激励。激光器中实现激励的部件，就是激励源，由激励源将其他形式的能量转换成光能。

对固体形的工作物质如红宝石、掺钕钇铝石榴石，或染料溶液工作物质，常应用强光照射的办法，即为光激励。

对气体激光器中气态的工作物质(如 CO_2 气体、He-Ne 原子气体)，常应用放电管放电的办法激励。

若工作物质为半导体(如砷化镓)，采用注入大电流方法激励。

3. 光学谐振腔　在实现粒子数反转的工作物质内，受激辐射占主导地位，可以产生光放大，但是受激辐射最初是由自发辐射光或其他形式来激励的，没有唯一确定的频率、相位及传播方向，显得杂乱无章。为使由自发辐射激励的激光频率单一、方向性好、相干性好，就需要引入光学谐振腔，如图 2-52 所示。

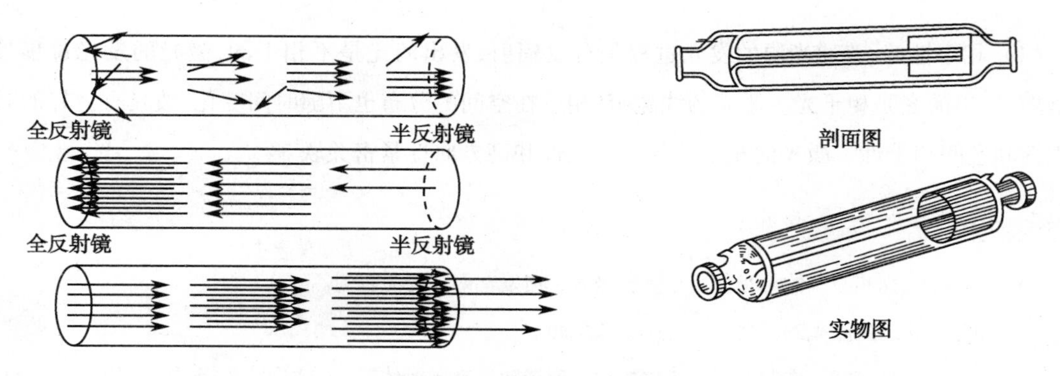

图 2-52　激光器的谐振腔

光学谐振腔由两个放置在工作物质两边的平面反射镜组成，一个是全反射镜，一个是部分反射镜：使光绝大部分反射、少量透射出去。

沿轴方向运动的光子，经过谐振腔中的两个反射镜多次反射，使受激辐射的强度越来越强，光被放大；不在沿谐振腔轴方向运动的光子从旁边射出，因此激光具有很高的方向性。

同时，光在谐振腔内传播时，形成以反射镜为节点的驻波，不满足驻波条件的光将被衰减，因而激光的单色性很好，也就具有良好的相干性。

从能量的角度来看，虽然在谐振腔内光受到两端反射镜的反射在腔内往返形成振荡，使光加强，但是同时光在两端面上及介质中的吸收、透射等，又会使光减弱。只有当光的增益大于损耗时，才能输出激光。

三、激光的特性

受激辐射的原理和激光的产生过程，决定了激光具有普通光所不具有的特点。

（1）方向性好：激光光束的方向性很好，发散角很小。激光几乎是一束定向发射的平行光。例如把激光射到约 3.8×10^5km 远的月球上，光束扩散的直径还不到 2km。表征其发散程度的发散角很小，一般为毫弧度数量级，可以应用在定位、导向、激光测距、激光雷达等方面。

（2）单色性好：激光的谱线宽度很窄，单色性很好，是近于单一频率的光。例如，氦氖激光，波长为 632.8nm，线宽可达 10^{-7}nm，与非激光光源中单色性最好的氪灯的谱线宽度 4.7×10^{-3}nm 相比，要优于氪灯 4 个数量级以上。可应用在精度测量、激光通信等方面。

（3）能量集中：普通光源发出的光，射向四面八方，能量分散；而激光的发散角极小，具有能量在空间高度集中的特性。激光的亮度可以达到太阳的一百万倍以上。如果用透镜将其聚焦，可以得到每平方厘米 1 万亿瓦的功率密度，以致在极小的局部范围内产生几百万度的高温，几百万个大气压，每米几十亿伏的强电场，足以溶化以致气化各种金属和非金属。可应用在打孔、焊接、切割、手术、激光核聚变等方面。

激光手术就是用医用激光器发射出高功率光线作用于病理组织，破坏病变组织，或对组织进行切削，低功率激光可以祛斑美化皮肤。激光角膜矫正技术就是利用准分子激光（ArF，KrF）发出的激光，利用光化学反应对角膜组织进行切割和消融，从而改变角膜的曲率以达到治疗近视的目的。

（4）相干性好：普通光源的发光过程是自发辐射，发出的光是不相干的，激光的发光过程是受激辐射，发出的光是相干光。激光的线宽窄，相位在空间的分布也不随时间变化，故具有良好的时间相干性和空间相干性。激光的相干性与高单色性和高方向性紧密关联。

点滴积累

1. 光和原子的相互作用：受激吸收、自发辐射、受激辐射。
2. 产生激光的必要条件：粒子数反转。
3. 激光器工作的条件：工作物质（形成亚稳态能量体系）、激励源（提供输入能量）、谐振腔（使激光频率单一、方向性好、相干性好）。
4. 激光的特点：激光方向性好、频率单一、相干性好、能量集中。

本章小结

一、学习内容

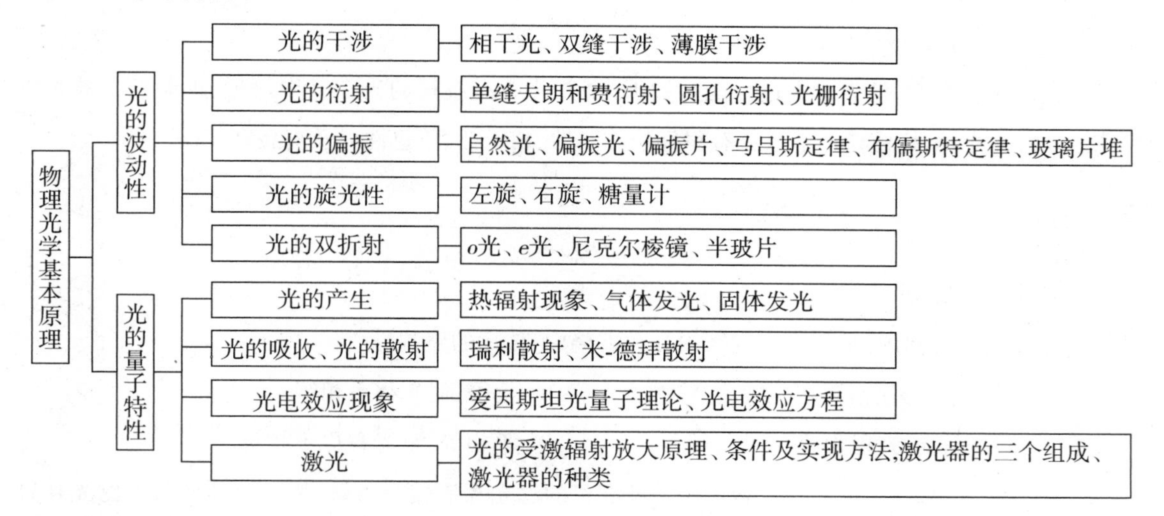

二、学习方法体会

本章主要讲述光的物理特性以及光的本质属性,与几何光学研究光的外在表现(主要是几何学性质)不同,物理光学涉及光的本质属性:即光是一种电磁波,具有波动的一切属性;同时,在光与物质相互作用时,又必须将其看成是一种粒子,即光量子。

1. 学习光的波动特性,需特别注意光程差的概念,干涉也好、衍射也好,都是具有一定光程差的相干光相互叠加的结果。所以这两部分内容实际是在做正弦波动光的叠加,可以用很复杂的微积分手段来处理这些问题,也可以用本章中的简便化、约化的方法来处理。

(1) 干涉是对两束光的叠加:同相相长,反相相消;

(2) 衍射是对狭缝或圆孔处波面上发出的无穷束光的叠加(根据惠更斯原理)。为了处理问题方便,把波面分割为几个有限的区域(同一区域内发出的光具有相同的性质),这就是半波带法,偶数个半波带的光两两抵消,奇数个半波带的光不能完全抵消。

2. 光是电磁波且是横波,其光矢量也就是其电场的方向与传播方向垂直。若一束光中所有光矢量都沿一个方向,则称其为偏振光。偏振光射入:

(1) 偏振片,则强度发生变化,偏振方向发生变化,与偏振片的偏振化一致——马吕斯定律 $I=I_0\cos^2\alpha$;

(2) 旋光物质,则偏振方向发生旋转,$\varphi=\alpha lc$;

(3) 双折射物质,则产生偏振方向相互垂直的 o 光、e 光。

3. 产生光的方法很多,热辐射、气体放电、固体发光等都可以产生光,光发射的本质实际就是原子或分子能级跃迁的结果。光与物质相互作用,光的吸收、光的散射、光电效应等,都不能简单地用光的电磁性、光的波动性来解释,只有引入光的粒子性才能解释这一系列现象。

4. 光的受激辐射是产生激光的物理基础,但是产生持续的激光还需要有粒子数反转,这就需要有：

（1）合适的能级，关键是要有一个亚稳态能级，也就是需要合适的工作物质；

（2）提供能量的装置，其实质也就是激发工作物质的原子到亚稳态，形成粒子数反转，最终将其他形式的能量转换成光能；

（3）一个谐振腔，使光放大过程能持续下去，并使所需波长的光在其中谐振，抑制其他波长以及其他方向的光，最终使得出射激光有很好的方向性、相干性、单色性以及高亮度。

目标检测

一、单项选择题

1. 在相同的时间内，单色光在空气中和在玻璃中，传播的路程______。

A. 相等，且光程相等　　B. 相等，但光程不相等

C. 不相等，但光程相等　　D. 不相等，且光程也不相等

2. 用白光光源进行双缝实验，若用一个纯红色的滤光片遮盖一条缝，用一个纯蓝色的滤光片遮盖另一条缝，则______。

A. 干涉条纹的宽度将发生改变　　B. 产生红光和蓝光的两套干涉条纹

C. 干涉条纹的亮度将发生改变　　D. 不产生干涉条纹

3. 一束波长为 λ 的单色光由空气垂直入射到折射率为 n 的透明薄膜上，透明薄膜放在空气中，要使反射光得到干涉加强，则薄膜最小的厚度为______。

A. $\dfrac{\lambda}{4}$　　B. $\dfrac{\lambda}{4n}$　　C. $\dfrac{\lambda}{2}$　　D. $\dfrac{\lambda}{2n}$

4. 关于单色光做双缝干涉实验，以下说法中正确的是______。

A. 一定能观察到明暗相间的单色条纹

B. 明条纹距两缝的距离之差为该色光波长的整数倍

C. 明条纹距两缝的距离之差一定为该色光波长的奇数倍

D. 暗条纹距两缝的距离之差一定是该色光半波长的奇数倍

5. 在双缝干涉实验中，以下说法正确的是______。

A. 入射光波长越长，双缝间距离越大，干涉条纹间距越大

B. 入射光波长越长，双缝间距离越小，干涉条纹间距越大

C. 入射光波长越短，双缝间距离越大，干涉条纹间距越大

D. 入射光波长越短，双缝间距离越小，干涉条纹间距越大

6. 下列现象中，属于光的干涉现象的是______。

A. 肥皂泡上的彩色条纹　　B. 雨后天边出现彩虹

C. 早晨东方天边出现红色朝霞　　D. 荷叶上的水珠在阳光下晶莹透亮

7. 在单缝的夫朗和费衍射实验中，屏幕上第二级暗纹所对应的单缝处波面可划分的半波带数为______。

A. 2　　B. 4　　C. 6　　D. 8

8. 下列属于光的衍射现象的是______。

A. 凹透镜发散太阳光,在凹透镜的边缘产生一圈亮纹

B. 阳光下茂密树荫中地面上的圆形亮斑

C. 光照到细金属丝上后在其后面屏上的阴影中间出现亮线

D. 阳光经凸透镜后形成的亮斑

9. 点光源照射障碍物,屏上阴影的边缘部分模糊不清,原因是______。

A. 光的反射　　B. 光的折射　　C. 光的干涉　　D. 光的衍射

10. 用卡尺观察单缝衍射现象,把缝宽由 0.2mm 逐渐增大到 0.8mm,将观察到衍射条纹的间距______。

A. 逐渐变小,衍射现象逐渐不明显　　B. 逐渐变大,衍射现象越来越明显

C. 不变,只是亮度增强　　D. 以上现象都不发生

11. 一束光强为I_0的自然光,相继通过两个偏振片P_1、P_2后出射光的光强为$I_0/8$,则P_1与P_2的偏振化方向之间的夹角为______。

A. 30°　　B. 45°　　C. 60°　　D. 90°

12. 有关偏振和偏振光的下列说法中正确的有______。

A. 只有电磁波才能发生偏振,机械波不能发生偏振

B. 只有纵波才能发生偏振,横波不能发生偏振

C. 自然界不存在偏振光,自然光只有通过偏振片才能变为偏振光

D. 除了从光源直接发出的光以外,我们通常看到的绝大部分光都是偏振光

13. 一束自然光自空气射向一块平板玻璃(可参照图 2-34),设入射角等于布儒斯特角i_0,则在第二个界面上($n=1.5 \to n=1$)的反射光______。

A. 是自然光

B. 是完全偏振光且光矢量的振动方向垂直于入射面

C. 是完全偏振光且光矢量的振动方向平行于入射面

D. 是部分偏振光

14. 炉火中的铁块温度越高,其颜色会由暗红变亮变橙红以至泛白,是因为______。

A. 长波长光的辐射能力降低,短波长光的辐射能力提高

B. 辐射能力最强的光朝短波方移动,短波长光的辐射比重增加

C. 辐射出来的光波长由长变短

D. 温度越高,铁块开始与空气产生化学反应

15. 一束绿光穿过一片滤光片或一试管的有色溶液,其强度均变为原来的 80%,若将滤光片增为 2 片,或者溶液浓度加倍,其透射光强分别变为原来的______。

A. 60%、60%　　B. 64%、64%

C. 60%、64%　　D. 64%、60%

16. 光在溶液中遇到的悬浮微粒线度小于十分之一波长时,将发生______。

A. 折射 B. 反射 C. 衍射 D. 散射

17. 关于受激辐射,错误的是______。

A. 不同原子产生的受激辐射光子的频率、方向、相位及偏振状态等都相同

B. 受激辐射光子与外来激励光子的频率、方向、相位及偏振状态等都相同

C. 没有粒子数反转,也存在受激辐射

D. 受激辐射后,能将入射光光强增大一倍

18. 下列不属于激光器组成的是______。

A. 工作物质 B. 粒子数反转 C. 谐振腔 D. 激励源

19. 下列说法错误的是______。

A. 只要实现粒子数反转就一定能产生激光

B. 粒子数反转是产生激光的必要条件

C. 谐振腔使光放大过程持续,且使得激光的方向性、单色性、相干性大大提高

D. 亚稳态的存在是粒子数反转的必要条件

二、简答题

1. 简述惠更斯原理,并利用惠更斯原理对波的传播做出简单解释。

2. 用半波带法解释单缝衍射的条纹,并说明半波带法的实质或依据。

3. 简述激光的产生条件以及对应的激光器的基本结构。

4. 自然光、线偏振光、偏振光如何获得?如何用实验判断光束是①线偏振光;②部分偏振光;③自然光?

5. 什么叫相干光?普通光源的发光机制是怎么样的?由普通光获得相干光常用的方法有哪两种?

6. 什么是艾里斑?艾里斑的大小是怎么样的?研究这些对光学仪器有什么意义?

三、实例分析

1. 设人眼敏感波长为 $\lambda=550\text{nm}$,分析人眼($d=3\text{mm}$)、天文望远镜($d=2.5\text{m}$)、电子显微镜($d=20\text{mm}$、$\lambda=0.1\text{nm}$)的分辨率。

2. 蔗糖是旋光物质,请你设计一个实验来验证这一点,要求写出:①实验仪器、实验装置;②实验步骤;③实验预期结果及分析。

(冯 奇)

第三章

生物和医用显微镜及其维护

导学情景

情景描述：

1. 断肢再植中，需要对微小的神经及血管进行吻合，其中最重要的条件是利用光学放大设备手术。

2. 在研究组织病变的发生发展过程时，需取一定大小的病变组织，用病理组织学方法制成病理切片，用显微镜进一步检查病变。 最后作出病理诊断。

学前导语：

对人体生理组织的微观观察和显微手术等，是医学诊断、治疗的重要手段，本章中，我们将带领大家熟悉各类常见医用显微镜的工作原理、光学参数、基本结构、医学应用、常规的保养维护，了解特种显微镜、电子显微镜的结构原理。 为医用显微镜的生产制造、技术支持、维修维护等岗位的技能提高奠定基础。

显微镜是一种观察微小物体的光学仪器，借助显微镜，可以观察和研究细胞、病菌等微小物体的结构和特性，现代光学显微镜可把物体放大1600倍，分辨的最小极限达200nm。本章将重点介绍普通生物显微镜和手术显微镜的构造、工作原理、性能及应用，并简要介绍特种显微镜和电子显微镜的基本原理。

第一节　显微镜的成像原理及光学参数

一、显微镜的成像原理

为了说明原理，我们简单地把显微镜看作由两块凸透镜组成。靠近被观察物体的叫做物镜，靠近观察眼的叫做目镜。其成像原理如图3-1所示，其光路实质如之前图1-14薄透镜组合成像之一所示。

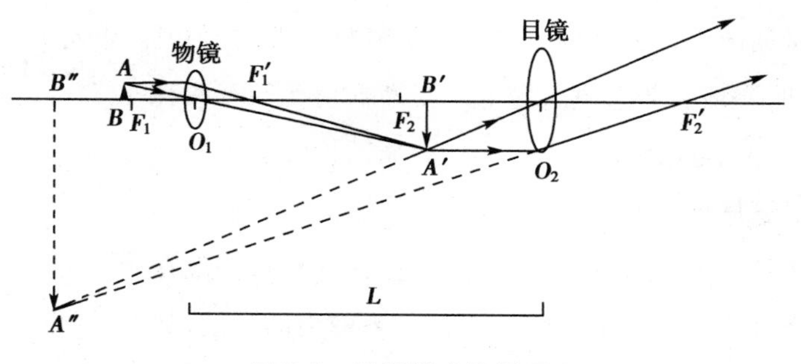

图3-1　显微镜成像原理

被观察物体 AB 位于物镜的物方焦距以外，靠近焦点的地方（物距大于一倍焦距，小于二倍焦距），经物镜后成一放大的倒立实像 $A'B'$（可在此处，安放各种带有刻度的分划板）。这个实像（连同分划板）对目镜来说就相当于一个物体，落在目镜的焦距之内，目镜相当于放大镜，再将它放大一次，最后形成一个经两次放大的倒立虚像 $A''B''$，可以在无限远处，也可以在观察者的明视距离处，分划板的像亦是如此，可供对准和测量用。为了观察方便，显微镜的物镜与目镜之间常插入转像棱镜。

为消除像差，实际上物镜和目镜都是由多块透镜组成的透镜组。

二、显微镜的光学参数

1. 放大率　放大率是指物体经物镜、目镜两次放大成像后，像的大小与原物体大小的比值。显微镜的放大率 M 等于物镜放大率 m 与目镜放大率 a 的乘积（分别为各自像距与物距的比值），即：

$$M=m\cdot a=\frac{O_1B'}{O_1B}\cdot\frac{O_2B''}{O_2B'}=\frac{O_1F_2}{O_1F_1}\cdot\frac{O_2B''}{O_2F_2}\approx\frac{L}{f_1}\cdot\frac{250}{f_2}\qquad \text{式(3-1)}$$

上式中，因物镜与目镜的焦距 f_1 和 f_2 与镜筒长度相比很小，所以 O_1F_2 可近似看作是显微镜的镜筒长度 L，目镜成像在眼前 250mm 即明视距离处。显微镜配有不同放大倍数的物镜和目镜，各厂家均已在物镜和目镜上标出各自的放大倍数，两者相乘即可。适当配合使用便可获得所要求的放大倍数。如物镜为 40×，目镜为 10×，则 $M=40\times10=400$ 倍。

近年来由于双目显微镜的普遍应用，有些厂家在双目镜或三目镜筒内增加了一个有放大作用的棱镜构件，放大倍数一般为 $q=1.6\times$，因此在计算显微镜的总放大率时也应考虑进去，此时显微镜的放大率应为：$M=m\cdot a\cdot q$。

由上述可见，显微镜的镜筒越长，物镜与目镜的焦距越短，它的放大率就越大，因此物镜的放大率是指对一定机械筒长而言，筒长变化，放大率也随之变化，但同时成像质量也将受到影响。使用显微镜的目的在于看清细微结构，而并非一味放大，显示精细结构归根到底要受到光的衍射限制，若放大率设计成很大，但仍不能分辨细节，徒劳无益。因此，使用时不能任意改变筒长。

2. 数值孔径　数值孔径是指物镜与被检物体之间介质的折射率 n 与物镜孔径角 α 一半的正弦值的乘积，用 $N\cdot A$ 来表示。即：

$$N\cdot A=n\sin\left(\frac{\alpha}{2}\right)\qquad \text{式(3-2)}$$

如图 3-2 所示。

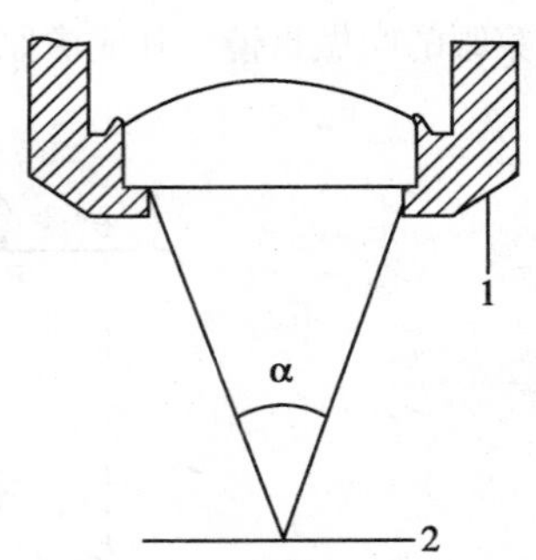

图 3-2　显微镜的孔径角

1. 物镜；2. 标本；α. 孔径角

数值孔径是衡量显微镜性能极为重要的一个基础性参数，与其他光学参数关系密切，一般希望它越大越好。提高数值孔径有两种方法：一是增大孔径角；二是增大物镜与标本间介质的折射率。

将标本与物镜尽量靠近可增大 α，但 $\sin(\alpha/2)$ 总是小于 1，而空气的折射率 $n=1$。因此，干燥系物镜的数值孔径总是小于 1，一般在 0.04～0.95 之间。若在物镜与标本之间加入折射率较大的介质，如香柏油，其 $n=1.515$，可使数值孔径达到 1.2 以上。目前油镜所能达到的数值孔径为1.4。

3. 分辨率　分辨率又叫鉴别率或分辨本领，是指分辨被检物体细微结构的能力。它与数值孔径有关，是衡量显微镜质量的重要技术参数之一。

根据第二章光学仪器分辨率一节所述可知，由于透镜存在着衍射现象，其分辨角为$\theta=1.22\frac{\lambda}{D}$，根据简单的几何关系，可以算得显微镜物镜所能分辨两点之间的最小距离δ为：

$$\delta=\frac{0.61\lambda}{NA} \qquad \text{式(3-3)}$$

式中λ是光波波长，若数值孔径NA取最大值1.4，此时

$$\delta=\frac{0.61\lambda}{1.4}=0.4\lambda$$

该显微镜的物镜可分辨两点之间的最小距离约为所用光波波长的0.4倍。亮度最大、人眼最敏感的可见光波长为0.55μm，据此该物镜能分辨的最小距离约为0.2μm。也就是说，距离小于0.2μm的两点，该物镜无法分辨。

目镜只能放大物镜所能分辨的细节，而不能提高物镜的分辨率；物镜不能分辨的细微结构，目镜放大率再大也是看不清的。光靠使用高倍目镜来提高放大率，对分辨率的提高不但没有帮助，反而会造成视场亮度减弱、视差被放大、成像模糊不清等不良后果。当然，物镜能分辨细微结构，但无足够的目镜放大率，也还是看不清的。

4. 视场　从显微镜中能看到的圆形范围叫视场（又称视野）。所见圆形视场的直径称为视场宽度，由设计时设在目镜内的视场光阑大小而定。不同的物镜、目镜搭配使用时，其物方视场大小也不同。物方视场的大小η为：

$$\eta=\frac{\eta'}{\beta} \qquad \text{式(3-4)}$$

式中，η'为目镜视场的大小；β为物镜的放大率。若某显微镜$\eta'=12\text{mm}$，$\beta=10$，则$\eta=1.2\text{mm}$，即观察物方视场直径为1.2mm。采用广角目镜$\eta'=18\text{mm}$，则$\eta=1.8\text{mm}$；再用超广角目镜，$\eta'=26.5\text{mm}$，则$\eta=2.65\text{mm}$。

从使用角度看，视场越大越便于观察，但视场随放大率的增大而变小。由于显微镜视场较小，不可能在一个视场内看到整个标本，解决的方法是，将活动镜台加上推尺，可以移动位置，使标本的不同部位依次进入显微镜的视野，分时观察。

5. 景深　当显微镜调焦于某一物平面（又叫对准平面）时，如果位于其前后的物平面仍能被观察者看清楚，则该二平面之间的距离叫做显微镜的景深，又叫焦点深度。

景深与放大率和数值孔径成反比，当用100×/1.25物镜（100×表示放大倍数，1.25表示数值孔径）与16×目镜配合使用时，其景深值为0.0003mm左右。显微镜放大率越高、数值孔径越大、景深越小，因此要求切片越薄越好，而且调整时动作要十分轻微，否则很难找到像。

6. 镜像亮度　镜像亮度是显微镜图像亮度的简称。一般以观察时既不感到疲劳又不感到耀眼为最佳。镜像亮度对于高倍下显微摄影、投影、暗场观察、偏光观察等具有特别意义，没有足够的镜像亮度，会使视场变暗而影响摄影和观察效果。由于镜像亮度与显微镜放大率的平方成反比，与物镜数值孔径的平方成正比。因此，在使用时必须合理选用物镜及适度照明方能达到预想亮度。

7. 工作距离　工作距离是指物镜的前表面中心到被观察标本之间的距离。它与数值孔径有关，数值孔径越大，工作距离越小。如40×物镜的工作距离不超过0.7mm，而100×油浸物镜的工作距离却不到0.3mm，超过此范围的称为“长工作距离”物镜，这类物镜的工作距离可达4.5mm左右。镜检时，被检物体应处在物镜的1～2倍焦距之间。平时习惯所说的调焦，实际上是调节工作距离。

工作距离大小还与物镜的种类、光学结构有关。在相同放大率和相同数值孔径条件下，消色差物镜的工作距离往往小于平场物镜的工作距离。数值孔径大的高倍物镜，其工作距离小。

8. 机械筒长　取下物镜和目镜后的镜筒长度，即目镜和物镜支承面间的距离，叫显微镜的机械筒长，如图3-3所示。设计时都取一固定的标准值，便于互换使用。我国与世界大多数国家规定，生物显微镜的机械筒长为160mm，各生产厂家均把这个数值标刻在物镜筒上。

图3-3　机械筒长

综上所述，显微镜的各光学参数是相互联系而又相互制约的。使用较大数值孔径的物镜，其放大率及分辨本领较高，但视场、景深和工作距离却较小。

点滴积累

1. 显微镜可看作由两块凸透镜组成，分别为物镜及目镜。
2. 显微镜的光学参数有放大率、数值孔径、分辨率、视场、景深、镜像亮度、工作距离、机械筒长等。
3. 数值孔径的大小对显微镜的参数有决定性的影响。
4. 普通光学显微镜的分辨能力受衍射效应的限制，极限值为0.2μm，其放大倍数基本取决于物镜的素质。

第二节　显微镜的基本结构

显微镜的基本结构主要由光学系统和机械装置两大部分组成。其外形如图3-4所示。

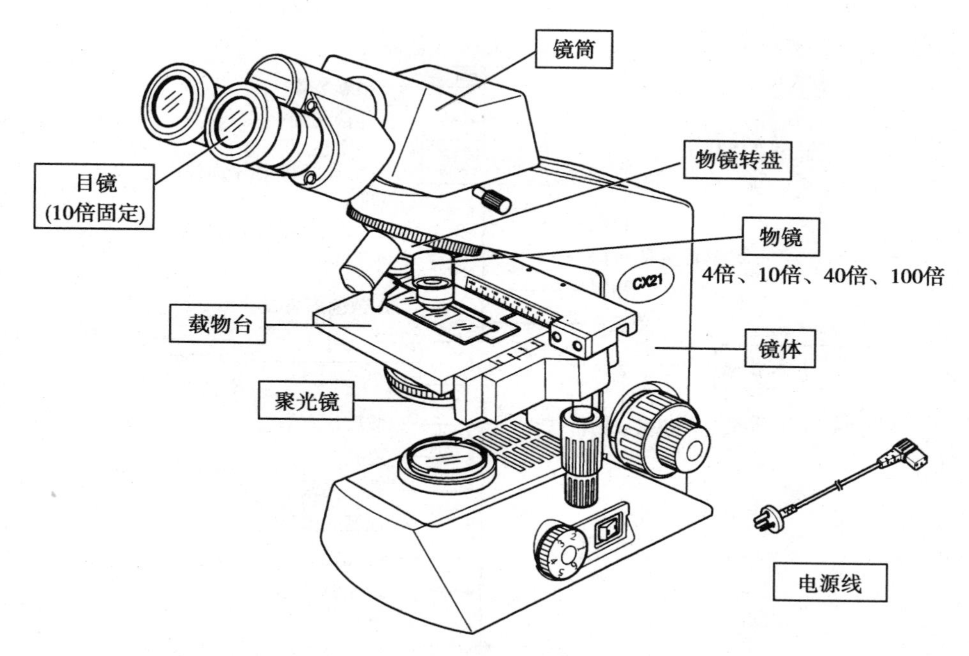

图 3-4　生物显微镜的基本结构

光学系统包括:物镜、目镜、聚光镜和反光镜等。机械装置包括:底座、镜臂、目镜筒、物镜转换器、载物台、粗调和微调手轮等。

显微镜在使用时,由于标本本身是不发光物体,这就要求显微镜必须有一套照明系统;为使人眼可辨标本,就必须有一套目镜和物镜组成的显微系统;为放置标本,就必须有载物台;为能仔细观察标本,就必须有调焦机构(粗调和微调手轮);根据需要为方便更换不同放大倍率的物镜,就必须有一套精密灵活的物镜转换机构。除此之外,显微镜还要有将各部分连接成整体的底座、镜臂等。典型显微镜组成如图 3-5 所示。

一、显微镜的光学系统

光学系统是显微镜的核心,它主要包括物镜、目镜和照明系统。

(一) 物镜

物镜是显微镜光学系统中的核心部件,整个显微系统的成像质量与分辨率都由物镜决定,人们常将它比喻成显微镜的心脏。它由一组精密的透镜组成,在使用中固定于物镜转换器上,其作用是将物像加以放大获得较高分辨率。物镜有三个主要参数:数值孔径 *N*·*A*、放大率和盖玻片厚度,它们都标注在物镜管上。例如,40/0.65 和 160/0.17,40 表示放大倍数(有的写成 40×或 40:1);0.65 表示它的数值孔径(有的写成 *N*·*A*.0.65 或 *A*.0.65);160 表示使用该物镜时,显微镜的机械筒长应为 160mm;0.17 表示使用该物镜时,盖玻片厚度应为 0.17mm。有些低倍物镜,在有、无盖玻片的情况下都可以使用,所以不标 0.17 而代之以横线“-”。有些油镜上标有“油”(oil)字。

物镜的结构较为复杂,除满足光学成像质量外,还须满足以下三点:

第一,同一台显微镜配置的物镜必须满足“齐焦”要求,即当一个物镜调焦清晰后,转至相邻物镜时,其成像也应基本清晰。

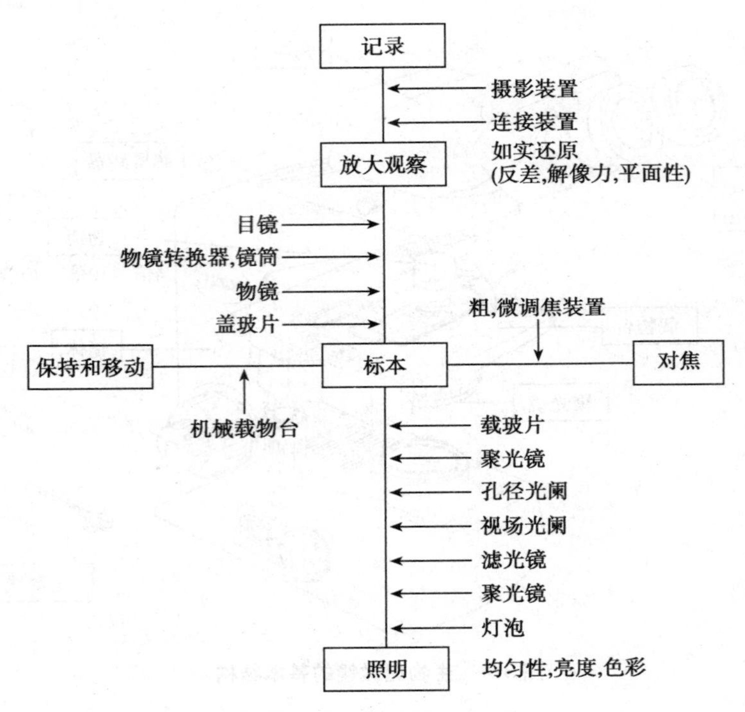

图 3-5　显微镜组成示意图

第二,凡物镜外壳上刻有盖玻片厚度的物镜,使用时必须满足,否则将影响成像质量。

第三,世界各国对物镜的螺纹尺寸均采用4/5 英寸×1/36 英寸同一规格,因此,各国家制造的显微镜物镜均可互换。

物镜种类很多,按像差的校正情况可分为消色差物镜、平场消色差物镜、复消色差物镜。

1. 消色差物镜　消色差物镜具有结构简单、制造安装方便、价格便宜的特点,它适用于低、中档显微镜上。该物镜只能校正轴上点的球差(黄、绿光)、位置色差(红、蓝两色光)并部分消除彗差,故视野小。消色差物镜按放大率分为:单组双胶合物镜、吕斯特物镜、阿米西物镜和阿贝油浸物镜四种,如图 3-6 所示。

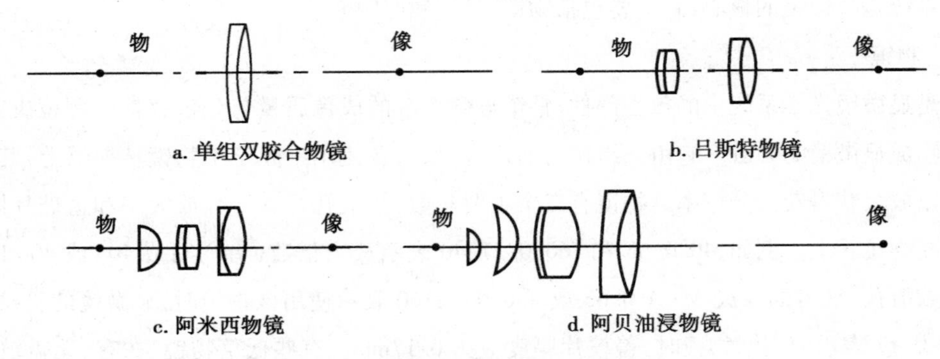

图 3-6　四种消色差物镜光路示意图

(1) 单组双胶合物镜的数值孔径为 0. 10 ~ 0. 15,相应的放大倍率在 3 ~ 6 倍。

(2) 吕斯特物镜是由两套双胶合物镜相隔一定距离组成的,其数值孔径为 0. 2 ~ 0. 3,相应的放大倍率在 8 ~ 20 倍。

（3）阿米西物镜是在吕斯特物镜基础上加一平凸透镜，数值孔径为0.65左右，放大倍率在40倍。

（4）阿贝油浸物镜是在阿米西物镜前片镜与场镜之间加一个弯月形正透镜，工作时标本与前片镜平面之间必须滴上油。数值孔径为1.25～1.40，放大倍率可达90～100倍。

2. 平场消色差物镜　此类物镜结构比消色差物镜复杂，特别是高倍平场物镜更为复杂。由于它在系统中增加了一块弯月形透镜，可校正场曲。其优点是视场平坦、视野增大，且工作距离有所增加。由于该物镜复杂、加工难度大、成本高，故只在中、高档显微镜才配用。图3-7是两种平场消色差物镜结构，(a)的放大率为10×，$N \cdot A$为0.25；(b)是放大率为100×，$N \cdot A$为1.25的浸液物镜。

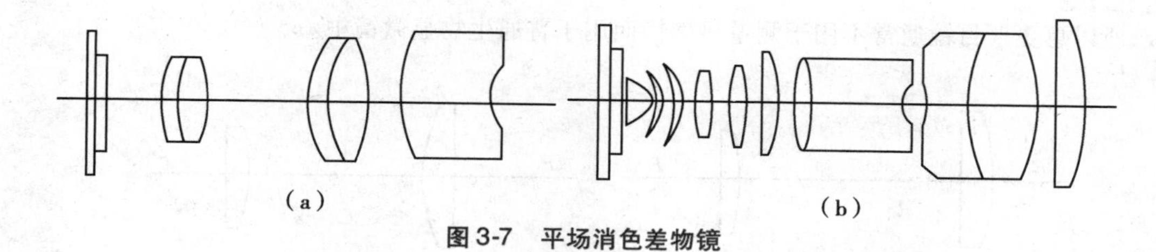

图3-7　平场消色差物镜

3. 复消色差物镜　这类物镜结构中加入几片用萤石、氟石和明矾等非玻璃的光学材料制成的透镜。物镜的像质较优，同时能校正红、蓝两色光的球差，校正红、绿、蓝三色光的色差，并大大降低其他颜色的色差。但其他颜色的倍率色差不能完全校正，在倍率色差大于1%时，若与简单组合目镜配用，这些残存的色差会使影像边缘略带色彩。因此，需要与补偿型目镜配合使用。复消色差物镜也有平场和非平场之分，虽然这类物镜结构复杂、加工困难、成本极高，但成像质量高，数值孔径大，对光源要求低，通常多做研究使用。图3-8为放大率为90×，数值孔径为1.3的复消色差物镜。

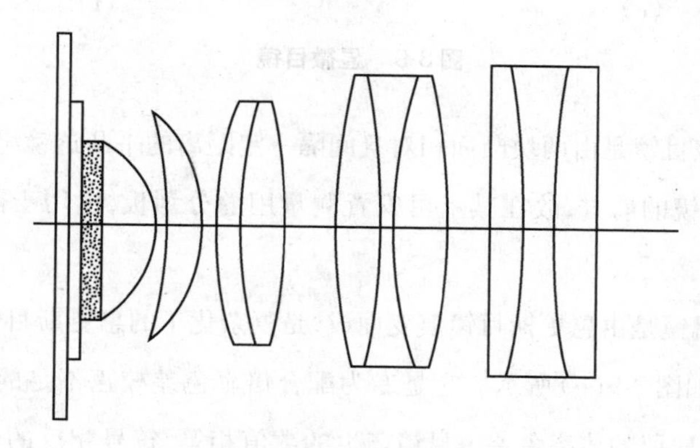

图3-8　复消色差物镜

新出厂的显微镜，每组物镜的透镜都装在一个金属小框里，若干个小框按一定的间隔排列后统一装在一个镜座里。出厂时，物镜都经过严格的检验校正，一般情况下，使用者不要随意拆卸物镜，以免难以复原。

（二）目镜

显微镜目镜实质上是一个放大镜，它用来观察被物镜放大了的中间像。目镜的结构较物镜简单，通常由 2~6 片透镜分两组或三组组成，其目镜接近眼睛的一组称接目镜，另一端的一组称场镜。在目镜的物方焦面处设有一视场光阑用以限制物方视场大小，物镜的放大实像就在这个光阑面上成像，光阑面上可以安置目镜测微器或目镜指针及其他分划板等。

目镜管内壁通常加工成折光齿纹并做发黑处理，以消除散射光线。显微镜目镜在实际使用中有单目和双目两种工作方式。显微镜常用的目镜有以下几种：

1. 惠更斯目镜　该目镜适用于消色差物镜，可以较好地校正彗差和像散。它由间隔一定距离的两块平凸透镜组成，且凸面均朝向物镜一侧，如图 3-9（a）所示。此类目镜的物方焦面在两透镜之间，来自物镜的中间像不位于整个目镜的物方焦面上，场镜相当大的色差使之不宜在该面上安置分划板，所以惠更斯目镜通常不用于测量显微镜而用于普通生物显微镜中。

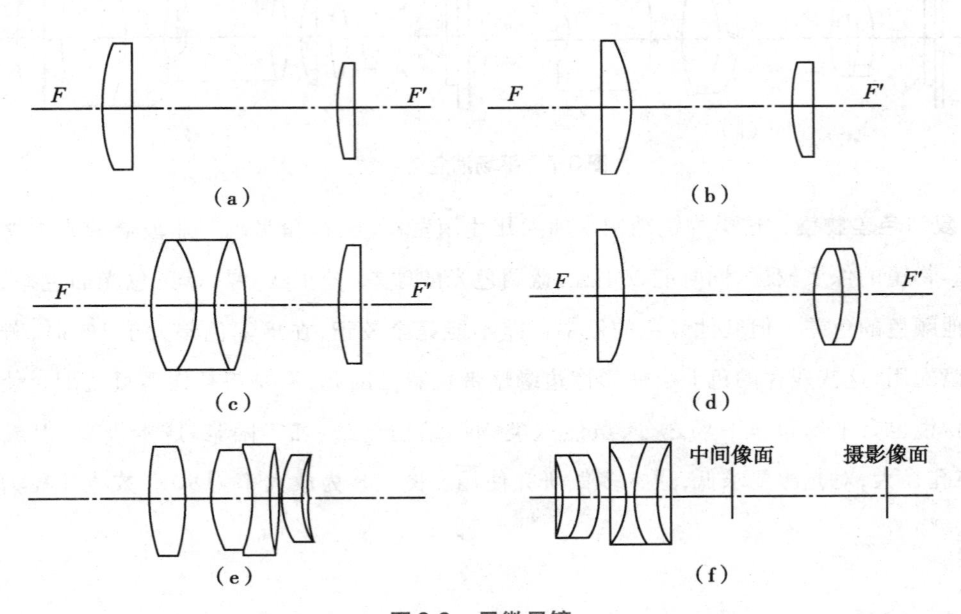

图 3-9　显微目镜

2. 冉斯登目镜　该目镜是由两块凸面相对且间隔一定距离的平凸透镜组成，如图 3-9（b）所示。它的物方焦面在整个目镜的前方，故在其上可安置测量用的分划板，适用于需要测量的显微镜中。其他特性与惠更斯目镜接近。

3. 补偿目镜　该目镜是由惠更斯目镜演变而成，是复杂化了的惠更斯目镜，其接目镜改为一个双胶合或三胶合透镜，如图 3-9（c）所示。它是专为配合倍率色差校正不足的复消色差物镜而特别设计的。其特点是物镜残留的倍率色差由目镜产生的数值相等、符号相反的倍率色差予以补偿，从而提高观察效果，但不宜与普通消色差物镜配用。

4. 平场目镜　该目镜与惠更斯目镜相比，增加了一块负透镜，如图 3-9（d）所示。从而它在全视场内可校正场曲与像散，所以视场大、视野平坦。平场目镜多与消色差物镜或平场消色差物镜配用。

5. 广角目镜　如图 3-9（e）所示，此类目镜由四片三组组成，结构较复杂。具有视场大、视野平坦等优点,多用于高档显微镜中。

6. 摄影负目镜　如图3-9(f)所示,该目镜又称哈曼目镜。特点是视野平坦,其中间像面与摄影像面位于同侧,结构紧凑,常用于显微照相和投影。

7. 其他目镜　为了满足测量和指示的需要,常在目镜视场光阑处安放不同用途的分划板,于是有测微目镜、网格目镜、取景目镜、指示目镜和比较目镜等。凡带有分划板的目镜均有视度调节机构,使用时调整视度调节环(多头螺纹),使分划板刻线成清晰像,然后调粗、微调节手轮,使标本成清晰像于分划板上方,可进行观察与测量。

(三) 显微镜的照明系统

为了使被观测的标本得到充分而均匀的照明,显微镜配有照明系统。它通常由光源、滤光器、聚光器(包括聚光镜、孔径光阑等)组成。

对显微镜照明系统的基本要求是:光源光谱分布近似于自然光;被照明物体的照度要适中;对物体的照明要均匀;光源的热量不能过多地传递到镜头和标本,以免造成损害。

1. 显微镜的照明方式　显微镜的照明方式分为透射式照明和落射式照明两大类。前者适用于透明或半透明被检物体,绝大多数生物显微镜属于此类照明法;后者则适用于非透明的被检物体,光源来自上方,又称"反射式照明",主要应用于金相显微镜或荧光显微镜。

(1) 透射式照明:生物显微镜多用来观察透明标本,需以透射光照明,有两种照明方式。

1) 临界照明:临界照明系统是光源所发出的光经聚光器后,会聚在物平面 *A* 处,照亮被观察的标本(图3-10)。

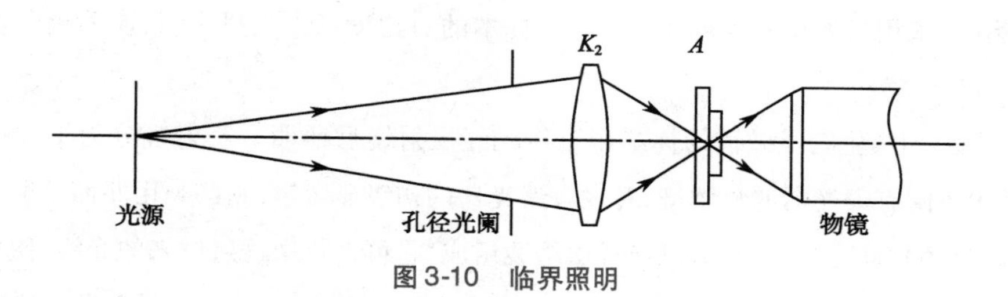

图3-10　临界照明

这种照明形式结构简单,但因光源像与标本平面重合,如果光源表面亮度不均匀,或明显地表现出细小的结构(如灯丝等),这样就会严重影响显微镜的观察效果,这是临界照明的缺点。其补救方法是在光源的前方放置乳白和吸热滤色片,使照明变得较为均匀和避免光源的长时间照射而损伤被检物体。

2) 柯拉照明:柯拉照明克服了临界照明中物面光照度不均匀的缺点。如图3-11所示。

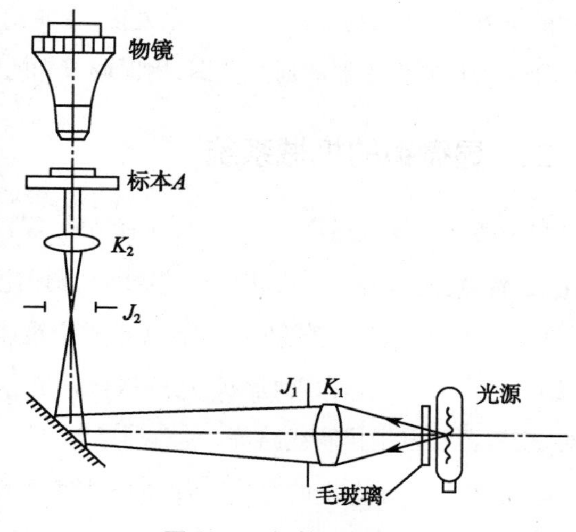

图3-11　柯拉照明系统

光源所发出的光线经聚光镜 K_1 后成像于可变光阑 J_2 上(J_2 为孔径光阑),不是直接照射到标本上；同时被光源近似均匀照明的视场光阑 J_1（紧挨聚光镜 K_1）经聚光镜 K_2 成像于标本平面上，使标本均匀照明。当改变视场光阑 J_1 的大小时，物平面上的照明范围也跟着变化，使不在物镜视场内的物体得不到照明，减少杂散光。若在光源前面加一毛玻璃，则标本 A 处照明更加均匀，物平面界限更加清晰。柯拉照明多用于中、高档显微镜系统中。

（2）落射式照明：在观察不透明物体时，往往采用从侧面或上面照明的方式。此时，被观察物体的表面没有盖玻片，标本像是靠进入物镜的反射或散射光线产生的。

在某些高档显微镜中，不仅需要透射光照明，也需要落射光照明，如荧光显微镜。落射光照射时物镜本身也作聚光器用，两者数值孔径相等。如图 3-12 所示，图中的半透半反射镜上镀有折光膜，既能使光线反射又能使光线透过。

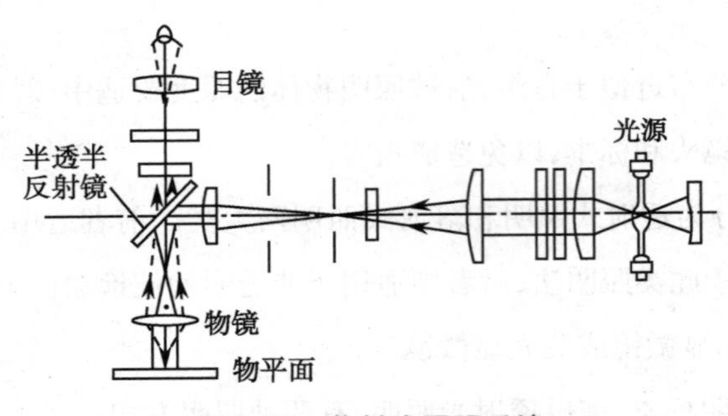

图 3-12　落射式照明系统

2. 显微镜的照明系统　显微镜的照明系统主要包括以下几部分。

（1）光源与滤光器：显微镜照明光源有自然光源和电光源两种。前者常用于低、中档显微镜中，它具有节能、安全、方便等优点；后者多用于高档显微镜，常用的有白炽灯、氙灯、汞灯等。

滤光器用于提高像衬度和鉴别率。常用的是有色玻璃滤光片，其次有干涉滤光片、中性滤光片、液体滤光器等。根据滤光片的作用分为：有色温转换滤光片、色彩补偿滤光片、绝热滤光片、反差滤光片、中灰滤光片等。

黑白摄影时，采用反差滤光片可加强或降低标本的对比度。彩色摄影时，应采用色温转换滤光片及色彩补偿滤光片。

（2）聚光器：初级生物显微镜的标本用自然光经反射镜后照明。反射镜分为平面镜和凹面镜两种，前者常用于配有聚光器的显微镜，对没有聚光器的初级显微镜，则必须用凹面反射镜。

聚光器包括聚光镜、孔径光阑。聚光镜由透镜组成，它可以集中透射过来的光线，使更多的光集中到被观察的部位，以及适当改变从光源射来的光的性质，以得到更好的照明效果。聚光镜装在载物台的下方。小型的显微镜往往无聚光镜，在使用数值孔径 0.40 以上的物镜时，则必须有聚光镜。孔径光阑可控制聚光器的通光范围，用以调节光的强度。

二、显微镜的机械系统

显微镜要发挥其最高光学性能，须有精密、灵活、准确的机械装置与其密切配合。机械部分包括底座、镜臂、镜筒、抽筒、物镜转换器、载物台、调焦机构、聚光镜升降机构等。

1. 底座　是显微镜的基座，它支撑着整个镜体，保持显微镜在不同工作状态时的平衡。底座以马蹄形、矩形为多，也有其他形状，用铸铁材料制造，使重心降低，保持镜体稳定。其内部装有电光源系统、变压器及电子控制线路等。

2. 镜臂　是显微镜的脊梁，所有的机械装置都直接或间接地附着其上，弯曲如臂，便于把握和操作。

3. 镜筒 上端连接目镜,下端连接物镜。为避免光线反射,镜筒内壁都做发黑处理。镜筒可分为单目、双目和三目3种。镜筒长短、粗细因各厂家设计各异而不相同,长度约为11cm。主要作用是保护成像的光亮度,其次就是和物镜与目镜配合成16cm的管长,得到物像初级放大,消除一定像差。其上端有一嵌口,口径国际规定为2.5cm,以容纳抽筒活动。该镜筒固定在能移动的支架和齿条上,由粗调旋钮控制升降,微调旋钮调节聚焦。

4. 抽筒 是套插在镜筒嵌口里的一根柱状管,有一段露在镜筒嵌口的外面。口径为2.5cm,总长为10cm,露出3.5cm,套在镜筒内的一段刻有分度155~250mm,在170mm处有一红线。用油浸物镜时必须将抽筒接到170mm,方能得到最清晰的物像。观察不透明标本时,需将抽筒提到190mm或250mm处。

5. 物镜转换器 是显微镜中精度要求最高、结构较复杂的关键部件,它接于镜筒下端,用于安装和转换物镜。按安装物镜的孔数不同,通常可安装3~6个物镜,转动时可更换物镜的放大倍数,借以改变目镜与物镜的组合。按定位方式可分为内定位式和外定位式两种;按安装物镜的孔数可分为三孔、四孔、五孔、六孔等。五孔或五孔以上的转换器大都用在高档显微镜上。

对物镜转换器的精度有两点要求:同轴和齐焦。所谓同轴是指每个物镜被定位即调入光路后,物镜和目镜的光轴应在一条直线上;所谓齐焦是指用低倍物镜调焦后,从低倍物镜转换到高倍物镜,无需使用粗调,即可初见物像(但允许微调)。齐焦又称为"等高转换"。

6. 载物台 是用来载放标本的平台。它与显微镜的光轴垂直,对其平面度要求较高,在移动时要求平稳、无卡滞、无跳动现象。常用的载物台有固定式和移动式两种,前者结构简单,仅由台面和支架组成,台面中央有一圆形通光孔,观察时需靠手来移动标本,既不方便,灵敏度又低,更不能定位观察,这种载物台常用于低档显微镜。中、高档显微镜在载物台上增加一个移动器来移动标本,叫移动载物台。它活动平稳、方便、灵活,当标本被夹入移动器后,使用移动器上的横向和纵向手轮,便可前后、左右移动标本,其移动范围前后40~50mm,左右60~80mm。这种载物台与移动器是靠移动器上的滚花螺丝连接的。安装移动器时,只要把移动器上两个固定销插入台面的销孔内,再拧紧滚花螺丝即可,安装、使用都极为方便。移动器的结构如图3-13所示。

7. 调焦机构 为了获得清晰的物像,就需要调节物镜与被观察标本之间的距离,这个过程叫"调焦"。调焦方式有两种:一是被检物体(载物台)不动,利用物镜升降调焦;另一种是物镜不动,利用载物台升降调焦。调焦机构一般分为粗调和微调两种,利用粗调手轮调焦能快速获得物体影像,再借助于微调手轮调焦最终获得清晰的影像。

(1)粗调焦机构:是用来快速调焦的装置,无论是哪一种升降方式,粗调的基本结构都是由齿轮带动齿条运动。齿轮固定在粗调手轮的转轴上,齿条固定在镜筒或镜臂上,齿轮和齿条啮合在一起(图3-14)。

转动手轮时,齿轮通过齿条带动镜筒(镜臂或载物台)做相应的升降。其上下运动的方向,由燕尾导轨做精确控制。燕尾条和燕尾槽之间配合紧密、平稳、无松动,可保证光学系统做平稳而准确的直线运动。

(2)微调焦机构:是显微镜作精细调焦用的一种慢动装置。总调节距离一般为1.8~3mm,由微调手轮控制。旋转微调手轮时,光学系统移动缓慢,上升或下降2mm的距离,需要转动十几圈。下面是常见的两种微调焦机构。

1）螺旋杠杆式微调机构：如图 3-15 所示，当转动手轮时，由于与丝杆配合的螺母固定不动，丝杆就产生轴向移动，并推动杠杆 4 使之绕轴 5 转动，以推动顶杆 6 上升来获得微调，直至限位销钉顶上为止。

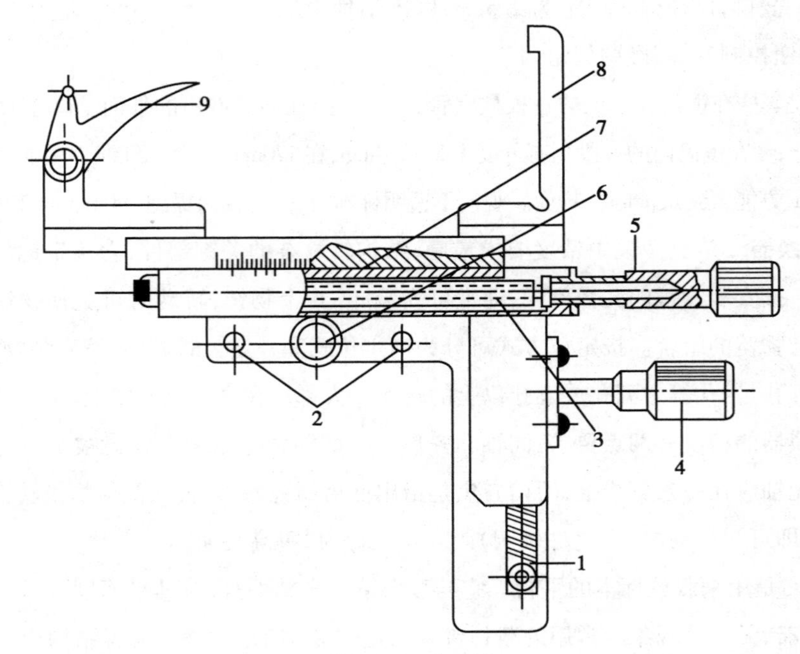

图 3-13 移动器

1. 齿条；2. 固定销；3. 多头螺丝；4. 纵向手轮；5. 横向手轮；6. 滚花螺丝；7. 多头螺母；8. 固定爪；9. 弹性爪

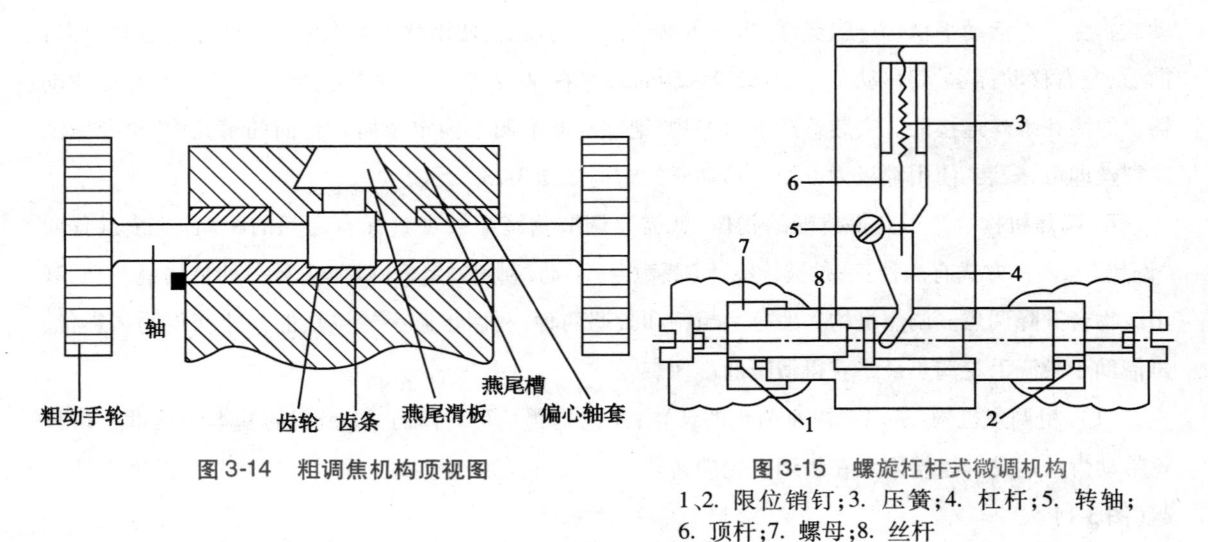

图 3-14 粗调焦机构顶视图

图 3-15 螺旋杠杆式微调机构

1、2. 限位销钉；3. 压簧；4. 杠杆；5. 转轴；6. 顶杆；7. 螺母；8. 丝杆

由于顶杆 6 的上端与微动燕尾相连，因此，顶杆上升时，就将微动燕尾抬起，使光学系统向上做微调。由于弹簧的压力使杠杆始终紧贴在挡轮的端面上，当手轮反转时，杠杆在压簧的作用下，紧跟挡轮徐徐下摆，顶杆 6 下降，光学系统向下作微调，直至限位销钉顶上为止。这种微调机构结构简单，微动可靠，装校方便。但空回较大，精度较低，常用于初级显微镜中。

2）蜗轮蜗杆式微调机构：如图 3-16 所示，微动轴安装在粗调手轮和蜗杆的轴孔内，微动轴可自由转动，并且两端固定着刻度值的微调手轮。载物台（或镜臂）的自重由齿条和同轴固定在一起的齿轮、蜗轮传至蜗杆，这样既使转动部分始终处于单面啮合状态而消除间隙，又保证端面凸轮和固定在微调轴上的钢球可靠地接触而消除空回。当转动粗调手轮时，由销钉带动蜗杆转动，再通过蜗轮、齿轮和齿条使载物台作上下移动；当微调手轮转动时（粗动手轮不动），微动轴带动钢球在凸轮的端面上滑动，使蜗杆产生一微量的轴向移动，从而使蜗轮产生一微量转动，此时与其同轴的齿轮带动齿条，使载物台作上下微动，弹簧的作用是使凸轮与钢球的接触更为可靠。它常用于高档显微镜中。

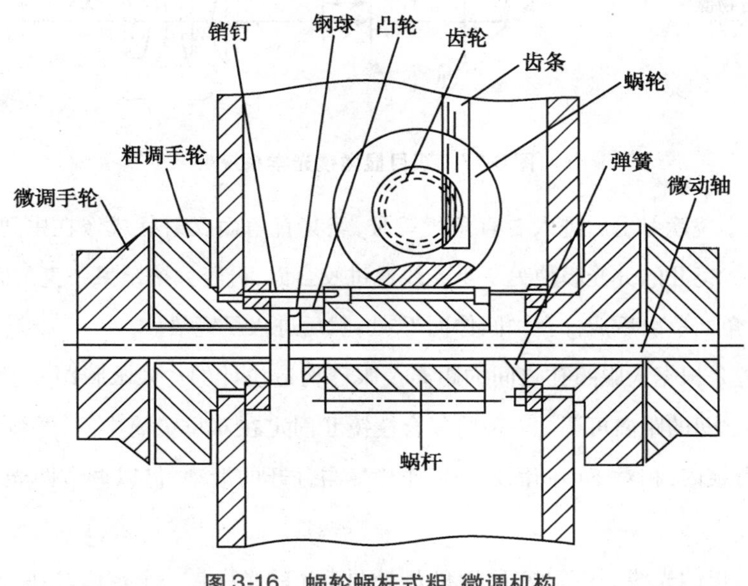

图 3-16 蜗轮蜗杆式粗、微调机构

点滴积累

1. 显微镜的光学系统包括：物镜、目镜、聚光镜和反光镜等；机械装置包括：底座、镜臂、目镜筒、物镜转换器、载物台、粗调和微调手轮等。
2. 物镜决定了成像质量与分辨率，目镜要与物镜配套使用，起到放大镜的作用。
3. 显微镜的照明系统包括临界照明及柯拉照明。

第三节 普通型显微镜

普通型显微镜包括双目显微镜、倒置显微镜、摄影显微镜等，与第四节中的特种显微镜相比，光路设计中没有用到物理光学的有关原理。

一、双目显微镜

操作显微镜时，若在长时间内用单目观察，容易造成疲劳、头晕甚至损伤视力。为此，在中、高档显微镜中普遍使用双筒双目显微镜。它是利用复合棱镜组把经物镜成像后的光束分成强度相同的左右两束，形成两个中间像，然后再经两个目镜放大，其光学原理如图 3-17 所示。

来自物镜的光线经半五角棱镜Ⅰ后，进入胶合面镀有分光膜复合棱镜Ⅱ，分光膜使一半光线在

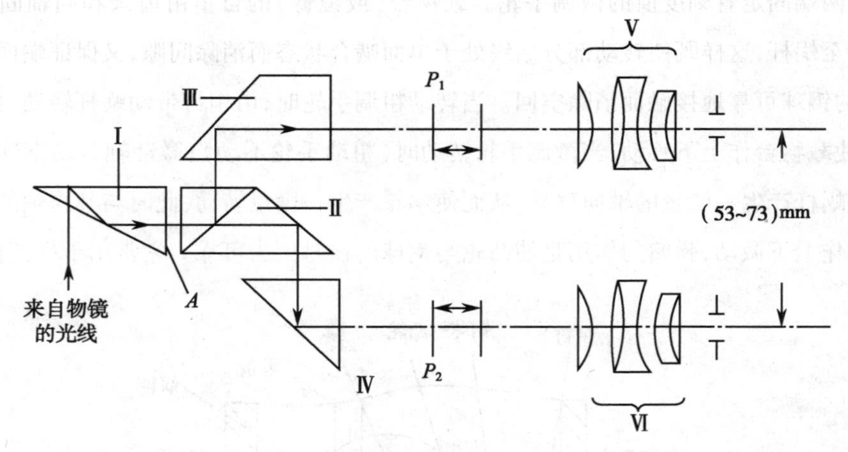

图 3-17 双目显微镜光学系统

胶合面上反射，从小棱镜射出后进入右直角棱镜Ⅲ，经其直角面反射后成像在中间像面 P_1 处，然后进入目镜Ⅴ；复合棱镜Ⅱ的分光膜使另一半光线通过胶合面，再经大棱镜另一直角面反射，进入左直角棱镜Ⅳ，经其直角面反射后成像在中间像面 P_2 处，然后进入目镜Ⅵ。

双筒目镜装置是根据人眼瞳孔之间的距离及眼球构造设计的。人眼瞳距一般在 53～73mm 之间，要求左右光轴之间的距离可调。一般将复合棱镜Ⅱ固定在双目镜筒中间，并将左和右直角棱镜分别固定在左右滑板内，相对于中间固定轴可作移拢与分开的滑动，借以调节两光轴之间的距离在 53～73mm 之间。

从棱镜 A 面发出的光线到中间像面 P_1 和 P_2 处两束光的光程是一个定值，当两光轴间距变动时，中间像面 P_1 与 P_2 的位置也将沿光轴上下移动，为保持筒长不变，在双目镜的镜管上设有筒长补偿机构，分别在其上刻有 53～73mm 的刻线，操作时左右移动两目镜座至合适的瞳距位置后，必须转动目镜管，使目镜管上的刻线值与之对应。

二、倒置显微镜

在细胞离体培养、组织培养和微生物研究中，常用于观测培养瓶（皿）中的活体标本，此时物镜不适于插入培养液中按一般的显微镜成像光路模式进行，而改用把照明系统放在载物台及标本之上，把物镜组放在载物台器皿底面以下进行显微镜放大成像。这种类型的显微镜称为倒置显微镜，又称生物培养显微镜。倒置显微镜由于受工作条件的限制，物镜的放大倍数一般不超过 40 倍，并且是长工作距离的，并常带有摄影（像）装置。外形如图 3-18 所示。

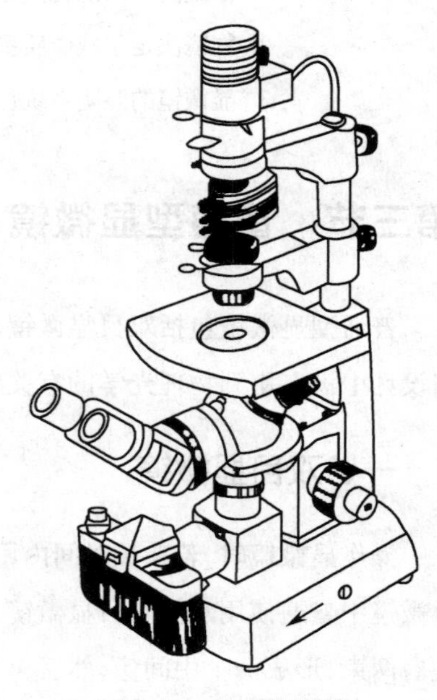

图 3-18 倒置显微镜

由于一般放大倍数为 25 倍和 40 倍物镜的工作距离分别为 1.3mm 和 0.6mm，而培养器皿底的厚度一般在 1.2～2mm，所以必须配有长工作距离的物镜和聚光镜。由于目前国内外尚无40倍以上的高倍长工作距离的物镜,所以只能用特殊加工方法在培养瓶(皿)底部开一个小圆孔,并粘上一块厚度为0.17mm的盖玻片,然后用普通平场消色差物镜进行观察。

倒置显微镜光路图如图3-19所示。采用柯拉照明系统的光源灯发出的光线经聚光器后照亮标本。标本经物镜组、转像系统(包括图中反射镜1、2,聚光镜1、2,棱镜等)在目镜的物方焦平面上,人眼通过目镜组进行观测。为了观测方便,转像系统的设计应使系统所成的像为完全一致的像。

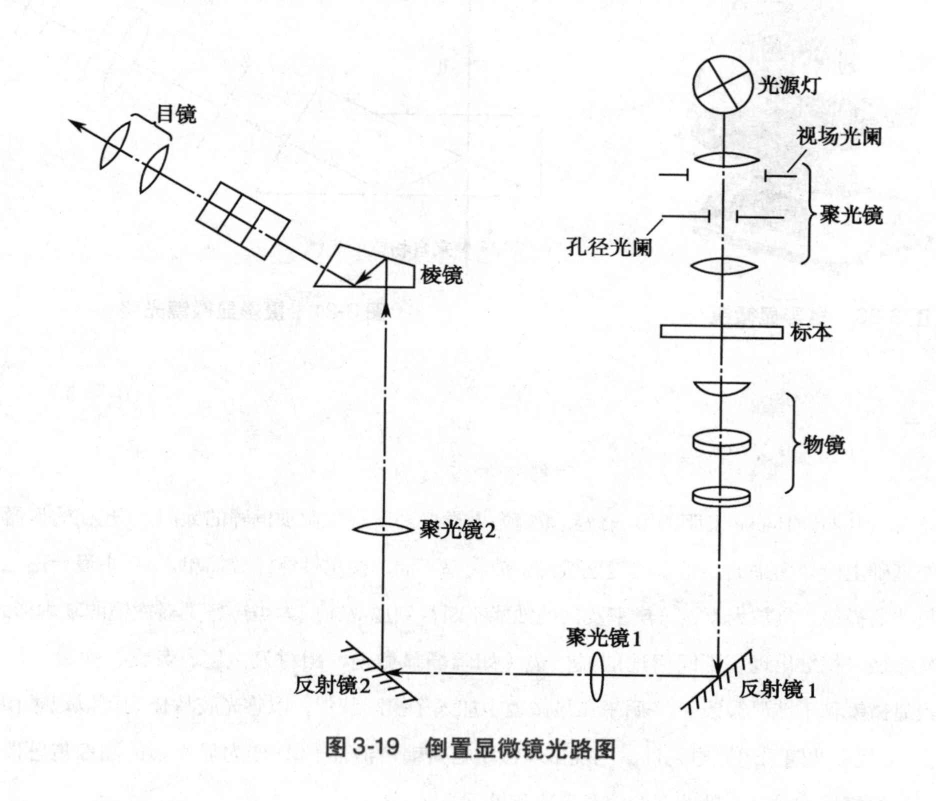

图3-19　倒置显微镜光路图

三、摄影显微镜

为了使有价值的图像能保存起来作为资料供研究或输入微机系统进一步做图像处理,显微镜的目镜系统需加装摄影或摄像装置,称摄影显微镜。

摄影(像)显微镜多采用数字照相机或数字摄像机并与计算机联机,存储和处理所得到的结果。摄影显微镜外形见图3-20(图3-18的倒置显微镜左下方的照相机,也显示了该显微镜的摄影功能)。其光路原理见图3-21。

从物镜射来的光线经分光棱镜后,分成取景光束Ⅰ和成像光束Ⅱ。光束Ⅰ成像于取景分划板2上,眼睛通过目镜1取景和调焦;光束Ⅱ经摄影目镜3成像于照相底片或CCD等图像传感器4上。

为获得优质照片,应尽可能采用像质好、有利于摄影的物镜,一般为平场消色差物镜,同时还要匹配适合摄影的补偿目镜(如K、FK等型号的目镜)。摄影目镜的代号为S,放大倍数有2.5倍、4倍、8倍、10倍、12.5倍等。由于受底片等条件制约,最大放大倍数为12.5倍。摄影质量与调焦效果、光源亮度的调整、滤光片的选配、曝光条件的选择等都有密切关系。

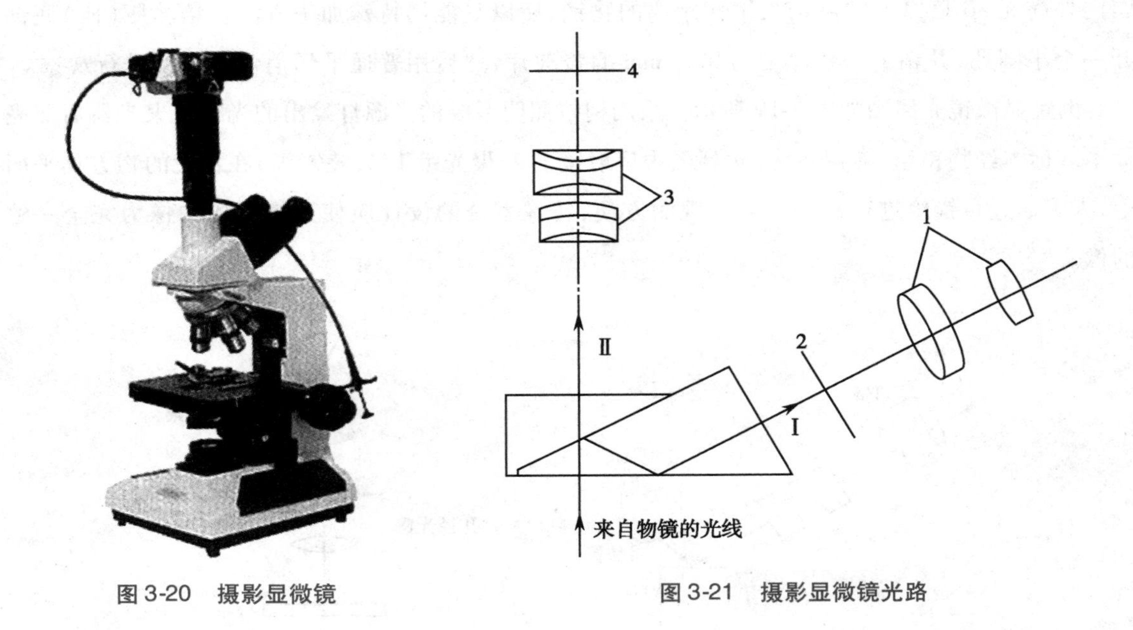

图 3-20 摄影显微镜

图 3-21 摄影显微镜光路

知识链接

显微镜的发展历程

1665 年，Robert Hooke 发明的第一台显微镜为人类打开了观察微观世界的大门。 起初的显微镜是在放大镜的基础上设计出来的，是单透镜显微镜，放大率不高，技术性能比较简单。 后来设计出二次放大图像的复式显微镜，其放大率、分辨率及其他性能不断得到提高，成为当今各类显微镜的基本形式。 为扩大观察领域，相继出现了不同用途的显微镜（如暗场显微镜、相衬显微镜、荧光显微镜、倒置显微镜、偏光显微镜和干涉显微镜）。 后来在显微镜中加入了摄影装置，以感光胶片作为可以记录和存储的接收器。 现代又普遍采用光电元件、电视摄像管和电荷耦合器件 CCD 作为显微镜的图像传感器，配以微型电子计算机后构成了完整的图像信息采集和处理系统。

四、生物显微镜实例解析

（一）结构

该 CX21FS1C 型生物显微镜主要由目镜、镜筒、物镜转盘、物镜、照明光源、聚光镜、载物台等组成（图 3-22）。

（二）光学性能

表 3-1 是表示目镜、物镜组合的光学性能。图 3-23 是表示物镜的各种性能。

（三）规格

（1）光学系统：UIS2 光学系统（无限远校正光学系统）。

（2）照明系统：内置照明装置（6V、20W 卤素灯泡）。

（3）对焦机构：微调刻度 2.5μm/格；微调一圈 0.3mm/圈。

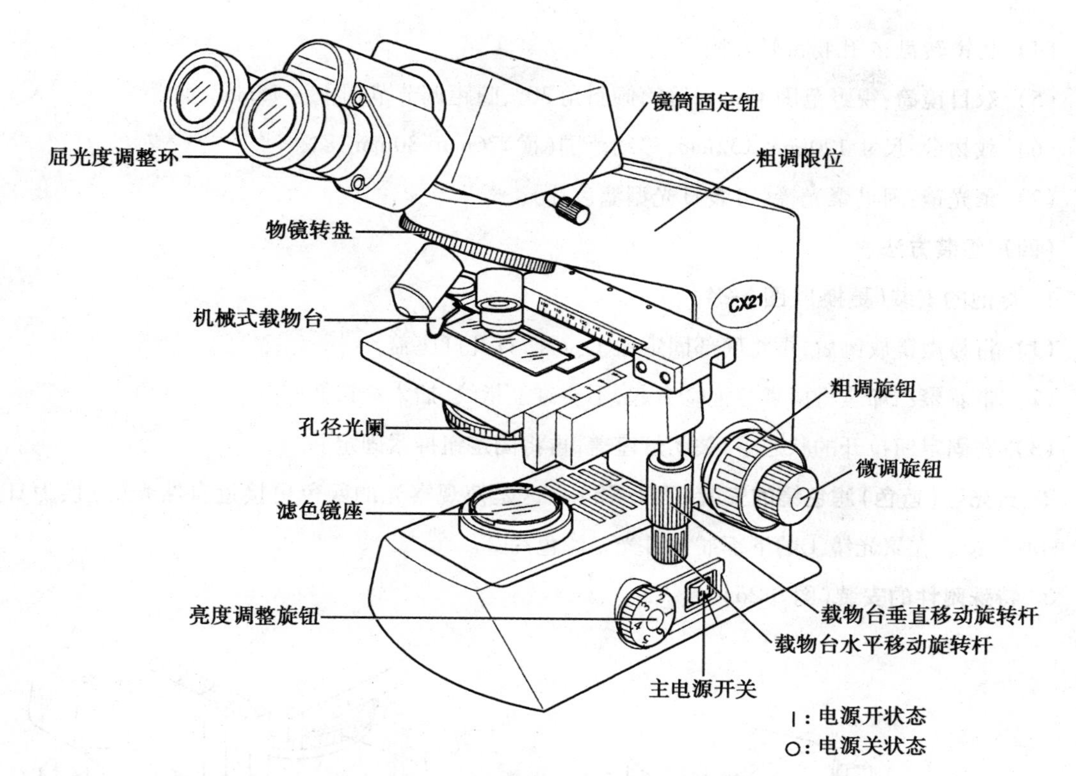

图 3-22 CX21FS1C 生物显微镜结构图

表 3-1 目镜、物镜组合的光学性能

光学性能 / 物镜	倍率	数值孔径 NA	盖玻片厚度	10 倍目镜（视场数 18mm）			备注
				总放大倍率	焦深（μm）	实际视场数（mm）	
平场物镜	4 倍	0.10	—	40 倍	175.0	4.5	
	10 倍	0.25	—	100 倍	28.0	1.8	
	40 倍	0.65	0.17	400 倍	3.04	0.45	
	100 倍	1.25	—	1000 倍	0.69	0.18	浸油

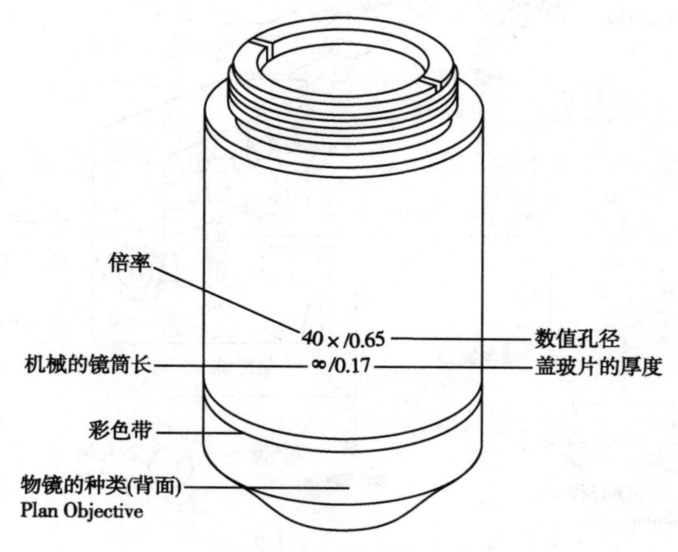

图 3-23 物镜的各种性能

(4) 物镜转盘:4孔物镜转盘固定。

(5) 双目镜筒:视野范围18mm;镜筒倾斜角30°;瞳距调节范围48～75mm。

(6) 载物台:尺寸120mm×132mm;移动范围(横)76mm×30mm。

(7) 聚光镜:阿贝聚光镜(可装日光型滤色片)。

(四) 组装方法

1. 灯泡的安装(更换)(图3-24)

(1) 将显微镜放倒后,再将底部固定钮①拉开,打开灯座盖。

(2) 带着聚乙烯袋将卤素灯泡②拿起,不要碰上指纹,插入灯口插座③。

(3) 在固定钮拉开的状态下,关闭灯座盖,再将固定钮推紧固定。

2. 日光型(蓝色)滤色镜的安装(图3-25)　这是使观察光的颜色更接近自然光(变换为日光色)的滤色镜。在聚光镜①的下部插入日光型滤色片②。

3. 特殊附件的安装(图3-26)

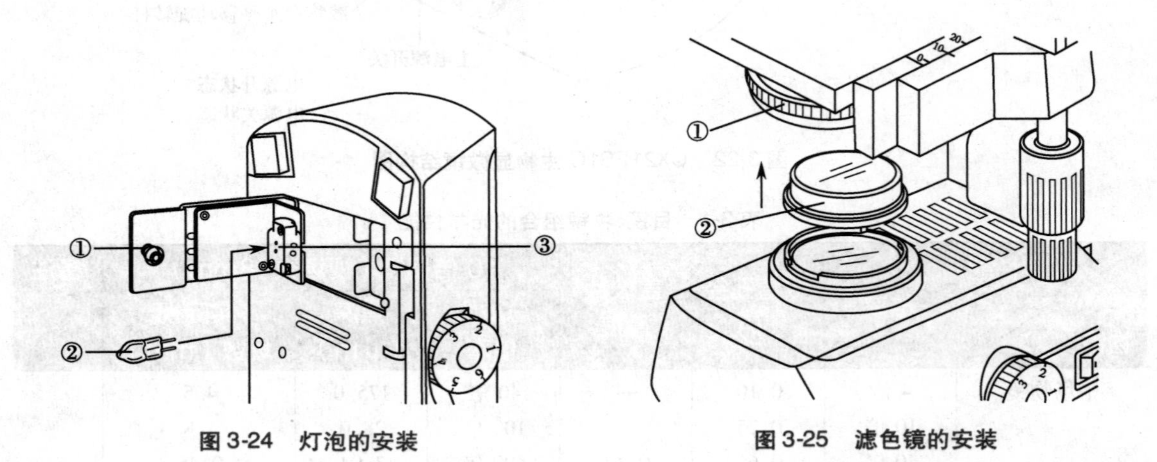

图3-24　灯泡的安装　　　　图3-25　滤色镜的安装

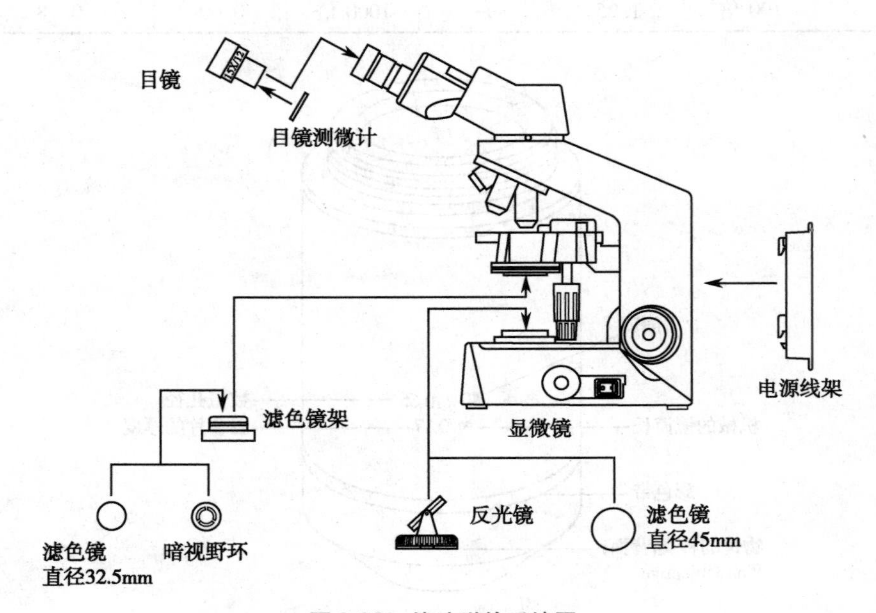

图3-26　特殊附件系统图

（1）电源线架的安装与拆卸（图3-27、图3-28）：将电源线架①的挂钩部②对准镜体背面通风孔的沟，按安装位置③插入，压紧并往下拉紧进行固定。拆卸方法是将镜体移到桌子④的边缘，在电源线架①的下部插入改锥⑤，按1、2的方向推动，让电源线架整体往上移动，即可取下。

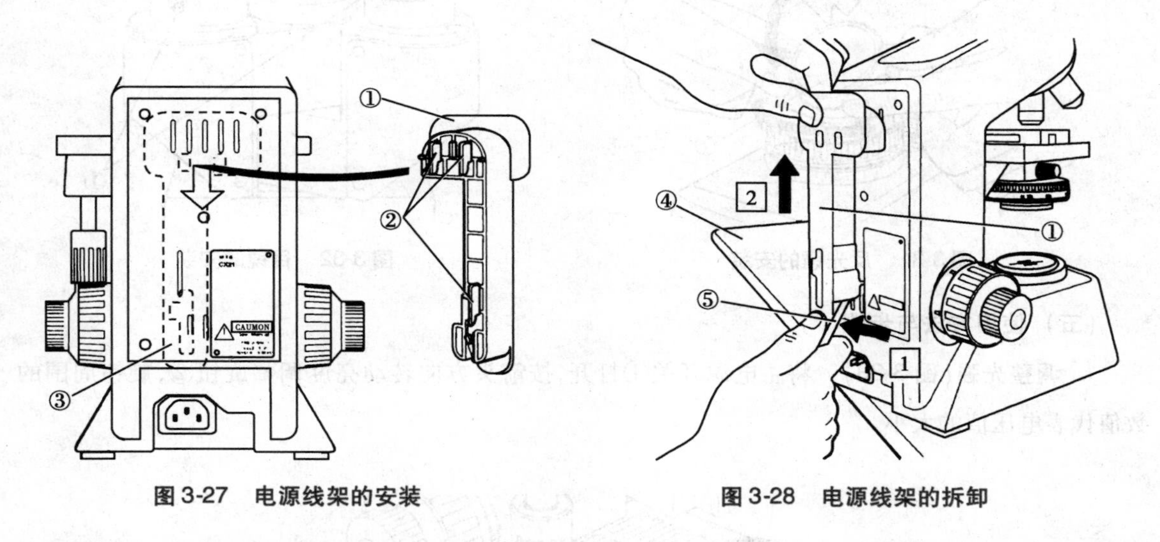

图3-27　电源线架的安装　　图3-28　电源线架的拆卸

（2）滤色镜架的安装（图3-29）：滤色镜架能放入直径32.5mm的各种滤色镜和暗视野环（图3-30）。

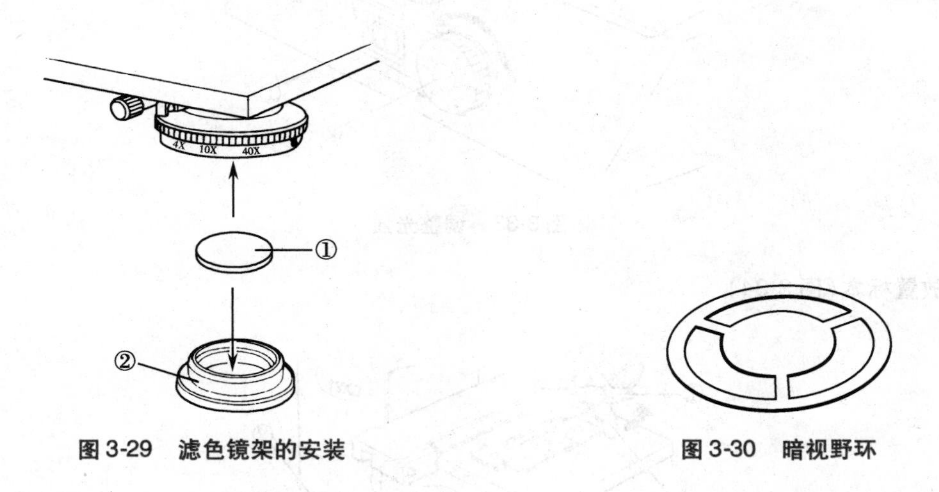

图3-29　滤色镜架的安装　　图3-30　暗视野环

1）装有日光型滤色镜时，将其去掉。

2）将已放入色镜①（或暗视野环）的滤色镜架②旋入聚光器的下部。

（3）反光镜的安装（图3-31）：取下日光型滤色镜，将反光镜对准镜体出光口的安装口插入，将反光镜①对向亮光，边看目镜，边调整反光镜，直到最亮为止（根据照明情况，翻转切换平面反光镜与凹面镜）。

（4）目镜的安装（图3-32）：标准的10倍目镜是用螺丝①固定的。可以通过旋松、拧紧螺丝①来取下及安装目镜。

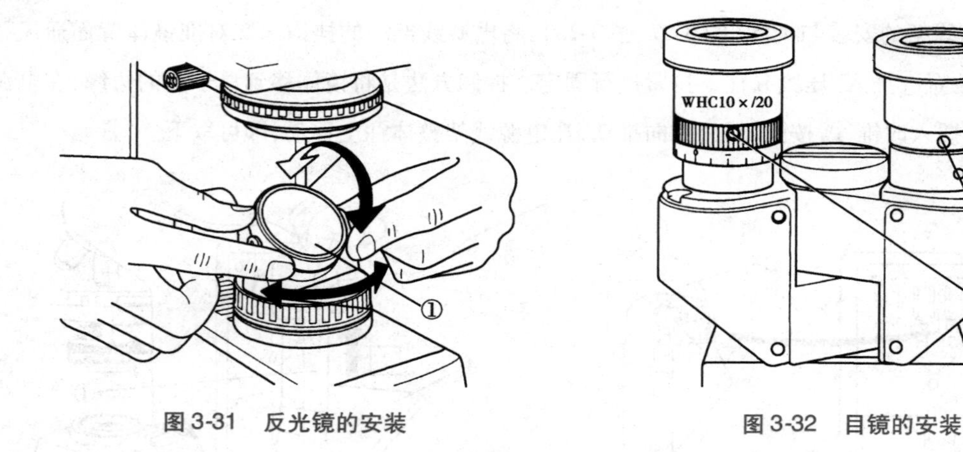

图 3-31　反光镜的安装　　　　图 3-32　目镜的安装

（五）使用方法与步骤

1. 调整光强（图 3-33）　将主电源开关①打开，按箭头方向转动亮度调整旋钮②，旋钮周围的数值代表电压值的大小。

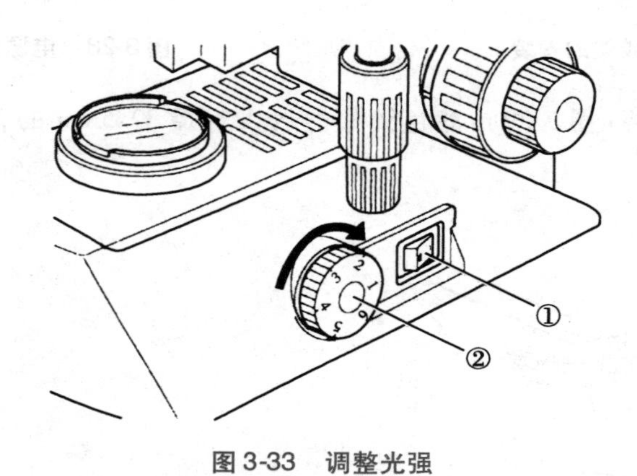

图 3-33　调整光强

2. 放置标本（图 3-34）

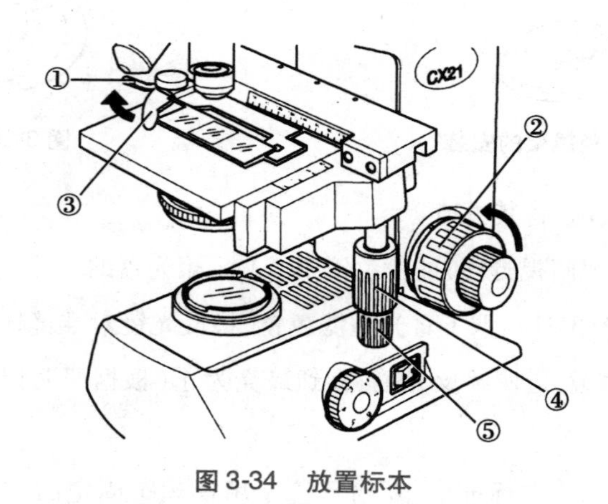

图 3-34　放置标本

（1）按箭头方向转动粗调旋钮②降下载物台。

（2）按箭头方向拉开样品夹③，自前向后将标本切片放入平台，样品夹③回归原位夹住标本。

（3）旋动上侧的垂直移动旋转杆、下侧的水平移动旋转杆调整标本的位置，其位置可分别由载物台上②和①所对应的刻度来读取(图 3-35)。

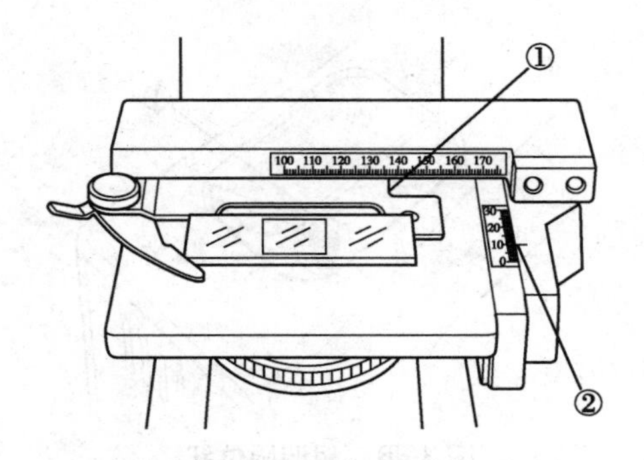

图 3-35　载物台的位置刻度

3. 聚焦

(1) 对焦(图 3-36)

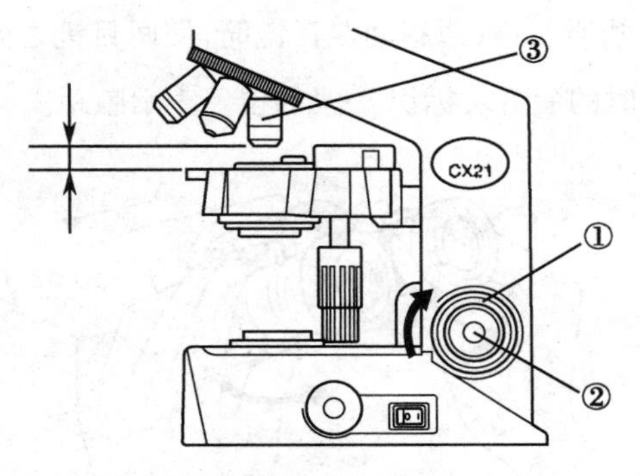

图 3-36　对焦的要领

1) 从显微镜侧面看,按箭头方向转动粗调旋钮①,使物镜③尽可能接近标本。

2) 一边看目镜,一边慢慢逆箭头方向转动粗调旋钮①,使载物台下降。

3) 看到标本后,用微调旋钮②来正确对焦。

(2) 调整粗调旋钮的旋转松紧度(图 3-37):在松紧度调整环①外周的沟部②插入一个大号改锥,顺时针方向(箭头方向)旋转松紧度调整环,可使粗调旋转变紧;相反变松。这样可解决载物台自然下降导致图像模糊的问题。

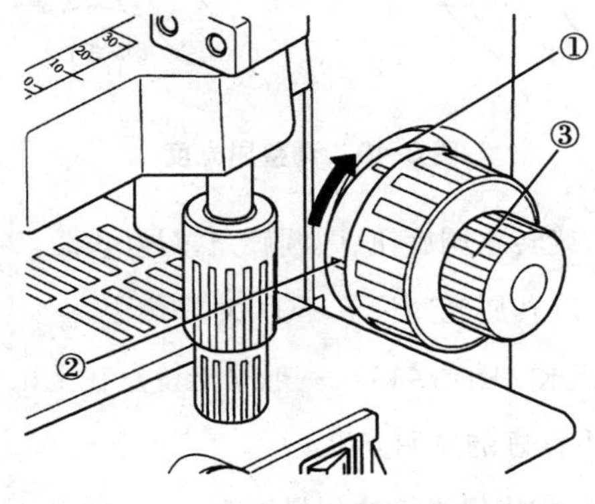

图 3-37　调整粗调旋钮的松紧度

（3）粗调限位的使用方法：粗调限位钮（图3-38）防止标本和物镜相撞造成两者损坏。

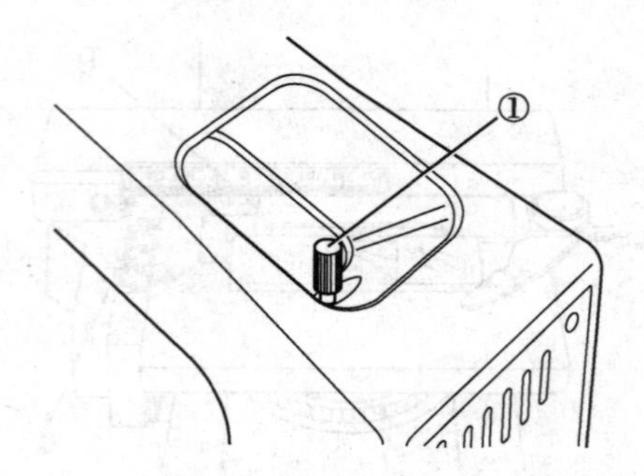

图3-38　粗调限位钮

1）标本对好焦距后，旋转镜臂孔内的粗调限位①，碰到载物台。

2）在成焦面的上下提供一定空间限定位置，将粗调限位①转回约1/2周（在不需要使用时，将粗调限位①放到最上面）。

4. 调整瞳距（图3-39）　边看目镜，边移动双目镜筒，使两目镜之间的距离与双眼的瞳距一致，这样左右视野一致，防止观察时的疲劳。标识“·”的位置表示瞳距。

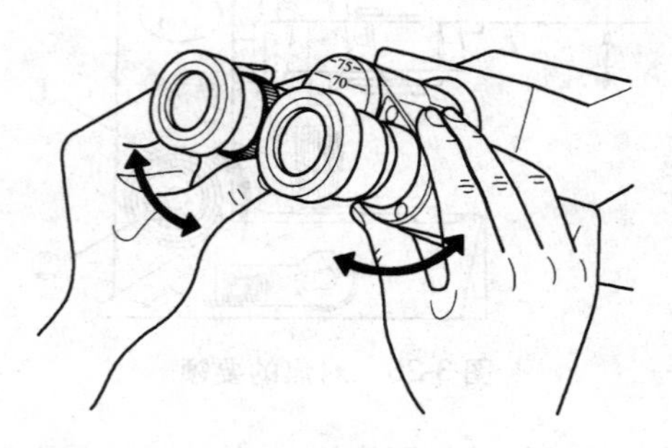

图3-39　调整瞳距

5. 调整屈光度（图3-40）　调整观察者的左右视力。

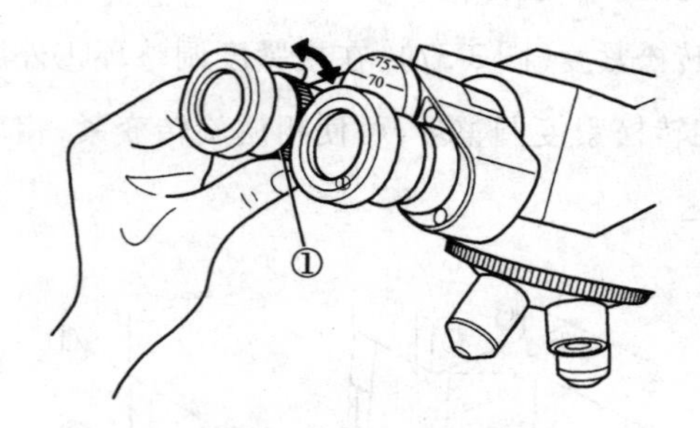

图3-40　调整屈光度

（1）以右眼看右侧的目镜，旋转粗调旋钮、微调旋钮，对好焦距。

（2）以左眼看左侧的目镜，旋转屈光度调节环①，对好焦距。

6. 调整聚光镜位置和孔径光阑（图3-41）　一般聚光镜是在上限位置使用，但在观察视野亮度不太均衡时，微调聚光镜，可获得良好的照明亮度。

（1）用聚光镜上下移动旋钮①将聚光镜拉到最上面。

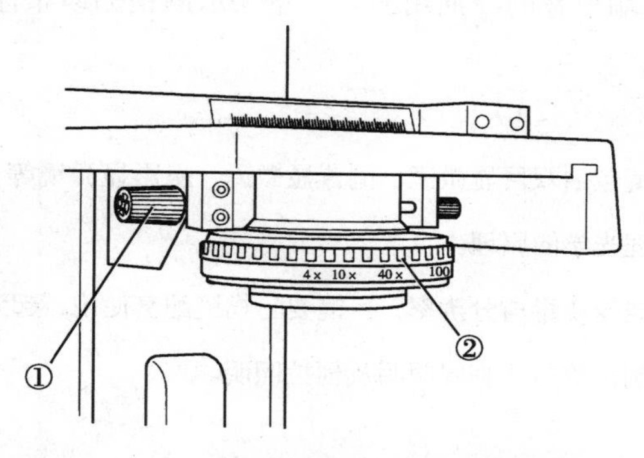

图 3-41　调整聚光镜位置和孔径光阑

（2）孔径光阑②上刻有物镜倍率(4 倍、10 倍、40 倍、100 倍)，观察时将与使用物镜相对应的倍率放到正面。

7. 转换物镜(图 3-42)　旋转物镜转盘①，将希望使用的物镜转到标本(显微镜用标本)的上方。

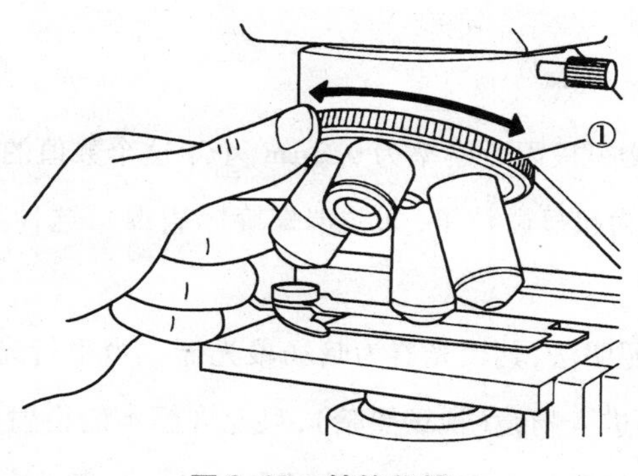

图 3-42　转换物镜

8. 100 倍浸油物镜的使用方法(图 3-43)　使用 100 倍浸油物镜时，物镜的前端要滴上浸油，否则将无法看到清楚的像。

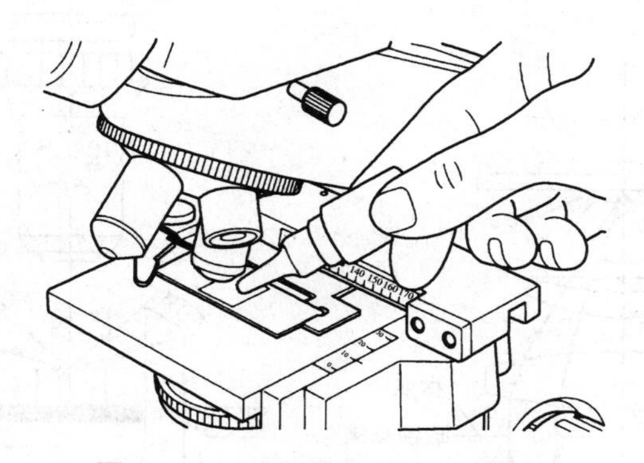

图 3-43　100 倍浸油物镜使用方法

（1）按从低倍率物镜到高倍率物镜的顺序来对焦。

（2）将浸油物镜放入光路之前，一定要在标本的观察部位上滴加浸油。

（3）旋转物镜转盘，使浸油物镜进入光路，用微调旋钮对好焦距。

（4）使用后应将物镜前端附着的浸油用沾有少量无水酒精的纱布仔细擦去。

点滴积累

1. 普通型显微镜包括双目显微镜、倒置显微镜、摄影显微镜等，与特种显微镜相比，光路中没有用到物理光学的原理。
2. 物镜决定了成像质量与分辨率，目镜要与物镜配套使用，起到放大镜的作用。
3. 显微镜的照明系统包括临界照明及柯拉照明。

第四节　特殊显微镜

为了增强显微镜的功能，利用物理光学的原理及相应的器件使普通显微镜也能准确地观察到原本看不到或看不清的微小物体，从而形成了特殊的显微镜系列。如暗场显微镜、荧光显微镜、偏光显微镜、相衬显微镜及干涉显微镜等。

一、暗场显微镜

前面讲过光学显微镜的物镜极限分辨率为0.2μm，小于这个数值的物体，普通显微镜无法分辨。通常把小于0.1μm的粒子称为超显微粒子（如钩端螺旋体病毒），这种粒子在一般显微镜中是无法被观察到的。

暗场显微镜采用暗视场照明法，其聚光器为暗场聚光器。当平行光束经暗场聚光器后，以较大的孔径角照射标本，直射光不进入物镜（视场黑暗），只允许标本的衍射光进入物镜。因而通过显微镜目镜观察时，将在黑暗的视场背景上看到微粒的发光衍射斑。直径大于0.3μm的微粒，可看到其形状和大小；对超显微粒子，如某些病毒，可由衍射斑判断其是否存在，它的位置以及是否运动，但无法判断其形状。

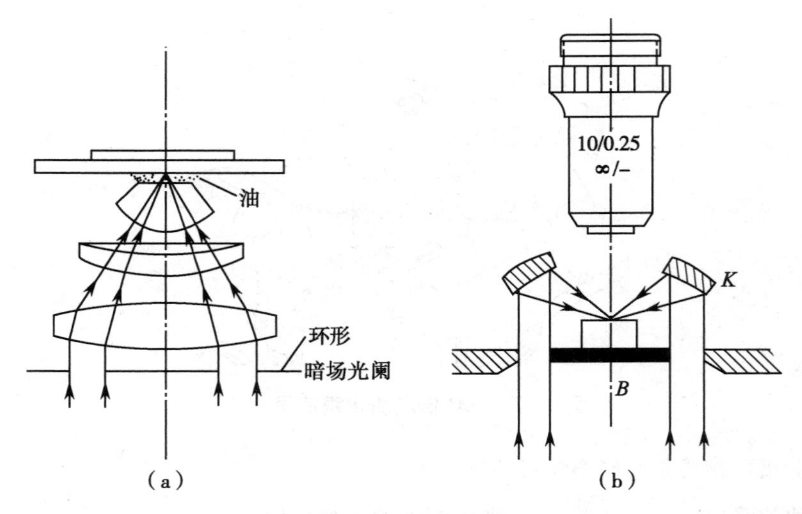

图3-44　暗场照明
(a)环形暗场光阑　(b)反射光暗场照明

暗场照明分为透射照明和反射照明两大类：

（1）对透明物体的观察，可在阿贝聚光器下方加一环形暗场光阑，如图 3-44（a）所示，使它挡住中央部分光线，使之侧向照明，另外，在聚光器最后一面与载玻片间滴上油，盖玻片与物镜之间是空气，经聚光器的环形光束在盖玻片内被全反射而不能进入物镜，形成暗视场，仅标本的微粒衍射光才能进入。这种方法仅用于小 N·A 的物镜。对于 N·A 较大的物镜则需采用专门的暗场聚光器。

（2）对不透明物体的观察则采用反射光暗场照明，如图 3-44（b）所示。自下方射来的照明光束，经同心圆暗场光阑 *B* 后形成一中空光柱，在经聚光器 *K* 反射后以斜光束会聚照到物体上。由于投射倾角很大，故反射光不能进入物镜，只有物体的散射光经物镜后成像，形成黑背景下的明亮影像。

在暗场照明时，所观察到的明暗影像恰与明视场相反。目前，有些显微镜同时具有明、暗场照明两种功能，只需在聚光器处设置一个转换装置即可。

二、荧光显微镜

对物质受激发出的荧光进行观察的显微镜称荧光显微镜，它是生物医学研究的重要目视仪器之一。

（一）荧光显微镜的工作原理

第二章中谈到荧光物质受高能紫外线照射激发时，会产生比激发光波长更长的“荧光”。生物医学中的荧光现象有两种：一种是受激发光照射时，物质本身能发荧光，叫做自体荧光；另一种是物质要先与荧光色素结合后染色，才能受激产生荧光，这种被称为继发荧光。在医学检验中大部分都是继发荧光。不同的荧光物质所需要的激发光的波长不尽相同，而且受激后所产生的荧光的光波也不相同。

采用荧光显微镜，可以观察到普通显微镜看不见的无色透明的组织或细胞。一般是先将这些标本用荧光色素染色，再将标本放在荧光显微镜下，用紫外线照射激发，使标本发出荧光（可见光），然后通过显微镜，观察标本的荧光图像。荧光显微镜的紫外光源不是作为照明光，而是作为激发光，去激发荧光色素产生荧光。

荧光显微镜通常采用高压汞灯作为光源产生 365～435nm 的紫外线，并在光源与标本之间需设置激发滤光片，用以选出照射标本所用的激发光。在标本和目镜之间还设有荧光滤光片（也称截止滤光片），只让荧光通过，滤掉激发光中的紫外线，既可保护眼睛，又可抑制激发光对荧光图像的干扰。与普通显微镜相比，荧光显微镜具有以下优点：

（1）荧光显微镜通常是在暗背景下观察彩色图像，而普通显微镜则是在亮背景下观察较暗的物质。因此，它的对比度约为普通显微镜的 100 倍，从而能看到更精细的结构和细节。

（2）由于用于标本染色的荧光指示剂的浓度和用量都很低，对于生物体无毒，故可用于观察活体标本的生理或代谢过程。

（3）利用生物过程自发荧光还可以用来分析物质的化学成分。例如，组织中有些成分与某些抗体等起反应而发出荧光，借此可做定位鉴定。

由于荧光显微镜具有良好的物像对比度、特异灵敏度、生物标本制作的快速性及无损性，在医学研究及临床检验中都得到了广泛的应用。

（二）荧光显微镜的光路

根据光线对标本照射方式的不同，荧光显微镜可分为透射式和落射式两种。

1. 透射式荧光显微镜　与普通电光源显微镜相比，透射式荧光显微镜光路中增加了激发和荧光两块滤光片（图 3-45），并且为了避免直射光进入视场，使用了暗场聚光器；当然也有不使用暗场聚光器的。这种方式适用于观察无色透明的标本，应用较广。

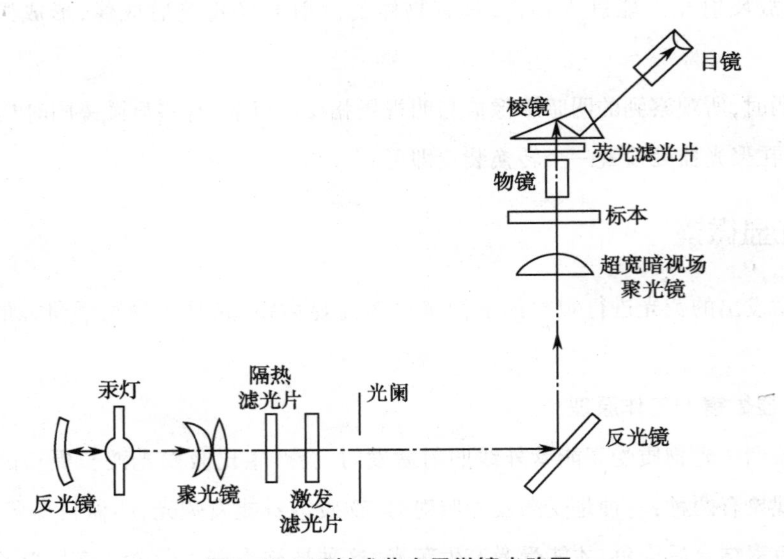

图 3-45　透射式荧光显微镜光路图

2. 落射式荧光显微镜　图 3-46 为落射式荧光显微镜光路图。从光源发出的激发光经聚光镜和激发滤光片后射向分色镜。分色镜能反射波长较短的紫外线，而让波长较长的荧光通过。激发光经分色镜反射后射向物镜，再经物镜聚光，垂直射向标本。标本受到激发后发出荧光，荧光经物镜和分色镜后，到达荧光滤光片，荧光滤光片滤除其他光线，只让标本产生的荧光通过目镜进入观察眼。这种光路，光源处在标本上方，故称落射式，它适用于观察透明度不好的标本以及各种活体组织。

有的落射式荧光显微镜将透射照明光路放置在标本下方，因而兼有透射和落射两种照明方式。

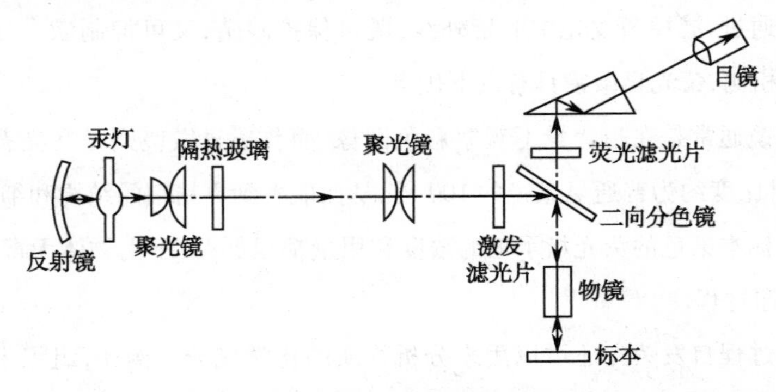

图 3-46　落射式荧光显微镜光路图

三、偏光显微镜

观察的标本中，结构成分在对光的传播有各向同性的，也有各向异性的，偏光显微镜利用光的偏振特性，能对具有各向异性的双折射性的物质进行观察和鉴别，可以清楚观察到卵巢、骨、齿、毛发、活细胞的结晶内含物、神经纤维、肌肉纤维、植物纤维结构细节，并可分析细胞、组织的变化过程。这些都是利用自然光所不能观察到的。又如正常细胞对偏振光是左旋性的，而多种肿瘤细胞却是右旋性的，通过偏光显微镜观察标本的旋光性可以初步鉴别正常细胞与肿瘤细胞。

1. 偏光显微镜的构造　偏光显微镜的结构与一般光学显微镜基本相同，其中心为一可调节而又可旋转的精密工作台。为了获得偏振光，它在光路中多了两块偏振片，一个在载物台聚光器下方，称起偏镜；另一个在载物台上方的镜筒内，称检偏镜。此外，在目镜与检偏器之间加一个勃氏透镜。偏光显微镜的光路及结构分别如图 3-47(a)、(b)所示。

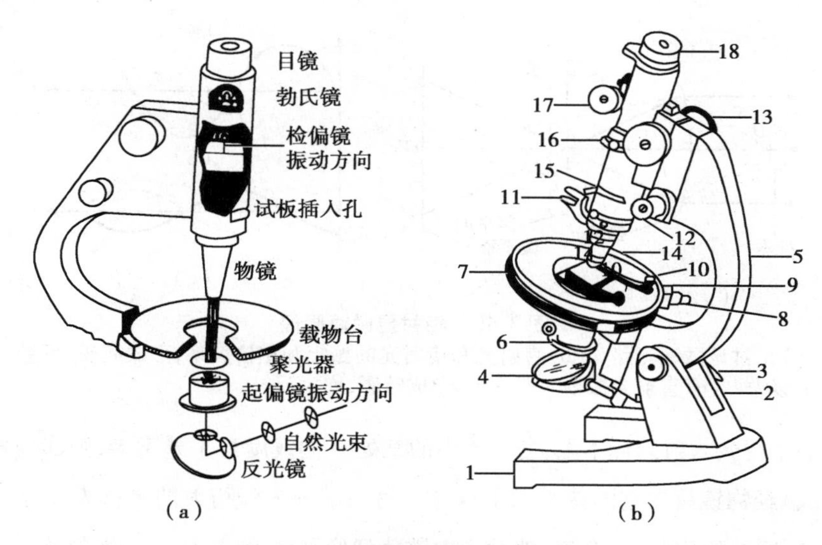

图 3-47　偏光显微镜的光路及结构

(a)偏光显微镜的光路　(b)偏光显微镜的结构

1. 底座；2. 镜轴；3. 绞柄；4. 反光镜；5. 镜臂；6. 偏光镜；7. 载物台；8. 载物台固定旋钮；9. 游标；10. 弹夹；11. 接物镜夹；12. 微调旋钮；13. 粗微调旋钮；14. 物镜；15. 检偏器；16. 勃氏镜；17. 勃氏镜旋钮；18. 目镜

2. 偏光显微镜的成像原理　从光源发出的自然光经平面反射镜反射后通过起偏镜转变成偏振光，经聚光器后投射到载物台中心圆孔而照亮标本。载物台是中心有圆孔的圆盘，分为上下两层，上层可绕轴旋转，并刻有角度刻度，下层是固定的，边缘刻有游标，可以读出上层圆盘旋转的角度。

载物台的旋转轴与物镜光轴精确重合，以保证标本成像在中心。在物镜和目镜之间开有试板插入孔，并装有检偏镜，能绕筒轴旋转。勃氏透镜的作用是用来放大通过检偏器的初级像，作为目镜的“物”，通过目镜可观测该干涉图像。

使用时先互相旋转起偏振片和检偏振片，使视场全部黑暗即正交，然后旋转载物台上被检物体，如果视场内始终黑暗，则断定被检物体为各向同性；若旋转一周过程中，被检物体像中出现四次闪亮和四次消失的部分，则可断定被检物体中包含具有各向异性的双折射物质。

全波片、半波片及1/4波片可以使通过波片的偏振光分别延迟2π、π、π/2的相位。补偿器能使通过的偏振光的相位发生连续变化。以上移相装置在偏光显微镜中有助于偏振光的观察。

四、相衬显微镜

人眼对光的强度（亮度）差异敏感，对光的相位差异不敏感。

人眼通过普通显微镜可观察到颜色、亮度深浅不同的图像，这是因为标本在经染色后各部分对光的吸收或反射程度不同的缘故。对于完全透明的标本，比如一个未经染色的细胞，它的各部分对光的吸收情况基本是一致的，透射光强一致，人眼用普通显微镜无法加以分辨。但由于标本各部分的折射率存在差异，光波通过时光程不同，透射光的相位也不尽相同，相衬显微镜能把相位差变成振幅差，以利于人眼观察，其光路如图3-48（a）所示。

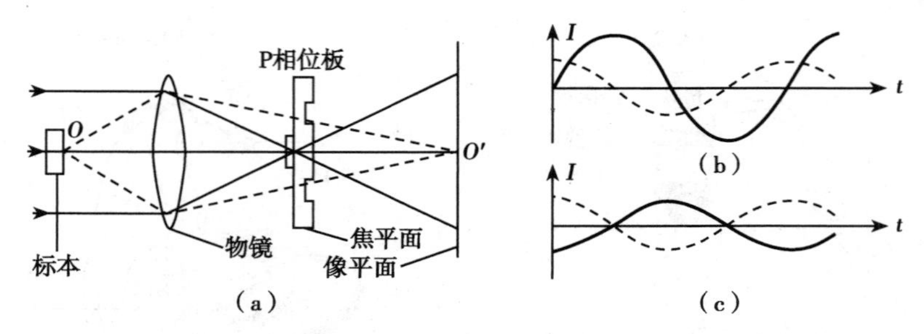

图3-48　相衬显微镜原理

（a）相衬显微镜光路　（b）直射光和衍射光的振幅和相位关系，形成亮影，反差不够大　（c）直射光振幅减弱一半，形成暗影，增大反差

波长为 λ 的平行光入射到标本上，若标本中的某处O的线度与 λ 差不多，则部分光波将被O衍射，衍射光（虚线）经物镜后在它的像平面上成像。另一部分未经衍射的平行光波经物镜后在它的焦平面（即相位板所处的位置）上会聚，然后又发散落到像平面上，形成一个均匀照亮的背景。因为衍射，使得衍射光与直射光之间有一 $\lambda/4$ 的光程差（图3-48）。图中实线表示直射光的振幅和相位，虚线表示衍射光的振幅和相位。它们将在像平面O′处产生干涉。

为了加强干涉效果，在物镜的焦平面上加一块相位板，使直射光和衍射光通过相位板的光程差由原来的 $\lambda/4$ 增加到 $\lambda/2$；同时在直射光经过的部分（中心区）还镀了一层金属薄膜，使直射光波通过后振幅减弱一半[图3-48（c）]，它们互相干涉的结果得一暗像，比[图3-48（b）]中的效果明显得多。在标本中的其他点，由于折射率不同，光程差不同，成像的明暗程度也就不一样。这就实现了把相位差变成了人眼所能感知的振幅差，大大提高了像的对比性。

由上可知，相衬显微镜和普通显微镜最主要的区别是要增加一块相位板。相衬显微镜的主要优点是不需要对标本进行染色，这就避免了染色过程中由于化学作用可能引起标本内部结构的变化。对有些染不上颜色的标本也可以用相衬显微镜来观察。

课堂活动

某些手术需要用到手术显微镜，那么什么叫手术显微镜呢？ 手术显微镜有什么特殊的地方吗？

点滴积累

1. 利用物理光学的原理以及相应的部件来设计及制造特殊显微镜，使得普通光学显微镜的观察范围大大延伸。
2. 特殊显微镜（其原理）包括暗场显微镜（衍射）、荧光显微镜（荧光）、偏光显微镜（偏振光）、相衬显微镜（衍射、干涉）等。 分别用来观察标本中存在的超细微物体、荧光物质、偏光物质、折射率差异物质等。

第五节　手术显微镜

显微外科利用手术显微镜进行精细手术，大大提高了手术的精确性和安全性。按手术部位不同，手术显微镜可分为眼科、耳鼻喉科、整形外科和脑神经外科等科用镜，也有一些显微镜可供大多数临床科室通用。无论哪种形式的手术显微镜，基本上均由观察系统、照明系统和机械系统三大部分组成。

一、手术显微镜的特点

手术显微镜应具备以下特点：

1. 显微镜放大倍数应能变换，一般在 4 ~ 40 倍。低倍视场大，作初始观察或检查用。10 ~ 16 倍常用于手术，高倍则用于观察和细微病变的检查。显微镜变倍时应保证齐焦，所成的像必须是正立的立体像。

2. 要有足够大的工作距离和视场，以方便手术操作。根据手术部位，工作距离通常为 125 ~ 400mm，视场为 15 ~ 40mm。

3. 照明装置的照明范围应足够大，亮度适中。深部手术时应采用同轴照明。光路中需设有隔热片或采用冷光源，以免热量传至手术处，使该部组织发生变化。

4. 若手术时需助手配合，则手术显微镜应能使两人同时观察，且所看到的视场应一致。

5. 为便于操作，手术显微镜应安装在灵活牢固的支架上，并具有较大的空间活动范围。调焦要方便，尽量利用脚控开关操作。

6. 操作部位应能消毒或设置消毒套。

二、手术显微镜的原理与结构

（一）手术显微镜的光学系统

手术显微镜的光路由观察系统和照明系统两大部分组成。为了成立体像，必须有两支独立的光路以一定夹角对物体成像，供双目观察。

1. 观察系统　观察光路实质上为双目立体显微镜，它可分为小物镜型和大物镜型两种。

图 3-49 为小物镜型的一种光路结构形式。物体经物镜、半五角棱镜及普罗Ⅱ型转像棱镜后，成像于目镜物方焦面上，人眼通过目镜即可看到该物体的放大像。

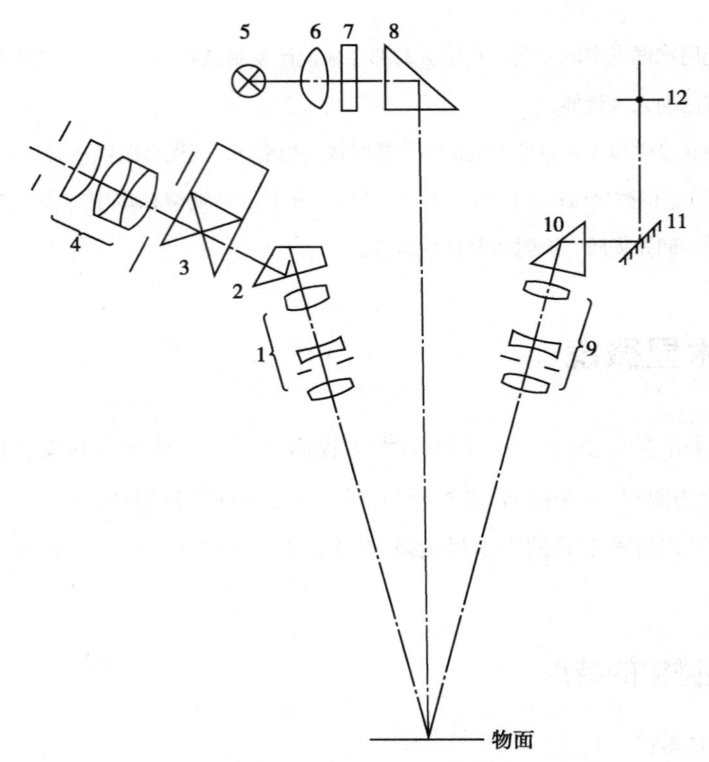

图 3-49　小物镜手术显微镜光学系统

1. 物镜;2. 半五角棱镜;3. 转像棱镜;4. 目镜;5. 光源;6. 聚光镜;7. 隔热玻璃;8. 直角棱镜;9. 摄影物镜;10. 棱镜;11. 反射镜;12. 底片或图像传感器

该系统共有两个,二者之间有一夹角,可供双目观察。摄影物镜、棱镜和反射镜组成摄影光路,照相机的底片或图像传感器与像面 12 重合。

小物镜型观察系统结构简单,设计方便,立体感强,像质好,但改变工作距离及倍率较困难,需要变倍时,一般通过更换目镜来实现。

大物镜型观察光路如图 3-50 所示。它在物面 A 与两支独立的观察光路之间有一公用大物镜 7。对每一支观察光路而言,物体经大物镜 7、物镜 8、10 和施米特屋脊棱镜 11 完全一致成像于目镜物方焦面 12 处,人眼通过目镜 13 即可观察到物体 A 的放大像。物镜 8 和 9 实际上是两组伽利略望远系统,它们安置在同一转鼓中。当转动转鼓时,可将不同的伽利略望远系统转入光路,从而达到变倍目的。显然,转鼓变倍可使显微镜具有数种放大率。照相时,将转鼓转入空位,推入取光棱镜 15,使光束经摄影物镜 16、反射镜 17 成像于照相底片或图像传感器 18 上。

某些手术要求有助手配合,此时显微镜观察系统就不止一个,其中主手术操作者所用的一个称为主刀显微镜,而助手用的则称为副刀显微镜。主、副刀显微镜的配置方式有不同轴配置和同轴配置两种,其中同轴配置又有相对配置和直角配置两种形式。

2. 照明系统　手术显微镜的照明方式有内照明和外照明两种。若照明光束自显微镜本体内射出,称为内照明。如图 3-49 的小物镜型手术显微镜中,照明系统由光源、聚光镜、隔热玻璃和棱镜组成。照明光束从四个小物镜中部射向手术部位,此时照明光路基本和观察光路同轴,能满足一般小

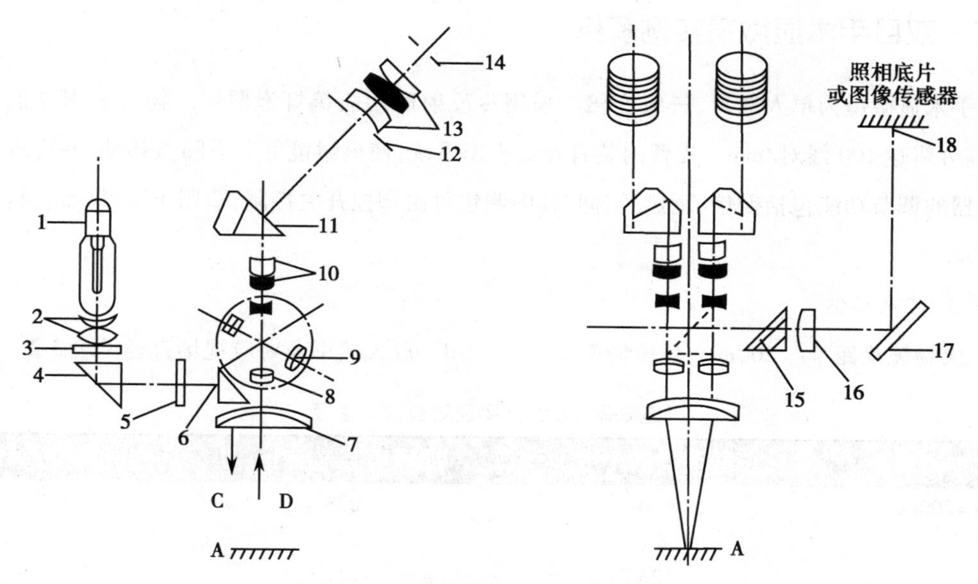

图 3-50　大物镜手术显微镜光学系统

1. 光源;2. 聚光镜;3. 隔热玻璃;4. 大棱镜;5. 滤色片;6. 组合聚光镜;7. 大物镜;8. 2.5 倍伽利略望远系统;9. 1.6 倍伽利略望远系统;10. 小物镜;11. 施米特屋脊棱镜;12. 视场光阑;13. 目镜;14. 出瞳;15. 取光棱镜;16. 照相物镜;17. 反射镜;18. 底片或图像传感器

孔照明的要求。在图 3-50 的大物镜型手术显微镜中,照明系统由光源、聚光镜、隔热玻璃、棱镜(4、6)、滤光片、大物镜等组成,其照明光路与观察光路完全同轴,最适于深部小孔照明和深部手术。

外照明常用于某些特殊需要(如眼科裂隙照明)或辅助照明。它的照明常安装在显微镜本体上,由于照明光路与观察光路不同轴,照明光束是倾斜射向手术部位的,所以不适于深孔照明。

(二) 手术显微镜的机械系统

一台高质量的手术显微镜,除了有成像及照明良好的光学系统外,还需有一套复杂的机械系统来固定它。在手术操作时,应能快速、灵活自如地将观察和照明系统移到所需位置。手术显微镜有一套特殊的支架系统。

手术显微镜根据临床使用要求不同,其结构分为移动式和固定式两大类。固定式分为悬吊式、墙壁式、台式等;移动式又分为立柱式和夹持式。

立柱式立柱的底部有 H 形、T 形、Y 形等多种形式。底座有脚轮,可方便将其移到所需位置,踩下脚刹车以固定仪器。横臂固定于立柱上,而显微镜则通过一系列支臂和横臂相连。立柱由电机带动可做上下升降移动,以使显微镜对手术面调焦,电机的运转可由脚控开关控制。电动调焦分粗细两档,以使调焦快速而准确。

夹持式手术显微镜移动方便,可夹持在手术床或手术台上,属于轻型手术显微镜。这类显微镜附件少、结构简单、体积小、便于随身携带。悬吊式手术显微镜,是将其安装在天花板上,它借助于导轨可在一定空间移动,并配有无影灯,使手术空间更为开阔。悬吊式手术显微镜的升降、调焦、横臂和 X-Y 移动结的运动均可通过脚控开关进行控制。踏动脚控开关的不同按钮即可控制不同的运动。

三、双目手术显微镜实例解析

该手术显微镜为单人双目，三级变倍。采用冷反射医用卤钨灯泡照明。物镜采用复消色差技术，最高分辨达100线对/mm。支臂内装有弹簧平衡系统，使显微镜可上下随意移动，并可进行微调焦。仪器的调节功能包括变倍、调焦、俯仰，其中调焦可由脚控开关控制，适用于眼科、血管科等多种手术需求。

（一）技术参数

1. 大物镜焦距　f=200mm；目镜倍率：12.5×/16B。放大倍率及对应视场直径见表3-2。

表3-2　放大倍率及对应视场直径

大物镜焦距	总放大倍数（主）	视场直径（mm）	光斑直径（mm）
f=200mm	5.3×	φ38	φ40
	8×	φ25	
	12×	φ17	

2. 实际工作距离　190mm。

3. 显微镜目镜筒参数　视角45°；视度调节范围±6D；瞳距调节范围50～70mm；目镜眼罩高度18mm。

4. 照明参数　视场照明6°+0°冷光源同轴照明；同轴照明最高照度：≥30000Lx。

5. 位置调节参数　最大伸展半径870mm；垂直调节范围（地面至大物镜）700～1100mm；微调焦行程30mm。

6. 电气参数　输入电压AC 220V±10% 50Hz，AC 110V±10% 50Hz；输入功率：120VA；保险丝AC 250V 1.25A，AC 125V 2.5A。灯泡：12V/100W冷反射医用卤钨灯泡。

（二）结构及各部位名称

各部位名称及作用如图3-51所示。

（三）仪器的使用方法

1. 仪器使用前的设置和调整

（1）使用前将操纵把手和消毒罩取下进行消毒。

（2）使小横臂处于水平状态，调整高度，使大物镜离术面大约200mm。

（3）接通电源，检查是否有灯泡损坏。如有灯泡损坏，应及时更换。

2. 仪器使用时的调节

（1）将脚控开关放于合适位置，注意脚控开关上5芯插头应与光源箱下5芯插座对接。

（2）将光源箱下面电源线插头插入220V或110V电源插座[切换开关（26）拨在110V位置]/电源接通，然后开启电源开关（7）。

（3）用脚控开关调整微调焦托板起始位置，使显微镜主体托板处于整个行程的中心位置。

（4）调节照明亮度：旋转调光旋钮（6）；顺时针旋转照度增加，逆时针旋转照度降低。

（5）粗调焦：松开手轮紧固螺钉（21），握住操纵把手（16）可操纵显微镜上下移动，使术面位于

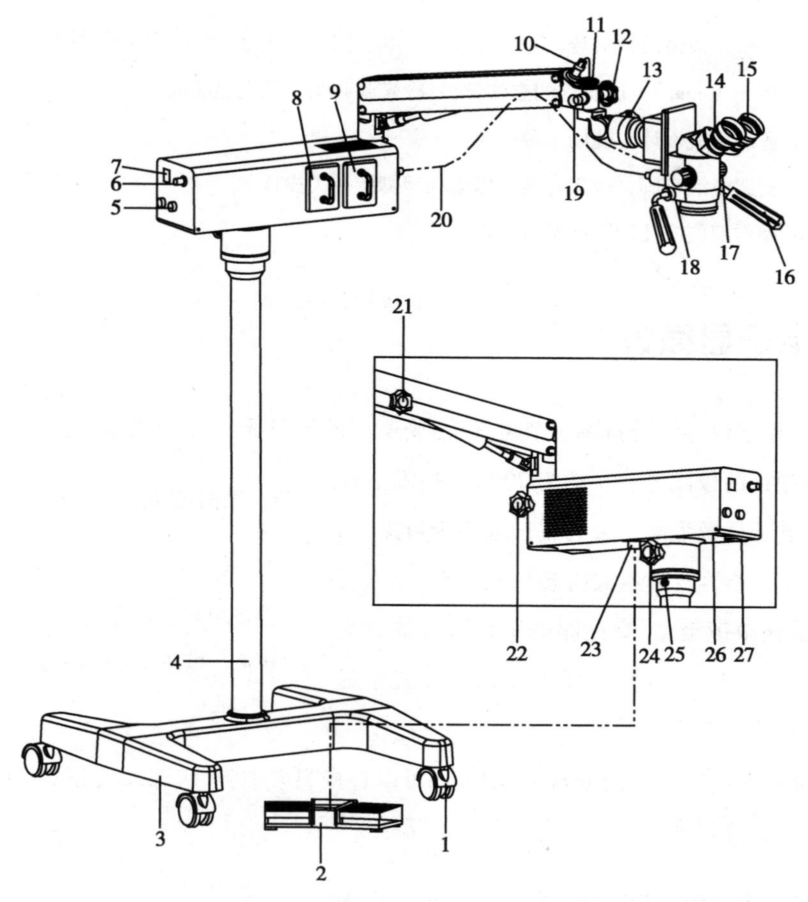

图 3-51　手术显微镜结构名称(作用)

1. 脚轮;2. 脚控开关(控制显微镜微调焦);3. 底座;4. 立柱;5. 保险丝;6. 调光旋钮;7. 电源开关;8. 备用灯泡组件;9. 灯泡组件;10. 7 芯插头(座);11. 固定螺母(用此螺母将显微镜悬挂在小横臂上);12. 星形手轮紧固螺钉(用来紧固显微镜挂轴旋转的角度);13. 星形手轮紧固螺钉(用于锁紧显微镜,使其不得在上下平面内转动);14. 视度调节环(±6D 范围内调节目镜视度);15. 眼罩(限定出瞳距离,眼罩可取下或翻卷起来,眼罩高度为 18mm);16. 操纵把手(操纵显微镜上下、左右移动,进行粗调焦);17. 变倍旋钮(对应不同焦距的大物镜各档倍率不同,转动此旋钮可切换显微镜三种倍率);18. 固定挡圈;19. 保险销;20. 导光束;21. 星形手轮紧固螺钉(锁紧小横臂,使显微镜不能在垂直平面内移动,配有消毒罩);22. 星形手轮紧固螺钉(搬动或存放仪器时,用来锁紧小横臂,使其不得转动);23. 5 芯插头(座)(用于连接脚控开关);24. 星形手轮紧固螺钉(搬动或存放仪器时,用来紧固光源箱,使其不得转动);25. 内六角紧固螺钉(用于锁紧立柱与光源箱部分);26. 110/220 电源切换开关;27. 电源插座

照明光斑中心。用 8 倍目镜观察术面,使成像基本清晰。粗调焦后用脚控开关微调焦。

(6) 眼罩(15)调节。眼罩可减少外界杂散光对观察的干扰,其高度限定 18mm。若医生戴眼镜进行手术操作,则需翻卷眼罩,将弹性橡胶眼罩翻卷套在目镜筒上。

(7) 调节视度:目镜视度调节环(14)的视度刻值每格为 1D,调节范围为±6D。转动视度调节环,使目镜筒上白色标线所对的调节环刻值与手术者的屈光度相对应即可。如果医生戴眼镜进行手术,由于眼镜已校正了医生的屈光度,只要将视度调节环上的 0 位对准目镜筒上的白色标线即可。

(8) 瞳距调节:调节瞳距时,可边观察边转动棱镜座,直至双眼视场重合。棱镜座盖板上标有瞳距值,如果手术者瞳距已知,则只需调至该值即可。

点滴积累

1. 手术显微镜放大倍数相对较小（4 ～40 倍），工作距离和视场相对较大（125 ～400mm、15 ～40mm），成正立的立体像。冷光源照明，范围足够大。
2. 多组目镜设计，视场一致。
3. 支架灵活牢固，调焦方便，尽量利用脚控开关操作。
4. 操作部位应能消毒或设置消毒套。

第六节　电子显微镜

由第二章中光学仪器的分辨率一节可知，因受所用的可见光波长的限制，无论其加工的如何精巧完善，光学显微镜的极限分辨率约为 200nm，极限倍数约 2000 倍。而电子显微镜电子束的波长远小于可见光，因而其分辨本领比光学显微镜大得多。从 1932 年人类发明第一台电子显微镜至今，高性能电子显微镜的放大倍率可达 300 万倍以上，其分辨率可达 0.1nm，比光学显微镜提高了 1000 倍以上。

课堂活动

经常听到用电子显微镜观察病毒，但是用光学显微镜却观察不到病毒的影像，电子显微镜到底有什么不一样的地方呢?

由于电子显微镜具有很高的分辨率，使人们可以直接观察细胞、病毒以及分子结构，为人类进行医学理论研究、病因探讨和临床诊断做出了重大贡献。

一、电子显微镜的基本概念

（一）电子与样品的相互作用

高速电子流与样品相互作用后产生的物质包括两类：一是电子；二是射线。其中电子包括：二次电子、背散射电子（反射电子）、俄歇电子、透射电子、吸收电子（图 3-52）。各类电子显微镜所获得样品的电子像都是由于高速电子流与样品相互作用后成像的结果。

1. 二次电子　具有足够能量的入射电子打到样品表面，使样品表面发射出电子，这种电子称为

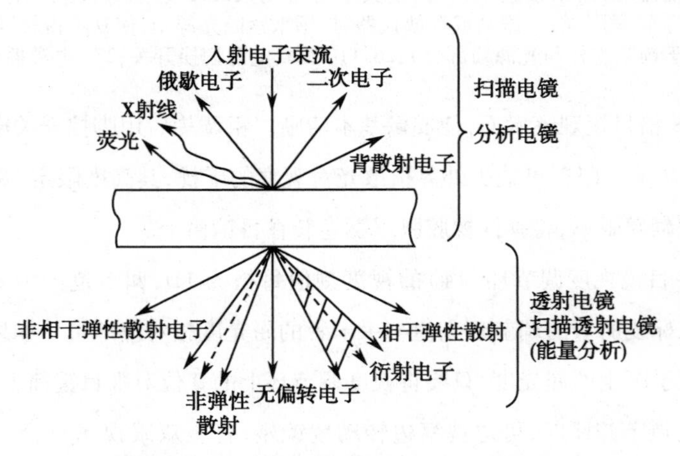

图 3-52　电子与样品发生的多种作用

二次电子。对二次电子所成的像反映了样品表面的形貌，它的分辨率很高，是扫描式电镜的主要成像方式。

2. 背散射电子 是入射电子被样品反射回来的电子，因此又称反射电子。用背散射电子获得的反映样品表面形貌的图像与二次电子像相似。

3. 俄歇电子 当样品K层电子受激，其他高能级电子跃迁下来填补空位时释放出的能量，又使更外层L2、L3层的电子变为二次电子逸出，这种具有标识样品物质特征能量的二次电子称为俄歇电子。可以用作轻元素成分分析。

4. 透射电子 是与样品的密度、质量和原子序数有关的，包括通过样品的相干或非相干的弹性散射电子和非弹性散射电子。

5. 吸收电子 透过样品的电子入射电子能量被样品吸收后形成吸收电流。

（二）电子显微镜的类型及特点

电子显微镜是根据电子光学原理，用电子束和电子透镜代替光束和光学透镜，使物质的细微结构在非常高的放大倍数下成像的仪器。现代电子显微镜不仅能观察物体的二维平面结构，而且可以得到三维空间的信息，不但能够观察物质的形态，而且可以分析样品的化学组成。电子显微镜因需在真空条件下工作，而且电子束的照射也会使生物样品受到辐照损伤，所以很难观察活的生物。电子枪亮度和电子透镜质量的提高等问题有待继续研究。

电子显微镜按结构和用途可分为透射式、扫描式、反射式和发射式等，透射式、扫描式较常用。其中前者主要用于观察那些用普通显微镜所不能分辨的细微物质结构；后者主要用于观察样品超微结构的表面形貌。

二、透射式电子显微镜

（一）透射式电子显微镜成像原理

透射式电子显微镜收集的是直接从样品透过的电子，将载有样品信息的电子束经聚焦、放大后所产生的物像，投射到荧光屏或照相底片上。由于电子束要穿透整个样品切片，因而获得的影像是三维的样品切片在照相底片（或切片面）上的二维投影。为保证清晰度，标本须用超薄切片机制成厚度50nm左右的超薄切片。

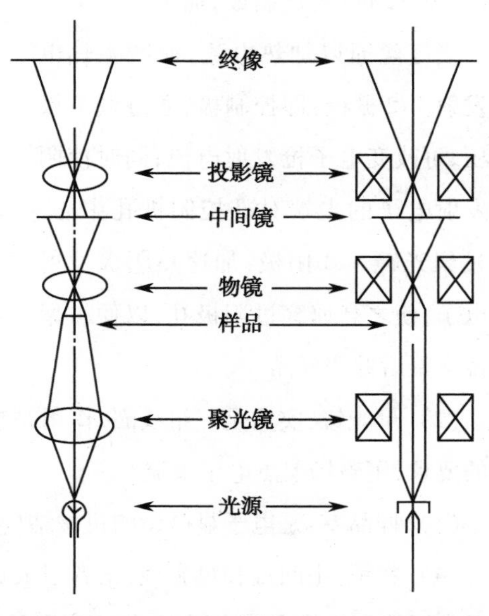

图3-53 光学显微镜与透射式电子显微镜的比较

透射式电子显微镜与光学显微镜的成像光路是一样的（图3-53），而且各部位的结构组件也一一对应，镜体基本上是由光源部分、成像部分、观察部分三部分组成。

光学显微镜用可见光作光源，容易得到；而在电镜中，取得电子光源则需要特定的高真空和高电压的条件。因此,透射式电子显微镜比光学显微镜多一套高真空系统,以及灯丝加热电路和高压发生装置。

成像系统通常是指成像透镜,在光学显微镜中一般是玻璃透镜;而在电子显微镜中是用电磁场作透镜,使电子束会聚后射在样品上,经相互作用后把透射过去的电子再会聚成电子像,这些磁透镜(物镜)结构比较复杂。

光学显微镜的观察系统中,人眼可直接观察样品像或简单加一个照相机即可记录图像;而在电子显微镜中,人眼是看不到电子流的,所以必须把电子流转换成可见的荧光,通常是在荧光屏上观察电子束经样品后会聚形成的电子像或者用特制的电子感光胶片把图像记录下来,而此过程也要在高真空环境内完成,这就增加了照相系统的复杂性。

(二）透射式电子显微镜结构

透射式电子显微镜结构如图 3-54 所示。主要由电子光学系统、真空系统和供电系统三大部分组成。

1. 电子光学系统　电子光学系统是电镜的主体。如常用的直立式电镜,自上而下排列着电子枪、聚光镜、物镜、样品室、中间镜、投影镜、荧光屏及屏下照相记录装置等部件。

(1) 电子枪(电子发射源):作用是发射电子,为钨丝阴极三极电子枪,它由阴极、栅极和阳极组成。①阴极:灯丝由 0.10～0.12mm 钨丝制成,通常为发夹形状。当灯丝通以加热电流,便产生热电子发射。②栅极:即控制极,通过调节极电压,可改变电子枪发射电流;同时使阴极发射电子的尖端对准控制极孔中心,穿过聚光镜。③阳极:加速热阴极发射的电子,使之高速穿过阳极孔,以便被聚光镜会聚后照明样品。

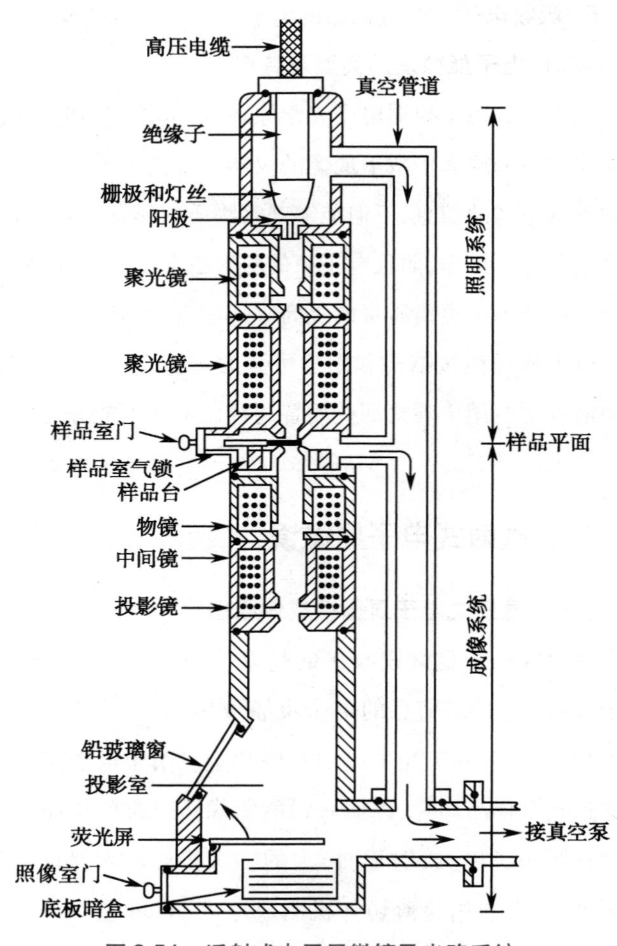

图 3-54　透射式电子显微镜及光路系统

(2) 聚光镜:实质是一组线圈,作用是按照样品平面上对电子束流孔径角、电流密度和照明斑点的要求,用磁场聚焦电子束流。

(3) 样品室:是电子显微镜的机械结构部分,须置于镜筒内,在真空环境中工作。

(4) 物镜、中间镜和投影镜:三者组成透射式电子显微镜成像系统,其作用是将经过样品后的电子束流放大成像在荧光屏上,供观察和照明。

(5) 像的观察与记录部分:在观察室的荧光屏上出现可见的电子显微图像。观察室正面及两侧有三个铅玻璃观察窗，防止射线伤害观察者。电子显微镜配有自动照相和记录装置，可把底片号码、放大率、加速电压等数字自动记录在底片上，还可配以电子计算机对图像进行加工处理。在荧光屏或感光底片上所得到的放大率，即电子像放大率取决于物镜、中间镜和投影镜放大率的乘积。底片下的图像可在放大机上进一步放大。

2. 真空系统 真空度是影响电子显微镜能否正常使用的关键因素之一，一般要求保持在 1.333 $\times10^{-2}$Pa 以下。电子显微镜用电子束作光源，在电子束的通道内不允许有任何游离的气体存在，否则会产生电离、放电、电子散射、灯丝烧毁、样品污染等一系列问题。

3. 电子供电系统 供电系统的稳定度将直接影响成像质量，直流稳压电源输出电压的稳定度更是成像质量的关键因素之一。物镜对电源稳定度要求最高，在调压变压器后要经过一级或二级稳压器稳压，使电子显微镜在工作时不受电网电压波动的影响。

三、扫描式电子显微镜

如果用电子探针对样品表面扫描，把从样品表面的二次电子和反射电子收集起来，使它们在各自相对应位置上成像，该电子显微镜就称为扫描式电子显微镜。

（一）扫描式电子显微镜工作原理

镜筒内发出的直径约数纳米的狭窄电子束 A，通过偏转线圈使电子束在样品上做逐点、逐行扫描。将与样品作用之后的二次电子或背散射电子，由闪烁探测器收集起来转化为微弱光信号，再经光电倍增管和放大器转变为电信号，去控制在显示器荧光屏上与 A 同步扫描的电子束 B 的强度，荧光屏上得到一个与样本表面二次电子发射强度相对应的亮度图像，图像反映了标本表面的三维立体结构。扫描式电子显微镜由于电子不必透过样品，因此，电子加速电压不必非常高，其分辨率主要决定于样品表面上电子束的直径。

（二）扫描式电子显微镜结构

扫描式电子显微镜结构如图 3-55 所示，主要由以下几部分组成。

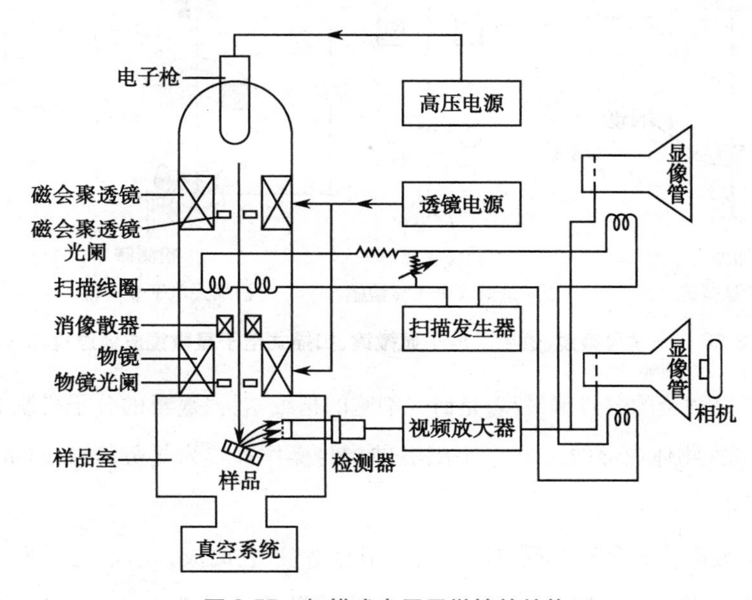

图 3-55 扫描式电子显微镜的结构

1. 电子光学系统(镜筒)　电子光学系统用来产生电子束(又称电子探针)对样品进行扫描。镜筒部分包括:电子枪、磁透镜(2～3个)、扫描线圈、样品室以及二次电子探测器等部件。

扫描式电子显微镜的电子枪加速电压较低,其余与透射式电子显微镜的类似。电子枪产生的电子束受阳极高压加速,经过磁透镜的逐级聚焦作用,会聚成数纳米大小的电子束斑点,并由最后一个磁透镜聚焦在样品上形成电子探针。为尽可能缩小电子束直径以获得高分辨率,最后一个聚光镜(物镜)装备可动光阑和消像散器。

扫描式电子显微镜偏转系统装在物镜通道上,由上下两组线圈组成。扫描发生器输出的锯齿波电流,流过扫描电路偏转线圈产生磁场,使电子束在样品上扫描,样品室位于镜筒的底部,样品放在样品台上。样品台上带有可使样品移动、倾斜和旋转的控制杆,以利于观察样品的任何一部分。

2. 信号检测系统　当电子束在样品表面逐点逐行扫描时,每点发出强弱不同的二次电子信号经探测系统后,输出相对应的强弱不同的电压信号。

3. 图像显示系统　图像显示系统用来按空间、时间顺序显示图像上一定位置的信息。

4. 记录定标系统　该系统用来测出电子激发区域内的元素组成部分,并进行定量分析。

5. 真空系统和控制电路系统　与透射式电镜相同,镜筒也为高真空。扫描式电镜的真空系统和透射式电镜相似。一般由两级泵及辅助组件组成。

四、光学显微镜、透射式电子显微镜、扫描式电子显微镜比较

光学显微镜、透射式电子显微镜、扫描式电子显微镜成像原理比较如图3-56所示。

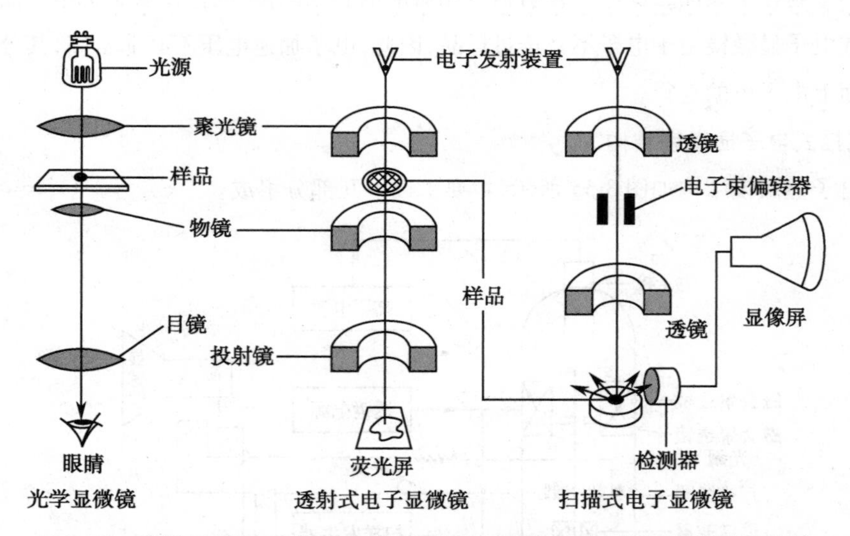

图3-56　光学显微镜、透射式电子显微镜、扫描式电子显微镜成像原理比较

1. 透射式电子显微镜的分辨率最高,是研究细胞的精细结构、病毒的分子机制或亚细胞结构的利器,但一般只能观察物体内部的二维平面结构;结构与操作都较为复杂,样品制备要求很高,要获得三维信息也较困难。

2. 扫描式电子显微镜的分辨率不如透射式电子显微镜,它的放大倍数范围大,图像清晰,从数倍到数十万倍。主要观察样品的三维表面形貌。立体感强,但不易获得内部结构的信息,具有明显

的真实感。

3. 光学显微镜使用方便、倍率低，放大倍率增加时，透镜的焦距和景深便随之减小。

点滴积累

1. 电子显微镜是根据电子光学原理，用电子束和电子透镜（线圈）代替光束和光学透镜，高倍成像的仪器。
2. 透射式电子显微镜收集的是直接从样品透过的电子，检测其透射电子强度成像。透射式电子显微镜与光学显微镜的成像光路是一样的。
3. 扫描式电子显微镜用电子探针对样品表面扫描，测量样品表面的二次电子和反射电子强度，使它们在各自相对应位置上成像。

第七节　显微镜的使用与维护

一、显微镜的使用

掌握光学及显微镜的相关知识，是正确使用显微镜的基础。各生产厂家制造的显微镜，在设计上有所不同，所以应认真按照说明书对照实物，了解显微镜的结构及性能，并熟悉各旋钮及配件和附件的作用，严格按照说明书中的操作方法使用。

1. 先用低倍镜在大视野、长工作距离条件下观察，后切换到高倍镜观察；先粗调观察到较清晰像，再用微调。

微调是显微镜机械系统中精细而又容易损坏的部件，拧到极限后，决不能继续强拧，否则，必然损坏。调焦时遇到这种情况，应将微调旋钮退回 3 ~ 5 圈，重用粗调旋钮调焦，待初见物像后，再改用微调旋钮。

2. 使用高倍镜观察液体标本时，一定要加盖玻片。否则，不仅清晰度下降，而且试液容易浸入高倍镜的镜头内，使镜片遭受污染和腐蚀。

3. 油镜使用后，一定要擦拭干净。香柏油在空气中暴露时间过长，会变稠和变干，到这时再去擦拭就很困难了。镜片上留有油渍，清晰度必然下降。

4. 显微镜的微调精密机构不得随意拆卸，以免精度发生改变。聚光镜移动部分、齿轮、齿条驱动装置和标本移动器可移动部分应经常维护，涂一些润滑油脂。

5. 光学零部件的保养和清洁要经常化，无论何时镜筒内必须插有目镜或盖上镜筒盖，避免尘埃从镜筒上部进入。

6. 仪器出了故障，不要勉强使用，否则，可能引起更大的故障和不良后果。例如，在粗调手轮不灵活时，如果强行旋转，就会使齿轮、齿条变形或损坏。

7. 显微镜电源开关不要短时频繁开关，使用间歇要注意调低照明亮度。

8. 绝不可把标本长时间留放在载物台上，特别是有挥发性物质时更应注意。

二、显微镜的维护

（一）显微镜的四防

1. 防潮　为防止显微镜光学零件生霉、生雾和机械零件锈蚀，除了选择干燥的房间外，存放地点也应远离墙壁、地面、湿源，长时间存放宜用干燥箱。

2. 防尘　灰尘、砂粒等一旦落入光学系统，经放大后影响观察。落入机械部分，还会增加磨损，引起运动受阻。因此必须保持显微镜的清洁，使用完毕后，即用仪器罩罩好，以减少尘埃和潮气的影响。

3. 防腐　显微镜不能和有腐蚀性的化学试剂放在一起，如硫酸、盐酸、强碱等。

4. 防热　目的主要是避免热胀冷缩引起光学零件的开胶与脱落。

（二）显微镜的擦拭

1. 光学系统的擦拭　平时对显微镜各光学表面，用干净的毛笔清扫或用擦镜纸擦拭干净即可。当镜片上有抹不掉的污物、油渍或手印，镜片生霉、生雾，长期停用后复用时，需要认真进行擦拭。

（1）擦拭范围：目镜和聚光镜允许拆开。物镜因结构复杂，装配时需专用仪器校正才能恢复原有的精度，故严禁拆开。拆卸目镜和聚光镜时，要注意以下两点：①拆卸时要标记各元件的相对位置（可在外壳上划线作标记）、相对顺序和镜片的正反面，以防装错。②操作环境保持清洁、干燥。拆卸目镜时，只要从两端旋出上下两块透镜即可。目镜内的视场光阑不能移动，否则会使视场界线模糊。聚光镜旋开后严禁进一步分解其上透镜。因其上透镜是油浸的，出厂时经过良好的密封，若再分解会破坏密封性能。

（2）擦拭方法：①初擦拭。首先将光学零件用无水脱脂绵布蘸无水乙醇进行初擦拭，如有腐蚀痕迹或水印可用抛光粉氧化铈（CeO）、氧化铁（Fe_2O_3）、氧化锆（ZrO_2）轻轻擦拭。②透镜。先用透镜夹将透镜夹在擦拭回转器中心，一只手拿卷棉棒在卷棉垫上搓成棉签，一只手转动回转器，使透镜高速旋转，同时用蘸有乙醇乙醚混合液（乙醇80%和乙醚20%）的脱脂棉签沿透镜表面中心向边缘慢慢移动离开（用力适中），回转器同步停止。③棱镜。一只手用黏有麂皮的棱镜夹子夹住棱镜的非工作面（毛砂面），另一只手拿卷棉棒在卷棉垫上搓成棉签，然后蘸乙醇乙醚混合液沿棱镜表面中心呈螺旋轨迹向边缘擦拭（用力适中）。

2. 机械部分的擦拭　仪器表面烤漆部分，可用软布擦拭，但不能使用乙醇、乙醚等有机溶剂，以免脱漆。非烤漆部分若有锈，可用布蘸汽油擦去，擦净后重新上好防护油脂即可。

（三）显微镜的常见故障及处理

环境因素或使用不当会造成显微镜的功能降低或丧失等故障，大致可分为光学故障和机械故障两大类。

1. 显微镜光学故障分析及处理

（1）镜头成像质量降低：可能是镜片膜层损坏，或者是镜片表面生霉、生雾所致。对于生霉的镜头可以用专用的化学药品熏蒸杀死真菌的孢子并擦净之。对于膜层损坏的镜头需更换或送厂家重新镀膜。

（2）双像不重合：主要是受剧烈震动造成双目棱镜位置移动所致。打开双目棱镜外壳，在平面上放一十字刻度尺，用10倍分划目镜分别插入左右两目镜镜筒内，边观察边校正双目棱镜的位置和角度，使双目镜镜筒转到不同角度观察时，十字刻度尺的位置都在左右两目镜视场的相同位置处，然后紧固棱镜即可。

用双目镜观察时，左右两视场的颜色与亮度不一致，原因是分光棱镜的分光膜损坏，应取下分光棱镜送厂家重新镀膜。

(3) 视场中的光线不均匀：首先检查物镜、目镜、聚光镜等光学面是否变脏受损。若受污可用擦镜纸彻底擦净，若受损按前面所述修理。然后检查物镜是否正在光路中，视场光阑是否集中、是否太小。

(4) 视场中有污物：检查并彻底擦净目镜、聚光镜、滤光镜和玻片上的污迹。

(5) 双目显微镜中双眼视场不匹配：往往是光瞳间距、补偿目镜管长没有调整好，或者是误用目镜不适配。若调整或调换仍解决不了问题，则可能是棱镜系统出故障，则按(2)进行排除，或送厂家修理调整。

(6) 部分图像不聚焦或似有重影：若是由于物镜放置不到位、没有准确处在光路之中而造成，则调整物镜到位；若是因标本不平，则放平并在标本上放置盖玻片把标本压平。

(7) 观察图像有亮斑：多半是由于聚光镜太低，或者是光阑环太窄所引起的。调整聚光镜的位置，把光阑孔径增大到亮斑消除。

(8) 图像模糊不清：若不是因镜头等元件损坏造成的，可检查物镜是否在正确位置，各光学面是否变脏，根据情况按前面所述处理。若使用油浸物镜，则有可能是浸液使用不当或浸液中混有气泡或杂质。

2. 显微镜机械故障分析及处理

首先，遇到机械性故障时，不可强行操作，以免造成更为严重的损坏。机械故障一般有：

(1) 粗调装置上下运动松紧不一和像晃动：上下运动松紧不一，多半是由于燕尾导轨局部磨损、配合不好所引起的。一般用刮刀、砂纸等打磨装配面，调整到合适间隙，然后装配，使两者相对运动平稳舒适为止即可。

(2) 调焦后自动下滑和升降时手轮梗跳：自动下滑就是因平台（镜臂或镜筒）自身重量作用，在无外力作用下徐徐下滑，从而多半导致手轮梗跳。其主要原因是：夹在手轮与齿杆套端面之间的垫圈因长期使用而磨损，引起端面静摩擦力减小所致，对于有粗调旋钮张力调节环的显微镜，有可能是由于张力调节环过松引起的，可调节张力大小来排除。

(3) 调焦后像不清晰：通常是由于在拆卸后未校正好或受震动致使定位发生变化，致使平台升不上去或镜臂、镜筒降不下来。也有因换用物镜后，镜头长度短于原来镜头长度所致。可先松开限位螺钉或拔出销钉，并使微调手轮处于极限位置（对于弹簧镜头则处于中间位置），即平台（或镜筒）升（降）到最高（低）位置后，再慢慢进行粗动调焦，使标本刚要碰到又未碰到油浸物镜（此时可不加油）时，再旋上限位螺钉或打上限位销便可。

(4) 调焦过程中像斜移：这是由于受震或拆装后光轴与平台的垂直性未校正好所致。可松开导轨燕尾（或平台托架）的紧固螺钉，用十字分划目镜观察物镜测微尺，边校正边观察直至像不斜移且清晰为止，重新上紧螺钉。

（5）物镜转换器的故障：物镜转换器是机械精度要求最高的部件，其精度的高低直接影响显微镜的性能及使用。常见的物镜转换器故障主要表现在定位方面。

1）定位失灵或定位偏差：产生原因有定位凸台严重磨损，定位销或钢球脱落等。大多是定位簧片断裂或产生塑性变形而失去弹性，使定位不易或定位偏差，此时只需更换新簧片，故障便可排除。

2）定位不稳定：是由于定位槽磨损或销钉（钢珠）松动所致。也有因长期使用后转轴配合松弛所引起，若要彻底修复必须更换新的零部件。

根据我国科技发展水平多样性的特征，我国光学显微镜将朝着多极化方向发展，系列更完整。其中高档大型比较显微镜，将会更多地采用其他学科的先进技术成果，建立起更完备的综合功能，并突破光学显微镜应用范围的狭窄、局限，向超声和电子比较显微镜的方向发展；中档比较显微镜则多注重光机电一体化，强调光学比对系统与数码技术和计算机处理技术有机结合；普及型比较显微镜主要在基层单位使用，直接为科研和有关专业技术现场服务，提高仪器的实用性和整体性能的可靠性、稳定性，将是各生产厂家考虑的重点。

光学零件的装配工艺

点滴积累

1. 操作显微镜应严格按照厂方的说明书，对照实物进行。
2. 显微镜的日常维护应注意四防，即防潮、防尘、防腐、防热。
3. 显微镜的维护维修包含机械结构和光学部件两方面。 对于精密部件不能现场解决的应报送厂家处理。

本章小结

一、学习内容

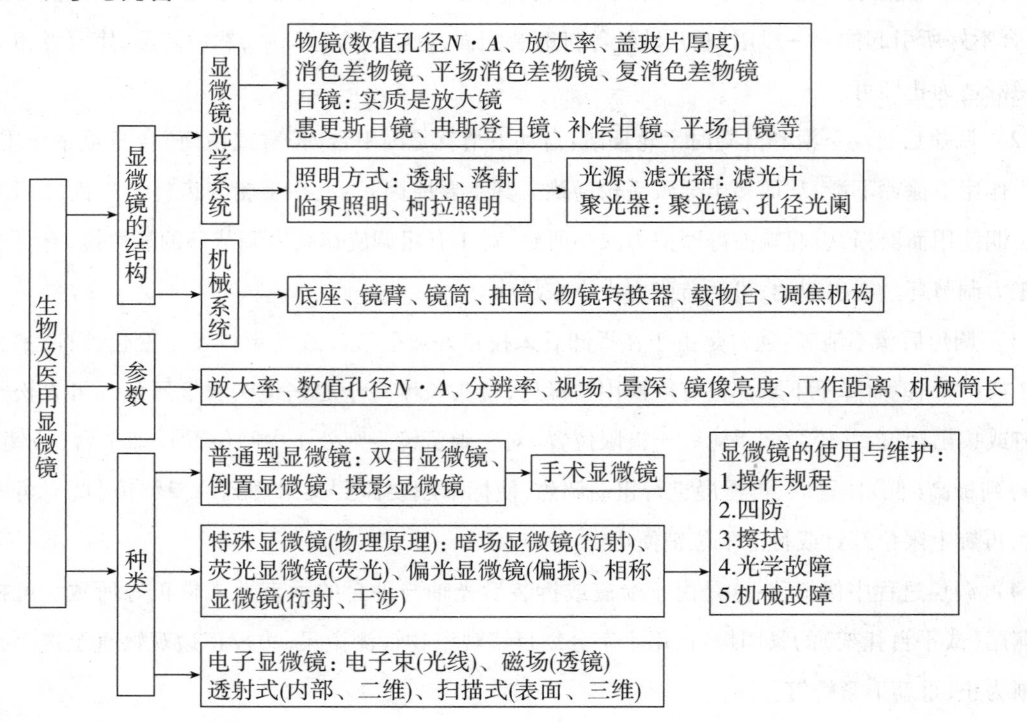

二、学习方法体会

显微镜的光学成像原理是显微镜的基础，其光学系统是显微镜中的重要核心部分，它通过与机械系统和照明系统的紧密配合，构成了完整的显微镜体系。

将普通生物显微镜的光路结构以及机械结构加以改进，以适应临床手术的实际需求，这就形成了手术显微镜。

在普通生物显微镜的基础上，利用物理光学的原理，采用对应的部件，如偏光、衍射、双折射等，可设计出偏光显微镜、暗场显微镜、相称显微镜等特殊显微镜，以适应不同的观察要求。

电子显微镜利用阴极发出的电子束取代光学显微镜的光线，利用线圈产生的电磁场对电子束进行聚焦偏转，利用胶片或者其他探测器在成像平面进行成像，可以获得远超光学显微镜的分辨能力以及观察效果。

除电子显微镜外，其他各类显微镜（包括特殊显微镜）的主要区别在于机械结构、照明和观察形式、操作方法。在临床使用中，应根据观察对象，选择不同的显微镜。

因此在学习本章内容过程中，要紧紧抓住它们的共性，在熟知显微镜基本工作原理的基础上，对常见故障要能做出正确的判断并予以排除，这对从事医用光学仪器生产和维护的技术人员是十分重要的。

目标检测

一、单项选择题

1. 倒置显微镜主要用于临床检验及实验室观察______。

A. 超显微粒子　　B. 染色后的标本

C. 培养瓶（皿）中的活体标本　　D. 各向异性物质

2. 显微镜的工作距离是指______。

A. 物镜前表面中心到被观察标本之间的距离　　B. 焦距

C. 物镜后表面中心到载物台之间的距离　　D. 目镜到载物台之间的距离

3. 校正光轴是使______和可变光阑的中心点重合在一条直线上。

A. 物镜、目镜、聚光镜的主光轴　　B. 物镜、目镜、聚光镜的平面

C. 物镜、目镜的主光轴　　D. 目镜、棱镜、聚光镜的主光轴

4. 光学系统的安装______。

A. 应按先上后下的顺序，即目镜、物镜、聚光镜、反射镜

B. 不分先后顺序、随意安装

C. 应按先下后上的顺序，即反射镜、聚光镜、物镜、目镜

D. 应按聚光镜、物镜、目镜、反射镜的顺序

5. 荧光显微镜是一种对______进行观察的显微镜

A. 自发或受激发而发出荧光的物质　　B. 普通物质

C. 具有双折射性的物质　　D. 超显微粒子

6. 显微镜光学参数除放大率、数值孔径、分辨率、视场、景深、机械筒长外还有______。

A. 焦距、工作距离　　B. 工作距离、镜像亮度

C. 屈光度、镜像亮度　　D. 焦距、工作距离

7. 除放大外，显微镜的物镜最关键还应______。

A. 增大焦距　　B. 增大工作距离

C. 增大景深　　D. 提高分别率

8. 物镜管上所标注的 40/0.65 和 160/0.17，其中 0.65 表示、160 分别表示______。

A. 盖玻片厚度、放大倍数　　B. 数值孔径、机械筒长

C. 数值孔径、放大倍数　　D. 盖玻片厚度、机械筒长

9. 双目显微镜利用的是______将物镜成像后的光束分成左右两束。

A. 目镜　　B. 物镜　　C. 复合棱镜组　　D. 反射镜

10. 偏光显微镜检测的是______。

A. 染色后的标本　　B. 折射率有差异的细微结构

C. 超显微粒子　　D. 双折射性的物质

二、简答题

1. 绘图简述生物显微镜光学成像原理。
2. 简述生物显微镜主要由哪几部分组成，各部分的作用是什么。
3. 简述显微镜的使用与维护应注意哪些方面。
4. 简述特种显微镜的用途及在结构、原理上与普通生物显微镜有何区别？
5. 简述手术显微镜的结构及工作原理。

三、实例分析

1. 显微镜双像不重合。试分析故障原因，并指出如何解决。
2. 显微镜胶合件脱胶。试分析故障原因，并指出如何解决。
3. 显微镜微调手轮双向失灵。试分析故障原因，并指出如何解决。
4. 显微镜物镜转换器定位失灵。试分析故障原因，并指出如何解决。
5. 显微镜调焦过程中像斜移。试分析故障原因，并指出如何解决。

（冯　奇）

第四章

医用内镜及其维护

导学情景

情景描述：

王小明的叔叔今年38岁了，右下腹不舒服已经有1年2个月了，看了外科、针灸科都没有效果，做了钡剂灌肠也说没问题，最后选择看了内科，医生建议做肠镜检查，结果发现是早期的结肠癌。肠镜是什么？为什么可以发现早期癌症？

学前导语：

肠镜，是医用内镜的一种，临床使用广泛，在消化系统疾病诊断和治疗中的作用越来越大。本章我们将学习各类内镜的结构原理及操作、维护方法，要求掌握医用内镜的分类方法和技术要点，膀胱镜、腹腔镜、电子内镜的结构原理、操作维护方法。熟悉纤维内镜的结构原理、使用维护方法，了解胶囊内镜的结构原理与使用方法等。

内镜是一种检查和治疗的设备，可以经口腔进入胃内或经其他天然或者人工孔道进入体内，借此可以直接观察到人体内腔各器官组织的形态，达到诊断与治疗的目的。内镜的发展经历了硬式内镜、半可屈式内镜、纤维内镜和电子内镜等四个阶段，反映了其成像方式及基本结构的变化，依据其成像结构，医用内镜可以分为硬式内镜、纤维内镜、电子内镜、胶囊内镜、超声内镜等。本章节将重点介绍前四种内镜的结构原理及使用维护方法。

第一节　硬式内镜

硬式内镜的结构主要包括传像、照明、气孔三大部分。传像部分包括物镜、中继系统、目镜用来传导图像。照明部分采用光导纤维将冷光源导入镜内。气孔部分作用为送气、送水、通活检钳。硬式内镜种类繁多，分别用于不同目的，例如膀胱镜、腹腔镜、宫腔镜、直肠镜、子宫镜、胸腔镜、耳道镜、鼻窦镜、喉镜、气管镜、脑室镜、椎间盘镜、关节镜等，本节将以膀胱镜、腹腔镜为例介绍硬式内镜。

一、硬式膀胱镜

（一）成像原理

膀胱镜的成像系统由接物镜、中间镜及接目镜组成，如图4-1所示。接物镜在膀胱镜的前端。它的作用是把物体发出的光线会聚到细小的镜管内，在接物镜的后面，成一倒立实像。此像经中间镜成像于接目镜的前方，形成一个与原像等大，但是正立的实像。此像很小，肉眼难以分辨，用接目镜放大后，最终得到一正立虚像。在膀胱镜检查时所看到的，正是这个放大了的虚像。

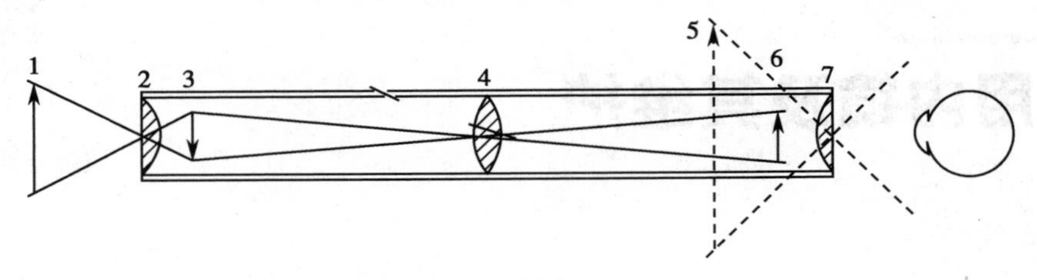

图 4-1　膀胱镜成像原理

1. 物体；2. 接物镜；3. 实物倒像；4. 中间镜；5. 放大的虚像；6. 实物正像；7. 接目镜

1. 接物镜　接物镜直接决定视野光学中心的方向、视角大小、视野大小以及射入光线量。膀胱镜的接物镜，一般均由几个单片或几组胶合透镜组成。

将膀胱镜的接物镜前面放一张白纸，向接目镜内观察时，可以看到一个明亮的小圆，这叫做内视野，其实质为膀胱镜的出射窗。当仔细观察时，又可发现，不论内镜对向远处或者对着近处的白纸，内视野的大小始终不变。接物镜的放大率大、镜管内径大，则内视野亦大。

外视野是指通过内视野所能看到的外界的全部面积。当物体距接物镜近时，外视野小，像大；距接物镜远时，外视野大，像小。外视野中物像的大小，与物体和接物镜之间的距离成反比。

一般来说接物镜与膀胱壁间的距离，在很小的一个范围内变动。所以膀胱镜视野的大小，基本上取决于接物镜的焦距。

在设计制造接物镜时，必须同时兼顾到视野大、物像放大倍数和清晰度高以及物像亮度良好等相互矛盾的三个方面。通常取接物镜的焦距为 3.5～6.5mm。

2. 中间镜　由多组圆柱球面系统组成，位于接物镜与接目镜的中间，把接物镜所形成的小的倒立实像经其折射后成像于接目镜的前方，成一正立实像，其大小与原倒像相等，故又称转像透镜，如图 4-2 所示。

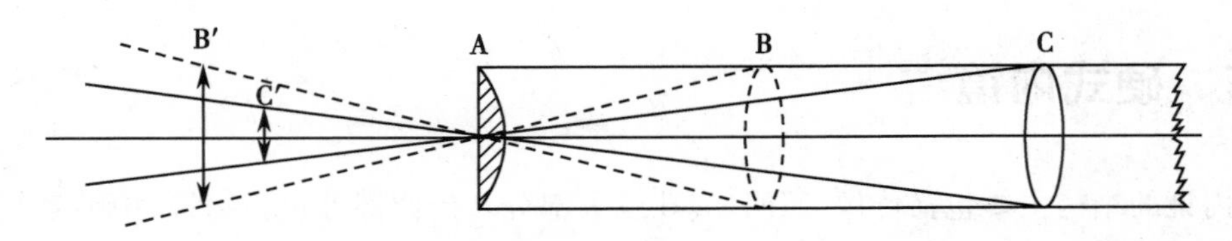

图 4-2　中间镜距接物镜远近与通光量大小的关系

将中间镜向接物镜移近，可以接受更多的射入光线。如图 4-3，若将中间镜处于 C 处，通过它的光量，可用入射光瞳 C′来表示；若将中间镜处于 B 处，其通光量可用入射光瞳 B′表示，明显大于前者。B～C 间的光线完全被内镜的管壁所吸收。中间镜移近接物镜之后，中间镜与接目镜之间的距离被拉长，这时可增加多个透镜予以桥接。这样也使小口径内镜如输尿管内镜的制造成为可能。

3. 接目镜　接目镜也是一个平凸透镜，其主要作用是决定物像的位置和放大倍数。中间镜在接目镜前所成的像极小，因此必须由接目镜将像放大。接目镜放大倍数的增加使出射光瞳增加，而亮度将按出射光瞳的半径平方而减低。为取得平衡，各种内镜接目镜的放大倍数一般在 10～20 倍之间，并且大约两倍于接物镜。

4. 三棱镜　膀胱镜检查时，仅能看到面对着内镜顶端的部分膀胱壁，也就是说，主要限于膀胱后壁，如图4-4所示，对于前壁及大部分侧壁则无法进行观察。当观察膀胱侧壁时，因视野内观察对象的远近差异甚大，而导致物像变形，在接物镜前面加一个直角形三棱镜后，可使观察方向由正前视改为90°侧视，即可以对膀胱壁进行全面的观察。

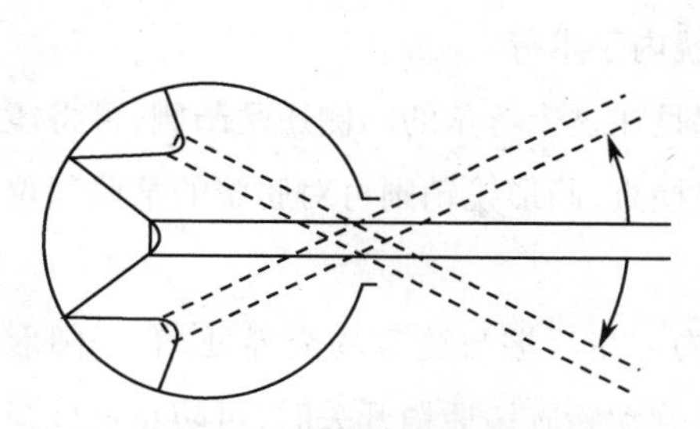

图4-3　直视膀胱镜的可视范围

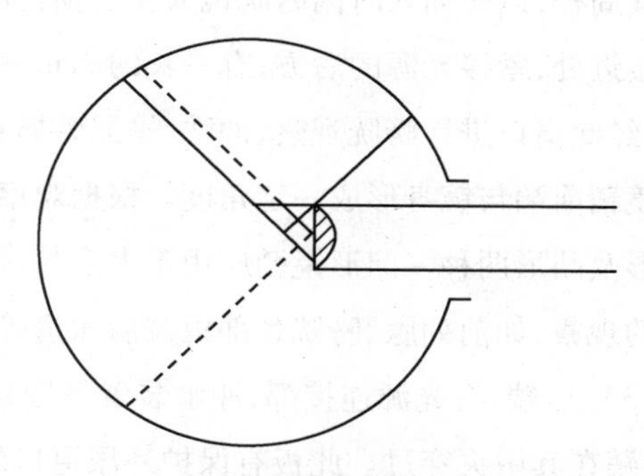

图4-4　有棱镜装置的膀胱镜可视范围

侧视内镜上的三棱镜是直角棱镜，装在镜管前端侧窗之下、接物镜的前面。棱镜的一直角面与接物镜相接，另一直角面与镜管的长轴平行，斜面上镀有铝，起平面反射镜的作用。射入的光线，被斜面以90°反射后，沿着镜管的长轴传送至接目镜，经接目镜即可看到物像。

三棱镜的使用虽然扩大了膀胱镜的可视范围，但反射后的物像是倒转的。可以在接目镜前面再加上一个直角棱镜，将倒像改为正像。应用直角屋脊棱镜可以解决像左右反转的问题。现在的膀胱镜，采用多种不同的设计，以便得到正像。有的内镜，在内镜的前端就将倒像进行了矫正。

（二）膀胱镜结构组成

1. 窥镜　窥镜（光学视管）的基本结构及成像原理如前文，其主体是一根极细的金属管［图4-5（a）］，成人用窥镜的规格一般为Φ4×310。使用时，将插入体内的镜鞘中的闭孔器拔出，再将窥镜插入镜鞘。

2. 镜鞘　膀胱镜的镜鞘，实际上是一根附有导光及冲水装置的空心金属管，镜鞘全长为25～30cm不等，可分为前端（即膀胱端）、镜身及后端（即接目端）三部分，如图4-5所示。

（1）前端：一般长约1.5cm，与镜体成一约135°的钝角，状如鸟嘴，故又称嘴部。前端有的较短，有的

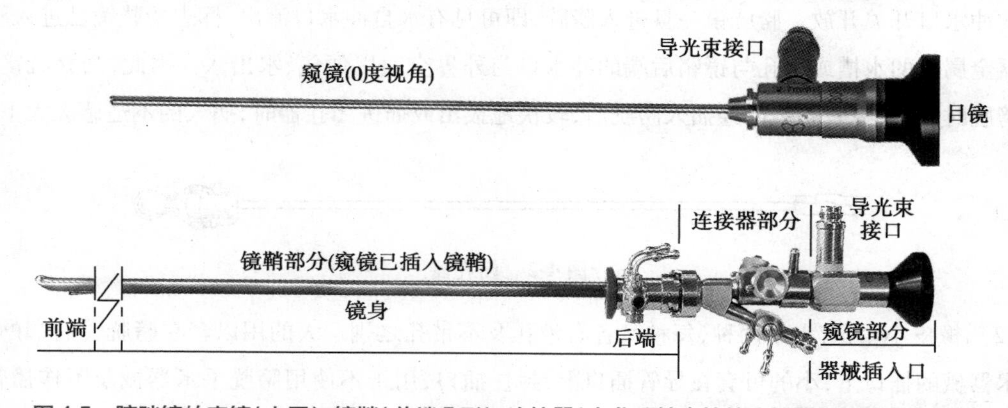

图4-5　膀胱镜的窥镜（上图）、镜鞘（前端凸形）、连接器（有些硬性内镜的连接器与镜鞘连为一体）

甚至完全没有,而镜鞘仅是一根直形金属管,其导光束则与镜管装在一起。前端的形状,也因膀胱镜种类的不同而各异,有弯,有直,有粗,有细,在前端与镜干接近部分,有一椭圆形玻璃小窗,是冷光射出窗口。

(2) 镜身(又称镜管):为一金属管,长度不等。除了用于特殊目的的膀胱镜以外,一般标准长度为20cm左右,这种长度已能满足绝大部分泌尿外科检查及治疗上的需要。镜身的横断面呈圆形或椭圆形,形状如何取决于设计上的不同要求。总的要求是既要容纳必须通过的器械,又要尽可能缩小其周径,以防插入时因膀胱镜太粗而损伤尿道。镜身直径,成人一般用Φ4×310。在镜身与镜鞘前端接近处,紧接光源的后方,有一长约2cm的长方形缺口,叫做观察窗,简称窗口。在膀胱镜检查时,可经此窗口进行膀胱观察、冲洗、输尿管插管以及膀胱内手术等。

镜鞘前端与镜身形成一定角度。根据观察窗的位置是在这个弯角的凹侧还是凸侧,可将镜鞘分为凹形及凸形两种。凹形镜鞘应用于大多数常规膀胱镜检查,凸形镜鞘则可对膀胱的某些部位作更接近的观察,如前列腺、膀胱颈部以及后尿道等。

(3) 后端:有光源连接部、冲水装置及固定环等结构。在后端与镜身的交界处,有一圆形金属板,镜鞘在其中央穿过。此板有保护外尿道口的作用,在旋动膀胱镜插销开关时,可防止造成损伤。

在镜鞘后端终末部有固定环,如图4-6所示,能将闭孔器或镜管紧密固定于镜鞘,避免脱出或漏水。固定环由两个套在一起的金属环组成:内环固定,外环附有金属小柄,可以转动。

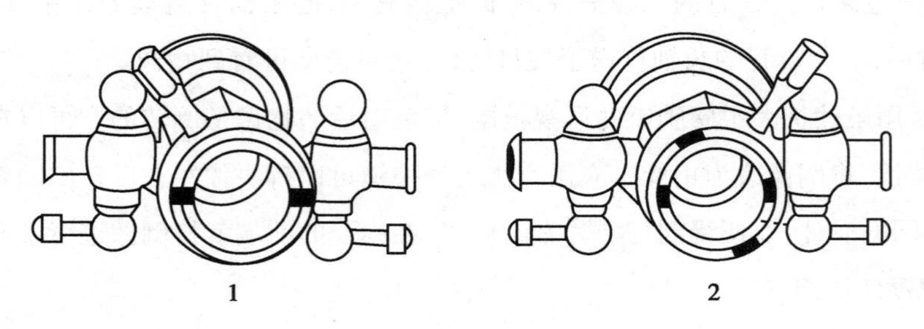

图4-6 固定环

1. 开放位置:便于插入或取出内镜;2. 闭锁位置:能将内镜紧密固定,并防止漏水

3. 附件

(1) 闭孔器:闭孔器为一金属棒,前端有一小金属块,如图4-7所示。当闭孔器插入镜鞘后,其金属块可准确地填充镜鞘的观察窗,可以消除任何棱角锐缘,在膀胱镜插入时,不致损伤尿道。闭孔器金属块的两侧有水槽或者在金属块中央备有小孔。在插膀胱镜时,应先把闭孔器装好,并将镜鞘后端的冲水口开关开放。膀胱镜一旦进入膀胱,即可见有水自冲水口流出,标志膀胱镜已进入膀胱。闭孔器金属块的水槽或小孔与镜鞘后端的冲水口与外界交通以便气、水出入。因此,当膀胱镜猛然进入膀胱时,或者在膀胱镜已经插入膀胱后,较快地拔出或插进闭孔器时,病人的不适感大大下降。

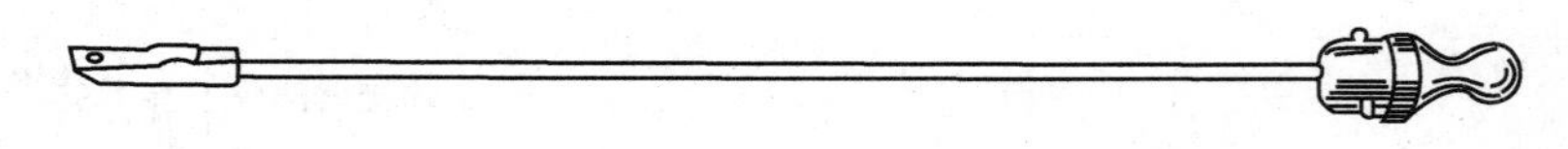

图4-7 闭孔器

(2) 橡皮小帽:有大小两种,每种又各有带孔及不带孔之别。大的用以套在膀胱镜后端的经膀胱手术器械的插口上;小的可套在导管插口上,封住插口,用于不使用膀胱手术器械及不作插管时,防止膀胱内液体沿器械或导管周围流出。

（3）通水器及冲水三路开关：因有弹簧自动闭塞装置，拔出镜管后，膀胱内液不能自动流出。必须插入通水器，打开弹簧装置的金属小门后，才能放水和冲水。冲水三路开关同样起着打开弹簧装置的金属小门的作用，同时通过扳动其本身的开关，还可以控制放水或冲水，以便冲洗膀胱。

（4）清洁棒：为一金属棒，前端有螺旋，可卷上棉花。在膀胱镜使用后，可用以清洗、擦干膀胱镜。

（5）冷光源：是纤维光导膀胱镜的光源设备，能发出强烈的冷光，并附有亮度调节装置。

（6）纤维导光束：由数万根光导纤维组成，用于将冷光源发出的冷光传导至膀胱镜被检部位。

课堂活动

各科医生使用硬式内镜的频率越来越高。 硬式内镜是比较娇贵的医疗器械，很容易造成损坏。 目前世界上各个硬式内镜生产厂的产品光路不同、外观不同，它们的基本结构一致吗？你知道如何维护保养吗？

知识链接

内 镜 起 源

1795 年，德国 Bozzini 利用从自然腔道进入的方法，开创了内镜的起源。 1835 年，内镜之父 Antoine Jean Desormeaux 使用煤油灯作为光源，通过镜子折射观察膀胱的情况。 世界上第一个内镜是 1853 年法国医生德索米奥创制的。 内镜是一种常用的医疗器械。 由可弯曲部分、光源及一组镜头组成。 使用时将内镜导入预检查的器官，可直接窥视有关部位的变化。

最早的内镜多应用于直肠检查。 医生在病人的肛门内插入一根硬管，借助于蜡烛的光亮，观察直肠的病变。 这种方法所能获得的诊断资料有限，病人不但很痛苦，而且由于器械很硬，造成穿孔的危险很大。 尽管有这些缺点，内镜检查一直在继续应用与发展，并逐渐设计出很多不同用途与不同类型的器械。

1855 年，西班牙人卡赫萨发明了喉镜。 德国人海曼 · 冯 · 海莫兹于 1861 年发明了眼底镜。

1878 年，爱迪生发明了电灯，特别是出现微型灯泡后，使内镜有了很大发展，临时安排的手术内窥也可达到非常精确的程度。

1878 年德国泌尿科专家姆 · 尼兹创造了膀胱镜，用它可以检查膀胱内的某些病变。

1897 年，德国人哥 · 基利安对支气管镜提出设想。 20 多年以后，在美国人琼 · 薛瓦利埃 · 杰克逊的推动下，支气管镜进入了实用阶段。 不久，在常规的肺病检查中开始使用这种支气管镜。 1862 年，德国人斯莫尔创造了食道镜。 1903 年，美国人凯利创制了直肠镜，但是到 1930 年后才开始普遍使用。 1913 年，瑞典人雅各布斯改革了胸膜镜检查法。 1922 年，美国人欣德勒创立了胃镜检查法。 1928 年，德国人卡尔克创立了腹镜检查法。 1936 年，美国人斯卡夫进行了脑室镜检试验，直到 1962 年，才由德国人古奥和弗累斯梯尔创立了脑室镜检法。 从此形成一整套镜检法系列。

课堂活动

1. 怎样用膀胱镜观察膀胱？
2. 膀胱镜镜鞘上的开关和旋钮都有什么功能？

二、TQ-01 型膀胱镜实例解析

（一）TQ-01 型膀胱镜特点

TQ-01 型膀胱镜（图 4-8）主要应用在泌尿科，对膀胱内壁和尿道疾病进行检查，该型膀胱镜具有全防水、耐高温设计，高强度合金钢镜体和镜管、蓝宝石镜头，广角物镜、光学多层镀膜，冷光源采用色温 3200K 的发光二极管（LED），照度可达 65 000Lx，寿命 5 万次。

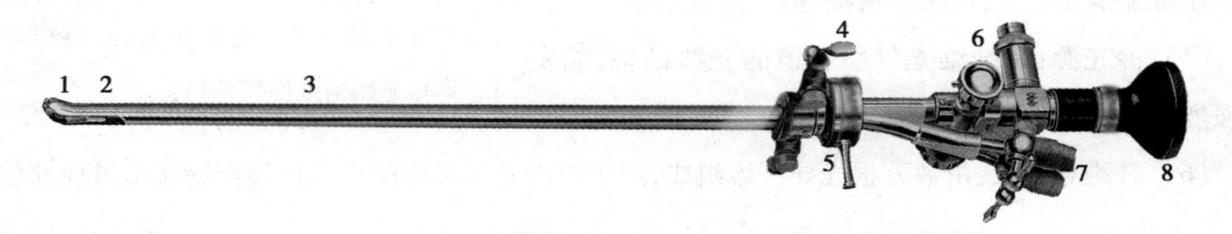

图 4-8　膀胱镜结构名称（镜鞘、连接器、窥镜已组合在一起）

1. 导光窗；2. 物镜窗；3. 镜鞘；4. 冲水开关；5. 固定环小柄；6. 导光束接口；7. 手术器械插入口；8. 目镜

（二）技术参数

工作长度：320mm

外径：4mm

视场角：55°

视向角：0°、12°、30°、70°

环境温度：20℃ ~40℃

相对温度：30% ~80%

大气压力：860 ~1060kpa。

冷光源电源：AA 碱性电池（7 号碱性干电池）1. 5V、3 节。

（三）TQ-01 型膀胱镜结构解析

TQ-01 型膀胱镜主要包括目镜罩、接目镜、光椎、光导纤维、柱状透镜、视向角 30°棱镜、目镜窗、视场光阑、外镜管、内镜管、物镜、棱镜、负透镜、保护片。其结构如图 4-9、4-10 所示。

（四）膀胱镜的日常维护和故障排查

由于镜鞘为 0. 1mm 厚的不锈钢管，受到磕碰或挤压都会变形。光学镜片大部分是直径 3mm、长 25mm 左右的玻璃柱，受到轻微的磕碰和挤压就会开裂、崩边或者光轴偏移，造成视野模糊、边缘发

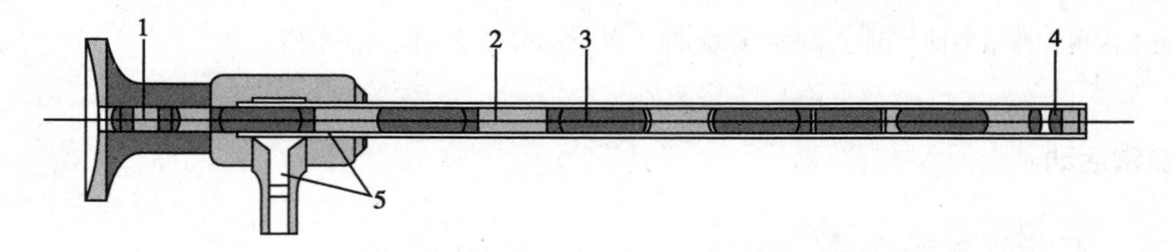

图 4-9　TQ-01 型膀胱镜的窥镜剖面图

1. 目镜；2. 间隔环；3. 柱状透镜；4. 物镜；5. 照明导光系统

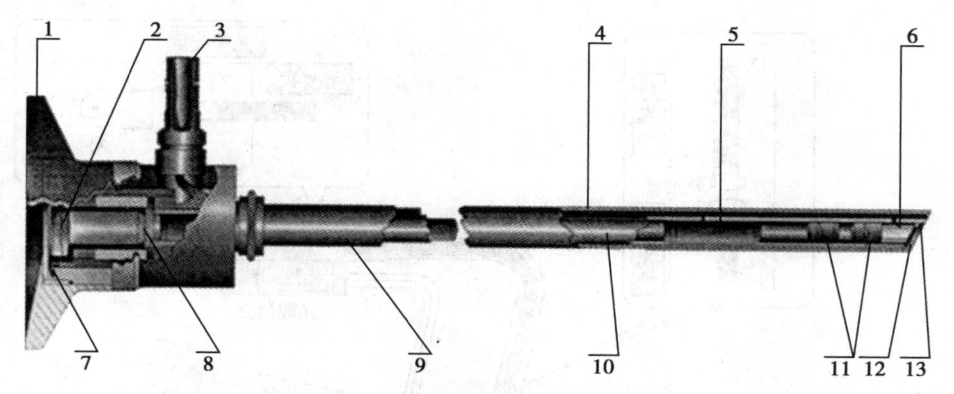

图 4-10　TQ-01 型膀胱镜的窥镜立体图

1. 目镜罩;2. 目镜;3. 光椎;4. 照度光纤;5. 柱状透镜;6. 视向角 30°棱镜;7. 目镜窗;8. 视场光阑;9. 外镜管;10. 内镜管;11. 物镜;12. 负透镜;13. 保护片

黑。极细的光导纤维在外镜管内受到外力会造成断丝,影响光照度。硬管内镜各机构的连接大都是用环氧树脂胶粘接,胶的质量和封装技术也影响内镜的使用寿命。

膀胱镜经常活动的部件和容易受损的器件包括光学元件、镜管、导光束、开关阀门、抬钳钢丝等。

1. 膀胱镜在使用时注意事项

（1）用手握住镜子主体部(目镜与导光体连接部),不应该握镜管(镜身部)。

（2）轻拿轻放,严防失手落地,导致镜管变形或透镜破损。

（3）接目镜和物镜两端面有灰尘时,应该用洗耳球轻轻吹除。

（4）镜面有污物时,应该用脱脂棉球蘸酒精轻轻擦拭。

2. 膀胱镜使用完后注意事项

（1）应该按国家《内镜清洗消毒技术操作规范》及时彻底清洗、消毒、灭菌。

（2）保存环境无尘、干燥、避免阳光直照。

（3）镜鞘上面的开关阀门均需涂少许硅油。

（4）应建立使用、保管、交接、维修记录卡和档案。

边学边练

进一步理解膀胱镜的光学成像原理和掌握膀胱镜的基本结构要点、使用操作方法，以及了解膀胱镜的拆装、检修和保养方法，请见实训项目 5 膀胱镜。

三、硬式腹腔镜

(一) 腹腔镜成像原理

腹腔镜光学成像原理同其他硬性内镜光学成像原理基本相同,由接物镜、中间镜、接目镜系统组成。如图 4-11 为腹腔镜成像原理示意图。图 4-12 为各种不同视角的腹腔镜视野示意图。

现代腹腔镜一般都利用光电及视频技术,从腹腔镜的接目镜处甚至在腹腔镜前端处获得光学图像,转变为数字图像,医生通过监视器屏幕上所显示的不同角度的患者器官图像,对病人的病情进行

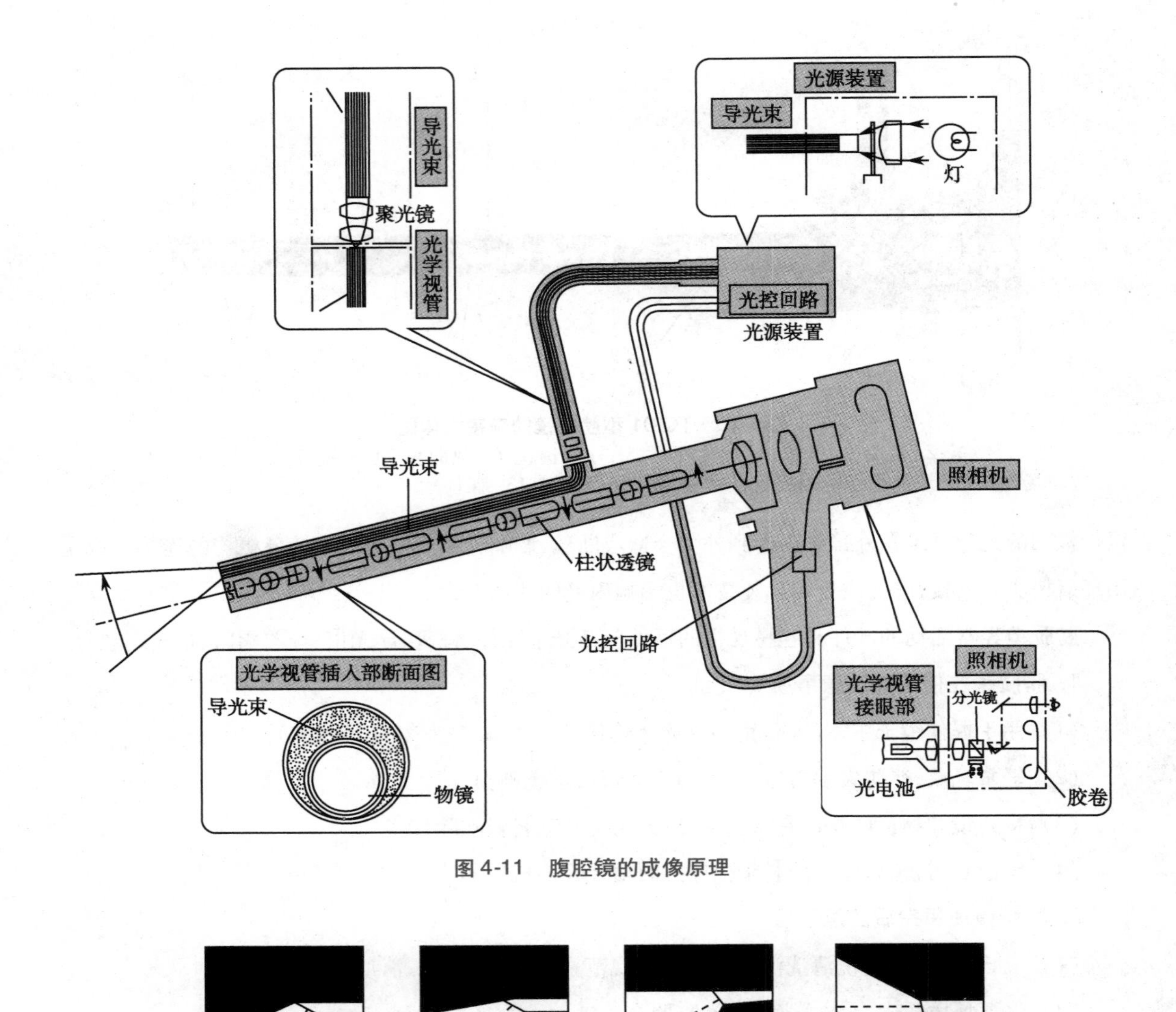

图 4-11　腹腔镜的成像原理

70° 镜　45° 镜　30° 镜　0° 镜

图 4-12　各种不同视角的腹腔镜视野示意图

分析判断，并且运用特殊的腹腔镜器械进行手术、科研和教学。

（二）腹腔镜基本结构

腹腔镜由镜鞘、光学视管、接光插头及附件等组成，与膀胱镜基本相同，如图 4-13 所示。但腹腔镜手术配套的设备和器械较多。

腹腔镜设备通常安置在一个带轮子的台车架上，主要包括：光源、气腹机、录像机或其他记录系统及相应的盘片、彩色打印机、监视器，也可置于可调节的机械臂上、摄像机等。

（三）腹腔镜技术参数

常用腹腔镜外径为 10mm，微创型为 5mm，长度多为 300 ~ 335mm。据视野方向不同，分为 0°、15°、25°、30°、45°角镜。0°镜视野小，无需转换镜身调整视野角度。有角度内镜视野较 0°镜增大，可调节镜身方向从不同角度观察。内镜有防水功能，可浸泡高温（134℃）高压消毒。镜视深度为 10 ~

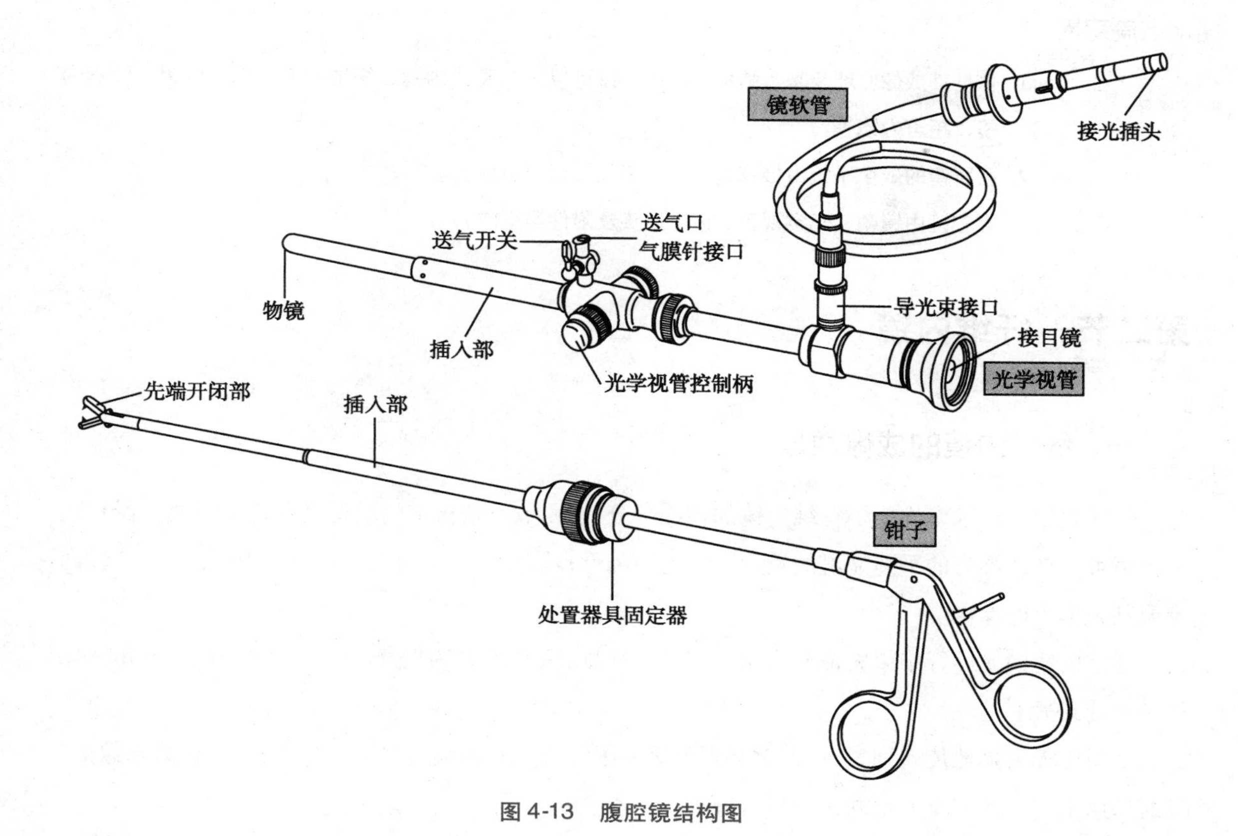

图 4-13　腹腔镜结构图

100mm，最佳距离为 10～50mm。

（四）腹腔镜使用范围

腹腔镜广泛用于普外科、妇产科、泌尿外科和儿科腹部微创手术。

（五）腹腔镜保养

1. 清洗　每次手术后，器械都应该进行清洗。清洗时须将各个螺丝关节拆开，用有一定压力的流动的水进行冲洗，必要时可用特制毛刷刷洗。钳子、剪刀、抓钳要打开冲洗，小的器械如转换盖、螺帽、钛夹等应放于纱布袋内以免丢失。

2. 消毒　将洗干净的器械放于专用的带盖的容器内按大小长短有次序的摆放。带关节的要将轴节打开，通气阀应置于开放位，有空腔的如气腹管等应用 50ml 的空针将消毒液注满管腔，所有器械一定要全部没入消毒液面以下，且避免因碰撞和摩擦而使得镜面损坏。消毒液可选用 2% 的戊二醛内加 0.3% 碳酸氢钠。该消毒液可杀灭所有的细菌、病毒、真菌和芽孢，消毒浸泡时间为 30min。

3. 保养　清洗消毒后冲洗、擦干，放于干燥通风处。金属器械表面和关节处要涂上硅油。活栓内芯、弹簧、螺丝涂石蜡油后重新安装。腹腔镜镜面、摄像头镜面用擦镜纸轻擦，切忌用手触摸，也不能与其他物品相互碰撞，以防镜面毛糙模糊。纤维导光束不能呈锐角弯曲，应让其自然盘曲，以防光束内的纤维断裂。摄像头、电视转换器应安放在稳妥处，避免与其他物品碰撞，各种连线揩净，分门别类盘放妥当。

点滴积累

1. 依据其成像原理及基本结构，医用内镜可以分为硬式内镜、纤维内镜、电子内镜、胶囊内镜、超声内镜等。
2. 膀胱镜的成像系统由接物镜、中间镜及接目镜组成。
3. 腹腔镜由镜鞘、光学视管、接光插头及附件等组成。

第二节　纤维内镜

一、纤维内镜的成像原理

传导图像的纤维束构成了纤维内镜的核心部分，它由数万根极细的玻璃光导纤维组成。器官通过物镜可以在纤维束的平整光滑的端面上成清晰的像；端面上的每一根细纤维的截面相当于将该图像分割为单个的像素。

纤维内镜的光学纤维束大部分采用玻璃光导纤维，后者可以利用光学的全反射原理，将物体像从一端传到另一端。

把图像无失真地传递到另一端，就必须使每一根纤维在其两端所排列的位置相同，称为导像束。目前导像束的排列有正方形和正六角形两种。

每根光学纤维都有良好的光学绝缘，不受周围光学纤维的影响。一根导像纤维断开，成像就多一个黑点。导光束则不需要所排的位置相同，但是断开很多根的话，亮度明显减弱。

二、纤维内镜结构组成

纤维内镜的基本结构包括先端部、弯曲部、插入部、操作部、导光软管、导光连接部、目镜等，如图4-14所示。先端部成硬性的一小段，有直视式（前视式）、侧视式、斜视式。胃镜结肠镜等采用直视方式，十二指肠食道镜采用侧视方式。

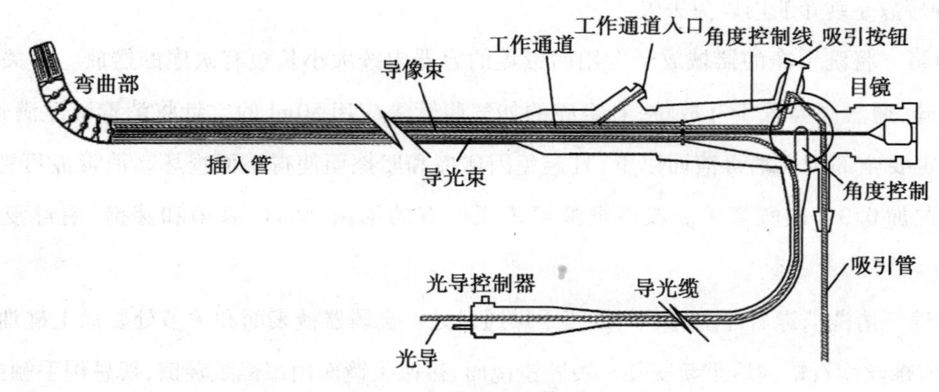

图4-14　光导纤维内镜的基本结构

先端部上面有：物镜孔（导像束）、光孔（导光束）、气水孔（喷嘴）、活检孔。弯曲部采用四根钢丝牵引的方法，头部有四根钢丝连向控制部，扭动控制部的上下左右手轮，可分别拉动不同方向的钢丝，使弯曲头部向相应方向摆动。弯曲部内有导光束、导像束、各种管道以及牵引装置、弯曲管、弯曲橡皮。软管部包括弯曲部和插入部，也称蛇管。装有导光束、导像束、水气管道、活检管道（兼吸引管道）、牵引钢丝，外包不锈钢带软管及金属网管，最外层为光滑的塑料套管。

（一）目镜和物镜结构组成

1. 目镜　图 4-15 为侧式纤维内镜光学系统原理图。图中 1 为直角屋脊棱镜，入射光线经直角屋脊棱镜转折了 90°，但物体的坐标系统不变。被观察物体经直角屋脊棱镜和物镜 2 成像于传像纤维束 3 的输入端，传像纤维束将物像保持原形，真实地传递到其输出端。在该端所得到的像通过目镜 4 成一放大虚像在明视距离处，目镜可根据人眼的屈光度不同进行视度调节。目镜组结构如图 4-16 所示。

2. 物镜　物镜的横向放大率与物距成反比，即物体离物镜的物方焦点越远，则物镜的放大倍率越小。反之，被观察的物体离物镜的物方焦点越近，则物镜的放大倍率越大。又因为物镜组的焦距比较小，即使物距的变化范围较大，对像距的影响也很小。物镜组的结构如图 4-17 所示。

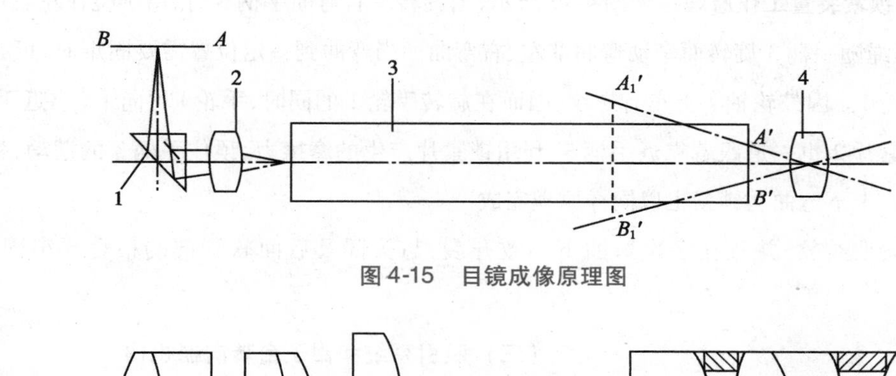

图 4-15　目镜成像原理图

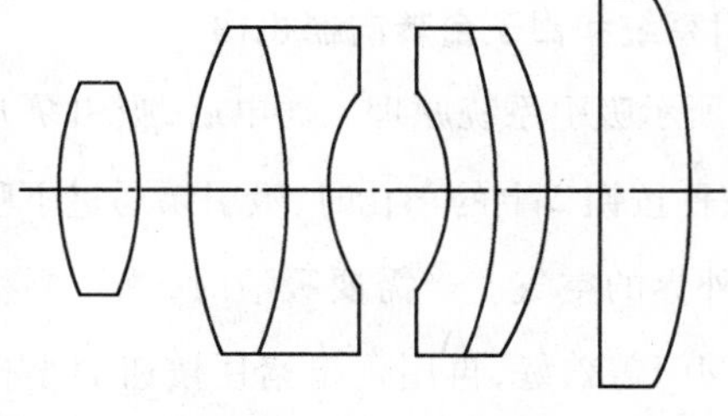

图 4-16　目镜组结构图

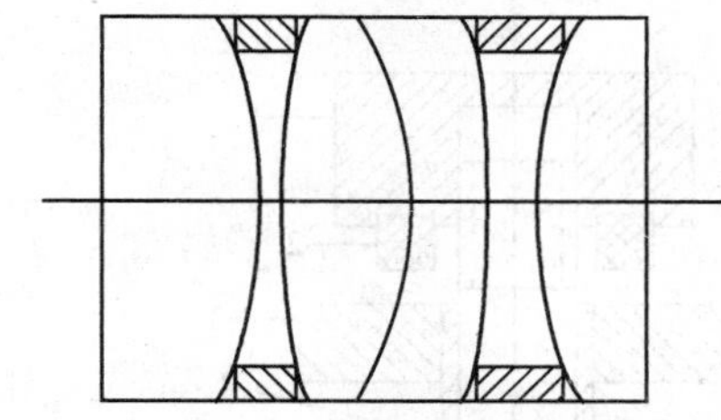

图 4-17　物镜组结构图

目前纤维内镜的物镜调焦方式分为两种，一种叫焦点固定式即焦距不可调，另一种叫焦点可调式，利用通过钢丝与调焦环连动的螺丝和螺母构成的螺块在 2～3mm 内的行程上牵动物镜移动，来实现焦距的变化。

（二）角度旋钮和弯曲部的结构

1. 角度弯曲部结构原理　如图 4-18 所示，弯曲部（又称弯角部）的外面套有一定弹性的薄橡胶套皮管，在套管下面是金属丝或尼龙丝编织的网状套管，它的作用是保护非常薄的橡皮管，并且增加了角度弯曲后返回的弹性。在金属网下面是若干个环状不锈钢制作的零件（称蛇骨环），每个环状零件的内壁有四个穿钢丝的小孔，有 4 条弯曲钢丝（4 方向），2 方向可调式有 2 条弯曲钢丝，钢丝的一端被固定在弯曲部的尖端部，当拉紧一条钢丝时，松开对面一条时，环状零件的外周开始靠近动作，弯曲管朝拉紧的方向弯曲。

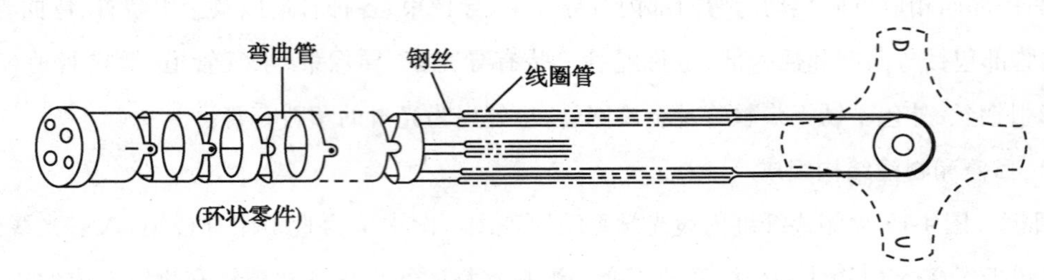

图 4-18　弯角结构原理图

弯曲钢丝被连接在操作部的弯曲把手上，当转动弯曲把手时，往与此旋转方向的相同方向产生作用。

2. 角度固定结构原理　把角度手柄中方向固定钮置于锁紧状态时，此时弯角部可在任意位置固定，解除时向相反方向旋转即可。上下及左右角度固定钮同时固定或解除，所以不能分别处于固定或解除位置。

3. 弯曲部锁紧装置工作原理　如图 4-19 所示，当旋转左右弯曲手柄 3 时，由于绕在左右弯曲鼓轮 10 上的钢丝绳随手柄 3 旋转而牵动弯曲部左、右弯曲。当弯曲到一定位置需要固定时，可旋转左右弯曲锁紧手轮 1。因鼓轮轴 4 上车有螺纹，因而在旋转手轮 1 的同时，手轮 1 可向下（靠近手柄 3）运动。同时锁紧片 2 也一道跟着靠近手柄 3，利用锁紧片产生的摩擦力，顶住手柄 3 的摆动，从而达到锁紧的目的。上下弯曲与锁紧也以同样原理完成。

弯曲部外套要柔软，并且在多次弯曲下不致开裂，与头部及后面软管部的粘合要牢固，不能渗水。

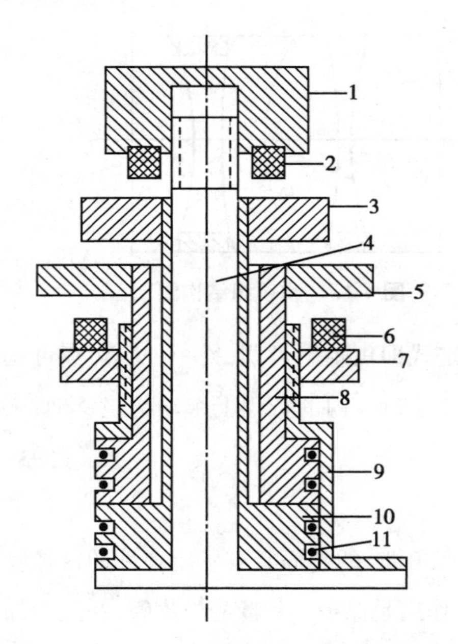

图 4-19　弯曲部锁紧装置示意图
1. 左右弯曲锁紧手轮；2. 锁紧片；3. 左右弯曲手柄；4. 鼓轮轴；5. 上下弯曲手柄；6. 锁紧片；7. 上下弯曲锁紧手柄；8. 上下弯曲；9. 鼓轮套；10. 弯曲鼓轮；11. 钢丝绳

（三）吸引系统和钳子台转向器机构

如图 4-20 所示吸引系统原理。通电后，吸引泵开始工作，当手指未按住按钮 2 上的小孔时，吸引泵通过下吸引管吸出的仅仅是外界的空气。当需要吸液时，首先要将活检钳管道 5 的小阀门盖盖好，再用手指堵住按钮的小孔并下压到一定距离，上下吸引管 3、4 就会连通，借助于吸引泵在管道中造成的负压，体液被吸出。

如图 4-21 所示当转动齿轮 2 时，齿条 1 可作直线运动。在齿条的端部连接一钢丝绳 3，钢丝绳又连到滑块 4 上。在齿条左右移动时，滑块 4 就出现角度的变化，相应活检钳的角度也跟着变化，从而达到调节活检钳方向的作用。

（四）送气、送水结构及原理

送气送水系统如图 4-22 所示。接通电源后，电磁气泵通过连接管 7 连续不断地将具有一定压力的空气压入气管。气体分两路，一路往下进入水瓶，压力加到水面后，使水瓶内的水有进入水输入管 2 的趋势，但当气水阀杆没有按下时，此路不通。另一路气体进入输入管 3，这时气体的大部分从阀杆 1 的小孔处跑掉，只有很少部分经单向阀 4 进入体腔（例如进入胃腔）。当用手指按住阀杆 1 上的小孔时，气体全部从气输入管进入单向阀 4 而进入体腔，达到送气的目的。

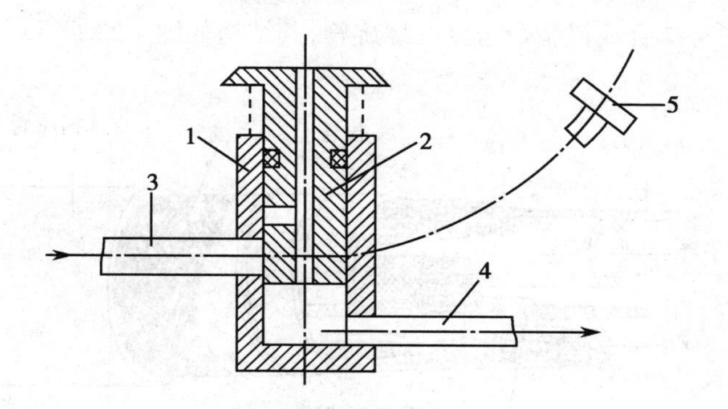

图 4-20　吸引系统

1. 阀体；2. 按钮；3. 上吸引管；4. 下吸引管（接吸引泵）；5. 活检钳管道

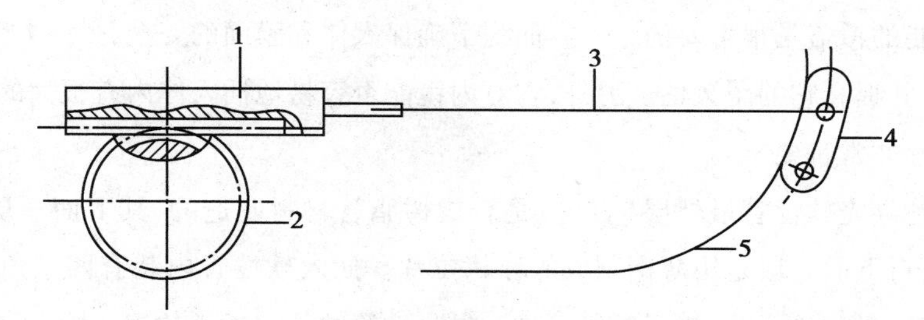

图 4-21　钳子台转向器机构原理

1. 齿条；2. 齿轮；3. 钢丝绳；4. 滑块；5. 活检钳

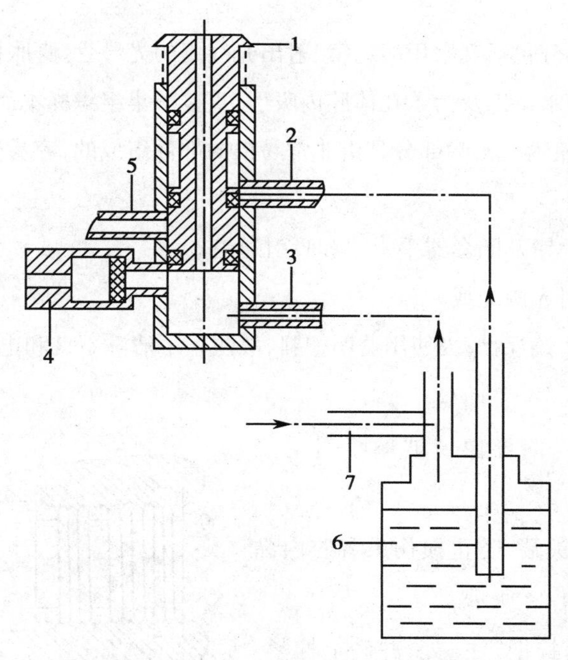

图 4-22　送气送水系统工作的原理

1. 气水阀杆；2. 水输入管；3. 气输入管；4. 气体输入单向阀；5. 水输出管；6. 水瓶；7. 电磁气泵连接管

当需要向被观察的腔体内送水时，可将阀杆1按到底。此时阀杆将输入气管5及单向阀4堵塞，而水输入输出管2、5相通，具有一定压力的水流入胃或者被检查的腔体。

（五）插入软性管和导光软性管的结构

它们都是用柔软的特殊合成树脂覆盖成的螺旋管，其结构如图4-23所示。

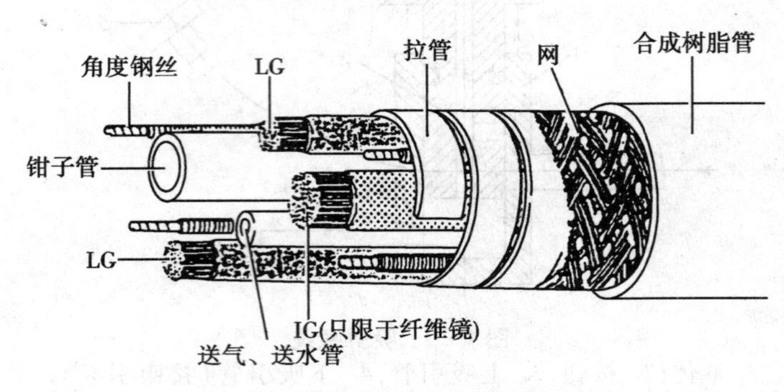

图4-23　插入软性管结构

特殊合成树脂的覆盖是很重要的。一方面为了确保人体黏膜面的安全，另一方面为了方便对内镜进行灭菌消毒，并提高它的耐久性。另外，它对内镜能否容易地插入体内有很大的影响，所以产品的柔软性和弹力性非常重要。

插入软性管和导光软性管最外层（表皮）是合成树脂管材料制造的，其下面一层是由金属丝编织成的网状软管，再下面一层是用薄钢制成的环状拉片。插入软性管内装有四条角度钢丝，导像束（IG）、导光束（LG）、送气送水管、钳子管等元件。导光软管结构与插入软管相同，不同的是管内装有导光束、送气管、送水管、电控元件及连接导线。

（六）头端部的构造

具有防锈性的头端部分包括观察用的物镜、射出光线用的光导管、膨胀体腔用的送气口、除去物镜上的脏物和雾气用的送水口以及为了在体腔内吸引、直接采集组织标本而设置的钳子出入口。通常，送气送水口兼用一个喷嘴。头端部分是由非常易损的部件组成的，容易受到冲击。

头端部件的主要功能：

1. **活检钳通道**　活检钳及圈套器手术钳和吸引通道。

2. **导光窗玻璃**　照射光源光线。

3. **导像窗玻璃**　对物镜保护；因使用透明塑料，故防止了清洗不良和电凝切除术时黏膜与先端金属部接触。

4. **送水、送气喷嘴**　向导像窗玻璃喷射空气和水。

5. **头端护套**　保护头端，防止损伤患者腔内黏膜，肠镜用的较多。如图4-24所示。

使用时应将先端护套拧抵“注”处，并确定拧紧，否则会缩小视野，而且吸引息肉时，会从护套后方漏气，降低吸引力。

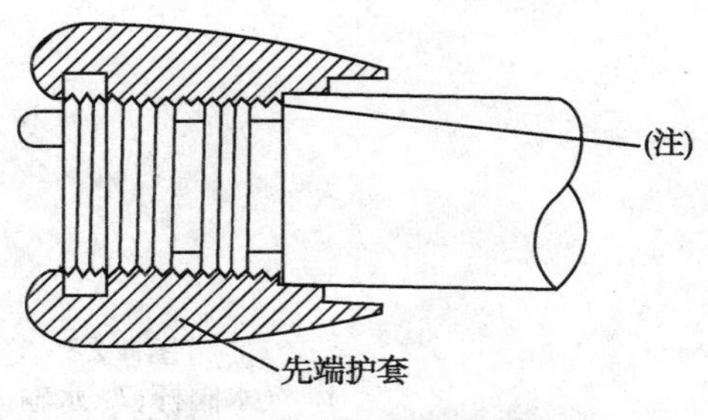

图4-24　头端护套剖面图

（七）内镜接光部结构

内镜和光源装置的耦合连接部分、操作部与镜身相接，光源插头与光源装置相接，亦称连接部，除光束外，其内并有送气送水管及吸引管，摄影用的同步自动闪光装置的连接点、接地线等。内镜接光部结构如图4-25所示，导光管、送气管、电气接点与冷光源连接后，内镜才能正常工作。送水接头与水瓶连接，吸引连接器与吸引器连接，送气管连接器与惰性气体输入嘴连接，S软线连接器座是与高频电发生器的接线。

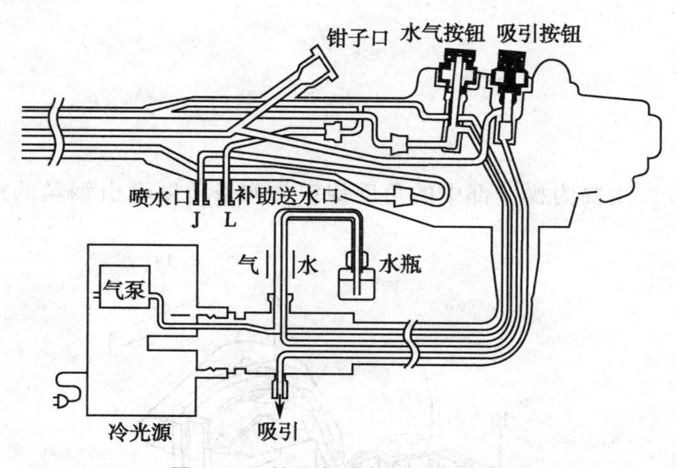

图4-25　接光部内部结构示意图

三、纤维内镜的使用

（一）上消化道内镜术前准备

从镜房（柜）取出纤维上消化道内镜后，先将内镜的目镜及导光缆插头上的保护罩取下，然后按顺序对纤维内镜作预检和调试。

其基本顺序包括：目视及触觉法检测有无凹陷和突起，检查弯曲钮手柄、操作部固定钮，用95%的乙醇纱布擦拭电器接点和所有镜面，目镜调焦，检测工作管道的顺滑性，检测导光软管与插头部、目镜与操作部的连接紧密性等。主要包括：连接注水瓶管和吸引管，导光缆接入冷光源插座，开启冷光源及吸引器电源，检查送气功能，检查吸引功能（保证恒定压即0.04MPa）等。

（二）内镜连接情况

每天检查前应先将内镜在消毒液中浸泡20分钟，为保证内镜管道的消毒效果，应拔去注气注水按钮，换上专用活塞，以保持连续注气状态；卸下活检阀门，装上专用阀门，用注射器反复抽吸2～3次，使活检管道内充满消毒液。洗净镜身和管道内的消毒液后，分别用清洁纱布和75%乙醇纱布擦干镜身和物镜上的水分，再用另一块清洁纱布蘸取少许硅蜡后，轻轻地涂抹在物镜上，片刻后，用第4块清洁的纱布擦去硅蜡，以此预防镜面起雾。

使用后，应按《国家内镜清洗消毒技术操作规范》用专用设备、消毒液等进行清洗。

四、GIF-WP98型纤维上消化道内镜实例解析

（一）特点

GIF-WP98型纤维上消化道内镜主要用于食道、胃、十二指肠内的常规检查。其特点包括：

（1）具有独特的防水性能，镜体可全部浸泡清洗和消毒。

（2）插入管道经分段硬化（前软后硬），插入性较好。

（3）插钳口移至操作部下方，便于医生操作。

（4）采用固定焦距，景深长，广视角，圆视场，在3～10mm范围内图像清晰。

（二）技术参数

视场角：105°

观察景深：3～10mm

头端部外径：9.8mm

插入管外径：9.8mm

弯曲角度：上 200°，下 90°；左、右各 100°

钳孔内径：2.8mm

有效工作长度：1030mm

全长：1350mm

（三）结构解析

1. 操作部　其结构如图 4-26 所示，主要为操作部中的角度旋钮与四条角度牵引钢丝的连

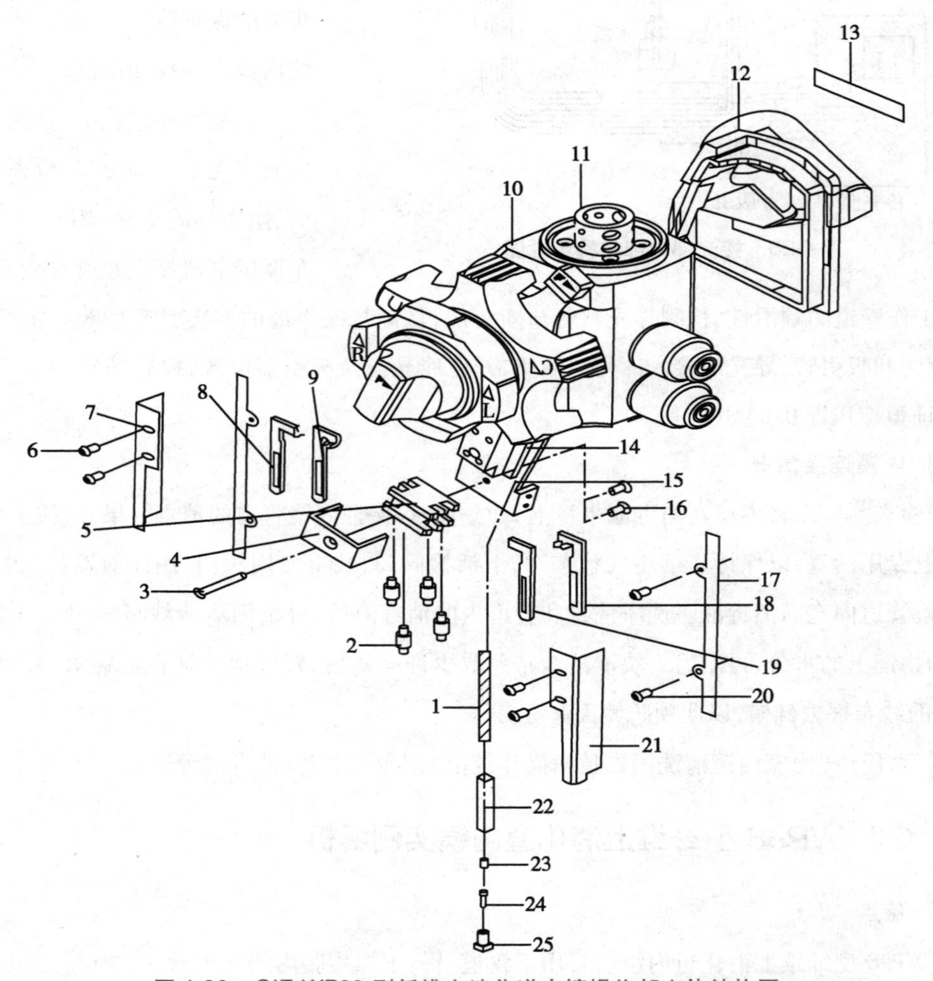

图 4-26　GIF-WP98 型纤维上消化道内镜操作部立体结构图

1. 鼓轮钢丝绳；2. 阻弹簧管；3. 十字槽沉头螺钉；4. 保护夹；5. 弹簧管架；6. 圆柱头螺钉；7. 右挡板；8. 右下限位块；9. 右上限位块；10. 基座；11. 目镜连接座组件；12. 左盖；13. 产品标牌；14. 导向块；15. 底版；16. 十字槽沉头螺钉；17. 间隔板；18. 左下限位块；19. 左上限位块；20. 圆柱头螺钉；21. 左挡板；22. 联接滑头；23. 长焊接头；24. 连接螺丝；25. 连接滑母

接关系的解剖图。角度分为上下调整、左右调整，假如需要调上下角度，旋钮下面的上下鼓轮上的钢丝1与联接滑头22组合后，再和蛇骨管的上下角度钢丝连接，才能完成上下角度调整。

2. 活检阀门装置　如图4-27所示，此装置位于操作部下面，插入软管上端。钳道阀体15旋转90°后固定在三通组件上，才能完成与吸引管道连接。

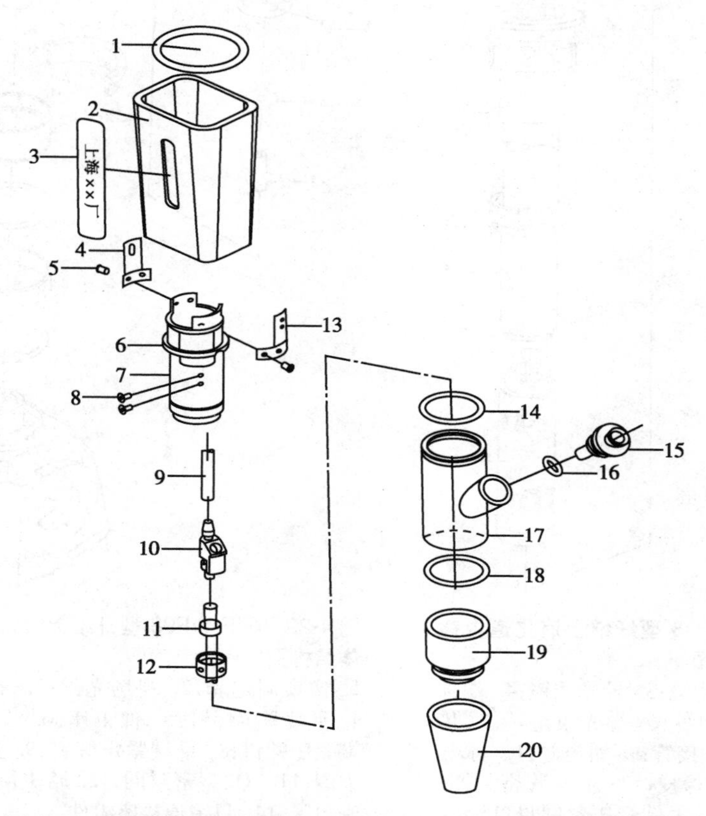

图4-27　GIF-WP98型纤维上消化道内镜活检阀门装置立体结构图

1. 密封圈；2. 下罩壳；3. 厂名标牌；4. 下接片；5. 开槽盈头螺钉；6. 压紧螺母；7. 联接管；8. 十字沉头螺钉；9. 吸引接管；10. 三通座组件；11. 钳道压圈；12. 接头螺帽；13. 上接片；14. 密封圈；15. 钳道阀体；16. 密封圈；17. 钳道基座；18. 密封圈；19. 锥形套连接头；20. 锥形保护套

3. 插入部　如图4-28所示，插入部由三个单元组件连接为一体，即主软管15、弯曲管（又称蛇骨管）16、头端部（又称先端）4。主软管外表有长度标志，内管上端焊有相对应的四条阻弹簧管13，里面有四条钢丝。弯曲管设计有一定的可挠性，四条钢丝焊在弯曲管上端，角度调整是靠这四条钢丝牵引弯曲管运动实现的。头端部上面连接导光束6、导像束7、活检管9、送气送水管10。

4. 目镜部　如图4-29所示，目镜头下沿有三个十字槽沉头螺钉3，用这三个螺钉把目镜头紧固在目镜座14上。导像束安装在像束座5中，用平端紧定螺钉固定。视场光阑2用胶固定在导像束端面上。

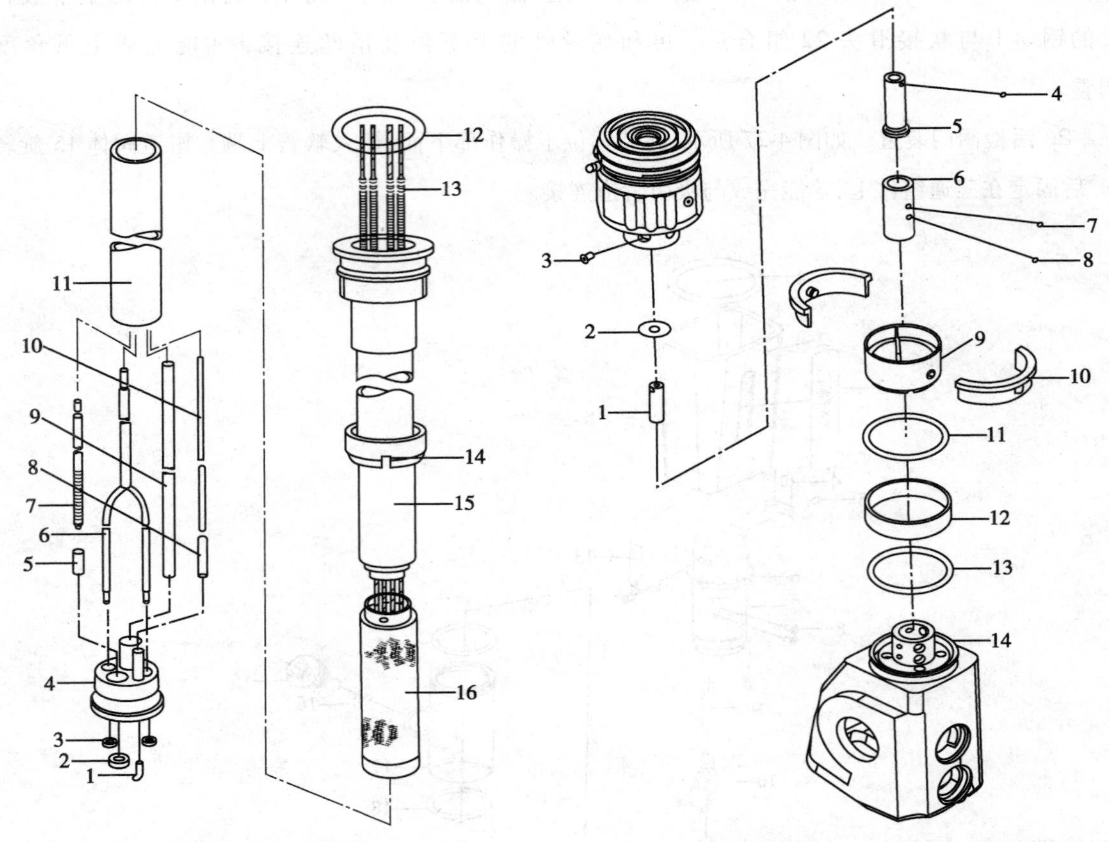

图4-28　GIF-WP98型纤维上消化道内镜插入部立体结构图

1. 水气喷嘴；2. 物镜；3. 导光透镜；4. 端部座组件；5. 物镜组件；6. 导光束组件；7. 传像束组件；8. 水气接管；9. 钳道管；10. 水气管；11. 弯角保护橡皮；12. 主软管密封圈；13. 阻弹簧管；14. 主软管压紧螺母；15. 主软管组件；16. 弯角部组件

图4-29　GIF-WP98型纤维上消化道内镜目镜部立体结构图

1. 像束固定套；2. 视场光阑；3. 十字槽沉头螺钉；4. 平端紧定螺钉；5. 像束座；6. 像束座套筒；7. 平端紧定螺钉；8. 锥端紧定螺钉；9. 连接座圈；10. 哈夫圈；11. "O"型密封圈；12. 哈夫圈外圈；13. "O"型密封圈；14. 目镜连接座组件

5. 导光插头部　其结构如图4-30所示，把有开口的弹簧圈1装在21组件内，导光束装入导光管2内，用螺钉23紧固。14～19组件是送水瓶的插入口的一套组件，22组件是送气接口，与冷光源内气泵输出口连接。

（四）日常维护和故障排查

1. 使用时应注意事项

（1）使用前应把内镜置于水桶中进行测漏检查，如果发现漏了，停用维修。

（2）旋转目镜部视度调节环，直到纤维内镜图像对焦清晰为止。

（3）角度旋钮不应置于锁紧状态，应处于自由活动位置。

（4）取活检时，应无任何阻力，否则会损坏活检管道。

（5）镜检时应请患者咬住口圈垫，防止患者咬坏胃镜插入管。

2. 使用完后应注意事项

（1）应立刻对胃镜进行彻底的清水冲洗，再用酶洁液清洗，最后用消毒液浸泡，再用高压水枪

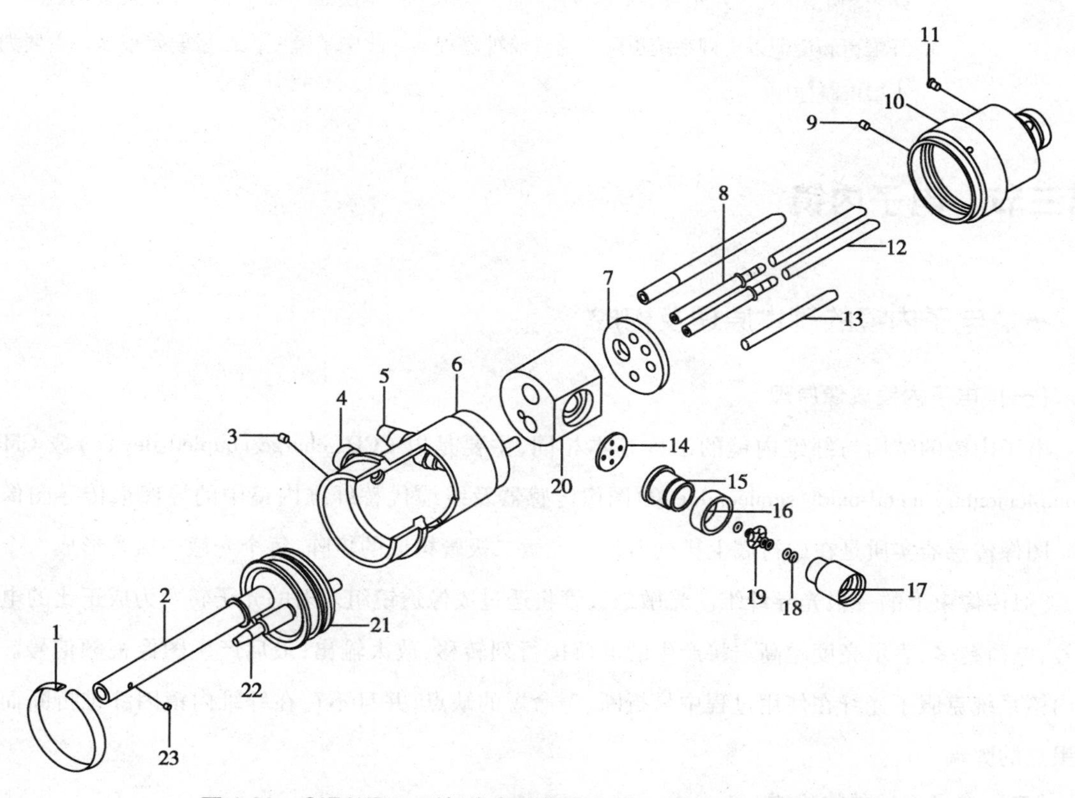

图 4-30　GIF-WP98 型纤维上消化道内镜导光插头部立体结构图

1. 弹簧圈；2. 导光插管；3. 锥端紧定螺钉；4. 高频接头；5. 吸引接头；6. 插头外套；7. 隔离块；8. 水气接管组件；9. 锥端紧定螺钉；10. 外套螺母；11. 十字沉头螺钉；12. 水气管；13. 吸引管；14. 密封垫圈；15. 水气座外套；16. 压圈；17. 水气座；18. 椭圆密封圈；19. 密封圈固定座芯；20. 水气通气座；21. 插头联接圈；22. 气插管；23. 锥端紧定螺钉

冲洗，热风机吹干。

（2）对胃镜进行漏水检查，无漏点方可擦除水滴，再用高压气枪吹干管道。

（3）对各种纤维内镜应使插入管伸直状态保管。

（4）导光插头部的通气阀盖，平时不要取下，否则湿气进入镜体内，导致纤维内镜损坏。

3. 纤维内镜经常活动的部件和容易受损的器件

（1）角度牵引钢丝。

（2）角度弯曲部的蛇骨管和橡皮管。

（3）送水管、送气管、活检管。

（4）导像束、导光束。

（5）插入管、导光软管。

点滴积累

1. 纤维内镜的基本结构包括先端部、弯曲部、插入部、操作部、导光软管、导光连接部、目镜等。
2. 每根光学纤维都有良好的光学绝缘，不受周围光学纤维的影响。一根导像纤维断开，成像就多一个黑点。导光束则不需要所排的位置相同，但是断开很多根的话，亮度明显减弱。

3. 纤维胃肠镜配以电视系统也可以通过监视器观察，比电子镜图像质量要差很多，主要为中小型医院使用。

第三节　电子内镜

一、电子内镜的基本原理及构成

（一）电子内镜成像原理

电子内镜的结构与纤维内镜的结构基本相同，主要是以CCD（charge coupled device）或CMOS（complementary metal-oxide semiconductor）图像传感器及线缆代替纤维内镜中的导像束传导图像信号。图像传感器实质是在硅衬底上排列着许多光敏二极管构成的矩阵，每个光敏二极管形成一个像素，类似传像束上的一根光导纤维。光敏二极管将透过成像透镜组入射的光子转变为成正比的电荷信号，电荷越多，表示亮度越高。将产生的电荷按行列转移，放大输出，最后产生图像视频信号。电子内镜系统克服了光纤在使用过程中易折断、寿命短的缺点，并且不存在纤维内镜因纤维折断而出现黑点的弊端。

（二）电子内镜结构组成

电子内镜整套设备包括电子内镜、图像处理中心、冷光源和电视监视器。与纤维内镜一样，电子内镜也由操作部、插入部及头端部组成。图像处理中心将电子内镜传入的光电信号转变成图像信号并将其在监视器上显示出来，如图4-31所示。

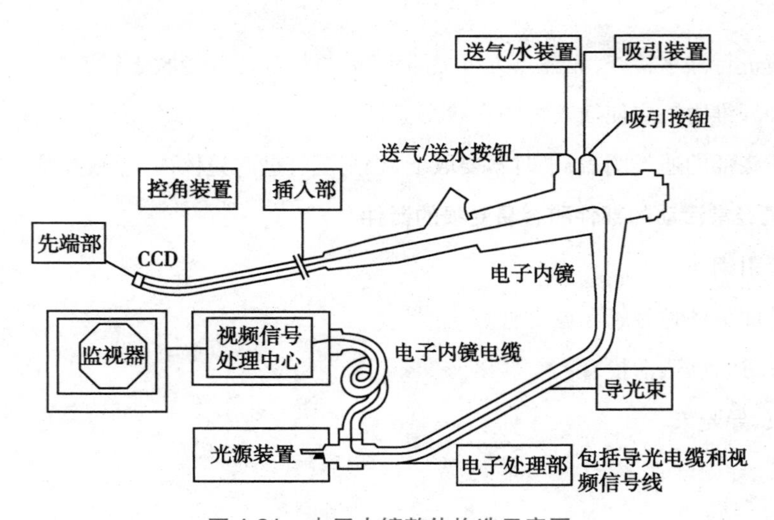

图4-31　电子内镜整体构造示意图

1. 操作部　操作部的结构及功能与纤维内镜相似，包括活检阀、吸引钮、注气注水钮、弯角钮及弯角固定钮。操作部无目镜而有4个遥控开关与图像处理中心联系，每个控制开关的功能在图像处理中心选择，如图4-32所示。

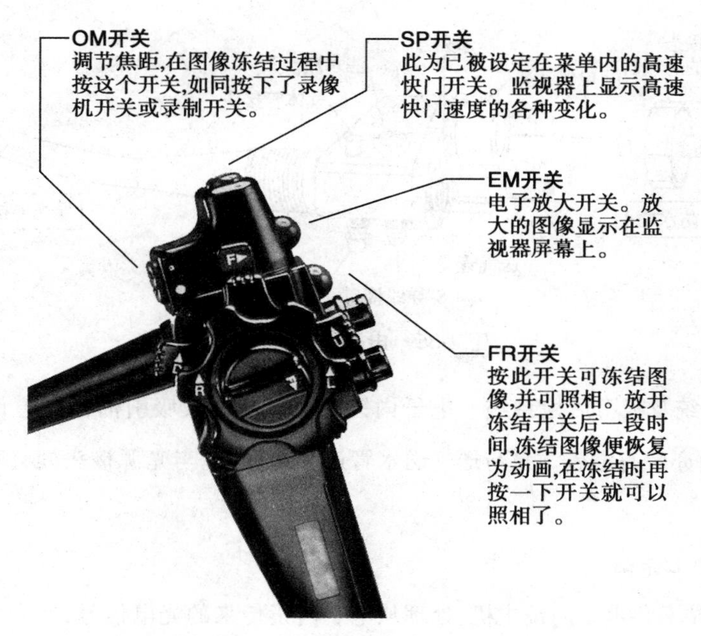

图 4-32　电子内镜操作部

2. 头端部　头端部包括 CCD、钳道管开口、送气送水喷嘴及导光纤维终端,如图 4-33、4-34 所示。

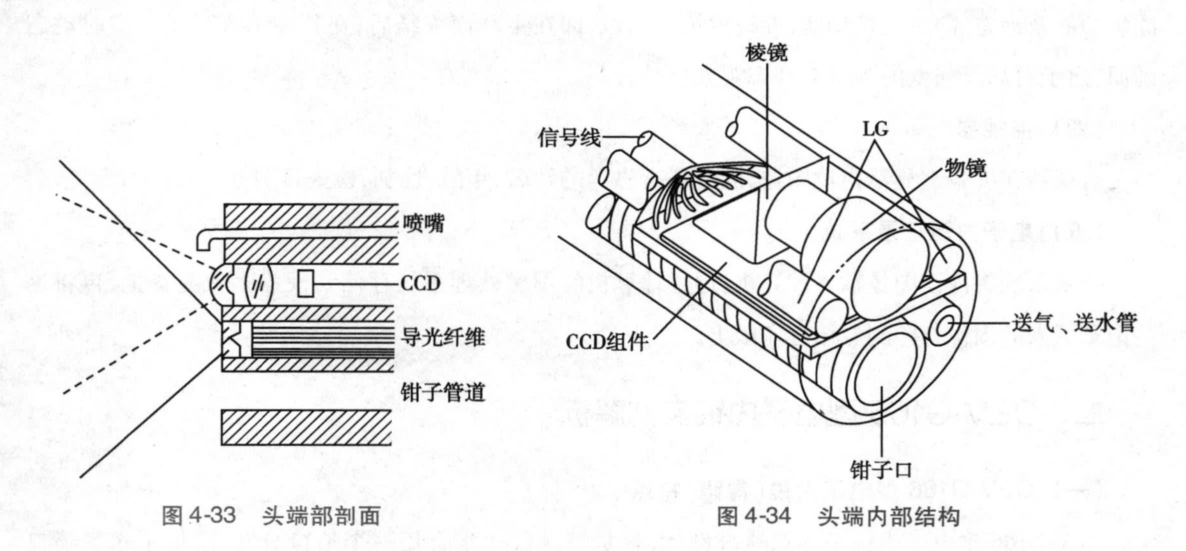

图 4-33　头端部剖面　　图 4-34　头端内部结构

3. 插入部　包括两束导光纤维、两束视频信号线的 CCD 电缆、送气管、注水管、弯角钮钢丝和活检管道,这些管道的外面包以金属网样外衣,金属外衣的外层再包以聚酯外衣。

4. 弯曲部　转动角度钮弯曲部可向上、下、左、右方向弯曲,最大角度可达:上 180°～210°,下 180°,左 160°,右 160°。

5. 电子处理部　包括导光纤维束和视频信号线,视频信号线与电子内镜先端部的 CCD 相连,与导光纤维束一起经插入部及操作部,由电子内镜电缆与光源及图像处理中心耦合。此外,送气、注水管也包在其中。

6. 连接部　与纤维内镜不同,电子内镜连接部除有光源插头、送气接头、吸引管接头、注水瓶接口外,还有视频线接头,如图 4-35 所示。

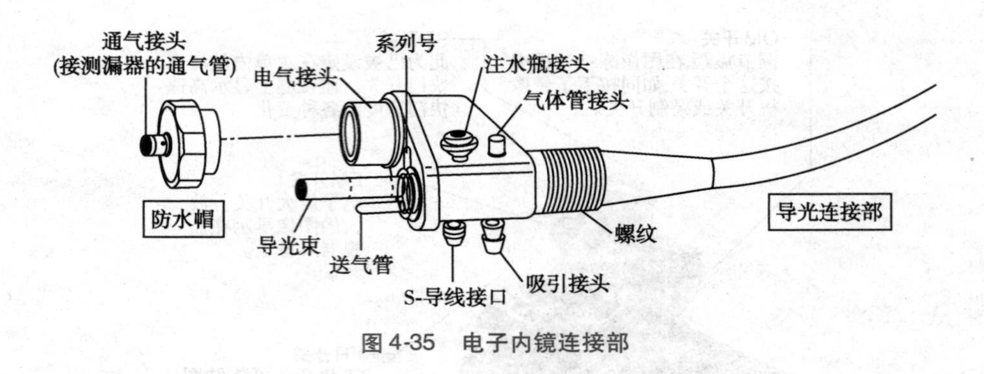

图 4-35　电子内镜连接部

7. 送气送水系统及吸引活检系统　电子内镜的送气送水及吸引活检孔道设计与纤维内镜相同,电子内镜光源内亦装有电磁气泵与送气送水管道相通,内镜与光源接头处有吸引嘴与负压吸引器相接。

(三) 图像处理工作站

图像处理工作站又称电子内镜主机,处理从电子内镜传来的光电信号,使光电信号转换成彩色图像,再现于监视器屏幕上。高质量的图像处理工作站都有平均/高峰值测光切换功能,可以使得内镜图像在任何部位都是最合适的亮度;另外还有自动白平衡功能,以保证图像色彩不失真,以及画面冻结功能及动态、静态互换功能,并设置第二图像,即在主画面冻结后,在其左下方显示一实时动态画面,便于对局部病变的观察与动态观察相结合。

(四) 监视器

监视器在屏幕上显示内镜图像,同时还有患者的姓名、年龄、性别、检查日期等。

(五) 电子内镜记录系统

记录系统将内镜图像输入计算机,通过计算机的图像处理系统存储到硬盘上或光盘上,再将这些记录下来的图像打印到专用打印纸上。

二、OEV-G166 型电子内镜实例解析

(一) OEV-G166 型电子内镜(胃镜)特点

OEV-G166 型电子内镜采用双喷口设计,就是把送气送水合用一个喷口分开,降低了送气喷口和送水喷口堵塞故障;插入管头端外径为 9. 8mm 设计,减轻患者镜检不舒适感;活检管道内径大,便于活检和治疗;全屏高清晰度图像,有利于医生诊断。

(二) OEV-G166 型电子内镜技术参数

视场角:120°(前视);

观察景深:5 ~ 100mm;

头端部外径:10. 2mm;

插入管外径:9. 8mm;

弯曲角度:上 180°,下 90°,左、右各 100°;

钳孔内径:2.8mm;

有效工作长度:1050mm;

全长:1300mm。

(三) OEV-G166 型电子内镜结构解析

本镜操作部如图 4-32 所示,操作部上端设有四个控制开关,控制显示器的图像功能。角度牵引部、角度旋钮部都与纤维内镜操作部的结构一样。头端部如图 4-34 所示,不同点是把送气送水分成两个独立通道。导光插头部如图 4-35 所示,与纤维内镜相同,不同之处是增加了视频线接头。

(四) 电子内镜日常维护和故障排查

电子内镜的日常维护以及使用注意事项基本与纤维内镜相同,电子内镜经常活动的部件和容易受损的器件以及常见故障排查也与纤维内镜基本相同。图像处理器、显示器、冷光源常见故障排查可参考医用电子仪器检修方法处理,在这里不再赘述。

由于电子内镜成本昂贵,所以在使用前和使用后都必须作测漏检查以防止或尽早发现漏点,如有漏点,要停止使用,及时维修,防止进水引起 CCD 短路损坏。检查操作方法如下:

1. 将电子内镜的连接部从光源卸下。

2. 从导光插头部上拆下吸引管。

3. 将漏水检测器装在导光插头部的通气阀上,如图 4-36 所示。紧捏压力表气囊数下,使压力表指针达到并静止于 22kPa(约 170mmHg),弯曲部的橡皮套会因内压加大而膨胀。如果连接得不好,就不会在内镜内产生压力,从而不可能进行漏水检测。

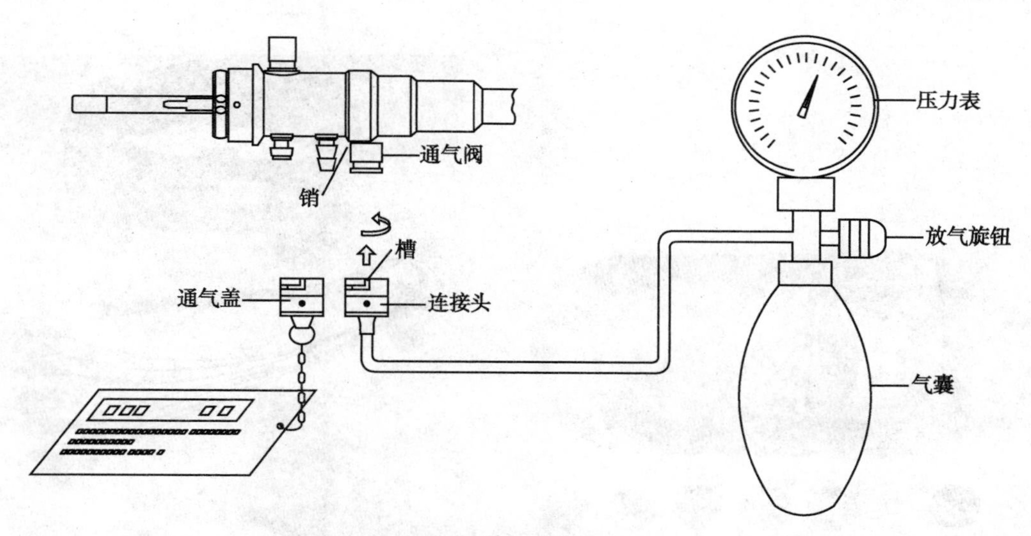

图 4-36　漏水检测器的连接

4. 将整个内镜浸入水中(请勿将压力表一同浸入)约 30 秒,观察有无气泡从镜体中漏出,若无,则可以进行浸泡清洗、浸泡消毒。浸泡时间最多不要超过 1 小时。

5. 将整个内镜从水中取出,松开压力表的放气旋钮,直到包覆弯曲部的橡皮套恢复正常,按逆时针方向按压、旋拧漏水检测器的连接头,将其从内镜的导光插头部的通气阀上取下,彻底擦干漏水检测器。

边学边练

进一步加深对电子内镜成像原理的理解，掌握电子内镜基本结构的要点，熟练掌握电子内镜的使用方法和电子内镜的维护保养方法，请见实训项目 6 电子内镜。

点滴积累

1. 电子内镜的结构与纤维内镜的结构基本相同，主要是以 CCD 或 CMOS 图像传感器及线缆代替纤维内镜中的导像束传导图像信号。
2. 电子内镜整套设备包括电子内镜、图像处理中心、冷光源和电视监视器。
3. 由于电子内镜成本昂贵，所以在使用前和使用后都必须作测漏检查。 防止或早期发现电子内镜漏点，如有漏点，要停止使用，及时维修，防止进水引起 CCD 短路损坏。

第四节　胶囊内镜

一、胶囊内镜工作原理及结构

胶囊内镜实质上是一个可以吞食的摄像头，可以在体内向体外的接收装置传送彩色、高保真的图像。胶囊内镜可以检查以前推进式内镜不能检查到的小肠。

典型的胶囊内镜系统有几个重要的部分组成：无线胶囊、便携式图像接受记录装置以及计算机工作站。如图 4-37、4-38 所示。

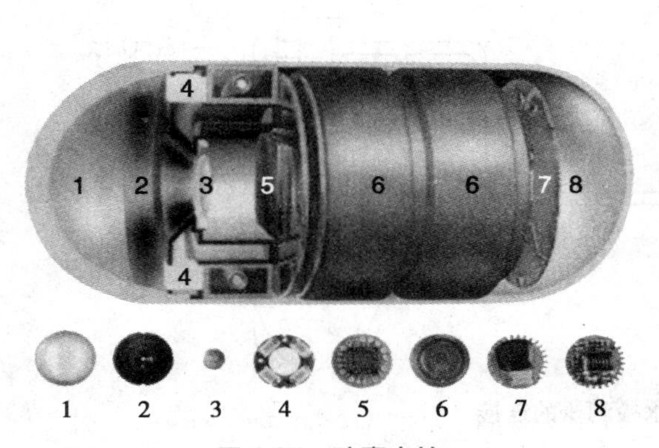

图 4-37　胶囊内镜

1. 光学圆顶；2. 镜托；3. 透镜；4. 光源；5. CMOS 成像系统；6. 电池；7. ASIC 传输系统；8. 天线

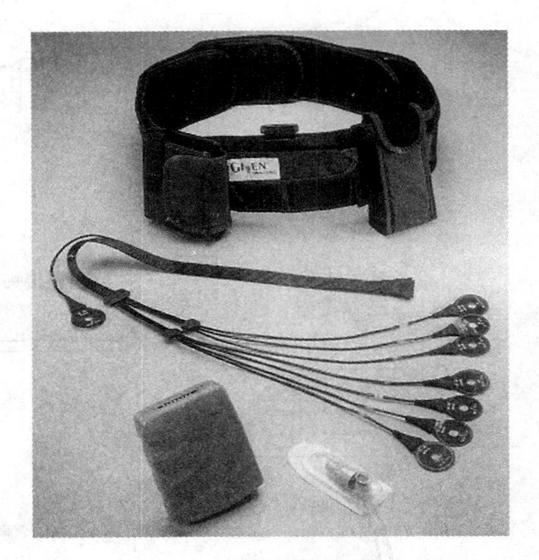

图 4-38　胶囊内镜检查装置

（一）无线胶囊

该胶囊呈直径约 11mm，长约 26mm 的胶囊形状，包括许多微型元器件：电池组、一组透镜、四个照明用 LED(发光二极管)、CMOS(互补型金属氧化物半导体)图像传感器,ASIC(专用集成电路)以及一组信号发射天线。当胶囊进入人体后,以每秒 2 张的速度将图片传送到腰部接受器上。胶囊可以在体内工作 7 ~ 8 小时。胶囊的透镜是球形,可以产生 140°的视角。1 : 8 的放大比例,1 ~ 30mm 的可视深度,分辨能力可达 0.1mm。

(二) 接收记录装置

该装置用来接收和记录无线胶囊在人体内获得的图像。接收装置可以被穿在被测试对象的腰部普通的衣服下面,通过 8 根导线贴在腹部的指定位置上,不会影响患者的正常生活,并且患者的行为一般不会干扰图像的获取和记录。胶囊接收记录装置同时又是一个定位系统,能定位出胶囊所处的位置,为手术寻找病变提供了依据。

(三) 计算机工作站

当病人完成了内镜检查,天线组和图像记录装置则被送回到分析人员这里。记录装置里的数据将被输入到计算机工作站中,转换为数字图像。医生可以使用工作站软件以不同速率、不同的空间和时间方向观察图像。

知识链接

内镜的发展

随着现代化科学技术的发展,内镜经过彻底改革,用上了光学纤维。1963 年,日本开始生产纤维内镜,1964 年成功研制纤维内镜的活检装置,这种取活检的特别活检钳能够有合适的病理取材而且危险小。1965 年,纤维结肠镜制成,扩大了对于下消化道疾病的检查范围。1967 年开始研究提升纤维内镜的分辨力以观察微细病变。纤维内镜还可以用来做体内化验,如测量体内温度、压力、移位、光谱吸收以及其他数据。1973 年,激光技术应用于内镜的治疗上,并逐渐成为内镜治疗消化道出血的手段之一。1981 年,超声内镜的研制成功,给医生提供了更多的信息,大大增加了对病变诊断的准确性。

1983 年,一种新型的电荷耦合器件(CCD)内镜由美国纽约州的韦尔奇艾林仪器公司首先研制成功,CCD 使图像的储存、再现、会诊以及计算机管理成为可能。1987 年,Phillipe Mouret 首先开创了电视内镜手术。

2002 年 11 月,世界上首台"高清晰内镜系统"诞生,它提供的图像精度使诊断极其微小的病变成为了可能。现代纤维内镜、电子内镜、超声内镜的出现开辟了现代医学内镜的新纪元,使内镜从检查、诊断时代进入了治疗、手术的时代。

2004 年 6 月 12 日,我国研制的"胶囊内镜"在重庆通过了国家"863"专家组的验收。此项技术成果为国内首创,进入市场后,明显降低了检查成本,使数千万胃肠道疾病患者受益。

二、胶囊内镜的临床应用

(一) 胶囊内镜的检查过程

胶囊内镜的小肠成像过程可分为 3 步:①吞服胶囊;②检测过程;③分析检查结果。具体的检查过程包括:检查前 12 小时禁食并进行肠道准备,在患者腹部按传感器定位示意图做好标记,按照定位要求将阵列传感器及其外套的黏性垫片粘贴在患者腹部，将数据记录仪及电池包穿戴在患者腰部，将阵列传感器与数据记录仪连接，吞咽胶囊，吞咽下胶囊后，2 小时内禁水，4 小时内禁食，检查过程中避免强磁场环境（如 MRI），避免身体大幅度运动。

（二）胶囊内镜适应证

小肠疾病的诊断一直是消化系统疾病的难点，胶囊内镜的问世给小肠疾病的诊断提供了有利的工具。应用胶囊内镜，可以观察整个小肠，大大提高了小肠病变的检出率。整个操作过程无痛苦、无伤害、简单灵活。无须充气及使用镇静剂，并发症少。一次性使用胶囊内镜，避免了交叉感染。病人可以自由走动，无须住院，减少不必要的经济负担。

（三）注意事项

疑有消化道狭窄或梗阻者、有吞咽困难或严重胃肠动力障碍者、患者体内如有心脏起搏器或已植入其他电子医学仪器等禁忌进行胶囊内镜检查。胶囊内镜的主要并发症是胶囊滞留体内，不能自行排出。滞留率约为 5%，其中约 1% 的患者需外科手术取出胶囊内镜。

课堂活动

医院中内镜的使用范围越来越广泛，你知道内镜技术的发展方向吗？知道最新的技术集中在哪些方面吗？

点滴积累

1. 胶囊内镜实质上是一个可以吞食的摄像头，可以在体内向体外的接收装置传送彩色、高保真的图像。胶囊内镜可以检查以前推进式内镜不能检查到的小肠。
2. 典型的胶囊内镜系统由几个重要的部分组成：无线胶囊、便携式图像接受记录装置以及计算机工作站。
3. 胶囊内镜的小肠成像过程可分为 3 步：①吞服胶囊；②检测过程；③分析检查结果。

本章小结

一、学习内容

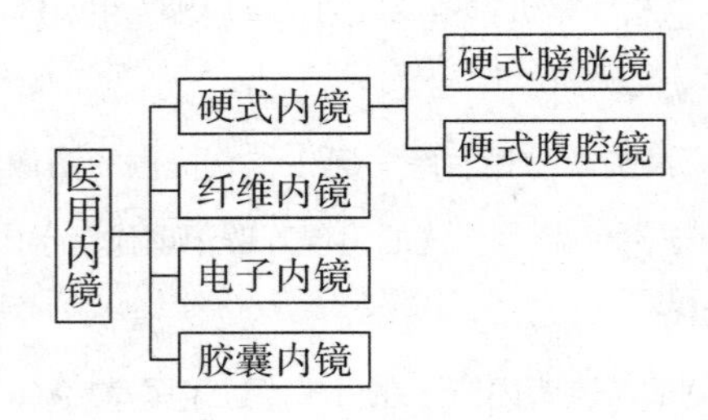

二、学习方法

1. 膀胱镜是硬性内镜中的一种，其成像原理同其他硬性内镜完全一样，都是几何光学成像原理的具体应用。把凸透镜、凹透镜、柱状透镜、棱镜等光学元件按一定尺寸装在金属管内而组成不同规格、不同用途的硬式内镜。

2. 纤维内镜是根据光导纤维全反射原理，把图像从导像束这端传到另一端。这样就把硬性内镜的插入管变成了可弯曲的柔软的插入管，这样可减轻患者的创伤和痛苦。纤维导像束和导光束是纤维内镜的核心元件。

3. 电子内镜同纤维内镜的结构基本一样，不同的是接目镜被显示器代替，接物镜被 CCD 取代，因而取消了导像束。

4. 掌握膀胱镜、纤维内镜的基本原理、结构、操作使用和维护方法。

5. 通过实训学会对膀胱镜、纤维内镜、电子内镜的常用维护要领。

目标检测

一、单项选择题

1. 膀胱镜包括______。

A. 照明系统和观察系统两部分　　B. 照明系统和放大系统两部分

C. 放大系统和检验系统两部分　　D. 检验系统和观察系统两部分

2. 纤维内镜主要光学元件为______。

A. 目镜和物镜　　B. 导光束和导像束

C. 光学纤维束和透镜　　D. 透镜与棱镜

3. 电子内镜成像元件为______。

A. 冷光源　　B. 彩色显示器　　C. CCD　　D. 导像束

4. 为解决电子内镜送气喷口和送水喷口堵塞故障，可在头端______。

A. 采用双喷口功能　　B. 增加活检孔

C. 采用绝缘帽结构　　D. 新增导光窗功能

二、多项选择题

1. 纤维内镜送气不通产生的原因有______。

A. 冷光源中气泵坏　　B. 供水瓶不密封

C. 气水按钮失效　　D. 水气喷嘴阻塞

2. 电子内镜图像模糊的原因有______。

A. CCD 损坏　　B. CCD 密封开胶　　C. 活检管道漏水　　D. 气水管坏

3. 膀胱镜成像模糊的原因有______。

A. 镜管进液　　B. 镜管变形　　C. 透镜破损　　D. 导光束损坏

4. 纤维内镜角度小于出厂指标的原因有______。

A. 角度牵引钢丝断　　B. 角度牵引钢丝被拉长

C. 螺旋管断　　D. 钢丝脱焊

三、简答题

1. 阐述电子内镜的基本结构。

2. 结合结构，简述纤维内镜、电子内镜、胶囊内镜的联系与区别。

3. 常用的腹腔镜主要技术参数是什么？

4. 膀胱镜常见受损部件有哪些？

四、实例分析

1. 某医院有一支膀胱镜视野成像模糊，试分析其原因，并指出如何解决。

2. 某医院有一台纤维内镜送气送水不畅通，可能由几种原因造成？说明排查方法。

3. 某医院有一条电子肠镜，向上转动角度旋钮时，插入软管（镜身）出现扭曲是什么原因？

（鞠志国）

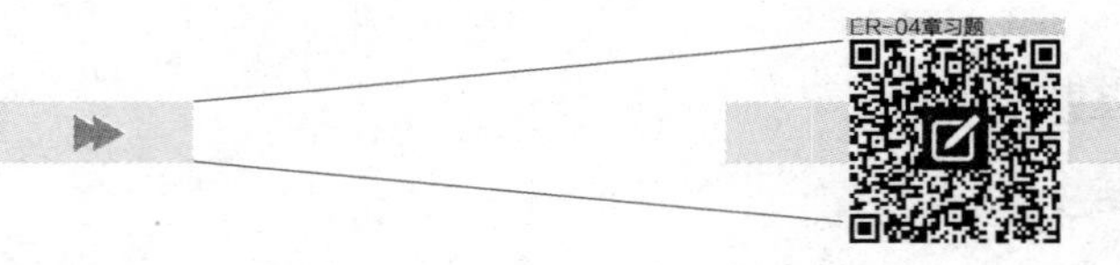

第五章

眼科光学仪器及其维护

导学情景

情景描述：

王小明同学平时学习努力，劳逸结合，但由于一段时间内用眼过度，感到眼睛干涩，视力也有下降的趋势。眼科医院检查室里，还有一些因各种眼疾候诊的病人，针对不同的病情，大夫选择用裂隙灯显微镜、角膜地形图、电脑验光仪等不同的眼科光学仪器作为检查工具，并做出诊断。

学前导语：

要学习眼科光学仪器的基本原理，首先是要了解眼睛的基本结构。

其次要知道直接检眼镜、间接检眼镜，是一大类眼科仪器（如检影镜、眼底相机、电脑验光仪、裂隙灯显微镜等）的基础，因为几乎所有的眼科光学仪器的思路都是用光照射眼角膜到眼底间的某一组织，然后对此进行显微成像，并做出分析。因此要求掌握检眼镜的基本结构以及原理，熟悉检影镜、眼底相机、电脑验光仪、裂隙灯显微镜等仪器的结构及原理。

熟悉上述仪器的操作使用和维护保养，使其能够处于良好的工作状态，为医用眼科光学仪器的生产制造、技术支持、维修维护等岗位的技能提高奠定基础。

人眼是生物器官，又是光学器官，高度精密又易受损，需要许多特殊的器械和设备进行检查、诊断和治疗。随着光学和计算机技术的快速发展，眼科光学仪器也不断推陈出新，其品种与数量也越来越多，目前用于眼科方面的医用光学器械主要有：检眼镜、裂隙灯显微镜、电脑验光仪、眼底照相机、角膜地形图仪、眼压计等。由于眼科光学仪器检查的对象是人眼，又是一个特殊的光学系统，所以首先要了解眼睛的基本光学特性。

第一节　眼生理光学基本知识

一、人眼的结构和光学特性

（一）眼的屈光结构和光学常数

眼的屈光系统是由角膜、房水、晶状体、玻璃体四种屈光介质组成（图 5-1）。

1. 角膜　位于眼球前表面，厚度大约为 0.55mm，是一层透明的薄膜，是外界光线进入眼内产生

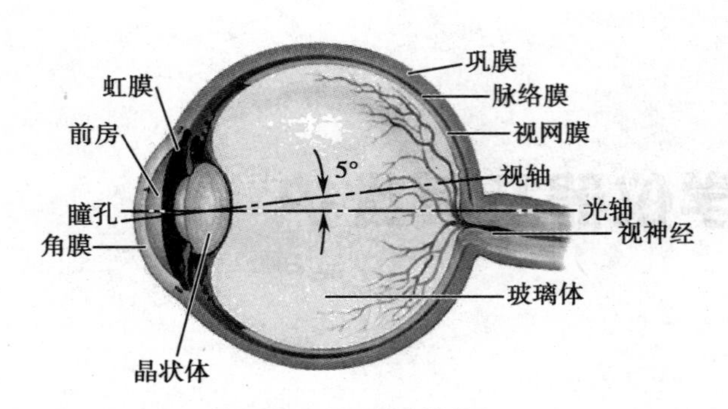

图 5-1　眼球结构

视觉的唯一途径，是主要的眼屈光介质，其屈光力占眼睛总屈光力的 70% ~75%。

2. 房水　存在于角膜后面的前房、后房中，是一种无色透明液体，是眼球屈光系统的第二介质，就像一个折射率为 1. 336 的光学凸透镜。

3. 晶状体　在通常情况下是透明的，由多层不同折射率的物质组成，中央部分最致密，折射率最高为 1. 406，表层为 1. 386，即其折射率存在着梯度。

4. 玻璃体　是无色透明凝胶状组织，充满眼球内腔，是眼屈光系统中体积最大的最末端的屈光介质。玻璃体具有与房水相等的折射率（1. 336），光线经玻璃体折射后，立即投射于其后的视网膜上成像。

眼屈光系统的光学参数见表 5-1。

表 5-1　眼屈光系统的光学参数表

屈光介质	折射率	屈光力（D）	曲率半径（mm）	厚度（深）（mm）
角膜	1. 376	+43. 05	+7. 7（前）+6. 8（后）	0. 5
房水	1. 336			3. 0 ~3. 1
晶状体	1. 406	+19. 11	+10（前面静止时） −6（后面静止时）	3. 6（静止时）
玻璃体	1. 336			

（二）简化眼

人眼由各种不同折射率的屈光介质构成，是一个复杂的光学系统，可以把眼球等效成一个曲率半径为 5. 73mm 的单一折射球面，位于角膜后 1. 35mm 处，其一侧为空气，另一侧为 n=1. 336 的屈光介质，节点或光学中心即为该球面曲率中心，位于角膜前表面后方 7. 08mm（5. 73mm+1. 35mm）处；前焦距为−17. 05mm，后焦距为+22. 78mm，总屈光力为+58. 64D，如图 5-2 所示。

（三）眼的生理轴与角

眼的生理轴与角如图 5-3 所示。

1. 光轴（*AB*）　光轴是眼的前后节点连线的延长线。实际应用中因角膜前极 *C* 不易由观察法得到，而瞳孔中心易于确定，故常将由瞳孔中心所作垂直于角膜的瞳孔线（轴）代替光轴。

2. 眼的视轴（*OF*）　为通过节点与黄斑中心凹的连线。由于黄斑中心凹位于眼球后极颞下侧

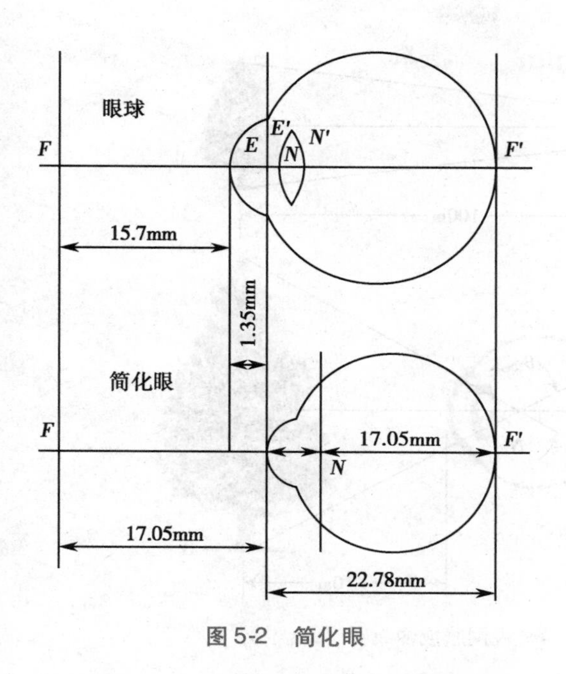

图 5-2　简化眼

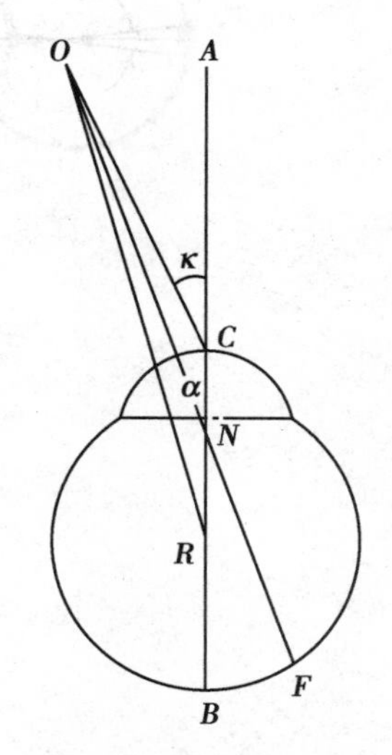

图 5-3　眼的生理轴与角

约 1.25mm，故人眼光轴通常在视轴外侧，两轴并不重合。

3. 眼的固定轴（*OR*）　当眼球转动观看物体时，设想其绕一旋转中心转动，该旋转 *R* 中心（回旋点）大约位于角膜顶点后方 13.5mm 的光轴上，视点 *O* 与眼旋转中心 *R* 的连接线为固定轴。

4. 视角（α 角）　视轴与光轴在眼内节点处所形成的夹角。

5. Kappa 角（κ 角）　眼外注视点与角膜前极连线和光轴所形成的夹角。如以上"1"所述，一般常以瞳孔线（轴）代替光轴，故 Kappa 角可认为是视轴与瞳孔线的夹角。Kappa 角与视角在临床上大致可视为同一角度。

（四）视网膜成像

1. 视网膜影像大小的计算　图 5-4 中 *AB* 为眼前的物体，*N* 为简化眼节点，凡经过此点的光线不被曲折沿原方向射出，物体 *A*、*B* 所反射出的光线，经节点在视网膜上形成倒像 *ab*，在节点处夹角为 θ。根据相似三角形原理，各对应边成正比，可得正视眼像的大小：

$$ab = AB \cdot 17.05/\mathrm{NB} \qquad \text{式(5-1)}$$

其中，17.05mm 即为后焦距与角膜曲率中心的差值（见图 5-2）。

例如：物体高为 1000mm，位于眼前 10 000mm，则：像高为 1.7mm。

另外，与球面透镜的成像原理一样，像的大小还可通过视角与节点至视网膜的距离计算求得，即视网膜像的大小：

$$ab = \tan\theta \cdot 17.05(\mathrm{mm}) \qquad \text{式(5-2)}$$

2. 视网膜像大小的影响因素及其意义　视网膜像大小由物体大小及其与节点的距离决定（式 5-1），即与所形成的视角大小有关（式 5-2）。物体距眼越近，所形成视角越大，视网膜像则越大。如果视角相同，视网膜像大小也相同。在视力表设计时，各行视标的高度是按一系列等比递减的视角，

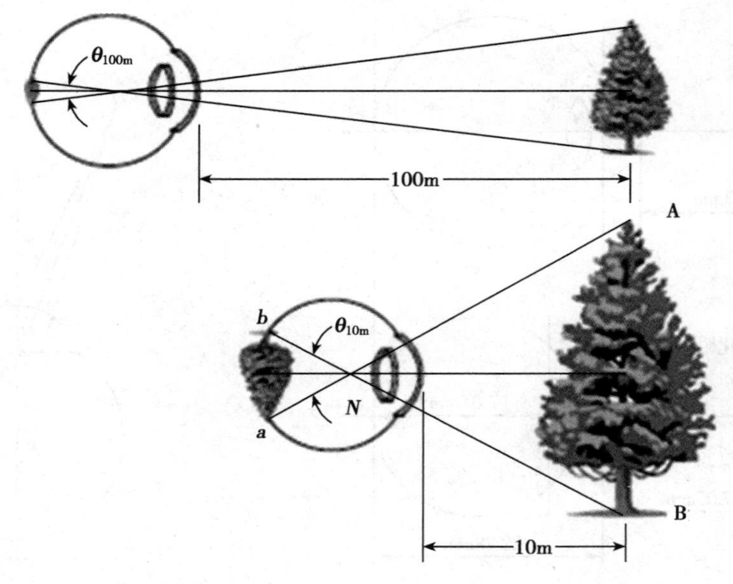

图 5-4　视网膜成像

依不同设计距离（一般为 5m）计算求得。换言之，不同视力表上的视标大小有异，但人若在各视标相应的设计距离观察，则在眼内所形成的像大小相同。

二、非正视眼及其矫正

眼睛的聚焦能力主要来自角膜，但为了对不同距离的物体聚焦，眼睛经常需要改变其屈光力，这是靠改变晶状体的两表面，主要是改变前表面的曲率来实现的，这个过程称为调节。当眼的调节放松时，如果眼轴的长度和屈光系统的屈光力能使眼的后焦点落在视网膜上的话，便为正视眼。同样在调节放松时，如果屈光系统的后焦点落在视网膜之后的称为远视眼，相反落在视网膜之前的称为近视眼。若包含视轴的各个切面的屈光状态不同，则称为散光。

（一）近视

近视是平行光进入眼内后在视网膜之前形成焦点，外界物体在视网膜上不能形成清晰的影像，患者主观感觉看远模糊，看近还清楚，用凹透镜矫正，如图 5-5a 所示。

（二）远视

远视是平行光线进入眼内后在视网膜之后形成焦点，外界物体在视网膜不能形成清晰的影像。患者主观感觉看远模糊，看近则更模糊，用凸透镜矫正，如图 5-5b 所示。

（三）散光

由于眼球屈光系统各径线的屈光力不同，平行光线进入眼内不能形成焦点的一种屈光状态称为散光，其实质是眼球屈光系统的像散。散光分规则散光和不规则散光两种，通常所说的散光一般是指规则散光。如图 5-5c 所示，眼球表面屈光力差别最大的两条经线 AB 及 CD 叫主经线，两者互相垂直，光线通过后形成垂直的前后两条焦线 F_1 及 F_2。根据几何光学成像原理，规则散光可按散光类型及散光度数以不同的圆柱镜矫正，如表 5-2。

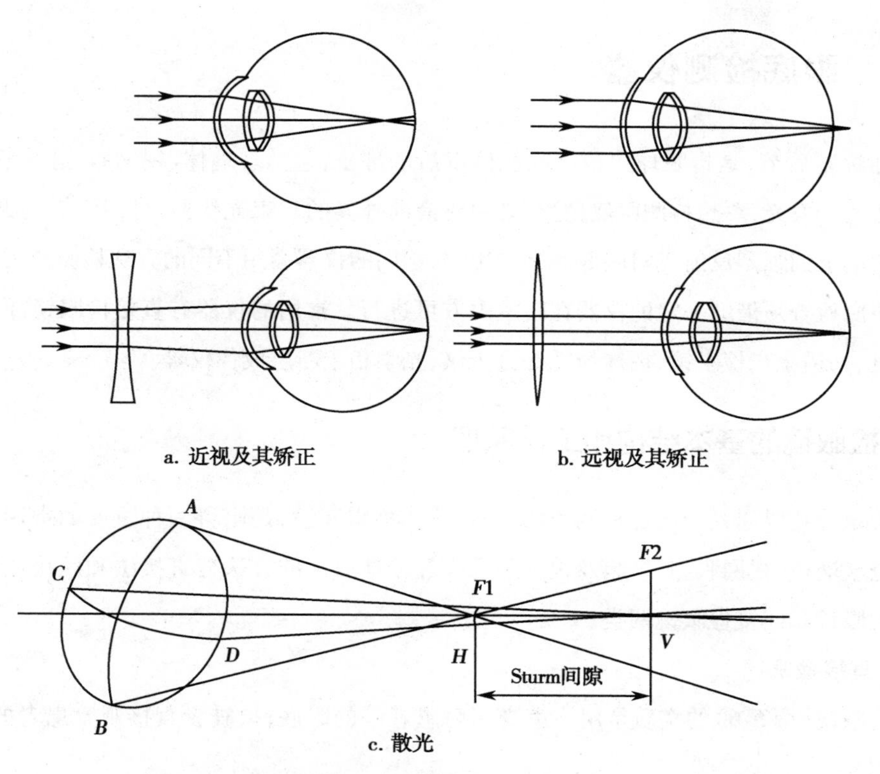

图 5-5　近视、远视和散光

表 5-2　散光类型、特点及矫正方法

散光类型	两条焦线位置	主经线屈光力	矫正方法
1. 单纯近视散光	1. 视网膜上 2. 视网膜前	1. 正常 2. 过大	负柱镜片，轴与正常经线平行
2. 单纯远视散光	1. 视网膜上 2. 视网膜后	1. 正常 2. 过小	正柱镜片，轴与正常经线平行
3. 复性近视散光	1. 视网膜前 2. 视网膜前	1. 过大 2. 更大	一负球镜片与一负柱镜片组合
4. 复性远视散光	1. 视网膜后 2. 视网膜后	1. 过小 2. 更小	一正球镜片与一正柱镜片组合，两轴垂直
5. 混合散光	1. 视网膜前 2. 视网膜后	1. 过大 2. 过小	一正柱镜片与一负柱镜片组合，两轴垂直

医学上把不同经线上，或在同一经线的不同部位，屈光力表现不同者，称为不规则散光。轻度的屈光参差，几乎每个人都有，通常在 $0.5m^{-1}$ 以下，被认为是生理性散光，不影响视力，不需要矫正。

点滴积累

1. 眼的结构，眼屈光介质：角膜、房水、晶状体、玻璃体。
2. 视网膜成像规律：相似三角形原理。
3. 三种非正视眼：近视眼、远视眼、散光眼，分别可由负球面镜、正球面镜及柱面镜矫正。

第二节 眼底检测仪器

眼底亦称眼后节，是指眼球内位于晶状体以后的部位，包括玻璃体、视网膜、脉络膜与视神经。人眼的眼底不会发光，要想检测眼底情况，必须要借助外界的一束光线照亮眼底，但与此同时，又能避开人眼角膜上的强烈反射光对眼底观察的影响，不同的仪器会用不同的方法检测或观察眼底的反射光线。眼底检查须借助一定的仪器在暗室内方可进行。常用的仪器有直接检眼镜、间接检眼镜、眼底照相机、扫描激光检眼镜、视神经乳头分析仪、光学相干断层成像仪等。

一、检眼镜的基本结构和工作原理

检眼镜是检查眼屈光介质和视网膜的仪器，故亦称眼底镜，是眼科一种重要的常用仪器。利用检眼镜检查玻璃体、视网膜、脉络膜及视神经乳头等眼球后部的方法分直接法和间接法两种。检眼镜分直接检眼镜和间接检眼镜两类。

（一）直接检眼镜

直接检眼镜（图 5-6）的实质是用一束光照射患者眼的眼底，检查者直接观察患者的眼底，此时

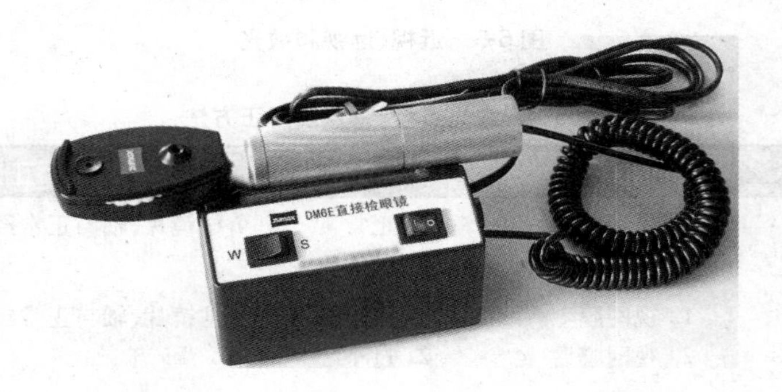

图 5-6 直接检眼镜

患者眼的眼底作为物，通过患者本身的眼球，以及检查者的眼球，在检查者的视网膜上成与实物等大的像。由图 5-7 可见，若患者眼与观察眼的屈光都正常，患者眼底 1mm 的物 a 与观察眼底的像 a' 关于光学成像系统对称，因而两者大小相等。在视觉上，检查者视网膜 1mm 的像，相当于观察明视距离处 25cm/17.05mm×1mm＝14.7mm 的物（式 5-1），即相当于把患者 1mm 的眼底放大了约 14.7 倍。

直接检眼镜物像关系如图 5-7 所示。光学上，直接检眼镜包括两部分，照明系统和观察系统。其成像原理如图 5-8 所示。

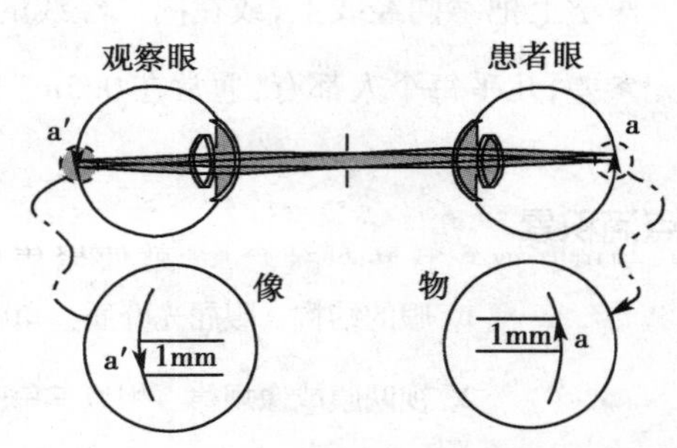

图 5-7 直接检眼镜物像关系

（1）照明系统：包括灯泡、聚光透镜、反射镜、光阑和滤光片。

1）灯泡：一般为卤钨灯，灯丝像恰好位于反射镜

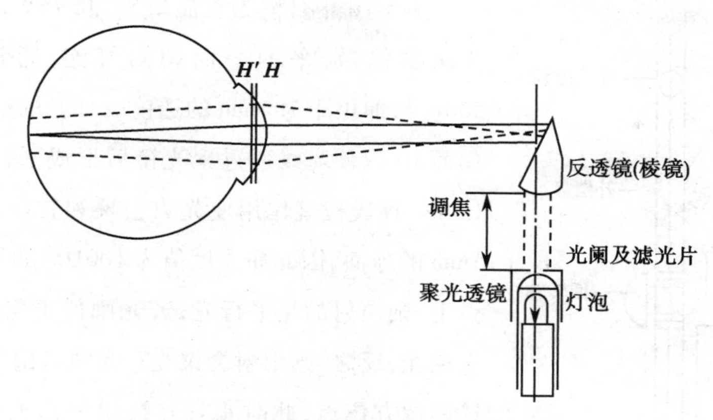

图 5-8　直接检眼镜成像原理

前面。

2）聚光透镜：会聚光线，使光线在通过聚光镜后形成平行光线，实现均匀照明。

3）反射镜：有小的金属平板、棱镜或平面镜。

4）光阑和滤光片：一般位于聚光透镜和投射透镜之间。光阑用来控制投射在视网膜上的照明光斑大小。滤光片用来去除或减少照明光束中不需要的光线。

（2）观察系统：包含窥孔和聚焦（补偿）系统。

1）窥孔：一般检眼镜的窥孔直径为 3～4mm，其观察系统光路轴线固定在稍偏于照明光路轴线的一侧，大大抑制了射向观察视野一侧的角膜反光。如无这种设计，检眼镜灯泡通过角膜这个凸面镜而形成的检眼镜灯泡像（角膜反光）就可能落在观察系统视野的中央，严重干扰检查者观察被检者眼底。尽管照明和观察光路之间角度的增大使得角膜反光偏移，但它也同时减少了照明系统和观察系统两者重合在视网膜上的面积。另外检查者与被检查者之间的距离越近、照明系统光阑越小、窥孔直径越小，角膜反光就越小。现代检眼镜的窥孔直径一般保持在 3～4mm。以平衡增大眼底照明光量与减小角膜反射光这一对矛盾。

还有可以通过对照明系统和观察系统的正交偏振有选择性地除去角膜反光。

2）聚焦（补偿）系统：用于补偿或中和检查者及被检者两者结合的屈光不正，以获得对被检者眼底的清晰观察。这个系统是一个包含有不同屈光透镜的补偿镜片转盘，检查者通过指轮来改变窥孔前面的透镜，大多数检眼镜将各聚焦（补偿）透镜沿着转盘的边缘安装，如图 5-9 所示，也有检眼镜将这些透镜安装在链上；后者可使更多的透镜被装上检眼镜，从而获得较大的聚焦（补偿）范围，同时相邻透镜间的屈光度间距也较小。大部分检眼镜还附加上较高屈光度的正、负透镜，与链式或轮式转盘结合后，就使聚焦（补偿）的范围更为扩大。

梅氏检眼镜是一种较典型的直接检眼镜，其结构简图如图 5-10 所示。

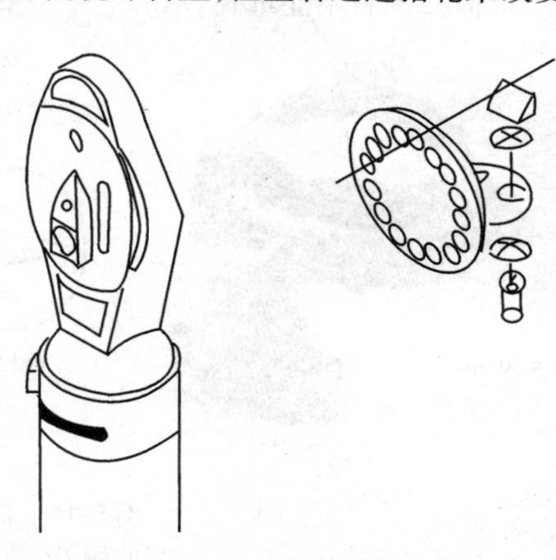

图 5-9　直接检眼镜与转盘

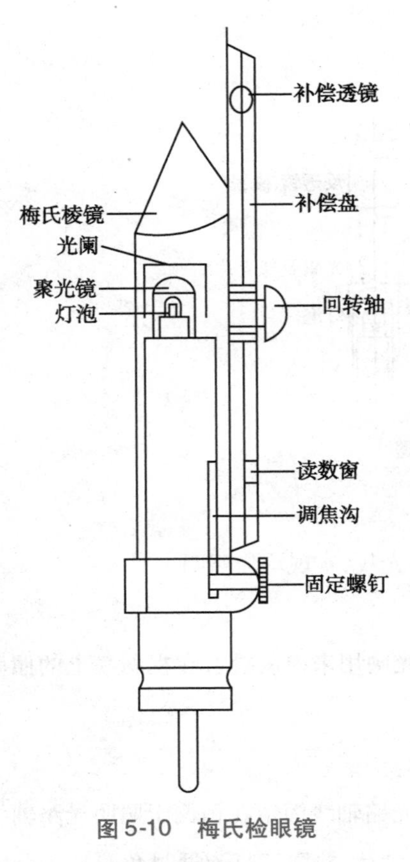

图 5-10　梅氏检眼镜

图 5-10 中灯泡为直流 2.5V、0.75W，聚光镜为平凸形，为减少像散，平的一面朝向灯泡，通常采用光焦度为 $200m^{-1}$，即焦距为 5mm 的透镜。灯泡的灯应位于聚光镜的焦面上，以使光线通过聚光镜后形成平行光。光阑直径为 1mm。梅氏棱镜作用使光束会聚和转向，其折射面为半径 5mm 的球面，因此屈光度值为 100D。如果光阑置于物方焦点上，则出射的是平行光；若光阑位于焦点内，则出射的是发散光，反之，则出射会聚光。光源发出的平行光会聚于棱镜的像方焦点，此时正好在棱镜斜面上，或者在斜面的附近处。

补偿透镜的作用为补偿或中和被检眼及观察眼的屈光不正，使观察清晰。旋转补偿盘可选择合适的补偿镜片，从+20D 起，经过 0D 直到-25D。补偿盘可绕轴旋转，调焦沟的作用为移动灯泡和光阑，以保证被检眼屈光不正时，也能将光阑清晰地成像在眼底。如果被检眼为远视眼，光阑应远离棱镜；如果被检眼为近视眼，光阑应移近棱镜。

（二）间接检眼镜

间接检眼镜[图 5-11(a)]用来观察眼底的像，而不是眼底本身，该像是通过放置在检查者和被检查者之间的检眼透镜产生的[图 5-11(b)]，间接检眼镜最大要求是消除瞳孔处角膜的反光。

Gullstrand 是制造无反光检眼镜的先驱。1992 年，Henker 对无反光检眼镜进行了改进，奠定了现代间接检眼镜的基础。为消除瞳孔处角膜反光，Gullstrand 简化型间接检眼镜的照明光线通过一成像在被检者瞳孔平面的狭窄裂隙进入眼内，眼底反射的成像光线则通过一个成像在被检者瞳孔平面中央的圆孔；即照明系统的出瞳（裂隙）和观察系统的入瞳（圆孔）分别成像在被检者的瞳孔平面的不同部位，两者不能重叠。

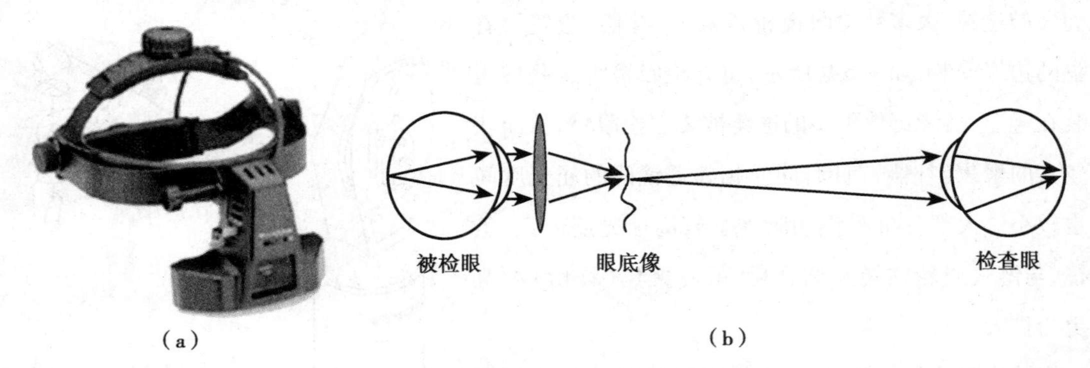

图 5-11　间接检眼镜的外形及成像原理
(a)间接检眼镜的外形(b)间接检眼镜的成像原理

Gullstrand 简化型无反光检眼镜光路如图 5-12 所示。以手持方式在被检者眼前加入+15D ~ +30D范围的检眼透镜,该透镜具有两种功能:一是将照明系统的出瞳和观察系统的入瞳成像在被检者瞳孔处(不同部位);二是将被检者的眼底像成像在检眼透镜和检查者之间。

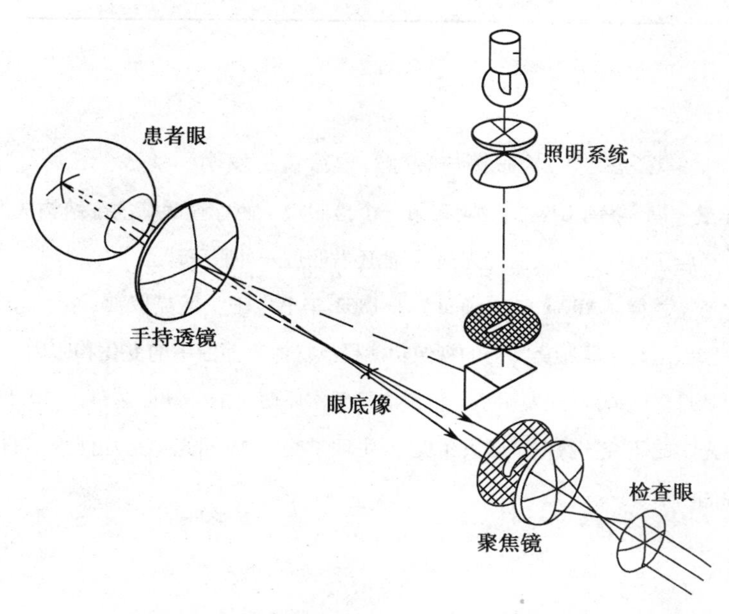

图 5-12　Gullstrand 简化型无反光检眼镜光路

检眼透镜通常涂上一层抗反光物质,残余反光则可通过适当倾斜检眼透镜去除。间接检眼镜的一个明显特点是可以从观察视场中完全除去角膜反光。

双目间接检眼镜结构如图 5-13。因为是双目同时观察,所以有立体感。同时,观察眼与眼底像存在一定距离,利于手术检查或操作。瞳孔散大时,瞳孔中的光源像和检查者双眼瞳孔像应尽量移开,以获得较好的立体视觉,并能更好地避开角膜反光。目前双目间接检眼镜以头带式或眼镜式最为普遍。

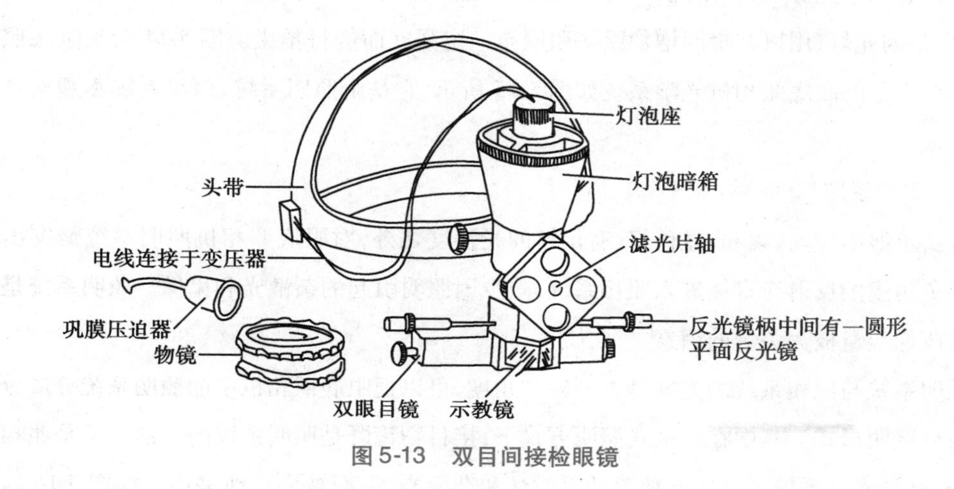

图 5-13　双目间接检眼镜

（三）直接检眼镜和间接检眼镜的比较

见表 5-3。

表 5-3 直接检眼镜和间接检眼镜的比较

类型	观察对象	视角范围	放大倍数
直接检眼镜	视网膜本身	10°～12°	15
间接检眼镜	视网膜像	～60°	2～3

知识链接

检眼镜与裂隙灯显微镜的发明

1851 年，赫尔曼·冯·赫尔姆霍兹发明了第一个检眼镜，使检查眼睛内部结构成为可能。 这项发明是一座里程碑，开启了眼科光学仪器的先河。 他还发明过一种眼压计。

阿尔瓦·古尔斯特兰德（Allvar Gullstrand）于 1862 年出生于兰斯克罗那，是一位瑞典眼科医师。他发现眼睛自行调整以适应不同距离特有的视像功能是晶状体表面曲率的变化和眼内纤维重新调整的结果，由此发明了裂隙灯显微镜。 还发明了一种白内障手术后使用的非球面透镜。 1911 年，古尔斯特兰德凭借“他对眼屈光学的研究”获得了诺贝尔医学-生理学奖。 眼屈光学是几何光学的一个分支，研究的是晶状体内图像的形成。

二、眼底照相机基本结构和工作原理

眼底照相机是用来观察和记录眼底状况的眼科医疗光学仪器，它能够将眼底图像以黑白或彩色照片的形式记录和保存下来。

（一）眼底照相机的原理和构成

眼底照相机的光学基础就是 Gullstrand 无反光间接检眼镜的光学原理，照明系统的出瞳和观察系统的入瞳均成像在被检者瞳孔区，这样的设计能保证角膜和晶状体的反射光不会进入观察系统。眼底照相机有两个光源，第一个是钨丝灯，用于对焦时作眼底照明，光源类型与其他间接检眼镜相同；第二个是闪光灯，用以在瞬间增加眼底照明至一定强度而进行拍摄。图 5-14 为某眼底照相机光路图。一个完整的眼底照相机光学系统如图 5-15 所示，它是由照明系统、照相系统和观察瞄准系统三部分组成。

（二）照明系统

除了要求照明均匀、柔和、显色好、有足够的光强度之外，对眼底照相机照明系统最突出的要求是要能避免角膜的反射光直接进入照相系统，减少因照明引起的杂散光和鬼像。照明系统是影响眼底照相机成像质量极为关键的因素。

从照明系统与照相系统的光轴是否同轴的角度，可以把眼底照相机中的照明系统分成分离式和共轴式两种照明形式。其中在共轴式照明方式下，接目物镜既是照明系统的一部分又是照相系统的组成部分，这种光学系统可以较好地避开反射光和杂散光，因而被广泛地采用。如图 5-16 所示。环行光阑经过多组照明物镜之后，成像在照相系统的孔径光阑上，再经过接目物镜成像在被测眼的瞳孔上。

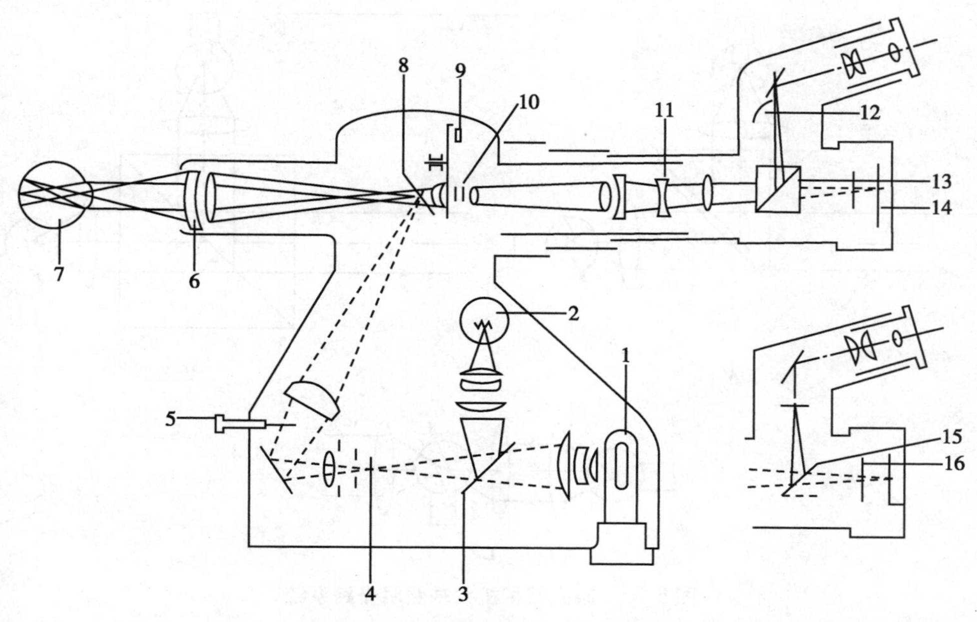

图 5-14　眼底照相机光路图

1. 闪光灯;2. 白炽灯;3. 半透半反镜;4. 环形光阑和滤色片;5. 固视表;6. 非球面接目镜;7. 患眼;8. 中空反射镜边缘反射照明光,中间通过成像光束;9. 补偿镜;10. 散光补偿片;11. 成像物镜;12. 目镜分划板;13. 分光棱镜;14. 底片;15. 反转片;16. 滤色片

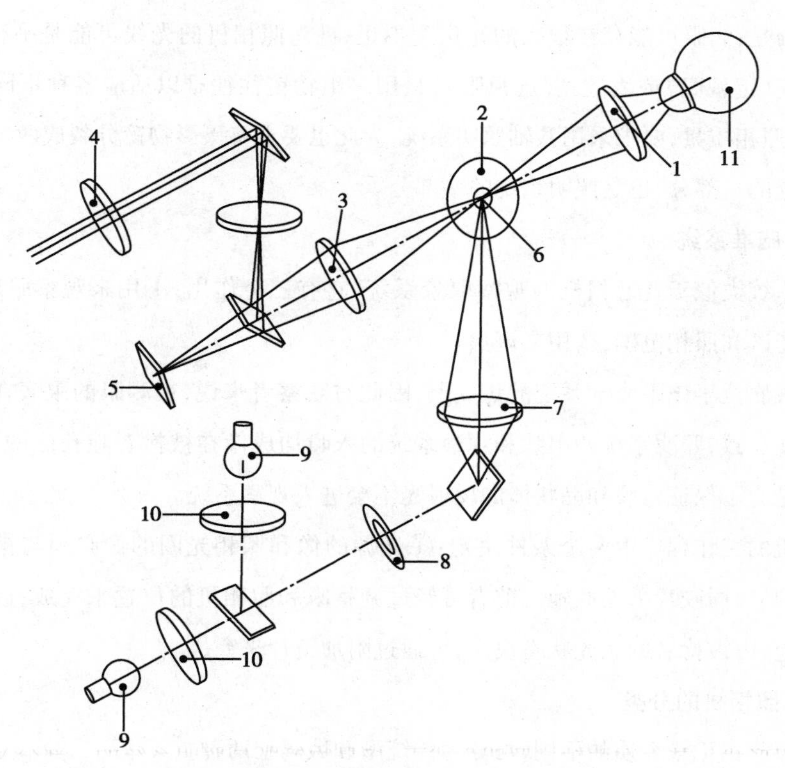

图 5-15　眼底照相机光学系统

1. 接目物镜;2. 中空反射镜;3. 成像物镜;4. 目镜;5. 底片;6. 孔径光阑;7. 照明物镜;8. 环行光阑;9. 灯;10. 聚光镜;11. 被检眼

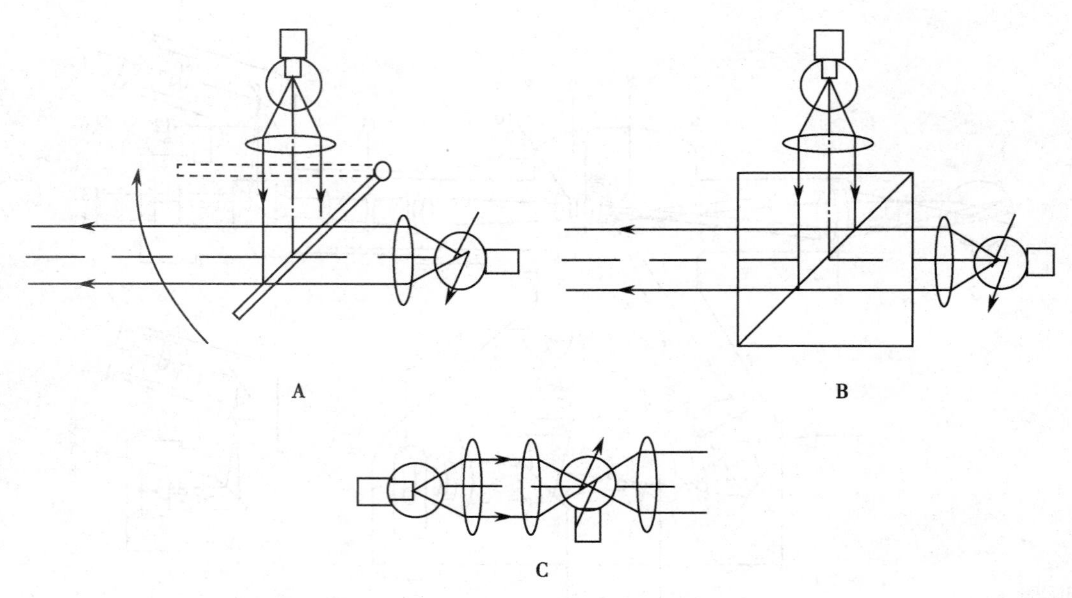

图 5-16　眼底照相机共轴照明光路系统

（三）照相系统

一般的照相系统只要有摄影物镜和成像底片即可，而眼底照相机的照相系统则要包括接目物镜、成像物镜和底片三个部分；即摄影物镜被分成了两组——靠近人眼的接目物镜和靠近底片的成像物镜。其原因是：病眼可能存在很大的光焦度不正、进入照相机的光线可能是平行光（正常眼），也可能是会聚光（近视眼）或发散光（远视眼），只用一组物镜往往难以适应各种不同的病眼。另一方面，为了提高照相质量，要求采用共轴照明系统，为此也要求将摄影物镜分裂成两个部分。接目物镜既是照相系统的一部分，也是照明系统的一部分。

（四）观察瞄准系统

观察瞄准系统类似于普通相机的观察取景系统，它有三个作用：①用来观察眼底做一般检查；②用来寻找病变区和照相范围；③用来调焦。

正视眼的眼底位于该眼光学系统的焦点上，因此对观察者来说，被测眼的眼底在无穷远处。与上述间接检眼镜一致，照明系统的出瞳和观察系统的入瞳均成像在被检者瞳孔区的不同部位，这样的设计目的还是为了保证角膜和晶状体的反射光不会进入观察系统。

眼底照相机的工作程序由两个条件决定：①光源的像和照相光圈的像必须与被检眼的瞳孔共轭；②眼底的像必须同胶片平面共轭。前者可经过调整眼和照相机的位置来完成；后者即指能否使像聚焦在胶片上，由被检者的屈光状态决定，可通过附加镜片来完成。

（五）眼底照相机的分类

根据眼底照相机记录介质的不同，可分为传统型和数码型两种。

1. 传统的眼底照相机　利用乳胶底片作为记录介质，拍摄的底片需冲洗定影后才能得到还原的图像，费时费力；胶片的感光需要强光照明，有损视网膜；减小光强增大曝光时间又会由于眼球的运动而造成图像模糊。CCD 感光元件以及计算机图像处理技术可以很好地解决这个矛盾。

2. 数码化眼底照相机　用800万像素以上的数码照相机取代乳胶底片，通过专用接口拍摄所需要的眼底图像，再通过数据线传送至计算机系统后进行图像分析处理、保存及打印等。

眼底照相机通常需要4～5mm的瞳孔直径来照明或拍摄眼底图像，由于强光摄影会使瞳孔缩小，因此需要散瞳获得大瞳孔直径，尤其是广角照相机。为了减少散瞳的麻烦，现有免散瞳眼底摄影系统，利用低强度照明的不可见的红外线作为聚焦照明光源，不会引起反射性缩瞳，照相闪光系统是瞬时的较强可见光，受检眼无法做出相应的缩瞳反应从而满足照明及摄影的光学要求。

扫描激光眼底相机是一种全景数码摄像设备，获取视网膜的远周边部位信息。其眼底镜采用双焦点椭面镜装置，即从一个焦点发出（反射）的光线必然通过另一个共轭焦点，把激光扫描头和被检眼分别置于两个焦点上，利用光学装置，使得一个激光的共轭焦点在视网膜上扫描，一次可以对视网膜进行200°扫描，达80%视网膜面积，从视网膜反射回的激光能量经椭圆镜面会聚后，利用光电传感器将代表眼底信息的反射光转换成电信号，在显示器上显示。扫描头使用红色和绿色激光同时扫描视网膜不同深度的组织，以辨别不同性质的疾病。绿激光波长532nm，扫描视网膜色素上皮以内的各层；红激光波长633nm，能够穿透视网膜色素上皮层到达脉络膜，从而获得较深组织的信息。图片直接显示在计算机屏幕上，还可以应用计算机软件进行定位、放大、缩小和测量大小等。因可拍摄200°视野的眼底，无需散瞳，故比较适合眼底疾病的筛检。

三、直接检眼镜实例解析

（一）检眼镜特点

某直接检眼镜外形如图5-17，其特点有：光学性能优良，亮度连续可调，观察像为眼底正像，观察轻松；采用优质灯泡，色温高，光源显色性好，光斑均匀，观察清晰，使得诊断效果更佳；各种光阑、滤光片齐全，适合各种观察要求；柔软的眼窝橡胶保护使用者的眼睛以及稳定仪器；具有软启动功能、直接挂断功能，确保灯泡具有长久的寿命；可安装在台面或墙上，放置方便和操作简单。

图5-17　检眼镜外形

（二）技术参数

技术参数见表5-4。

（三）结构解析

本检眼镜主要包括头部、灯泡、手柄和电箱主体。其结构如图 5-18 所示。

表 5-4　技术参数

照明形式	大光斑、小光斑、裂隙、网格片、无赤片	照明光源	3.5V/2.8W 卤钨灯泡
屈光度补偿	-35D～+20D 共 24 种屈光度	电源	AC220V/50Hz

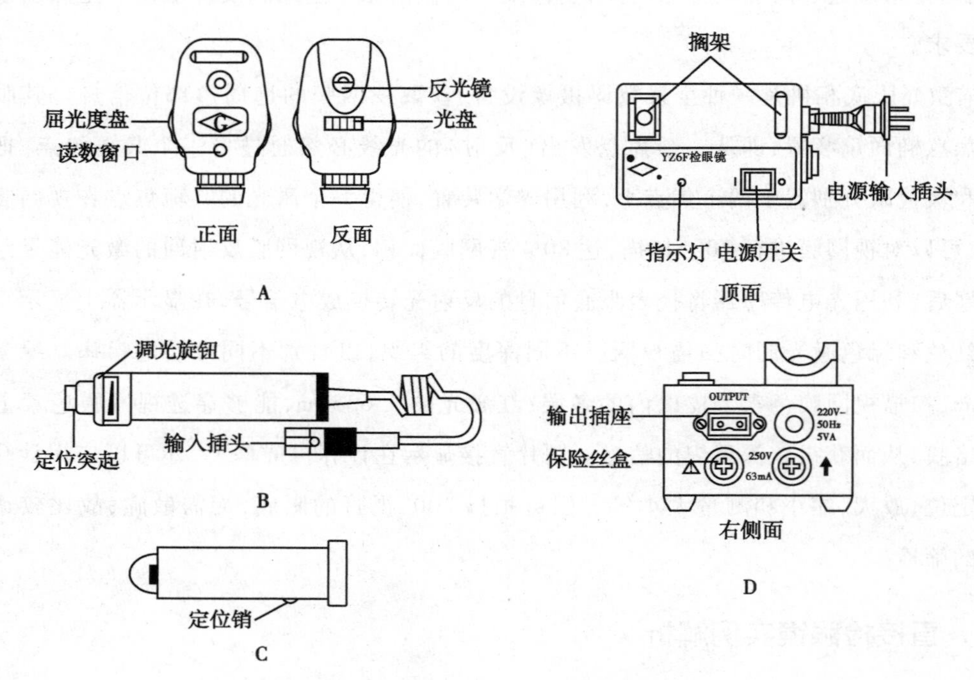

图 5-18　检眼镜结构图
A. 头部；B. 灯泡；C. 手柄；D. 电箱主体

（四）操作步骤

1. **选择屈光度盘**　本仪器中包含以下 24 种屈光度补偿片。

顺时针转动：0、+1、+2、+3、+4、+5、+6、+8、+10、+12、+16、+20D，数字为黑色。

逆时针转动：0、-1、-2、-3、-4、-5、-6、-8、-10、-12、-16、-20、-25D，数字为红色。

使用时可根据需要选取所需的屈光度补偿片。该屈光度补偿片的度数经照亮后可由读数窗口读取。

2. **光阑、裂隙、中心网格、无赤片的选择**　本仪器中有五种可供选择的光阑或视标，其功能如下。

1）大光阑：用于检查介质混浊的眼底。例如网膜剥离时寻找裂孔。在扩瞳状态下可获得较大的眼底视野。

2）标准光阑：在一般状态下使用。

3）无赤片：吸收红光，使黄光至蓝光部分的波长通过。有利于观察眼底血管及出血。

4）中心网格：根据网格刻线在眼底的读数值，可测出眼内异物的位置和大小以及病灶的范围，还可检查出被检眼是否存在偏心注视（图 5-19 左图）。

5）裂隙：用于精确地观察眼底的细微变化（图 5-19 右图）。

各种光阑和视标在眼底的投影数值见表 5-5。

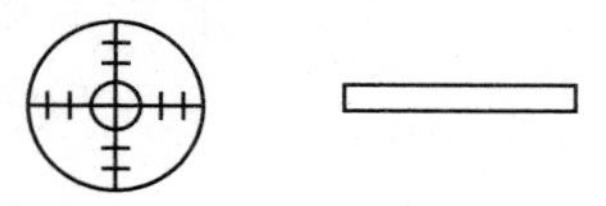

图 5-19　中心网格、裂隙

3. 亮度调节　使用检眼镜时可根据需要进行亮度调节控制。顺时针旋转手柄上的调光旋钮，旋转过程中亮度连续增加直至最大。长期不用时，逆时针旋转旋钮至灯泡熄灭为止，并关闭电源开关，断开电源。

表 5-5　各种光阑和视标在眼底的投影数值

名　称		光阑直径（mm）	眼底像直径（mm）	视角
大光斑		φ2	φ3. 2	10°33′36″
小光斑		φ1	φ1. 6	5°18′
无赤片		φ1. 6	φ2. 56	8°36′
中心网格裂隙	内圈	φ0. 4	φ0. 64	2°9′16″
	内 1	φ0. 8	φ1. 28	4°19′12″
	内 2	φ1. 2	φ1. 92	6°27′36″
	外圈	φ1. 6	φ2. 56	8°36′
	长	2	3. 2	10°33′36″
	宽	0. 2	0. 32	1°3′21″

（五）检眼镜的日常维护和故障排查

1. 检眼镜是一件较精密的光学仪器，应做好日常清洁。

（1）若有灰尘黏于反光镜上，可用毛笔拂去或用无水酒精棉花擦拭。

（2）仪器外表若有灰尘，可用干净的软布擦拭。

2. 防护　检影镜应在较洁净的环境下使用。如果长期不用，应将其置于包装盒中，以免灰尘侵入仪器内部。

3. 检眼镜经常活动的部件和容易受损的器件　调光旋钮、灯泡、保险丝。

4. 故障现象及排查见表 5-6。

表 5-6　故障现象及排查

序号	故障现象	可能的原因	排除指南
1	灯泡不亮	旋钮开关未旋转	顺时针旋转
		灯泡烧坏	更换灯泡
2	亮度不够	旋钮开关旋转角度不够大	调大旋钮开关角度
		灯泡已旧	更换灯泡
3	电源指示灯不亮	电源开关位于 OFF 位置	电源开关位于 ON 位置
		保险丝熔断	更换保险丝
4	保险丝熔断	保险丝规格不对	更换合适的保险丝

5. 注意事项　确保检眼镜在不使用的状态下电源处于断开状态；为了延长灯泡的使用寿命，不

能使灯泡满负荷工作，即不要把光源亮度调至最大。

点滴积累

直接检眼镜将一束光射到被检眼底，照射光与出射光要经过瞳孔不同的位置，以避免角膜反光的影响。

1. 若被检眼不是正视眼，则须加上补偿镜后，才能观察到清晰的眼底像，根据补偿镜的屈光度，推断被检眼的屈光度。
2. 根据观察目的不同，须加上不同的光阑或视标。
3. 应按说明书或操作手册，使用或维护检眼镜。

第三节　验光仪

验光是检测眼屈光状态的过程，需要一系列的器械。验光方法大体分为主观验光法和客观验光法，主观验光是利用一系列的矫正镜片和附属设施，根据被测者直接选择相应镜片并经综合判断后确定眼的屈光状态。客观验光是利用一系列的设施，在被测者相对配合下，通过检测从视网膜反射出来的光的影动或光的状态等来判断眼的屈光情况，完整的验光过程包括三个阶段。

1. 初始阶段　通过检影验光或电脑验光，计算角膜曲率以及检测原先配戴的眼镜度数，收集有关患者眼部屈光状况的基本资料。电脑验光不能灵活处理每一位患者的具体情况（如高度近视、调节力过强的人），其验光处方必须经医生的精确验光、终结验光后才能确定。

2. 精确阶段　以初始阶段获得的资料作为基础，让患者对验光的每一微小变化做出反应，医师随之做出相应的调整。这个阶段包括放松调节、近视或远视度数测定、红绿实验、散光轴及度数的测定、双眼平衡等许多步骤。由于这一步非常强调患者的主观反应，又称"主观验光"，这一步必须通过综合验光仪才能完成。

3. 终结阶段　这个阶段是经验和科学判断的有机结合，通过试镜架的测试，根据患者的反应，医师做出相应的调整，得出最适合的处方，如有内隐斜和外隐斜者，验光医师将酌情对配镜处方进行调整。这个处方不仅使患者配戴舒适、看得清晰，还能进行持久的阅读和工作。

知识链接

红绿双色试验验光法的原理

复合光是由不同波长的单色光构成，平行光入射眼屈光系统，不同波长的色光有不同的折射率，如红色光波长长、折射率小而蓝色光波长短、折射率大，故在眼屈光系统光轴上的成像位置存在差异，视网膜上呈一彩色弥散影像，构成色像差成像缺陷，由于正视眼时，光谱中最亮的黄光在视网膜上形成极为清晰的像，而较短或较长波长的颜色光（蓝光、红光），则在视网膜前、后形成较为不亮的光环，所以易被忽略。但当人眼患有屈光不正或虽矫正但未达到适度时，戴用红、绿色镜片或注视红绿不同视标时，人眼的色像差就必然会使被检者感到红、绿视标清晰度的差异；反之，被检者对红绿视标没有感觉到清晰度差异时，矫正适度。这也正是红绿双色试验验光法的原理。

一、主观验光法及综合验光仪

主观验光，是根据患者戴镜后自觉视力的好坏来确定屈光度。其特点是方法比较简单，不需要散大瞳孔，速度快，当时就能知道结果。目前主要的主观验光法有试镜法和综合验光仪法。

（一）试镜法

1. 直接试镜片法　又称显然验光法，不用睫状肌麻痹剂，根据患者的裸眼视力，试镜求得最佳视力。先测裸眼视力，如看远视力表不能达到1.0，而看近视力表能到1.0，则可能为近视眼，此时加入凹镜片，从-0.25D开始递增，至患者能清晰看到1.0。如看远看近视力都不好，则可能为远视眼，可加凸球镜片，至视力增加到最好。如只用球镜片视力不能矫正满意，则要再加凸或凹柱镜片，并转动柱镜的轴位，直至达到最佳视力。此方法易受调节作用的影响，不够准确，但40岁以上者调节力已减退，可应用显然验光法。

2. 云雾法　用高度凸球镜片放在被检查眼的试镜架上，使睫状肌松弛以排除其调节作用，同时使该眼成为暂时性近视，看远处目标不清，如在云雾中故称为云雾法。此法适用于因各种原因不能使用睫状肌麻痹剂的患者。云雾法主要用于远视及远视散光患者。戴高度凸球镜片后嘱患者看远视力表，开始感觉很模糊，过数秒钟后即感觉较清晰，说明调节已开始松弛，此时可加凹球镜片，以-0.25D递增，必要时加凹柱镜片，直到获得最佳矫正视力。从原加凸镜片度数中减去所加凹镜片度数，即为屈光不正度数。

（二）综合验光仪法

目前国际上公认的常规验光设备仍是综合验光仪，又称为屈光组合镜，实际上是试镜架和镜片箱的组合与发展。

现代综合验光仪的基本构成如图5-20所示，球镜和柱镜安装在三个转轮上，最靠近患者眼前的转轮上装有高屈光度数的球性镜片，中间转轮是低度数球镜，最外面转轮是柱镜镜片。综合验光仪主要就是靠这三组镜片的组合，用机械化的方法把标准镜片一片片加到被检者眼前，直至被检者感觉视觉最清晰。综合验光仪根据被测试者的主观感觉来测定屈光不正值，是一种主观式

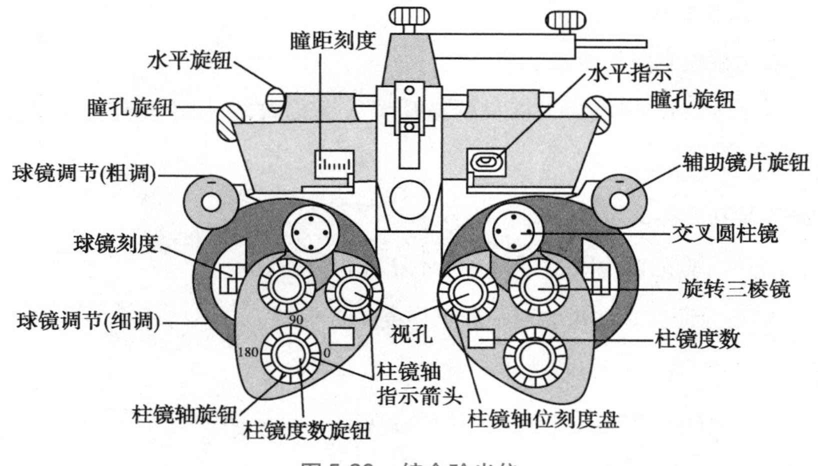

图5-20　综合验光仪

验光仪器。

两个球镜片转轮由一连动齿轮系统控制，通过旋转一个转轮便可使镜片度数以一定的级率增减；柱镜的轴向由单个旋钮来控制，通过一行星齿轮系统来使柱镜落在同一轴向上，这样的设计加速了验光过程，从而使验光医师不必在每次改变柱镜度数时重新确定柱镜的轴向。

除了球镜和柱镜外，现代综合验光仪还有一个转盘，含有各种实用的附加镜片，如遮盖镜、Maddox 杆、+1.50D（或+2.00D）的检影工作距离抵消镜、针孔镜、偏振片、分离棱镜，此外还有一组 Risley 棱镜和交叉圆柱镜，装在翼臂上，可旋转至视孔前。大部分综合验光仪的交叉圆柱镜轴与柱镜轴是联动的，这在检测柱镜轴时，旋转柱镜的轴便使交叉圆柱镜的轴向自动跟随转动。

由于综合验光仪将普通镜片箱内几乎所有的镜片都装入了它的转轮系统中，所以在临床操作上提供了比使用试镜架验光更有效、更快捷的镜片转换，通过简单的旋钮，很快转换需要的镜片，特别适合于进行复杂的主观验光；而且由于所有验光仪内的镜片都处于封闭状态，所以不用担心弄脏镜片。

综合验光仪的主要部件如下：

1. 镜片调控　综合验光仪主要由两类镜片调控，一为控制球镜部分，另一为控制负度数柱镜部分。

（1）球镜调控：综合验光仪中两侧分别有两个球镜调控转轮，小的为球镜粗调转轮，以+3.00D的级距变化，大的为微调球镜转轮，以 0.25D 的级距变化，两组调控转轮加在一起，可以提供从+20.00D～-20.00D（0.25D 级距变化）的球镜范围。总球镜度数可从球镜度数表上读出。

（2）负度数柱镜调控：负柱镜镜片安装在一个旋转轮上，转动柱镜调控转轮可以改变柱镜的轴向和度数。柱镜由两个旋钮来控制，即柱镜度数旋钮和柱镜轴向旋钮，柱镜刻度表显示柱镜度数，柱镜轴向箭头所指为负柱镜的轴位。

2. 附属镜盘　附属镜盘上各辅助镜片的名称和符号功能包括：

O 或 O̲：无镜片或平光镜。

OC：遮盖片，表示被检查眼完全被遮盖。

R：视网膜检影片，将+1.50D 或+2.00D 的镜片置入视孔内，适用于工作距离为 67mm 或 50mm 的检影检查。

+0.12D：为+0.12D 的球面镜片。

PH：1mm 针孔镜片，验证被检眼是否为屈光不正性视力不良。

P：偏振滤镜，用于验证验光试片的双眼矫正程度是否平衡。

±0.50D：交叉圆柱透镜，用于老视光度的检测。

RL：红色镜片，用于检测双眼同时视功能及融合功能。

GL：绿色镜片，作用同红色镜片。

RMV：红色垂直马氏杆，用于检测隐斜视。

RMH：红色水平马氏杆，功能同上。

WMV：白色垂直马氏杆，功能同上。

WMH：白色水平马氏杆，功能同上。

6△U：底向上三棱镜，与旋转棱镜配合检测水平隐斜视。

10△I：底向内三棱镜，与旋转棱镜配合检测垂直隐斜视。

3. 外置辅镜

（1）交叉圆柱透镜：交叉圆柱透镜上的红点表示负柱镜的轴向，白点表示正柱镜的轴向，手柄位于偏离柱镜轴45°处，即折射力轴处。

交叉圆柱透镜的屈光力在相互垂直的主子午线上度数相同但符号相反，一般为±0.25D，也有±0.37D、±0.50D。主子午线用红白点表示，红点表示负柱镜轴位置，白点表示正柱镜轴位置，两轴之间为平光等同镜。一般将交叉柱镜的手柄或手轮设计在平光度数的子午线上，交叉圆柱透镜的两条主子午线可以快速转换。

（2）旋转式棱镜：棱镜转轮或Risley棱镜上有标记，指明棱镜的位置和棱镜度数，当在水平子午线为零时，箭头所指为底朝上或底朝下；当在垂直子午线为零时，箭头朝内为底朝内，反之底朝外。

4. 视标投影仪及视标

（1）视标投影仪：利用光学成像原理将视标投影到屏幕上，通过红外遥控器操作改变视标的大小、形式，配合插片或综合验光仪来测定眼睛的球镜度、柱镜度、柱镜轴位以及双眼平衡等，还能用来检验配镜质量。采用可见光投照的方式将验光视标显示在投影板上，其照度、亮度、对比度、清晰度和单色光的波长均要求可靠规范，达到相关国家标准。主要外形结构如图5-21所示，内部结构如图5-22所示。

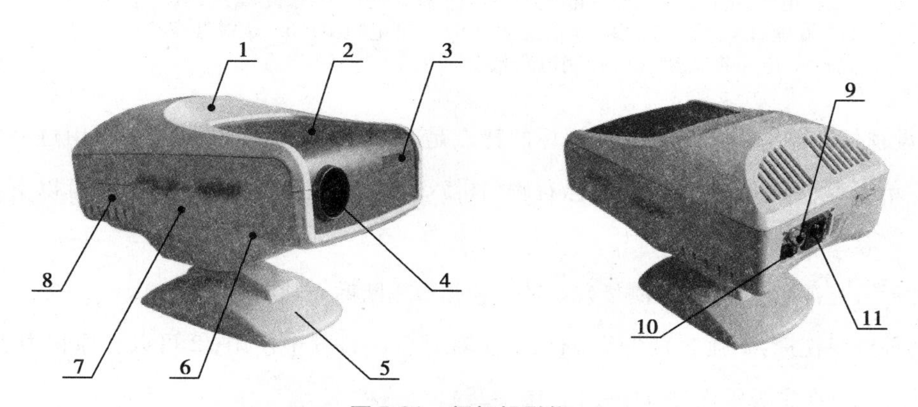

图5-21　视标投影仪

1. 外壳盖；2. 前罩板；3. 遥控接收器；4. 投影镜筒；5. 底座；6. 调焦旋钮；7. 外壳座；8. 灯座盖；9. 数据输入接口；10. 电源开关；11. 电源插座

（2）视标：目前视标投影仪投出的视标根据各个国家验光习惯的不同采用不同的投影视标组合，投影视标的构成主要有以下几种：①E字视标；②C字视标（也叫开口视标）；③数字视标；

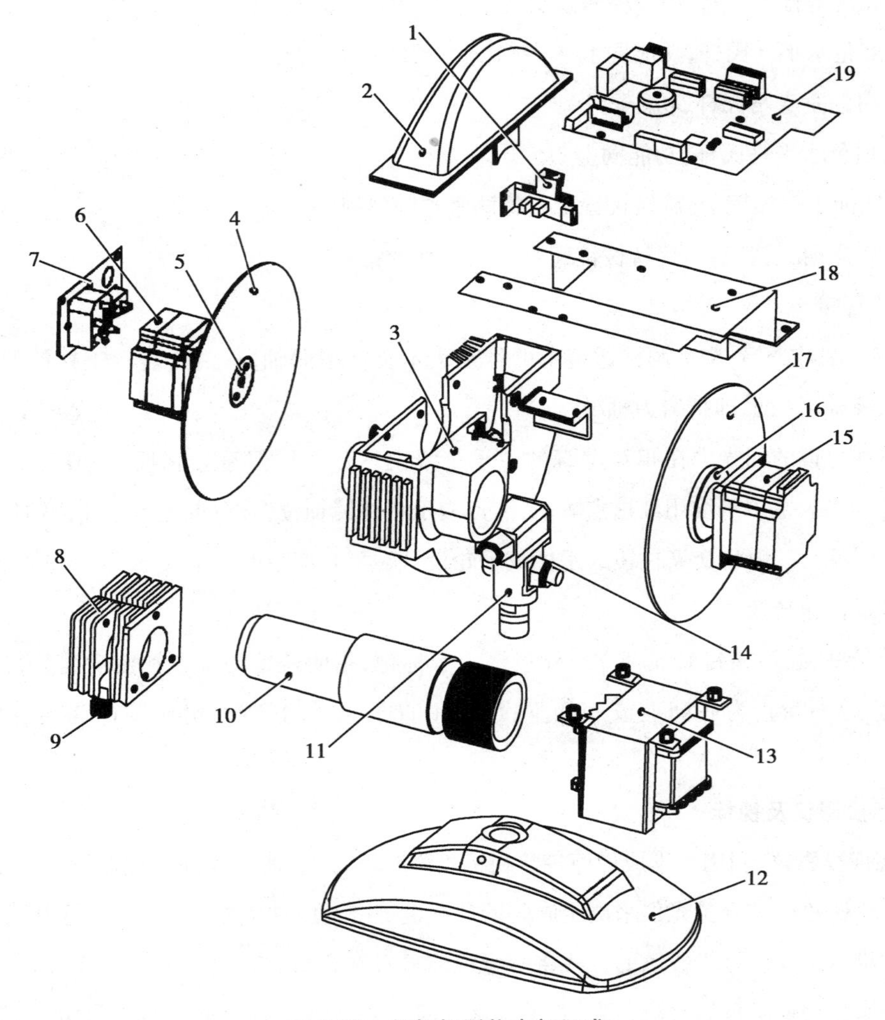

图 5-22　视标投影仪内部组成

1. 光电开关及座;2. 机架盖;3. 机架;4. 遮罩盘;5. 遮罩盘座;6. 步进电机A;7. 电源插座及开关;8. 散热罩;9. 卤素灯泡;10. 聚光镜组;11. 连接轴;12. 底座;13. 变压器;14. 连接支架;15. 步进电机 B;16. 分划盘座;17. 分划盘;18. 电路板支架;19. 控制电路板

④英文字母视标;⑤儿童视标等,这些视标的特点是基于 Snellen 设计原理,在应用过程中可以操纵成单行、单个等,视标大小标志在视标右侧(图 5-23)。除上述几种视标外,还有以下几种特别视标。

1) 钟形散光视标:用于主观测量残余散光和初步判断散光轴向(图 5-24)。

2) 两种红绿视标:①独立的红绿视标,在主观觉验光过程中使用;②可以在原视力表基础上,覆盖上红绿色,亦在主观验光过程中使用(图 5-25)。

3) 蜂窝视标:在主观验光过程中做交叉圆柱镜测试的时候使用(图 5-26)。

4) Worth 4 点视标:用于测量双眼融像试验(图 5-27)。

5) 点光源:通常在进行 Maddox 杆测试的时候使用(图 5-28)。

6) 偏振片视标:配合综合验光仪中的偏振片测试,检测双眼融像能力和问题(图 5-29)。

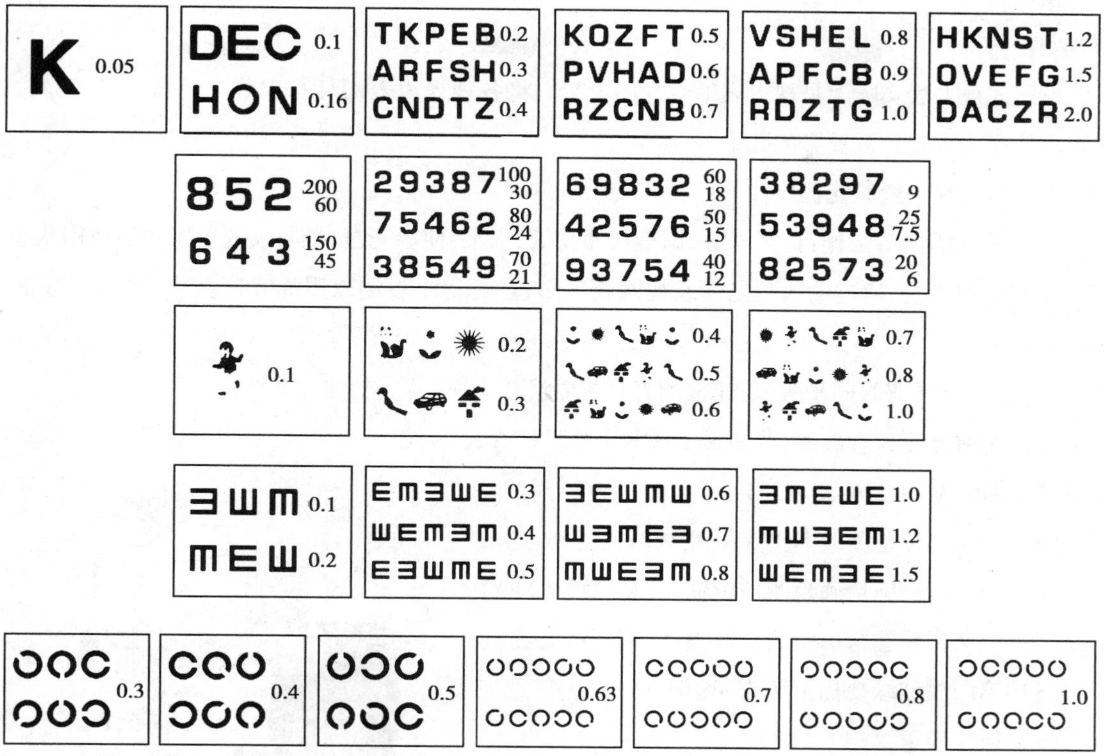

K 0.05

DEC 0.1
HON 0.16

TKPEB 0.2
ARFSH 0.3
CNDTZ 0.4

KOZFT 0.5
PVHAD 0.6
RZCNB 0.7

VSHEL 0.8
APFCB 0.9
RDZTG 1.0

HKNST 1.2
OVEFG 1.5
DACZR 2.0

852 200/60
643 150/45

29387 100/30
75462 80/24
38549 70/21

69832 60/18
42576 50/15
93754 40/12

38297 9
53948 25/7.5
82573 20/6

0.1

0.2
0.3

0.4
0.5
0.6

0.7
0.8
1.0

ƎШM 0.1
MEШ 0.2

EMƎШE 0.3
ШEMƎM 0.4
EƎШME 0.5

ƎEШMШ 0.6
ШƎMEƎ 0.7
MШEƎM 0.8

ƎMEШE 1.0
MШƎEM 1.2
ШEMƎE 1.5

0.3 0.4 0.5 0.63 0.7 0.8 1.0

图 5-23　各种常用视标

12 1 2 3 4 5 6 7 8 9 10 11

图 5-24　钟形散光表

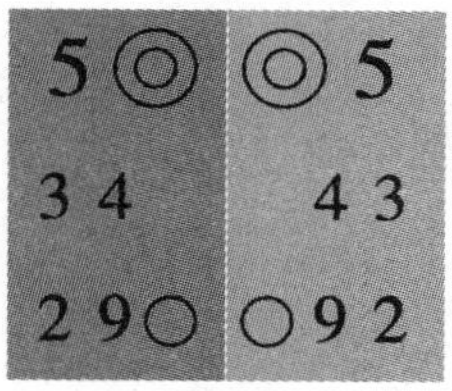

5 5
34 43
29 92

图 5-25　红绿视标

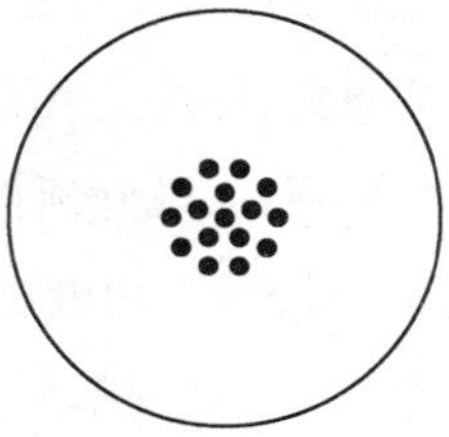

图 5-26　蜂窝视标

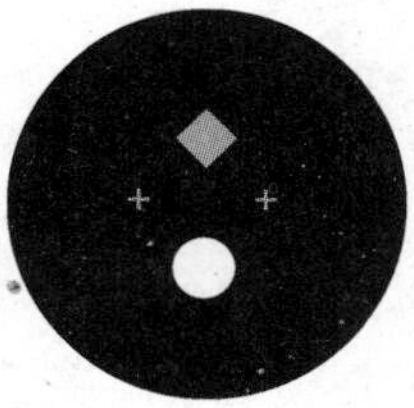

图 5-27　Worth 4 点视标

图 5-28　点光源

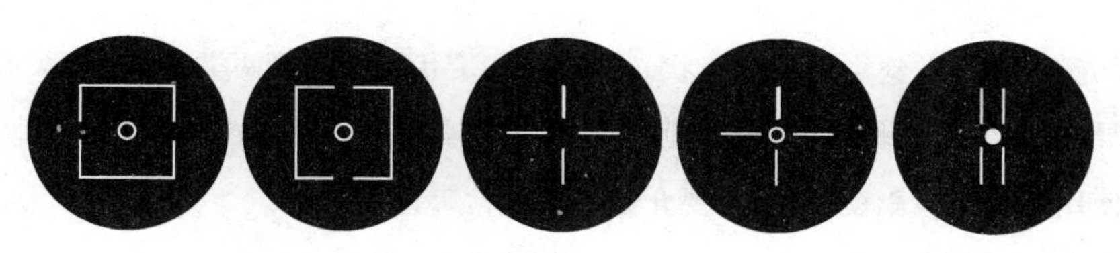

图 5-29　偏振视标

投影式视力表将各种视力检查表聚合在一起，操作时用遥控器进行选择和控制，极大地提高检测效率。

投影式视力表实际上是视力表幻灯片的投影。将各种视力表幻灯片安装在转盘上，转动转盘，将所需的视力表转到被投影的孔中。

综合验光仪一般验光程序如下：

（1）验光前准备工作：打开电源，调整仪器高低、水平，使验光盘、投影仪处于操作前使用状态。

（2）客观检查：通过电脑验光仪或视网膜检影检测，记录被测双眼屈光度数据，并预置数据于综合验光仪。

（3）远雾视（双眼同步等量，让被测者只能看清0.3视标）。

（4）用散光盘检查散光，先右眼后左眼（单眼检查，客观检查无散光，可忽略此程序）。

（5）初次红绿检测或MPMVA（精调球镜度）。

（6）交叉圆柱镜精确检测柱镜轴向（精调散光轴）。

（7）交叉圆柱镜精确检测柱镜焦度（精调散光度）。

（8）第二次红绿视标检测或MPMVA。

（9）换左眼重复（4）~（8）。

（10）双眼MPMVA或红绿视标检测。

传统的手动综合验光仪需按部就班，手动设置上述各个镜片参数，每次更换辅助附镜之后，几乎都必须更换相应的投影视标，既麻烦耗时又容易出错。而全自动综合验光仪（图5-30）功能更为齐全，而且操作非常简单，几乎所有的验光过程都可以通过一个拨盘和一个按钮来实现，或用无线平板电脑进行控制，控制装置与视标投影仪或液晶视力表之间实现通信联动，自动更换视标，大大降低了验光师的工作强度，有效地节约了视光检查的时间，是未来综合验光的主流。

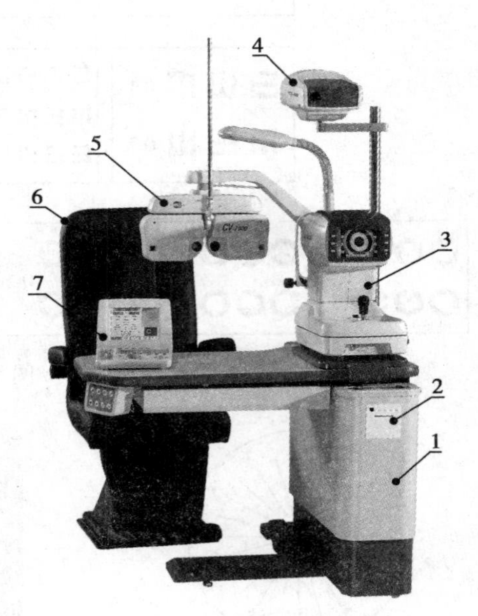

图5-30　全自动综合验光台

1. 升降工作台；2. 打印机；3. 电脑验光仪；4. 视标投影仪；5. 全自动综合验光仪；6. 升降椅子；7. 操作控制盘

二、检影镜

视网膜检影是一种客观测量眼的屈光力的方法，该方法利用检影镜观察眼底反光的影动情况，也就是通过检查眼底反射光线的聚散度来判断眼的屈光力（图5-31）。结构上，检影镜与检眼镜存在类似之处。

根据投射光斑的不同，检影镜分为点状光检影镜和带状光检影镜两类，点状光源发自单丝灯泡，而带状光源以线性灯丝灯泡作为光源，其他特性两者基本相同，带状光检影镜的光带判断简洁、精确，目前基本使用带状光检影镜，下面主要介绍带状光检影镜。

1. 检影镜结构　带状光检影镜一般由头部组件、手柄组件和电箱组成，如图5-32所示。头部组件内部装有反光镜和聚光镜组件；手柄组件由手柄和灯丝呈直线状的灯泡组成；电箱上有供选择照

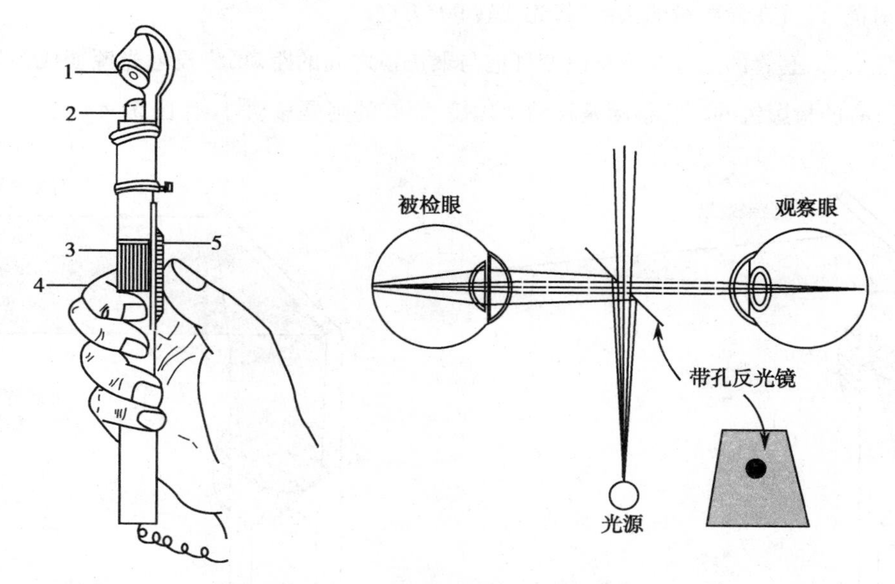

图 5-31　镜面反射式检影镜及光路

1. 带孔反光镜；2. 集光板；3. 条纹套管；4. 持镜手法；5. 活动推板

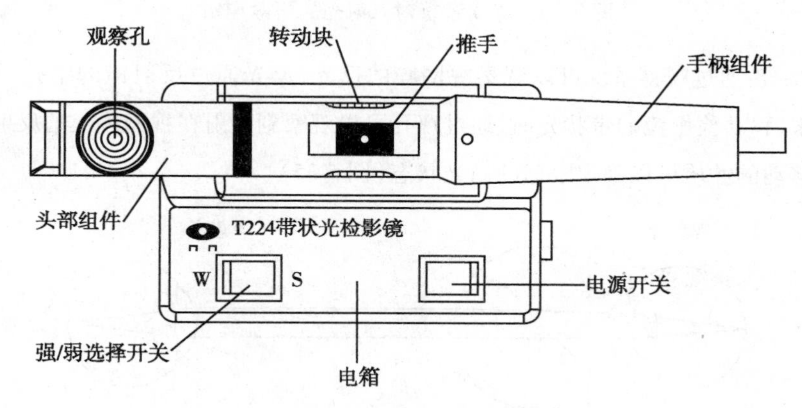

图 5-32　检影镜结构

明强度用的强/弱选择开关。其光学系统由投影系统和观察系统两部分组成。

（1）投影系统：检影镜的投影系统照明视网膜，该系统（图 5-33）包括以下部分：

1）光源：线性灯丝灯泡，或称带状光源，转动检影镜套管就转动了带状光源，称为子午线控制。

2）聚焦镜：设置在光路中，聚焦光源来的光线。

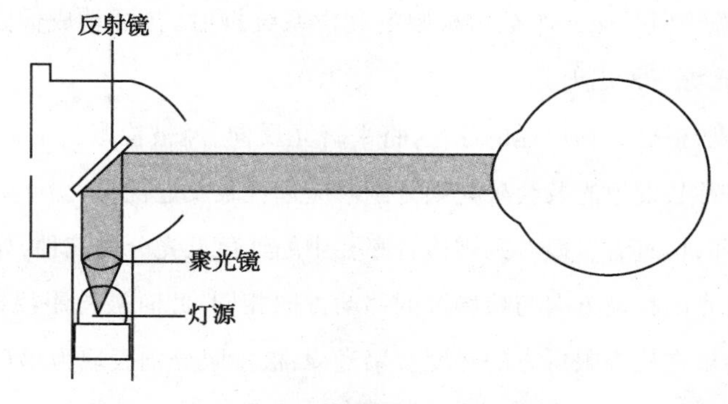

图 5-33　检影镜的投影系统

3）反射镜：设置在检影镜的头部，将光线转90°方向。

4）聚焦套管：套管的上移或下移改变灯泡与聚焦镜之间的距离，将投射光源变成为发散光源，或会聚光源；有的检影镜的套管移动是移动聚焦镜，而有的则是移动灯泡（图5-34）。

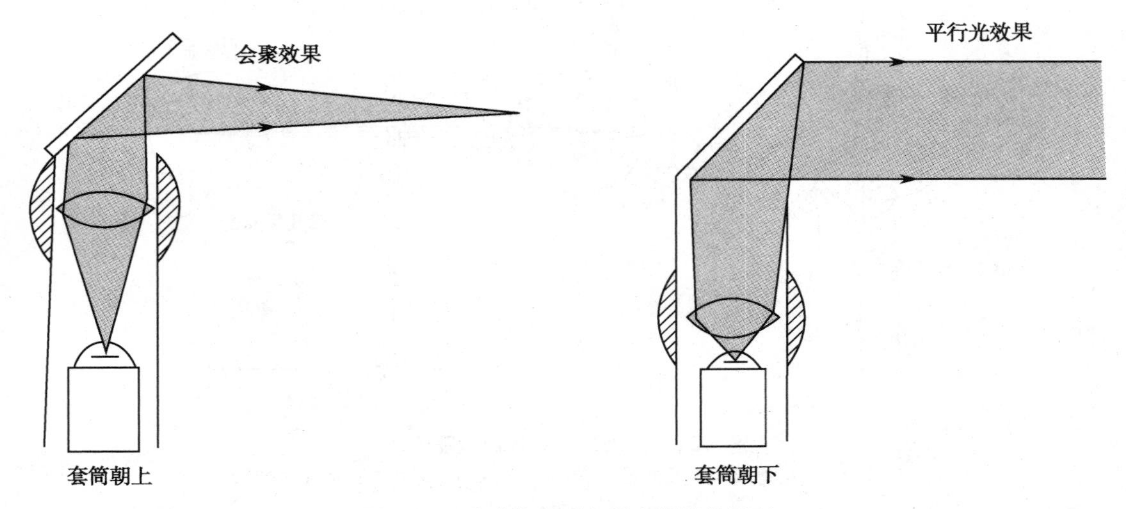

图5-34　移动套管对入射光的聚散控制

（2）观察系统：通过观察系统可以观察视网膜的反光，反光通过反射镜的中孔，从检影镜镜头后的窥孔中出来，移动检影镜的带状光时，通过窥孔可以观察到投射在视网膜上的反射光的移动，根据光带和光带移动的性质可以确定眼球的屈光状态（图5-35）。

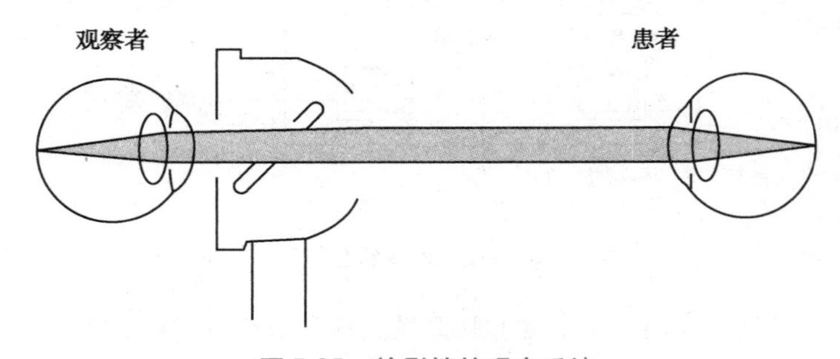

图5-35　检影镜的观察系统

2. 检影法原理　检测者坐在被检者的眼前，不管被检眼的性质如何，用检影镜均可将被检者的视网膜照亮，形成红色光斑，并且当检影镜转动时，视网膜上的光斑也随之移动，可看成是跟随检影镜同向移动的一个光源。但是该光源被被检眼的光学系统折射（与视觉成像刚好相反）后，会形成平行光、发散光、会聚光等三种出射光。

若出射光是平行光，根据光路可逆的原理，将平行光反向，经被检眼折射后会聚到视网膜上，此时该被检眼一定是正视眼；发散光及会聚光则分别对应远视眼及近视眼。

通过检影镜的窥孔，检查者可以看到被检者瞳孔中的红色反光分为三种，如图5-36所示。

顺动：视网膜反射光的移动方向与检影镜的移动方向相同；此时被检眼反射回的光线可以为发散光线、平行光线或会聚在检查眼后方的轻度会聚光线，被检眼分别表现为远视、正视、轻度近视。

逆动：反射光的移动方向与检影镜的移动方向正好相反；此时被检眼反射回的光线为会聚光线，

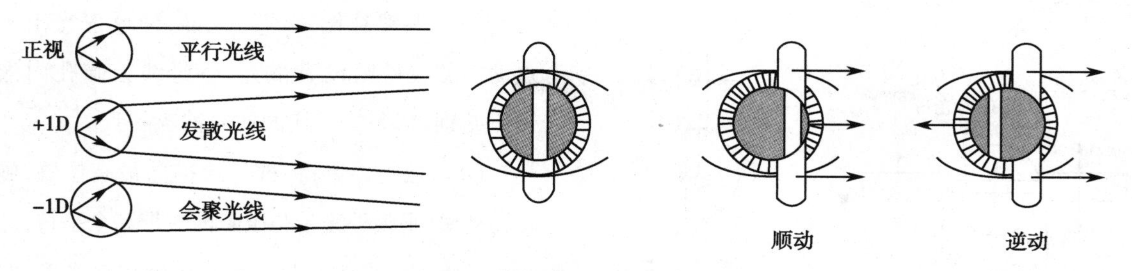

图 5-36　视网膜光线与影动关系

且焦点在观察眼与被检眼之间，被检查者表现为中、重度近视。

既不顺动也不逆动，而是忽隐忽现：焦点落在被检眼的视网膜处，马上可以得到被检眼的焦距为两眼（被检眼到检查眼）之间的距离，被检眼是近视眼；如果被检眼是正视眼，焦点在无穷远处，那么检查者只能在无穷远处观察到这个现象，见表 5-7。

表 5-7　三种影动与反射光的聚散关系

方式	顺动	逆动	点动
反射光移动方向	与检影镜移动方向相同	与检影镜移动方向相反	不移动，忽隐忽现
反射光聚散情况	1. 发散光线（远视） 2. 平行光线（正视） 3. 会聚在检查眼后方的轻度会聚光线（轻度近视）	会聚在检查眼与被检眼之间的会聚光线（中重度近视）	会聚在检查眼处的会聚光线（中度近视）

显然在无穷远处进行检影是不可能的，为了将无穷远的焦点移近至检查者处，可在被检眼前一定距离放置一工作镜，其度数与检影距离对应的屈光度一致。例如检查者在距离被测者 0.5m 处检影，就应该将+2.00D 的镜片放置在被测者的眼前，这样从正视眼平行出射的视网膜反光刚好会聚到检查眼处，观察到点动现象。这就相当于测量者在无穷远处做检影，临床上工作距离常为 67cm 或 50cm，对应的工作镜为+1.50D 或+2.00D。

如果被检眼不是正视眼，而是有一定的附加屈光度，比如+3D，那么，就必须再加一个-3D 的镜片加以补偿，才能在工作距离处观察到这种忽隐忽现的效果[此时总的屈光度为 2D+(-3D)=-1D]。反过来，如果在被检眼前附加一个-3D 的镜片，才能在工作距离观察到这个现象，则可以肯定被检眼的屈光度为+3D。当然也可以将工作镜与补偿镜两片合一，只加一片-1.00D 的镜片，就在 0.5m 的工作距离处观察到这种忽隐忽现的效果，推得被检眼的屈光度为-1D-2D=-3D。

这样，就可以根据所加的补偿镜的屈光度，反推被检眼的屈光度。

3. 检影镜的基本操作过程

（1）检影固定以被检眼与检查者眼为标准进行。检查者右手执镜柄，食指置缺口处旋转转动块，使灯泡 360°转动，以改变光带轴向位置，将大拇指置于推手处，使推动块上下移动以改变聚光镜和灯泡间的距离，用以控制出射光带的集散程度。

（2）检查时，镜柄转动方向须与光带垂直。例如做左右转动检查 180°经线上屈光状态时，光带应置于 90°(B)；检查 45°线上屈光状态时，光带应置于 135°沿 45°经线偏动(D)，依次类推。图 5-37 为四条子午线检测图。当被检眼有散光时，除散光轴外的其他角度、瞳孔内外光带不平行。

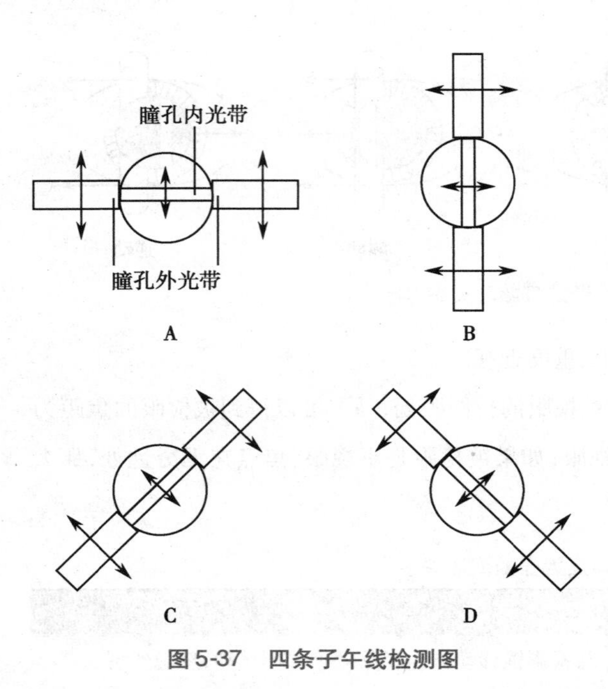

图 5-37　四条子午线检测图

(3) 调整补偿镜的屈光度，使反射光出现点动。若被检眼没有散光，各经线上瞳孔内光带无差别，四条子午线的屈光情况一致。

(4) 散光检影：将推动块推向最高位置，旋转转动块，眼瞳外光带与眼瞳内光带完全平行，即为散光轴位。再检查与之垂直的轴位屈光度，两条主要经线上度数之差即为散光度数。若散光度数太大，瞳孔内光带太暗、太宽，可将推手逐渐下移，下移程度以瞳孔内光带达最细最亮为标准。

(5) 在转动块做 360°旋转时，切勿将推动块上下移动。

(6) 注意事项：①注意被检查者的瞳孔尽量大；②要根据被检查者的年龄大小来选择适合的镜架及选择适当的坐位，以便更好地观察影动；③必须依据检查者与被检查者之间的距离补偿屈光度。

三、电脑验光仪

虽然检影镜是很好的客观验光方法，但是检影验光需要相当的技巧，需要较多的时间训练和操作，而自动化的电脑验光仪可以解决这个问题。

大部分客观验光仪的设计原理基于间接检眼镜，使用了两个物镜或聚焦镜和一个分光器，光源直接由瞳孔缘进入，检测光标可以沿着投影系统轴向移动，位于前焦面的投影镜片，可以将其像成在无穷远处，若被检眼是正视眼，则在其视网膜上清晰聚焦成像；如果被测眼屈光不正，通过前后移动检测光标，使其在视网膜上清晰成像。大部分电脑验光仪就是通过检测光标的移动距离，自动计算出眼屈光度的。

几乎所有的电脑验光仪都要求被测者注视测试视标或视标像，虽然测试视标通过光路设计在无穷远处，由于仪器非常靠近被测者的脸部，就诱发了近感知调节，使得检测结果近视过矫或远视欠矫，因此在设计过程中，将测试视标“雾视化”，在测量开始前，被测者先看到一个“雾视”视标，以此来放松调节。

一些验光仪在照明光路中放置一个橘黄色滤光片，减少进入被测者瞳孔的光亮，减少眩光现象。由于经过视网膜反射的光为橘红色，对检测者来讲光线是足够的。

以下列举几种常用类型的电脑验光仪。

(一) Astron 验光仪

这是一种在照明系统中加上一个可移动视标的直接检眼镜(图 5-38)。

移动视标可以改变进入被测眼光线的聚散度，验光者通过一个已补偿验光者和被检者屈光不正的透镜来观察落在被检者视网膜上的视标反射像。实际上，Astron 验光仪是验光者借助直接检眼镜来判断视网膜像清晰或模糊的简单验光仪，该仪器存在的问题是：①被测眼易产生调节，因为随着从

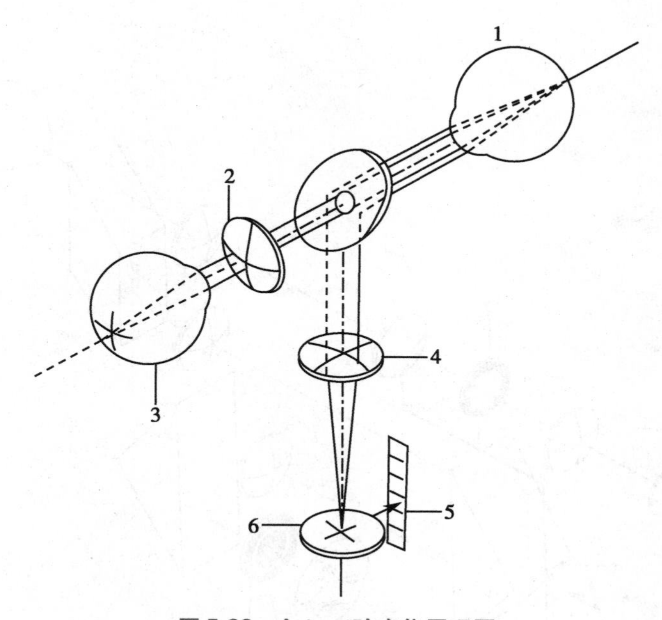

图 5-38　Astron 验光仪原理图

1. 被检眼;2. 会聚透镜;3. 验光者;4. 验光透镜;5. 屈光度标尺;6. 移动视标

视标来的光线聚散度发生改变,对被检者的调节刺激也发生改变;②像的亮度差;③角膜反光干扰观察;④焦深大。

(二) Rodenstock 验光仪

该验光仪利用间接检眼镜来观察被检者视网膜上的视标像,避免了角膜反光的干扰问题,视标和验光透镜之间的距离不是通过移动视标本身来改变,而且是通过前后移动位于光路中的棱镜来实现的(图 5-39)。

观察者可以通过调整目镜使光阑 S1 清晰成像以补偿观察者本身的屈光不正,经过这种调整后的观察系统就不需要再改变了,这是因为观察望远透镜与棱镜调节器已组成一机械耦合。

该仪器中光阑 S2 置于照明系统内,以使进入眼睛的光线成为环状;光阑 S1 位于观察系统内,限制观察系统内视网膜返回的旁轴光线,这两个光阑均成像在被检眼的瞳孔平面,且互不重叠,从而避免了反光(见间接检眼镜一节)。

Rodenstock 验光仪的视标能够绕光轴旋转,它是由一系列仅允许小孔和裂隙通过光线的不透明板组成,因此该验光仪对光的测量是敏感的,散光轴位可直接从连接到该视标上的刻度标尺中读出。

Rodenstock 验光仪克服了 Astron 验光仪存在的角膜反光和不能测量散光两大问题,但其仍存在的问题是:①像的亮度差;②被检眼仍存在调节;③焦深较大。

(三) RM9000 红外线验光仪

上面所述的验光仪均采用可见光,所有视标对于被检者可见,因而不能有效地控制被检者产生的调节现象。红外线验光仪利用红外滤光片置于光源前得到不可见的红外视标,解决调节问题;同时观察系统内安装 CCD 接收器或类似光电式传感器来代替验光者,利用计算机自动进行判读。

红外线验光仪检测的依据包括:条栅聚焦原理;检影镜原理;Scheiner 盘原理;Foucault 刀刃测试法等。

下面重点介绍国产 RM9000 电脑验光仪(图 5-40)。

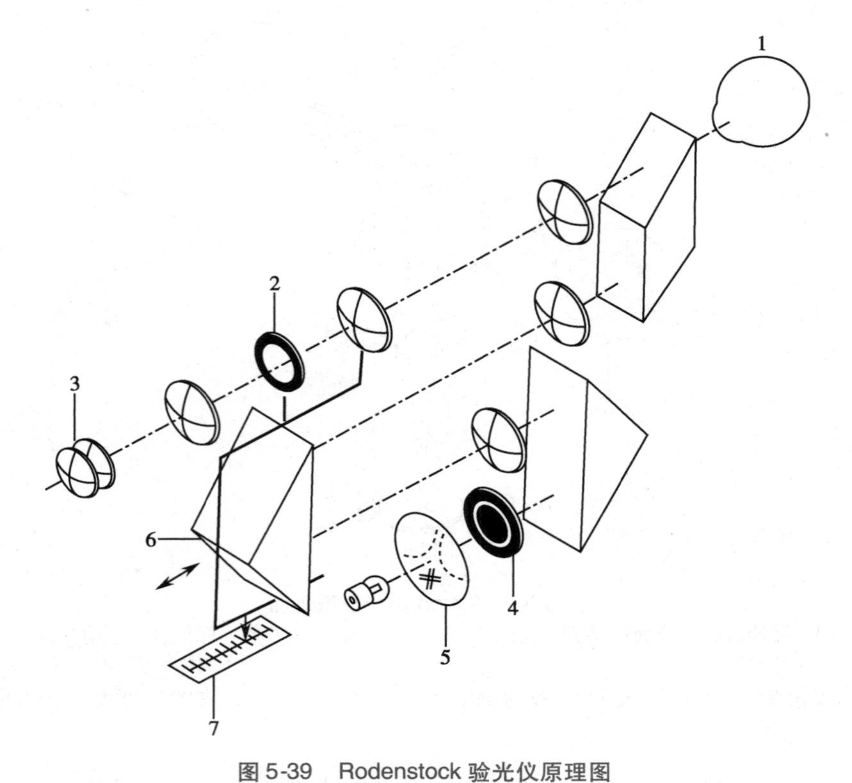

图 5-39　Rodenstock 验光仪原理图

1. 被检眼;2. 光阑 S1;3. 目镜;4. 光阑 S2;5. 视标;6. 可移动棱镜;7. 屈光度标尺

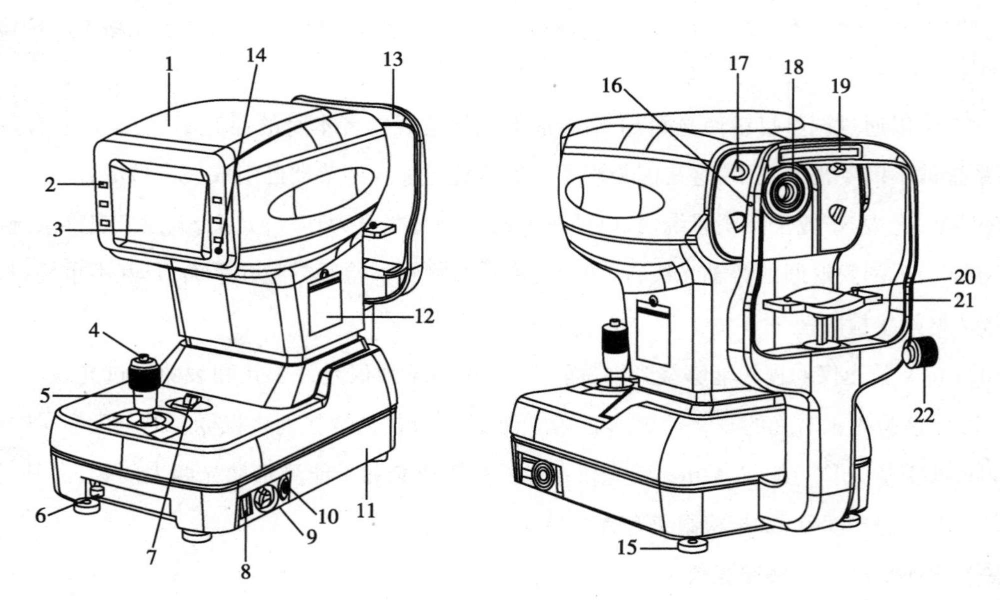

图 5-40　RM9000 电脑验光仪

1. 仪器主机;2. 功能选择与设定按钮;3. 5. 7 英寸液晶显示器(LCD);4. 测量按键;5. 操作杆;6. 运输固定旋钮;7. 机座固定键;8. 电源开关;9. 电源插座;10. 通讯数据接口;11. 仪器底座;12. 打印机;13. 头托;14. 电源指示灯;15. 地脚;16. 高度调节标记(调整被测量者眼睛的高度);17. 照明灯(照亮眼底);18. 测量物镜(测量视网膜上的成像);19. 额头靠垫;20. 模拟眼固定针;21. 下颚垫;22. 高度升降旋钮

RM9000 电脑验光仪是完全客观的红外线验光仪，是把一个确定的测量圆环投射至被检眼视网膜，再由 CCD 检测视网膜反射出的图形，采用 ARM 处理器加 FPGA 的方法采集和处理图像，从而确定人眼的球镜、柱镜和光轴。它完全排除了被验光者的主观因素，更准确、快速地反映了人眼的光学特性。支持与全自动综合验光仪的数据传输，大幅度提高验光效率。

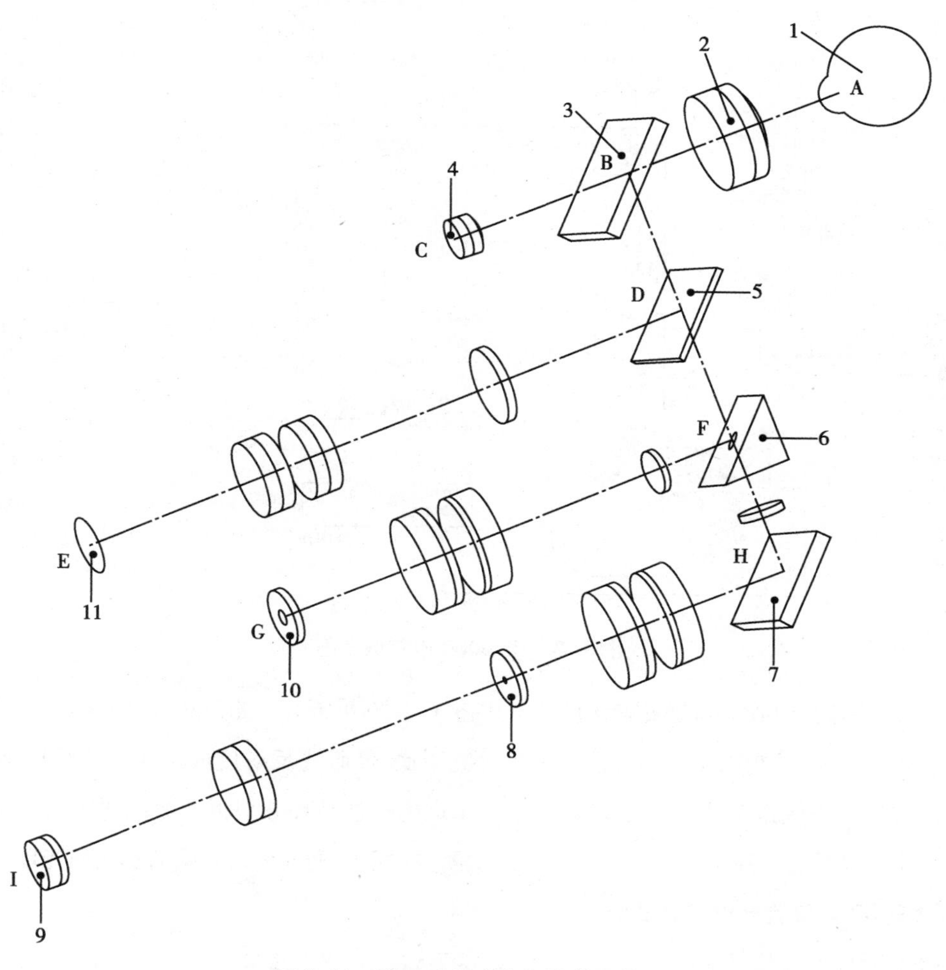

图 5-41　RM9000 验光仪光学原理图

1. 被测眼；2. 接目物镜；3. 半透半反镜；4. 成像物镜；5. 可见光反射镜；6. 棱镜；7. 红外反光镜；8. 黑点板；9. 成像物镜；10. 环行光阑；11. 雾视图片

1. RM9000 电脑验光仪原理　整个系统分为三条光路，第一条为对焦光路，角膜前面的 8 个在圆周上均匀分布的点光源经角膜反射后通过接目物镜 2、半透半反镜 3、成像物镜 4，最后被 CCD 接收；第二条为雾视光路，主要用来控制眼球的调节，雾视图片 11 经放大后由反光镜 5、半透半反镜 3、接目物镜 2，最后聚焦到眼底；第三条为测量光路，主要用来测量眼睛的屈光度，环行光阑 10 经棱镜 6 反光，透过可见光反光镜 5，由半透半反镜 3 经接目物镜 2 成像到眼底，经眼底漫反射后原路返回通过棱镜 6 的小孔由红外反光镜 7 反射后，经黑点板 8、成像物镜 9 最终由 CCD 接收；通过对接收的图像进行处理计算后求出被测眼的屈光度。如图 5-41 所示。

图 5-42 为 RM9000 电气原理图，图中开关电源提供 5V 和 12V 两路直流电源给主板，主板初始化后，点亮角膜灯（8 个灯圆周等分），经角膜反射后成像在 CCD2 上，通过 5. 7TFT 液晶屏显示出来，

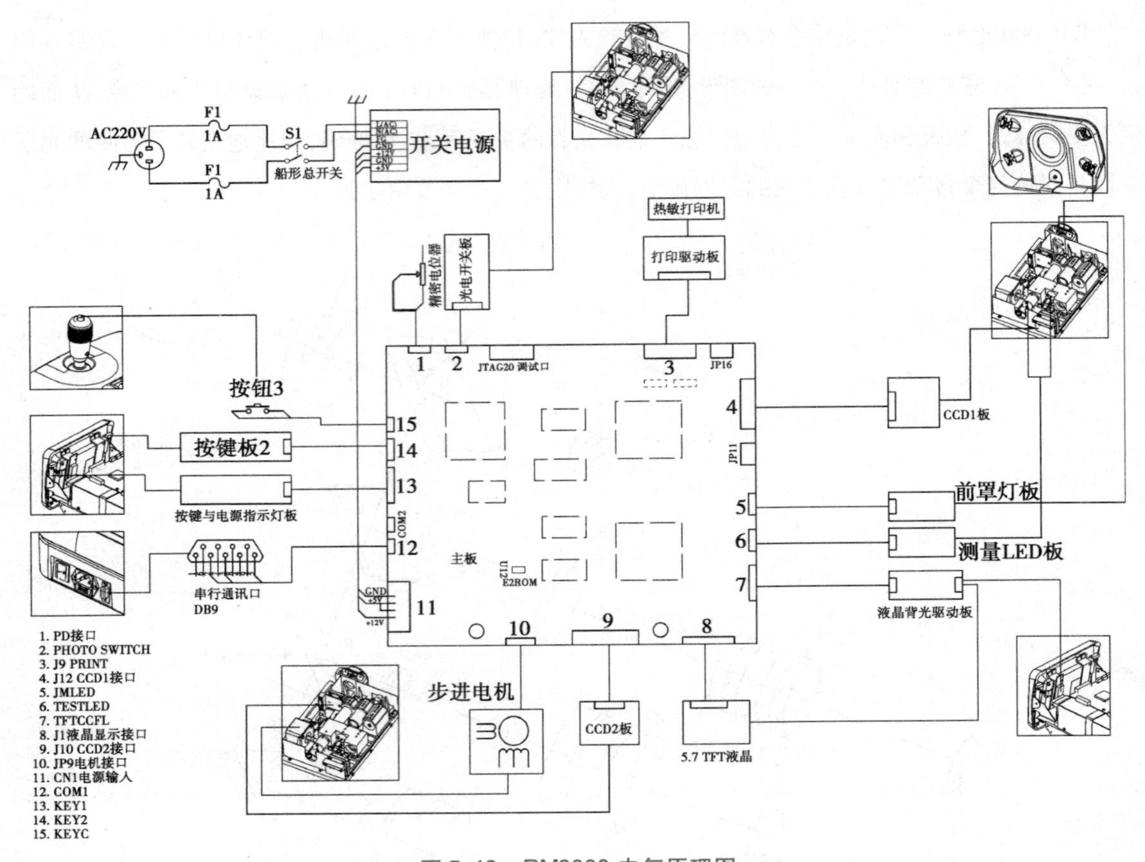

图 5-42　RM9000 电气原理图

用来对焦和确认瞳孔中心。当位置确认后按下按钮 3，系统开始进入测量程序：点亮测量用 LED 红外灯，通过环分划板、反光镜、滤光镜、接目镜等照亮眼底，经眼底反射后成像在 CCD1 上，通过计算 CCD1 上的圆环大小估算人眼的屈光度数，再通过步进电机移动环分划板和雾视图像到该眼屈光度所在位置，让人眼看清图片，并再次进行测量，此次测得的屈光度数值为人眼的真实屈光度值。

2. RM9000 电脑验光仪问题及维护

（1）RM9000 验光仪常见故障及解决办法见表 5-8。

表 5-8　RM9000 验光仪常见故障及解决办法

故障	解决办法
电源指示灯不亮或液晶屏没有显示：	查供电电源
	查保险管有无熔断
	打开外壳测主板输入电源+5V、+12V 是否正常
	查主板电源插头接触是否良好
	主板指示灯亮：查液晶连接线和背光灯连接线
	主板指示灯不亮：换主板
测量按键按下，不会进行测量	拆下按键手柄，测量按键开关是否正常
	打开外壳查主板上对应二芯插口接触是否良好
	拔下插口，用导线直接通断，看能否进行测量；能测：换开关到插口的连接线；不能测：换主板

续表

故障	解决办法
测量度数偏差很大	重新开机后再进行测量
	被测者有斜视：转动头部使瞳孔中心与屏幕测量中心重合再测
	用模拟眼测量是否超差：1. 超差：模拟眼是否对正；表面是否干净；测量镜头表面是否有脏物。2. 不超差：建议去眼科检查
	重新校正
开机有电机堵转声响，过后不能进行测量	打开外壳查光电开关插口是否接触良好，重新插拔
	拔下电机插头，插上维修电机，打开电源看电机能否正常转动，如电机堵转则是驱动芯片虚焊或烧坏
	打开光学头外壳换内部光电开关
PD 测量不准/左右眼不能转换	查移动台底部销子是否插入凹槽内
移动台移动不灵活	在手柄底部与底座塑料板接触处加油脂
	在移动轴上加油脂
打印机能出纸但打不出字	查打印纸是否装反
接通电源保险丝即熔断	查电源电压及保险管规格是否与机器相配

（2）RM9000 验光仪日常维护：①平常要保持产品清洁，不能用强挥发性溶剂、稀释液或苯等作为清洁剂；②用柔软的抹布蘸上肥皂水拧干后擦拭产品相关部分；③擦拭镜片和镜面时，先用吹气球吹掉表面异物，再用干净绒布或镜头纸擦拭；④在被检者使用完毕后，对额头靠垫和下颚垫进行消毒处理。方法：用柔软的抹布蘸上 75% 浓度医用乙醇进行擦拭。

点滴积累

1. 综合验光仪　利用自动机械的方法，将组合在一起的一系列不同屈光度的球面镜及柱面镜，逐一加到被检眼前，通过主观感觉，选择合适的组合，确定被检眼的屈光度。
2. 检影镜　利用反射光的顺动、逆动、点动的方法，辅以不同屈光度的工作镜，确定被检眼的屈光度。
3. 电脑验光仪　其实质就是在检眼镜的基础上，加上一个移动视标的装置，在计算机系统的控制下，使眼底出射光对检查者成清晰的像。通过测量视标移动的距离来确定被检眼的屈光度。

第四节　角膜测量仪

角膜是人眼的最外层结构，具有中央接近球形、朝周边逐渐平坦的结构特征。角膜是按照椭圆形形成的非球面体，中心到周边的曲率存在差异变化。角膜顶点是曲率最大或曲率半径最短的点，离开角膜顶点的区域的曲率半径均比角膜顶点的曲率大。

测量角膜形态可以：估计屈光不正；评估角膜的病理变化；预测或评价角膜接触镜的验配。因此临床上十分重视检查角膜的曲率半径。

一、角膜曲率计的测量原理

角膜曲率计是利用角膜反射性质来测量其曲率半径的。在角膜前一特定位置放置一特定大小的物体,该物经角膜反射后成像,测量出此像的大小,便可算出角膜的曲率半径。其原理如图5-43所示。h'为像的大小;h为物的大小,F为角膜凸面镜的焦点,f'为焦距,物像距离为d,像的放大率为h'/h,由相似三角形 $FA'B' \cong FAB$ 得:

$$\frac{h'}{h}=\frac{f'}{x},f'=\frac{r}{2},\frac{h'}{h}=\frac{r}{2x},r=2\ \frac{h'}{h}x=2mx$$

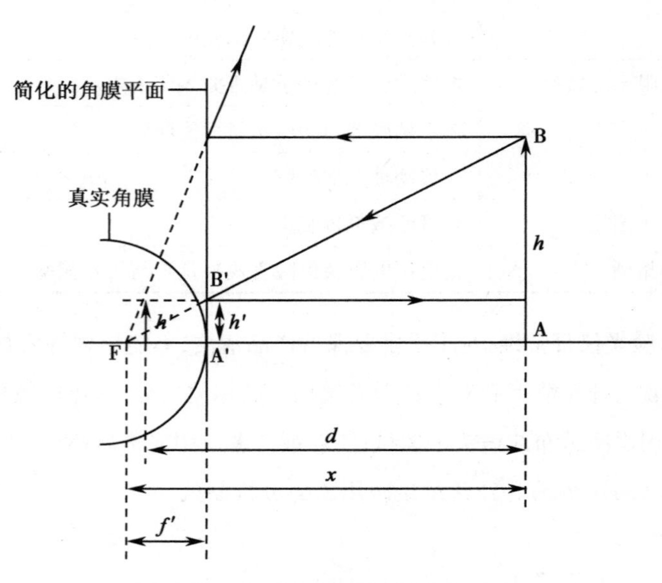

图5-43　角膜曲率计光学原理

所以角膜曲率半径为:

$$r=2mx \qquad 式(5\text{-}3)$$

这里m为像的放大率。如果测试光标离被测眼15cm,其所成像的放大率约为0.03,需要用复合显微镜来精确测量其像的大小(图5-44)。

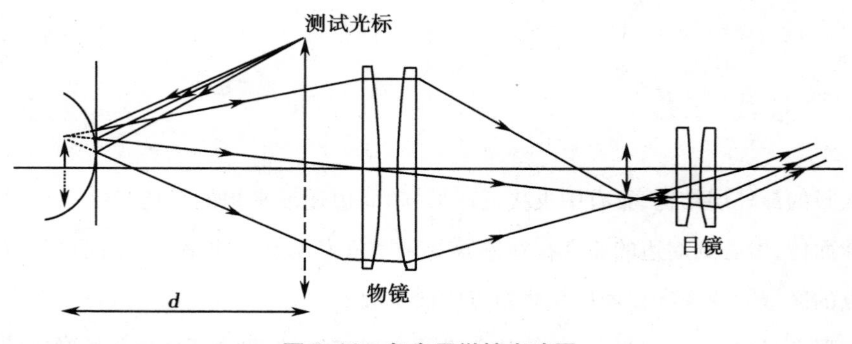

图5-44　复合显微镜光路图

实用中 d 远较角膜曲率半径大，那么光标像的位置非常靠近角膜的焦点，即 d 约等于 x，这时式 5-3 可写成：

$$r=2md \qquad 式(5\text{-}4)$$

因为仪器中 d 为常数，所以角膜曲率半径与放大率成正比。

从理论上讲，在显微镜内放置一测量分划板就可以量出测试光标像的大小。然而由于被测者的眼睛一直在动，因此眼动光标像也动，要想精确测量极其困难。

使用双像系统（图 5-45）成功地解决了上述问题。由图可见，双像棱镜产生的双像距离取决于棱镜与物镜的相对位置：两者距离减少，双像距离增加；两者距离增加，双像距离减少。通过变化双像棱镜的位置，使双像距离等于像的大小，这时记录棱镜的位置，便可算出像的大小。这时无论眼怎么动，已对准的双像不会改变。这样，测试光标固定而改变双像距离的角膜曲率计称为可变双像法角膜曲率计；也可使双像距离固定，改变测试光标的大小而算得像的大小，称为固定双像法角膜曲率计。

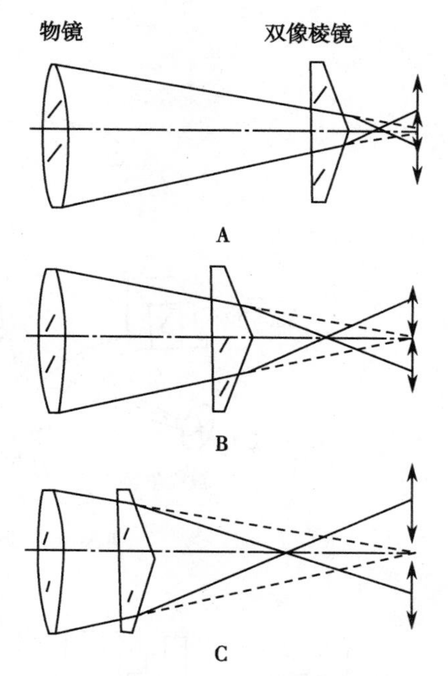

图 5-45　双像与棱镜位置图
A. 双像距离小于视标像大小；B. 双像距离等于视标像大小；C. 双像距离大于视标像大小

二、角膜曲率计的类型及结构

（一）Javal Schiotz 角膜曲率计

Javal Schiotz 角膜曲率计为固定双像法角膜曲率计，其光学原理如图 5-46 所示，物 GB 位于圆弧形导轨上，GB 的大小可由旋钮进行调节，导轨的曲率中心位于眼角膜的曲率中心处。转动旋钮，GB 两点同时向内或向外移动，而始终处于和光轴对称的位置。物 GB 实际上是两块刻有不同图案的光屏，其后面用小灯照亮。发亮的图案由角膜形成反射像 h'，经光组 T 中的第一物镜 L_1 后成平行光束，通过双像棱镜，即分成两束平行光，再经第二物镜 L_2 后成实像于分划板上（分划板位于 L_2 的像方焦面上），检查者通过目镜 L_3 观察。

Javal Schiotz 角膜曲率计的梯形光标上盖有绿色滤片，方块上盖有红色滤片，当光标重叠时是黄色，有助于辨认。通过显微镜双像系统所看到的光标像分以下几种情况，如图 5-47 所示。

（二）Bausch and Lomb 角膜曲率计

Bausch and Lomb 角膜曲率计为可变双像法角膜曲率计，其原理如图 5-48 所示。若去除图中的双像棱镜，通过光阑四个孔的光都来自同一成像光束，成一个像，或者四像重合；若在光阑盘 C、D 两个孔径后，放置两个相互垂直的、独立可调节的棱镜，则①通过孔 C 的光束形成的像有垂直移位，其移位大小可通过移动 C 处棱镜 M 来改变；②通过孔 D 的光束形成的像有水平移位，其移位大小可通过移动 D 处的棱镜 N 来改变；③通过孔 A、B 的光束形成的中间像，无论移动哪个棱镜，像不受影响。

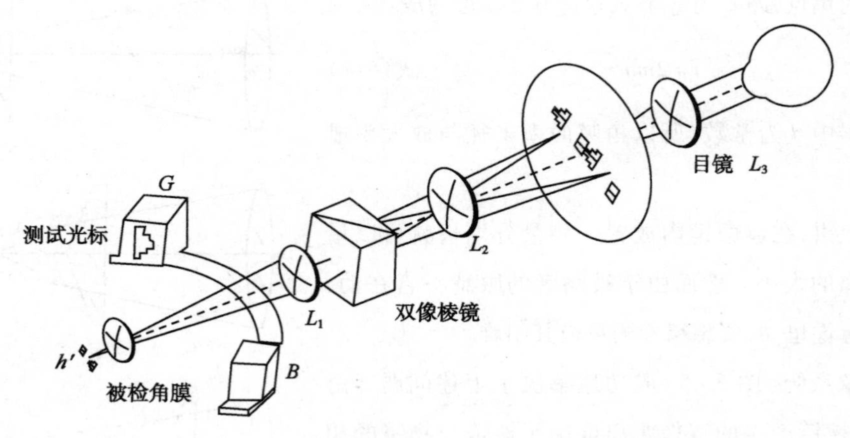

图 5-46 Javal Schiotz 角膜曲率计的光学原理

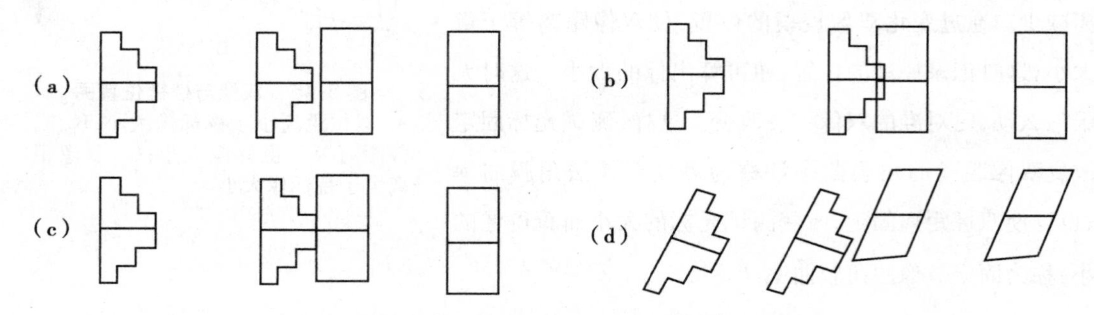

图 5-47 Javal Schiotz 角膜曲率计的光标像

(a)光标像距离太大;(b)光标像距离太小;(c)光标像对准;(d)经散光角膜反射后的光标像与角膜曲率计轴不重合

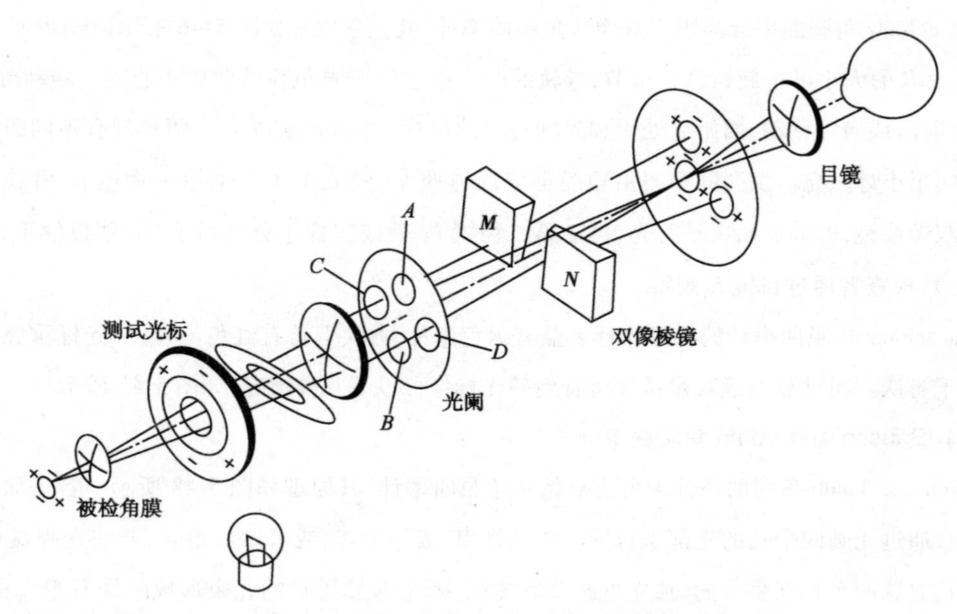

图 5-48 Bausch and Lomb 角膜曲率计光学原理

调焦准确时，中间像清晰。该角膜曲率计的光标如图5-49所示。调整两棱镜的位置，当光标像如图(b)所示时，检测棱镜的位置即可得角膜水平与垂直两个方向。

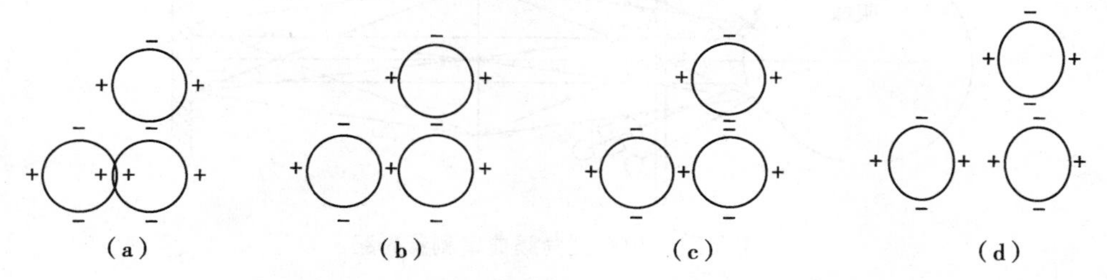

图5-49　Bausch and Lomb 角膜曲率计的视标及读数
(a)双像在垂直方向距离正确，水平方向距离太小；(b)垂直方向和水平方向距离均正确；(c)水平方向距离正确，垂直方向距离太大；(d)经散光角膜所形成的光标像，角膜轴与角膜曲率计轴没对准

OM-4角膜曲率计就是一种可变双像法角膜曲率计。如图5-50所示，颏托上下移动调节螺母用以调整被检眼和物镜的相对位置。闭合器用以遮蔽未测试眼。散光轴向指示标尺，用于指示散光轴的方向。目镜可±5m^{-1}视度调节。垂直方向旋钮用以重合目镜分划板上视标的“+”和“-”标记，以便读出角膜在垂直方向的曲率半径及光焦度值。水平方向旋钮用以重合目镜分划板上的视标和标记，以便读出角膜在水平方向的曲率半径和光焦度值。轴旋转手柄用以测定散光轴向。操纵杆用以控制运动滑台的前后左右及高度位置。

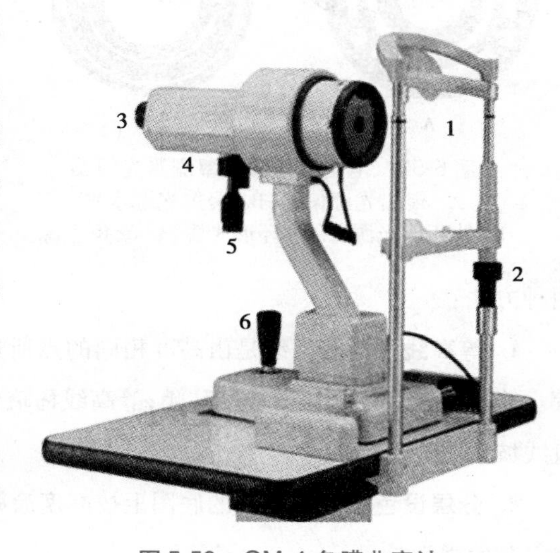

图5-50　OM-4角膜曲率计
1. 闭合器；2. 颏托上下调节螺丝；3. 目镜；4. 垂直方向旋钮；5. 水平方向旋钮；6. 操纵杆

(三) 自动角膜曲率计

现在许多电脑验光仪都带有角膜曲率测量功能，其光路如图5-51所示，图中有两条测量光路，一条为环形光源(图5-52)投射到角膜，经角膜反射后由成像物镜聚焦到CCD图像传感器；另一条为聚焦光源经准直透镜后成平行光源投射到角膜，由角膜反射后形成平行于光轴的光线，由成像物镜聚焦到CCD成像。

两条光路的作用是，当测量距离产生微小的位移时，聚焦光路在CCD上产生较小的位移，而第一条环形光路则会产生较大的位移，正是由于曲率测量装置与人眼角膜距离发生变化时，两条光路在CCD上成像的大小变化不同，所以中央处理单元CPU可以根据成像图像之间的变化关系计算出位移引起的角膜表面曲率的补偿值，得到眼睛的角膜曲率值，直接显示在液晶屏上。

三、角膜地形图仪

(一) 角膜地形图原理

地形图是地质学的一个专有名词，其定义为：对一个地区天然的地理形态进行人工的地势描

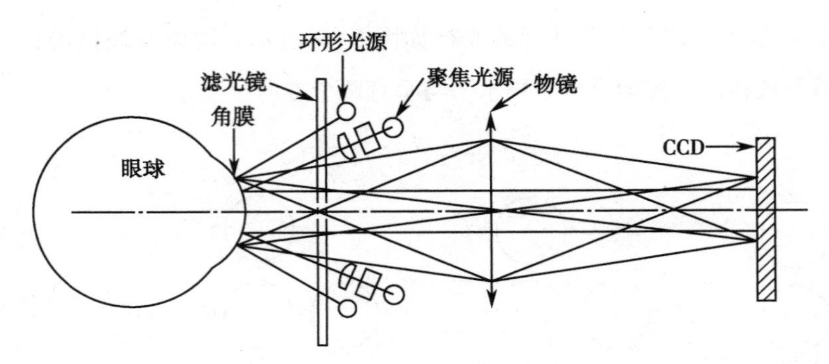

图 5-51　电脑型角膜曲率测量光路

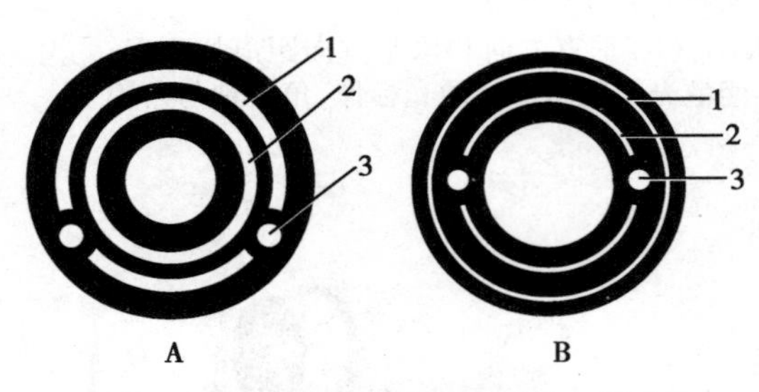

图 5-52　电脑型角膜曲率测量光源图
A. 聚焦光源偏下；B. 聚焦光源水平
1. 外环形光源；2. 内环形光源；3. 聚焦光源

绘，简称地形描绘。角膜地形图就是通过计算机图像处理系统将角膜形态进行数字化分析，并将所获得的信息以不同特征的彩色图来表现，因其貌似地理学中地形表面高低起伏的状态，故称为角膜地形图。它能够精确测量分析全角膜前表面任意点的曲率，检测角膜屈光力，是研究角膜前表面形态的一种系统而全面的定量分析手段。目前进行角膜地形图测量有以下两种方法：

1. 等高线法　等高线是由高度相同的点所连成的闭合曲线，相邻两条等高线之间的高度差相等。等高线密集代表地面坡度陡峭；等高线稀疏代表坡度缓和；等高线间隔均匀，说明坡度均一，为直线坡。

2. 分层设色法　等高线的底图上按高度涂染不同各种颜色，以代表地形起伏的方法，可使人产生深刻的视觉效果。

（二）角膜地形图仪构成

在角膜前放置同心环状物，利用 CCD 等图像传感器，获取角膜表面的同心环状影像，对此进行分析，就可以详细地了解角膜表面形态。

现代的角膜地形图仪大多基于以下三部分构成（图 5-52）。

1. Placido 盘投射系统　类似于电脑型角膜曲率的环形光源，Placido 盘投射系统将 6～34 个同心圆环均匀地投射到从中心到周边的角膜表面上，角膜对其成像，中心环直径可小至 0.4mm，圆环可覆盖整个角膜。

2. 实时图像摄像系统　实时图像摄像系统观察投射在角膜表面的环形图像。通过调整，使角膜图像处于最佳状态，然后用数码相机进行摄影，并将其储存于计算机内以备分析处理。

3. 计算机图像处理系统　计算机应用事先编制好的算法程序进行分析，用不同颜色将计算得到的地形图，包括各种统计资料显示在显示幕上，并可通过彩色打印机进行打印。

（三）角膜地形图仪的特点

角膜地形图仪测量区域大、获得的信息量大，可观测范围达 95% 以上；精确度高、误差小：角膜

8.0mm 范围内精确度达 0～0.07D，由于用即时数码视频技术在 1/30 秒内显示，避免了因瞬目和心跳造成的影响；受角膜病变影响小；一机多用：角膜地形图仪还具有自动角膜曲率计、角膜镜的功能，新型的角膜地形图仪还可以测量明视和暗视下瞳孔直径、角膜直径等。其软件的功能也有很大改进，如通过设定的函数换算，可以得到角膜像差的资料等。见图 5-53

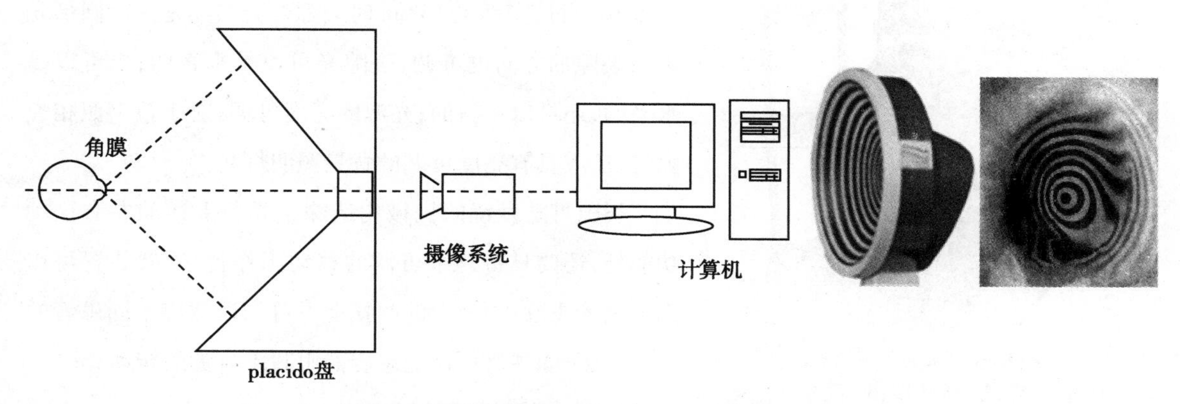

图 5-53　角膜地形图仪构成、placido 盘以及角膜中的 placido 盘影像

角膜地形图仪对周边角膜欠敏感；当非球性成分增加时准确性降低；易受眼眶高度及眼球内陷程度的影响。

点滴积累

1. 角膜曲率计：不同曲率的角膜，对视标反射成像大小不同，通过测量视标像的大小，确定角膜的曲率。
2. 角膜地形图：将视标像做成黑白相间的细密同心圆，分析角膜反射像，不但可算得任一点角膜曲率，还能得到角膜形状从而得到其他更多的眼视光参数。

第五节　裂隙灯显微镜

一、裂隙灯显微镜基本结构和光学原理

裂隙灯显微镜与普通暗视场生物显微镜的光学原理基本相同。具有高亮度的裂隙强光（裂隙光带），以一定角度照入眼的被检部位，形成活体透明组织的光学切片，类似阳光透过窗户或门缝照亮带有尘埃的空气。光学切片所包含的超显微质点（就是那些小于显微分辨极限的微小质点）产生了散射，通过双目立体显微镜，就可看清被检组织的细节。

裂隙灯显微镜一般都是由显微镜（观察）系统和裂隙（照明）系统两大部分组成。裂隙灯显微镜的观察系统就是双目立体显微镜，照明系统就是裂隙灯。其基本结构如图 5-54 所示，包括双目立体显微镜、裂隙灯、滑台、颌架、操作杆、共焦轴等。

为了便于裂隙光源从不同的角度照射眼睛各部位，显微镜从不同的角度观察眼睛，裂隙灯与显微镜都应能围绕某个被检眼转动。即裂隙在眼球位置处的圆心垂直面上成清晰的像；同时，显微镜

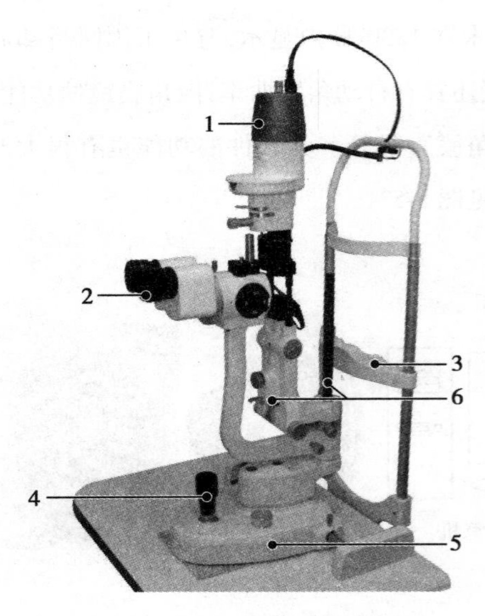

图 5-54　裂隙灯显微镜
1. 裂隙灯；2. 显微镜；3. 颌架；4. 操作杆；5. 滑台；6. 裂隙灯与显微镜的共焦轴

也必须聚焦在这个圆心垂直面上，使观察者能清晰地观察到裂隙像（光学切片）。这就是裂隙照明系统与观察显微系统两者共焦。

裂隙照明光源的裂隙的宽度和长度在 0 ~ 14mm 范围内可调（当长宽都是 14mm 时裂隙灯光实际是一个圆形光斑）；裂隙的方向也可调，裂隙光可以是垂直的，也可以是水平的，还可以是斜的；光源的亮度可调；对于数字照相裂隙灯，还应具有亮度可调的背景照明灯光。

裂隙灯显微镜的机械构造除了具备上述的左右摆动功能外，还要具备三维可调的移动工作台；颌架装置可以固定患者头颅，颌架上的颌托上下可调以适应不同患者的头颅长短；固视灯可避免患者的眼睛不自觉的转动。

（一）裂隙（照明）系统

眼科光学仪器的照明方式可分为三种类型：直接照明、临界照明、柯拉照明。裂隙灯显微镜的照明系统，要求是能产生一个照明均匀、亮度高、裂隙清晰而且宽度可调的照明效果。为此，几乎所有的裂隙灯都选择了柯拉照明方式（图 5-55）。

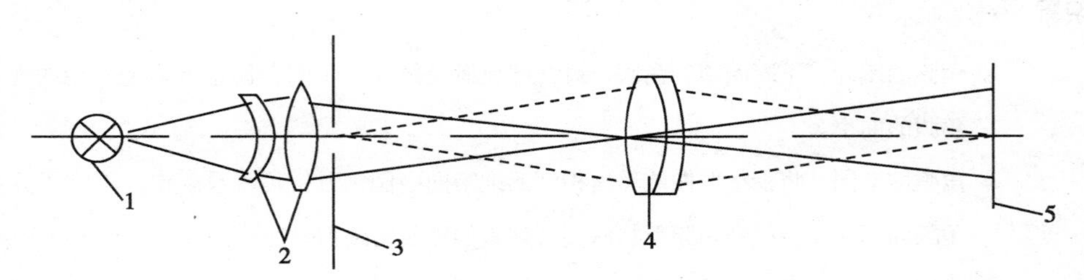

图 5-55　裂隙灯显微镜的柯拉照明系统
1. 光源；2. 聚光镜；3. 裂隙；4. 投射镜；5. 定焦面

图中灯丝经聚光镜成像在（或接近）投射镜上而不会在眼镜上形成灯丝像；裂隙（或光阑）通过投射镜成像在被检部位（定焦面），形成明亮的光学切片。

投射镜的直径通常都是较小的，这样有两个好处，首先它减少了镜片的像差，其次增加了裂隙的景深，从而提高了眼的光学切片的质量。

裂隙的宽度通过一个连续变化的机械结构来控制，裂隙的高度可以利用裂隙前的一系列光圈的变化来达到非连续变化的效果，或者利用螺旋形光阑来达到连续变化的效果。在照明光路中还放置了不同波长的滤光片，可以根据各种检查的需要，发出各种不同颜色的裂隙光。如在进行荧光检查时，就发出激发荧光素的色光。此外，还可以转动裂隙使其呈水平裂隙带，以便在检测眼底和房角时用。

裂隙灯中所使用的灯泡为钨丝灯泡，为了安全起见，一般都是低电压的。卤素灯的亮度较高，利于图像记录，或其他特殊检查如角膜厚度测量等。

（二）显微镜（观察）系统

裂隙灯显微镜的观察系统是一个双目立体显微镜（图 5-56），它由物镜、目镜和棱镜组成。

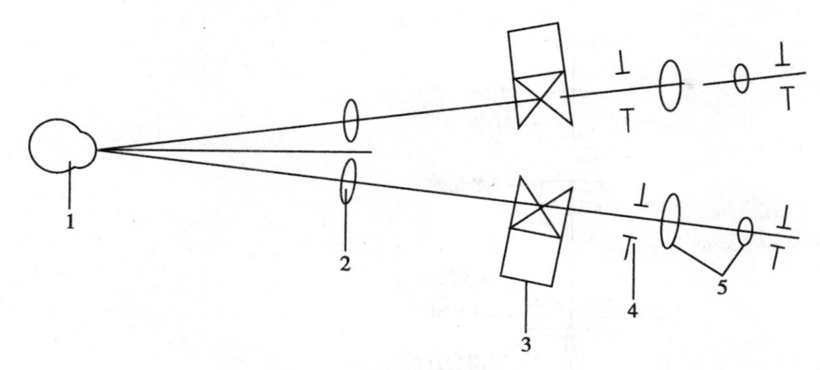

图 5-56　双目立体显微镜光路

1. 被检眼；2. 物镜；3. 转像物镜；4. 目镜视场光阑；5. 目镜

该显微镜设计的基本要求是要有一定的放大倍率范围和足够的工作距离。使检查者能有一定的预定空间做检测或治疗操作，如翻眼睑或去除异物等；同时，还可以连接一些附属检测仪器，如眼压计、角膜厚度计等。显微镜的放大倍率范围一般为 6×～40×。低放大倍率用于病灶定位，高放大倍率用于病灶细节的观察。使用不同的物镜、目镜、伽利略系统或连续变焦系统（Zoom）改变放大倍率。

在临床应用过程中，并没有特别需要放大倍率的连续变化，所以大部分的眼科医师和眼视光医师都选择光学质量高、非连续放大倍率变化的裂隙灯显微镜。

一般显微镜最后的像是倒置的，为了解决这个问题，该显微镜使用了一对棱镜来倒转像，且目镜和棱镜还能绕显微镜物镜的光学轴转动，以适应对不同瞳孔距离的调整需要，如图 5-57 所示。

（三）显微系统和照明系统的连接

由上述可知，裂隙灯显微镜裂隙（照明）系统的转臂（以下简称裂隙臂）与显微镜（观察）系统的转臂（以下简称显微臂）分别固定在同一转动轴上，使照明系统和观察系统共焦共轴。无论裂隙臂或显微臂如何转动，显微镜中观察到的裂隙不会移动。

显微臂和裂隙臂的移动是通过一个操纵杆或操纵轮来控制的，转动或推动操作杆或操作轮，可以使它们相对头靠架前后、左右和上下移动，使得容易对焦，且能检查眼前节的大部分组织。而在做特殊检测时（如巩膜弥散照明法、后照明法或做前房角镜测量），就需要将共焦进行调整，让裂隙（照明）系统聚焦面稍微离开显微镜的调焦面。

二、裂隙灯显微镜的使用方法

裂隙灯显微镜有多种检查方法，加上必要的附件，使用范围更广。下面介绍几种常用的使用方法。

1. 直接照明法　又称直接焦点照明法，为最常用的照明法，灯光焦点与显微镜焦点合一（图 5-58a）。

2. 弥散光线照明法　裂隙照明系统从较大角度斜向投射，同时将裂隙充分开大，广泛照射，利用集中光线或加毛玻璃，用低倍显微镜进行观察（图 5-58b）。

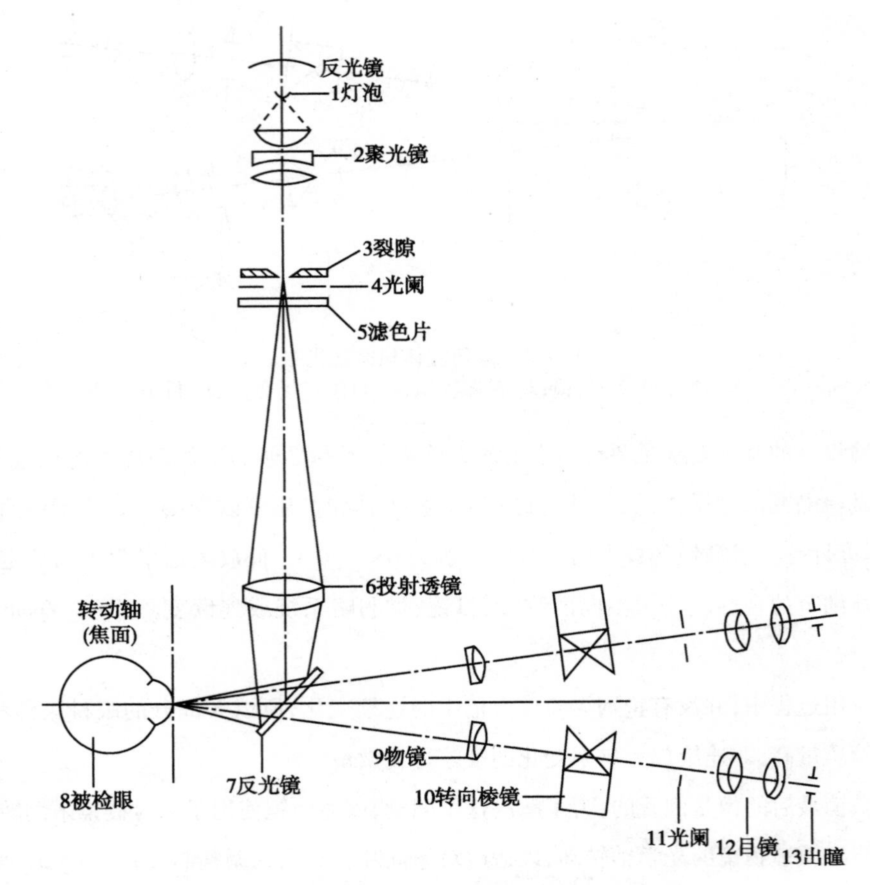

图 5-57　裂隙灯显微镜光路图

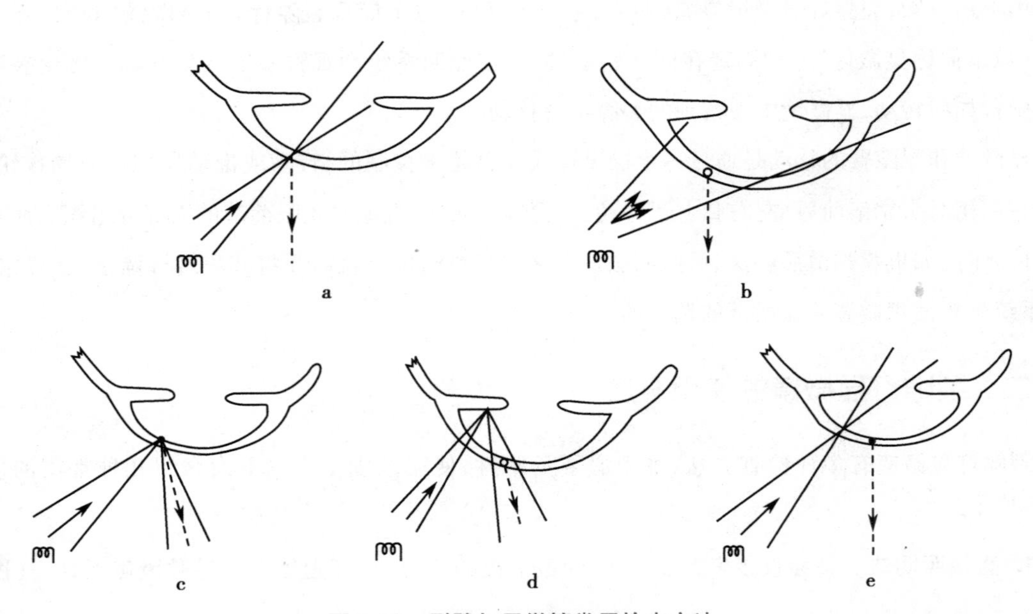

图 5-58　裂隙灯显微镜常用检查方法
a. 直接焦点照明法　b. 弥散光线照明法　c、d. 反光照明法　e. 间接照明法

3. 反光照明法　当裂隙灯照入眼部遇到角膜前面、后面和晶体前面、后面等光滑界面，将发生反射现象。这时如转动显微镜支架，使反射光线进入显微镜，则用显微镜观察时，有一眼将看到一片很亮的反光。前后移动显微镜可以看清反光表面的微细变化（图5-58c、d）。

4. 间接照明法　是将焦点光线照射在眼组织的某一部分，而观察被照明区同一组织邻近部分的情况如图5-58e。如将直接焦点光线照射在瞳孔缘附近的虹膜上，则瞳孔缘的组织很清晰，瞳孔括约肌可被查见。

三、常用附件

裂隙灯显微镜常备的附件有下列几种：

1. $-58.6m^{-1}$的前置透镜　这是一块焦距约为7mm的凹透镜（图5-59），装在一个框架内，下有一轴杆，以便安装在裂隙灯显微镜的插孔中。由于正常人眼的光焦度为$58.6m^{-1}$，当将此前置透镜较接近地放于被检眼的前方时，即可将眼的光焦度中和，再通过调焦即可用显微镜观察眼底和玻璃体的后部。

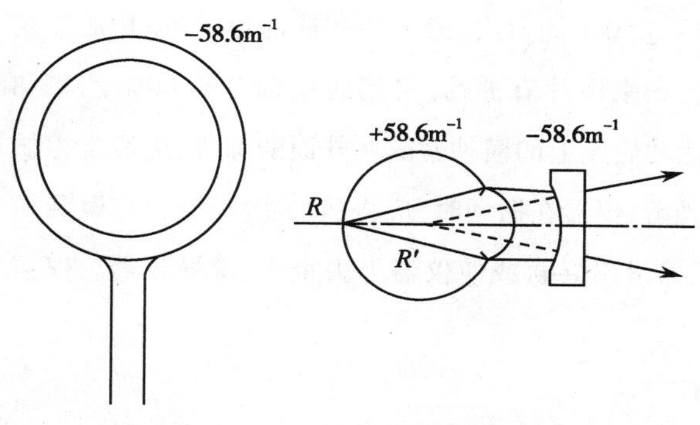

图5-59　前置透镜及其检查眼底原理图

2. 前房角镜　这是一块供检查前房角的接触镜（图5-60）。重约4g，前面为平面，另一面为凹面，半径为7.4mm（略小于角膜曲率半径），前房角镜内有一反射镜和光轴成62°交角，用以将光线转折，以便看到62°范围内的前房角。

3. 眼底检查用接触镜　该镜的形状见图5-61，重2g，一面为平面，另一面为凹面。凹面和被检眼角膜接触（中间充液），用以检查乳头、黄斑、黄斑周围30°以内的眼底及玻璃体中心部。

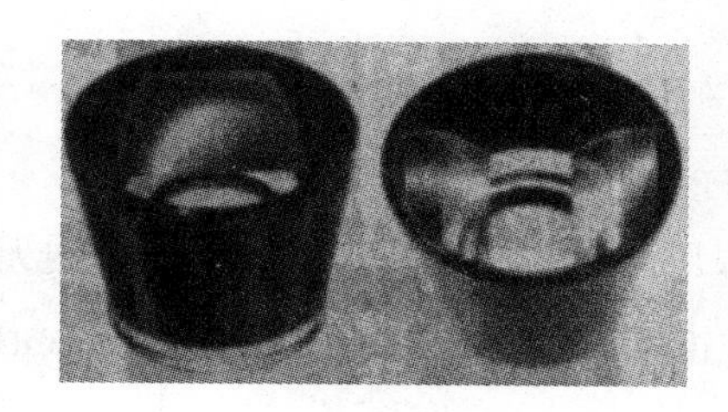

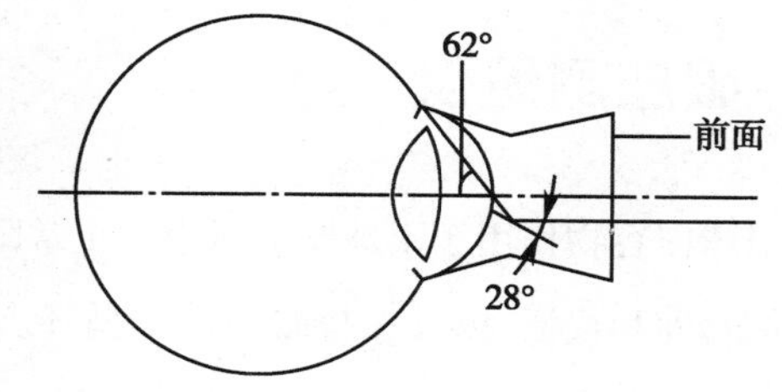

图5-60　前房角镜

4. 三面接触镜　该镜（图5-62）重约16g，除前面为平面，另一面为凹面外，在它的内部相隔120°安置有三个反射镜，它们与前面所成之倾角分别为75°、67°及59°；可以分别观察黄斑附近30°左右的部位、眼底周边部直至接近锯齿缘的部位以及锯齿缘附近的眼底和玻璃体及做前房角检查。利用此镜中心没有

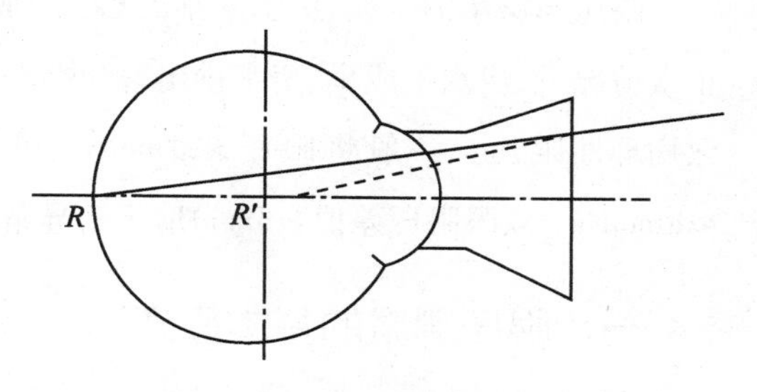

图5-61　眼底检查用接触镜

反射镜的部分(图5-62中的1),以观察眼底中心部和黄斑部。

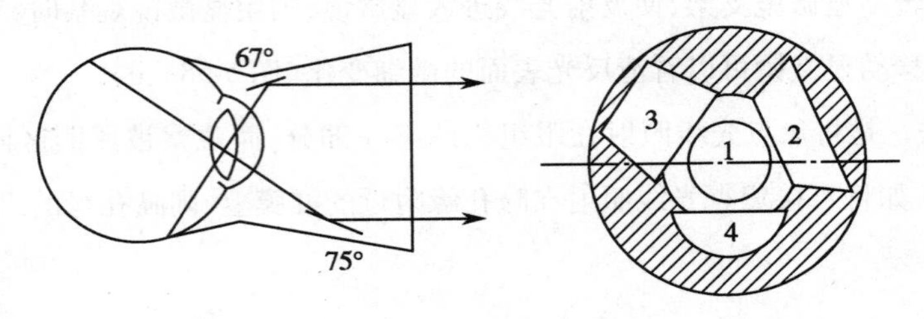

图5-62　三面接触镜

四、裂隙灯显微镜的维护与保养

裂隙灯显微镜的维护保养,与普通生物显微镜类似。

仪器应放在通风良好、环境干燥、相对湿度不超过50%的室内;避免沾灰沾油污,当镜片沾染灰尘时,可用随机备件中的拂尘笔将灰尘轻轻拂去,如果镜片有油污,可用脱脂棉花蘸60%乙醇和40%乙醚的混合液,轻轻擦拭,除去油污。仪器的运动底座上的横轴暴露在外面的部分,应经常擦拭干净,并均匀地涂上一层极薄的润滑油,使之保持光滑;仪器在搬动时,应将运动底座、裂隙灯臂和显微镜臂上的紧固螺栓拧紧,以防止仪器在搬运时仪器滑出导轨或使仪器失去重心,摔坏仪器。仪器在正常使用时应将这三个螺栓松开。

点滴积累

裂隙灯显微镜与普通暗视场生物显微镜的光学原理基本相同。

1. 观察系统就是双目立体显微镜,照明系统就是裂隙灯。两者应能围绕被检眼转动,相对被检眼共焦共轴。
2. 检查不同的组织部位,用不同的照明方法,配以不同的辅助镜。

第六节　眼压测量仪

眼压是眼球内容物作用于眼球壁的压力。正常眼压能维持眼球的正常形态,为眼内无血管结构如晶状体提供营养和代谢,以及保持眼内液体循环。正常人的眼压值范围在10~21mmHg,与眼压最直接相关的眼病是青光眼。

眼压与房水的生成、房水的排出和上巩膜静脉压有关。房水的生成是眼压形成的主要因素。在正常情况下,房水生成率、房水排出率和眼内容物的容积三者处于动态平衡,如果平衡失调,就会导致病理性眼压。一般将眼压>21mmHg,卧位眼压>23mmHg视为异常;24小时眼压波动范围≥8mmHg,双眼眼压差值≥5mmHg定为异常。

一、眼压测量的基本原理

眼压测量可分直接测量和间接测量两种方法。

1. 直接测量法 这种方法仅用于动物实验，将一个套管或一枚针通过角膜直接插入前房，另一端与液体压力计连接。应用这种压力计检查法可在活体直接测量眼压。直接测量法的眼压很精确，但临床上并不适用。

2. 间接测量法 主要是根据眼球受力与变形的关系推算出眼压的数值。用不同形式的重物作用于眼球壁上，根据所用的重量和压平的角膜面积或压陷的深度测量出眼球壁的张力，得到的是间接的眼球内压力（图 5-63）。

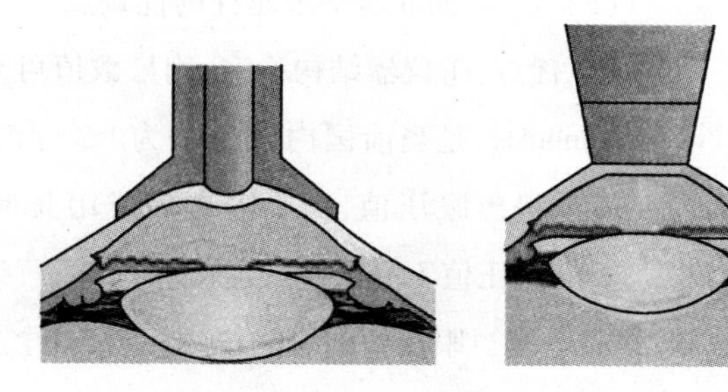

图 5-63 角膜压陷和角膜压平变形图

二、接触式眼压计

接触式眼压计测定眼压有压平式、压陷式两类。压平式眼压计是用足够力量（W）将角膜压平，分两种：一种为固定压平面积，测量压平该面积所需力的大小，所需力小者眼压亦低。由于角膜凸面稍稍变平而不下陷，眼球容积改变很小，不受眼球壁硬度的影响，因而可认为：$P_o=P_t$。另一种为固定压力（眼压计重量不变）测量压平面积，压平面积越大眼压越低。

压陷式眼压计是用一定重量的眼压计将角膜压成凹陷，在眼压计重量不变的条件下，压陷越深其眼压越低。这种方法常受到眼球壁硬度的影响，对眼球容积的影响较大。

（一）压平式眼压计

1. Goldmann 压平式眼压计

（1）Goldmann 压平式眼压计原理：Goldmann 压平式眼压计是国际上用以测量眼压的“金标准”眼压计。P_t（眼内压）= W（压平角膜的外力）/A（压平面积）。Goldmann 眼压计测压头的直径为 3.06mm，面积为 7.35mm^2，当测压头与角膜完全接触，即角膜压平为 7.35mm^2 所需的力作为眼压测量值。若该压平效果由 1g 的力所致，则此时眼压为 10mmHg。

（2）Goldmann 压平式眼压计的结构如图 5-64 所示，包括测压头、测压装置、重力平衡杆等。

1）测压头：为一表面平滑的透明塑料柱，前端可直接接触角膜，作压平角膜用，压平面直径为 3.06mm（图 5-62 右图）。后端固定于测压杠杆末端的金属环内。测压头内有两个基底相反的三棱镜，故能使与角膜接触处的环形物像移位成为两个半圆环形，调节压力，使上下对称的两个荧光素半环的内界刚好相接触时，压平面积即为 7.35mm^2。另在测压头前端侧面上有径线刻度，供测量高度散光时，作轴向定位用。

2）测压装置：为一能前后移动的杠杆，与弹簧连接，弹簧的张弛力由测压螺旋调整。在测压螺旋表面有以克重量为单位的重力刻度，表示弹簧的张力（克重量），范围由 0～8g（即相当于 0～

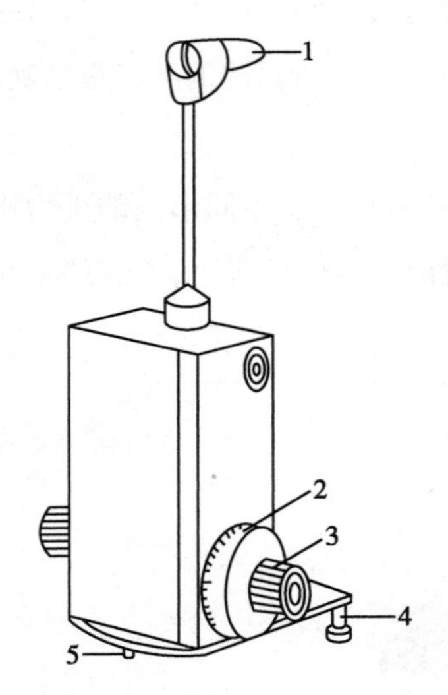

图 5-64　Goldmann 眼压计
1. 测压头；2. 读数鼓；3. 旋钮；4. 前螺脚；5. 定位钉

80mmHg）。Goldmann 眼压计有“悬吊式”（T900 型）与“座式”（R900 型）两型。操作时只需旋转测压螺旋，在裂隙灯显微镜观察下，当角膜压平面达 3.06mm 直径时，所加压力即眼压值。

3）重力平衡杆：为一圆柱形金属棒，中央部位及其两端相当于 2g 及 6g 重量处，有刻线。其作用有：①供测量高于 80mmHg 的眼压；②用于鉴定眼压计准确性。

（3）Goldmann 压平眼压计的优缺点

1）优点：①仪器结构稳定，测量数值可靠。眼压计本身误差仅为±0.5mmHg，是当前国内外公认为“金标准”的测量眼压的仪器。②可直接得出眼压值，而不需查表或用其他方法换算，即 $P_t = P_o$。③检查的眼压值不受眼壁硬度变异影响；所致眼球容积的改变仅为 0.56mm^3，其对眼压值的影响仅约为 2.5%。

2）缺点：①对卧床患者及儿童不能使用。②对角膜水肿、角膜混浊或角膜表面不平者，测量数值不可靠。③其准确性依然受许多因素的影响，如中央角膜厚度（CCT）对压平眼压计眼内压测量值的影响已越来越受到人们的重视。

2. Perkins 压平式眼压计　构造原理与 Goldmann 压平式眼压计很相似。眼压计上方有额部固定器，利于检测，使用方式与检眼镜相同。Perkins 压平式眼压计测量可在任何体位下进行，特别是在手术室、床边，以及肥胖的患者或种种原因使患者不能坐在裂隙灯前者。Perkins 压平式眼压计用电池做光源，驱动力来源于操作者手动变换的弹簧。因为 Perkins 压平式眼压计易携带，可用于各种情况下，适合于社区及边远地区的眼压筛查。

测量注意事项：测眼压范围为 1～52mmHg，其余注意事项与 Goldmann 眼压计相同。

（二）压陷式眼压计

Schiotz 压陷式眼压计由一个金属指针、脚板、活动压针、刻度尺、持柄和砝码组成（图 5-65）。在角膜上，活动压针在脚板的圆柱内可自由活动，压陷角膜的程度可通过指针在刻度尺上显示。活动压针和指针砝码分别为 5.5、7.5、10 和 15g。一定重量的砝码加压在角膜上，压陷越多、指针的读数越高，所测得的眼压越低，刻度尺上每 0.05mm 代表一个刻度单位。

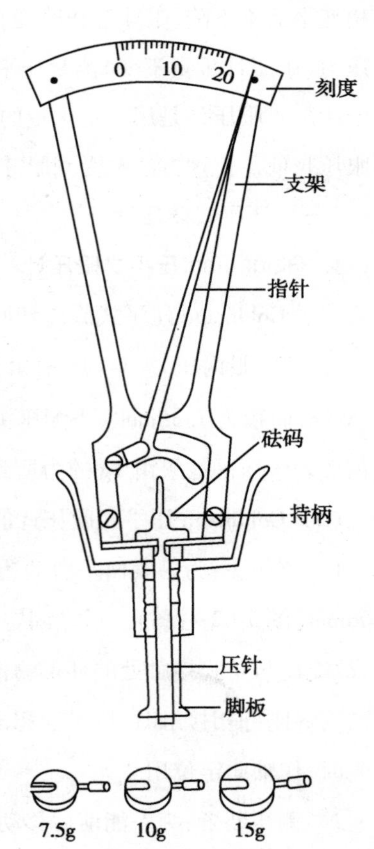

图 5-65　Schiotz 眼压计

Schiotz 眼压计价廉、耐用、易操作。所测得的眼压值较精确，眼压测量值范围广，最高可达 100mmHg 以上。但眼球壁的硬度和角膜的形状，影响眼球对外力压陷的反应，引起测量误差。当眼球壁硬度较高时，如远视和长期存在的青光眼，用 Schiotz 眼压计测量的眼压值偏高；而当眼球壁硬度较低时，如近视、视网膜脱离手术后、较长时间使用强的缩瞳剂、压缩气体填充复位治疗者，所测的眼压值偏低。可以用Schiotz眼压计的两个不同重量的砝码估计眼球壁的硬度。如在半分钟内用两个砝码(5.5g和10g砝码,7.5g和15g砝码)测量同一眼的眼压，查专用的换算表得到眼球壁的硬度和校正眼压值。

Schiotz眼压计所测得的眼压受眼部很多因素，如房水流畅性、房水生成率、上巩膜静脉压和眼部血容量的影响。

(三) 回弹式眼压计

利用探针以固定的速度轻微撞击眼角膜，若眼压高，则探针减速、回弹所需的时间短；反之若眼压低，则该时间长。测出这一过程所需的时间，就可反推眼压的高低。

探针的弹出、速度的测量是基于电磁的相互作用。其基本步骤是:①探针插入眼压计后被磁化，产生南北磁极。②眼压计内部的螺线管通以持续时间约为几十毫秒的瞬时电流，产生瞬时磁场。③由于同极相斥的原理，使磁化的探针以0.2m/s的速度朝向角膜运动。④探针撞击角膜的前表面、减速、回弹。⑤因为电磁感应的原理，磁化探针在螺线管中减速、回弹时，在螺线管上产生对应的感应电流。⑥精密放大器将该信号放大后交由微处理器，计算出探针的速度，并进一步换算出眼压，在显示屏上显示。此过程仅需0.1秒，患者几乎无感觉。

其基本操作过程为:①打开眼压计，安装探针。②将眼压计靠近患者眼睛，调整好距离。③轻按测量按钮，依次完成6次测量，即刻获得单次测量值和平均值。

回弹式眼压计往往为手持式，重量不到300g。不需要任何化学药水，测量快捷，有文献报道与Goldmann压平眼压计有较高的一致性。非常适合专家出诊会诊，病房、社区等移动场合，也特别适合于儿童眼压检测。

三、非接触式眼压计

(一) 非接触式眼压计的设计原理

非接触式眼压计检测是通过气流压平角膜，所以测压头不与眼球接触。测量时喷出的气流压力快速增加，其压力增长与时间呈线性关系。为了检测角膜压平面积，仪器同时向角膜发出定向光束，其反射光束被光电管接受。当角膜中央压平区达3.06mm直径时，反射光到达光电管的量最大。也就是说，达到最大反射光时发出的气流压力就是所测的眼压。与Goldmann压平式眼压计所测得的眼压相比，在正常眼压范围内其相关性非常好，但在高眼压时其测量值可能出现偏差，在角膜异常或注视受限时误差也较大。

(二) 非接触式眼压计的结构组成

非接触式眼压计通常由三部分组成，如图5-66所示。

(1) 瞄准系统：图中F为视标，投射在被检眼A上后，由观察者通过透镜L_1、L_2、L_3观看。观察者根据视靶位置调整仪器位置，使仪器光轴和患眼光轴相重合。发光二极管E_2的光射到角膜，它的像反射回来，由光接收器D_3接收。在瞄准工作完成后仪器即可开始工作。如果对准不好，反射光就照不到小孔后的光接收器，此时仪器不工作。

（2）压平监测系统：即光电管接收装置，角膜的状态由一个单独的系统连续监视。发射器 E_1 发出光束，经透镜 L_4 准直后射向角膜顶点，又由角膜反射后射向接收器 D_1。角膜未受气流冲击时，D_1 只能接收到很少量的光。当角膜受气流冲击而逐渐变平时，D_1 接收到的光量逐渐增加，而当角膜正好变平时，接收到的光量为最大，从而由其转换成的电压也最大（峰值电压）。当气流继续冲击时，角膜由平的状态进一步内凹，呈凹陷状，此时 D_1 接收到的光量又变少，输出的电压值也变小。

（3）气动系统：位于汽缸体一端的物镜 L_1，中心有一根导管 T 穿透，以便气体从导管中通过。汽缸体另一端和显微镜光轴相交成一角度，内有一压缩用活塞 P，汽缸壁上的窗户 G 允许光线无阻碍地通过。当仪器中心对准后，由检查者操作启动装置以发出喷射空气，射至角膜顶部。气流力量随时间延长呈线性增加，以使角膜逐渐被压平，甚至在角膜恢复正常曲率前产生轻度凹陷。计算压平所需的时间（毫秒），因时间长度与眼压值呈正相关，所以可测得眼压值。

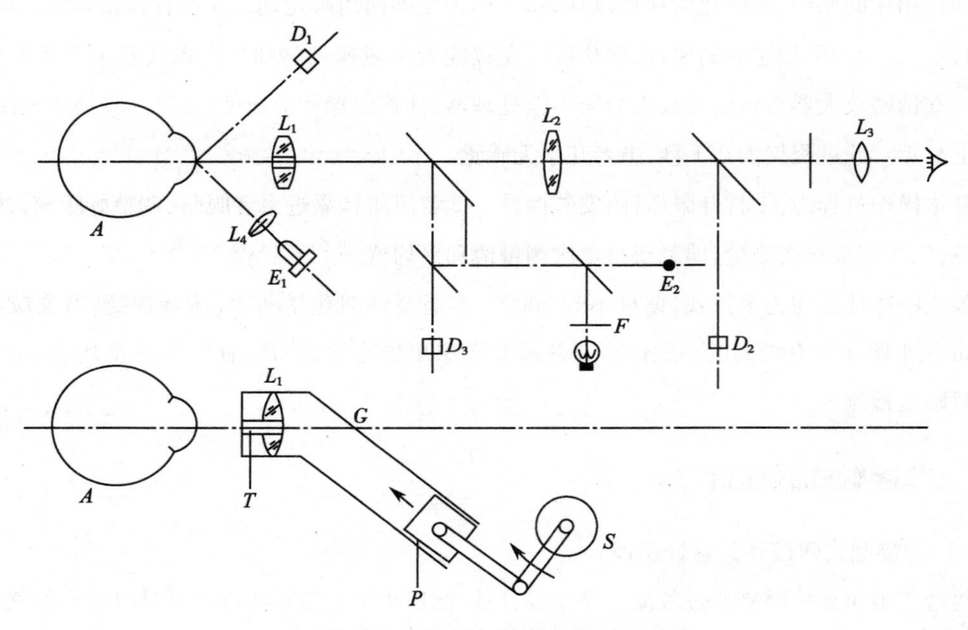

图 5-66　非接触式眼压计原理图

点滴积累

眼压计都是利用不同方式对眼角膜施加力的作用，将其压平或压陷，测量角膜形变算得眼球压力。

1. 接触式：利用固形物对眼球施加压力，有压平式、压陷式、回弹式等类型。
2. 非接触式：利用压缩空气喷射至眼球以施加压力，通过光学系统测量眼角膜的变形程度来计算眼压。

本章小结

一、学习内容

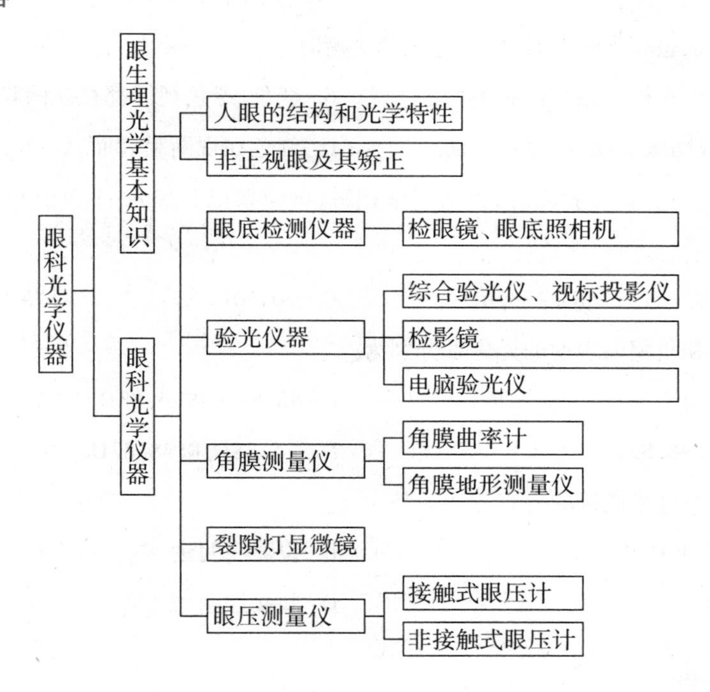

二、学习方法

1. 眼科光学仪器的基础是眼的光学特征，了解眼球的结构及其屈光系统，才能更好地理解眼科光学仪器的光学原理、结构特点。

2. 眼底光学仪器的实质多半是通过测量眼底反射像的大小、位置、清晰程度等特征来计算分析眼底的屈光特性、病变情况等。

3. 眼角膜检测仪器是通过测量角膜反光图像的大小、清晰度、平整度等来计算分析角膜的屈光度、曲率及表面状况等。

4. 在实际使用中，眼科光学仪器的故障多半出在照明系统的光源不亮，电源的保险丝熔断，机械结构的移动灵活性及调整，光学元件的清洁及保养，打印纸的更换，仪器表面的清洁与防护等。

目标检测

一、单项选择题

1. 光学上，直接检眼镜包括______。

A. 照明系统和观察系统　　B. 照明系统和放大系统

C. 放大系统和检验系统　　D. 检验系统和观察系统

2. 检影镜的反射光影的运动为逆动时，被检眼的屈光情况为______。

A. 近视　　B. 远视　　C. 散光　　D. 老视

3. 以下投影视标中用来检测散光的是______。

A. 红绿视标　　B. 蜂窝视标　　C. Worth 4 点视标　　D. 偏振视标

4. 用检眼镜观察眼底血管时，应选用的光阑或视标是______。

A. 光阑　　B. 裂隙　　C. 中心网格　　D. 无赤片

5. 用红绿双色试验验光时，当红绿双色达到平衡时______。

A. 红色、绿色视标都在视网膜前面　　B. 红色、绿色视标都在视网膜后面

C. 红色在视网膜前面，绿色在后面　　D. 红色在视网膜后面，绿色在前面

6. 在 50cm 距离进行检影验光时，当达到中和时，试镜架里共加入-1.50D 试镜片，请问被检者的屈光不正度是______。

A. -0.50D　　B. -3.50D　　C. +0.50D　　D. +3.50D

7. 角膜后表面和角膜前表面的光焦度分别为______。

A. 48.83D 和 5.88D　　B. 48.83D 和-5.88D

C. 5.88D 和 48.83D　　D. -5.88D 和 48.83D

8. 下列<u>不是</u>裂隙灯显微镜的检查方法的是______。

A. 直接焦点照明法　　B. 裂隙照明法

C. 反光照明法　　D. 间接照明法

二、多项选择题

1. 眼底照相机光学系统的组成包括______。

A. 照明系统　　B. 照相系统　　C. 观察瞄准系统　　D. 投影系统

2. 检眼镜容易受损的器件有______。

A. 头部　　B. 调光旋钮　　C. 手柄　　D. 保险丝

3. 以下属于客观验光设备的有______。

A. 试镜架　　B. 全自动综合验光仪

C. 电脑验光仪　　D. 检影镜

4. 影响电脑验光仪测量精度的因素有______。

A. 眼睛易产生调节　　B. 雾视图像太暗

C. 外界光线太亮　　D. 对焦位置偏移

5. 关于角膜地形图的叙述正确的有______。

A. 角膜形态貌似地理学中地形表面高低起伏的状态，故称为角膜地形图

B. 角膜地形图仪测量有以下两种方法：等高线法和分层设色法

C. 角膜地形图仪对周边角膜特敏感

D. 角膜地形图仪受角膜病变影响小

6. 裂隙灯显微镜常备的附件有______。

A. 三面接触镜　　B. 双棱镜

C. $-58.6m^{-1}$的前置透镜　　D. 前房角镜

7. Goldmann 眼压计测量眼压，测压头应使角膜压平______。

A. 3.06mm^2 的环形面积　　B. 3.06mm 直径

C. 7.35mm^2 的环形面积　　D. 7.35mm 直径

三、简答题

1. 阐述眼的基本结构、光学特点。
2. 简述直接检眼镜、间接检眼镜、眼底照相机、裂隙灯显微镜的联系与区别。
3. 什么叫检影镜？简述使用检影镜的基本方法。
4. 如何实现人眼的正确验光？综合验光仪验光的好处是什么？
5. 简述 RM9000 电脑验光仪的基本原理。
6. 测量眼压有几种方法？各有何特点？

四、实例分析

1. 检眼镜在检查眼底时始终不能看清眼底，试分析其原因，并指出如何解决。
2. 电脑验光仪验光时，被检者看不到雾视图片，试分析其原因，并指出如何解决。
3. 某裂隙灯显微镜的故障现象为：更换新灯泡后发现照明太暗，试分析其原因，并指出如何解决。
4. 非接触眼压计不能用自动方式测量，试分析其原因，并指出如何解决。

（黄涨国）

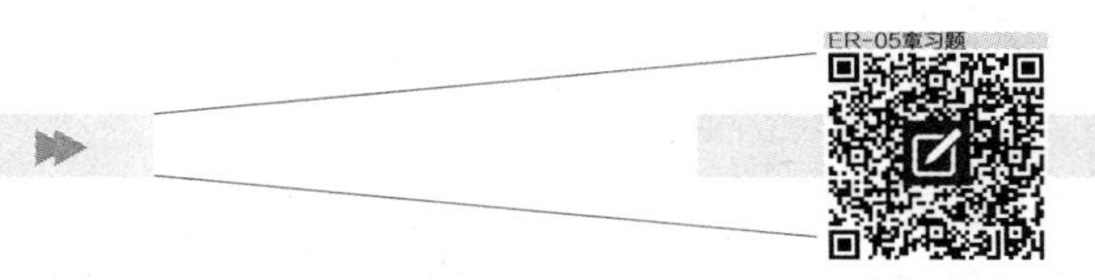

第六章

医用激光设备及其维护

导学情景

情景描述：

王小明经常在上学的路上看到激光手术和激光光子嫩肤、祛斑美容的广告宣传，不禁心里在想，这些激光设备是怎么来实现所宣传的功能的呢，除此之外还有哪些医用激光设备呢?

学前导语：

学习医用激光设备，首先要掌握激光的基本知识：激光的形成原理和特性。 本章在同学们已经掌握激光基本概念的基础上，引导大家掌握常见的固体、气体、半导体医用激光设备基本结构、工作原理、关键部件、光路调试和维修保养知识，熟悉医用激光设备的种类、激光产生的原理、激光器基本结构及光学特性、光束的传输方式和常见功率参数的测量，深入了解激光在临床医学中的典型应用。 同学们不仅可以获取激光的医学应用知识，也为今后从事相关的工作打下基础。

医用激光设备是以激光技术为基础，利用激光生物学效应进行医学临床应用的激光治疗和诊断设备，它是一种将计算机自动控制技术、激光技术、检测传感技术和精密机械加工结合在一起的多学科、跨领域的高科技医疗器械。

自 1960 年世界上第一台激光器发明至今，医用激光设备经历了从无到有，其临床的应用也经历了从探索到逐步规范的过程。现在常用的医用激光器已达上百种，产生的激光谱线已有几千条，激光的波长范围覆盖了紫外到红外波段，其临床应用范围从最初的眼底视网膜凝固治疗发展到包括皮肤科、普外科、泌尿外科、眼科、耳鼻咽喉科、妇科、骨科、理疗科和肿瘤科等几乎涵盖全部临床科室 300 多种疾病的治疗。除了临床治疗外，医用激光设备还可作为各种新型诊断和测量分析仪器，成为研究医学和生物学课题的有效工具，例如荧光诊断肿瘤、组织光谱分析和诊断。激光医学已形成了强激光治疗、弱激光物理治疗、光动力治疗以及激光诊断四大临床应用方向，逐渐发展成为临床中重要专业学科领域。

进入 21 世纪，激光技术日新月异，随着 X 波段激光器和自由电子激光器进入实用阶段，医用激光的临床应用又有了新的发展，各种新颖医用激光设备更是层出不穷，必将为医学诊疗提供更多新技术和新手段。

知识链接

激光是20世纪继原子能、计算机、半导体之后，人类的又一重大发明，由于在自然界中物质产生受激辐射的概率很低，根据玻尔兹曼统计分布，平衡态中低能级的粒子数总是比高能级多，因此靠受激辐射来实现光的放大实际上是不可能的。直到1950年，人们在研究射频和微波波谱学的过程中，才首次注意到利用物质体系特定能级间的粒子数分布反转和相应的受激辐射过程，来对入射的微波电磁辐射信号进行相干放大的可能。

1958年，汤斯、肖洛（Schawlow）提出将微波量子放大器的原理推广到光波段，1960年美国休斯实验室（Hughes Research Labs），梅曼（Maiman）、兰姆（Lamb）首次研制成功第一台激光器——红宝石激光器。以后不久，人们又相继成功地研制出一系列其他种类的激光器。

第一节　医用激光设备的工作原理

一、医用激光设备基本结构

一台典型的医用激光设备通常由激光器、同光路指示器、驱动电源、冷却系统、控制系统、光路传输系统等组成，如图6-1所示。

（一）激光器

根据第二章第六节学过的知识，为了实现粒子数反转，产生持续的激光，激光器（图6-1中4）一般由三个部分组成，即：激光工作物质、激励（泵浦）系统和光学谐振腔。这里再进一步阐述如下：

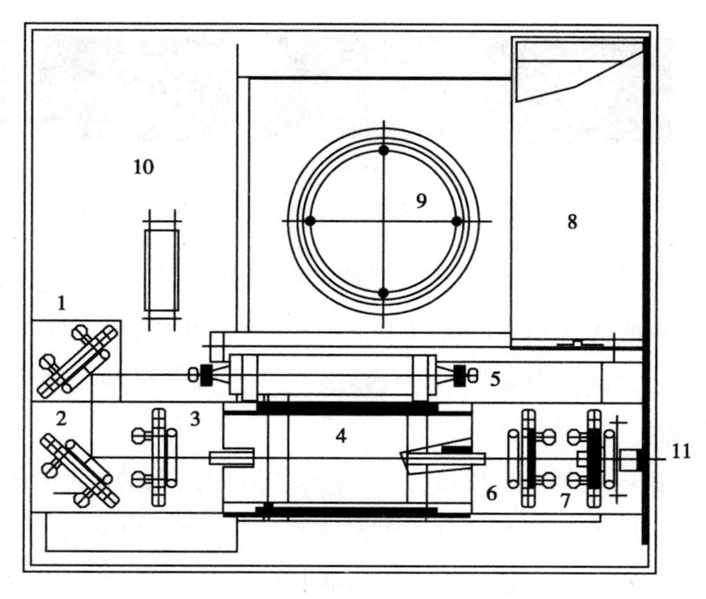

图6-1　激光设备的基本结构

1、2. 指示光反射镜；3. 激光后反射镜；4. 激光器；5. 指示光；6. 激光前反射镜；7. 光纤耦合器；8. 激光驱动源；9. 冷却水箱；10. 指示光电源；11. 光纤

1. 激光工作物质 激光工作物质是指用来实现粒子数反转并产生光的“受激辐射放大作用”的介质,可以是固体、气体、液体、半导体或自由电子等。“工作物质”是产生激光的物质基础,它决定了输出激光的波长(频率)以及激光器的结构和性能。

2. 激励源(也称泵浦源) 激励源的主要作用为在工作物质中形成粒子数反转分布和光放大提供外界能量。故激光的能量是由激励源的能量转变来的,两者之间的能量比称为激光的“转换效率”。激光器的转换效率一般在3% ~5%之间,但半导体激光器的转换效率可达30%以上。

激励方式一般有光激励、电激励、化学反应激励、热激励和核激励等。但激光器常用光和电实现激励,不同工作物质采用不同的激励方式。

3. 谐振腔 光学谐振腔是产生激光最核心的器件,通过提供光学正反馈,使受激辐射光子在腔内多次往返以形成相干光的持续振荡放大;选择频率一定、方向一致的光做最优先的放大,而把其他频率和方向的光加以抑制,以保证输出激光具有良好的方向性、单色性和相干性。图6-1中3、6部分为谐振腔的前后反射镜。

在谐振腔内,理想的激光束应是单一频率的(单纵模),光束横向光强呈单一高斯分布,能量的绝大部分集中在半宽以内(即单横模)(图6-2)。

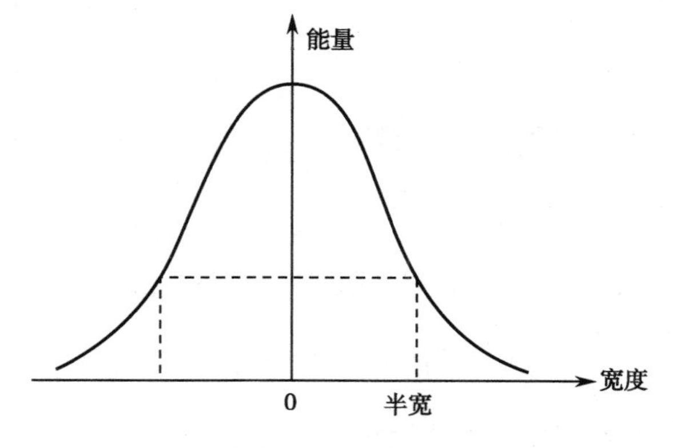

图6-2 基模的横向场分布高斯光束

激光器产生的激光模式,除了只有1个亮点的单横模或称基模(TEM_{00})之外,还有两个或两个以上亮点的高阶模或多横模(01模或10模等)(图6-3)。光束横模结构很大程度上取决于谐振腔结构、性能和所选择的参数。

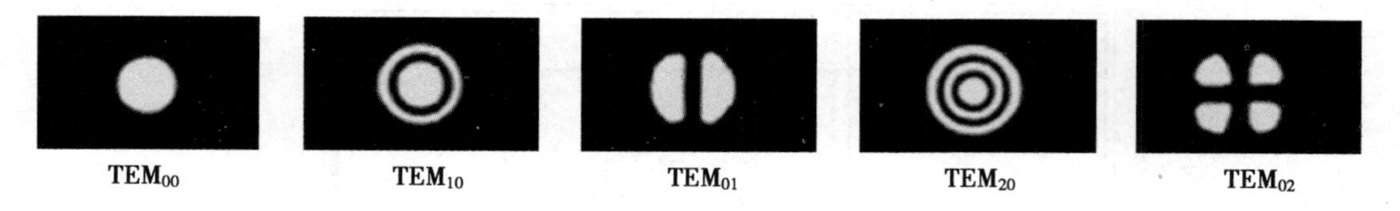

图6-3 一些典型横模的光斑图

就像乐器有基音、泛音一样,激光器的谐振腔通常可同时有几个谐振频率,谐振腔越长,谐振频率就越多,因而激光输出的纵模(激光谱线)也越多。为了不削弱激光输出的功率,很多激光器都采用多纵模运转。例如一台氩离子激光器可同时输出多个谱线,其中488nn和514.5nm的谱线最强。

(二)同光路指示光

1. 指示光作用 由于很多激光的波长在不可见光的范围内,因此,该类激光器的内部通常会装有与不可见激光同轴的可见指示光源(图6-1中5)来指示其传播方向及到达位置。常见的指示光有绿光和红光半导体激光器或氦氖激光器,输出功率小于5mW。(注:在医用激光设备中的光功率除特别指明一般都是终端功率。)

2. 指示光调节架 调节架上装有指示光波段的全反射片,可以通过调整指示光调节架(图6-1

中 1、2)来使指示光与实际激光保持同轴状态。

3. 指示光电源　(图 6-1 中 10)用来驱动指示光源。

知识链接

为了使指示光源能透过反射镜组，一般在反射镜上还镀有对可见光波长的透射膜。例如，一个典型的连续 Nd:YAG 激光器的反射镜的参数为:

1. 全反镜为平面镜　1064nm 全反，反射率大于 99%，635nm 全透。
2. 部分反射镜为凹面镜　1064nm 透过率 12%，635nm 全透。

(三) 冷却系统

常用的激光器的转换效率通常只有 3% ~5%，其余的能量转换成热能形式，引起激光器发热。因此，需要安装适当的冷却装置。

根据冷却量的大小、使用环境的要求和温度控制精度的要求，冷却装置有自然冷却、风冷、水冷、压缩机制冷和半导体制冷等多种形式。

1. 自然冷却　通过增加激光器的金属散热片，来达到自然冷却的效果。缺点是由于增加了金属散热片使设备的体积和重量都有所增加。

2. 风冷　在自然冷却的同时一般会附加风冷装置来增加冷却的效果。风扇一般采用轴流风扇，缺点是会有噪音和灰尘的出现。

3. 水冷(见图 6-1 中 9 部分)　水冷是使用最普遍，性价比最高的一种冷却方法。缺点是系统较复杂，容易引起液体的泄漏，在低温时要防止水的结冰。如果需要加大制冷量还可以在水路中加入压缩机进行制冷。

4. 半导体制冷片冷却　如图 6-4 所示的半导体制冷器具有体积小、温度控制精度可达 0.1℃的特点。随着半导体激光器的大量使用，采用半导体制冷片的冷却技术有了飞速的发展。

半导体制冷器内部无机械传动部分，工作中无噪音，不用液体和气体等工作介质，因而不污染环境，通过调节工作电流的大小，可方便调节制冷速率；通过切换电流方向，可使制冷器从制冷状态转变为制热工作状态用于恒温控制。它的优点是作用速度快，使用寿命长，且易于控制，缺点是价格偏贵。

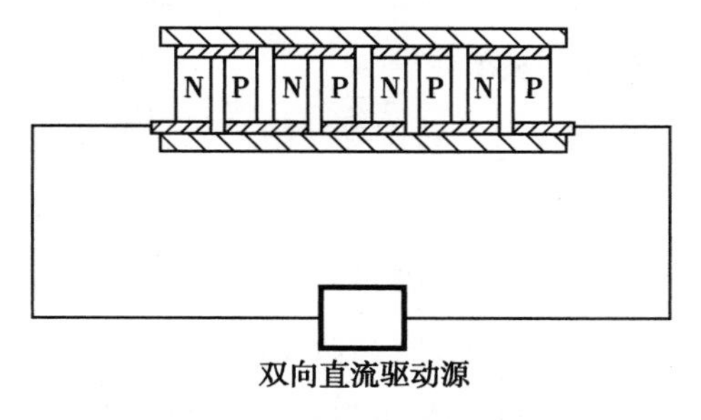

图 6-4　半导体冷却器原理图

(四) 控制系统

1. 激光输出控制系统　一般采用数字或计算机技术来控制激光的输出方式(连续、单脉冲激光和重复脉冲激光输出等)和输出能量(通过调节激光输出的电流)。

(1) 连续激光输出:其工作特点是工作物质的激励和相应的激光输出，可以在一段的时间范围内(大于0.25秒)以连续方式持续进行。

(2) 单脉冲激光输出:工作物质的激励和相应的激光发射,从时间上来说是一个单次脉冲(持续时间应小于0.25秒)输出。

(3) 重复脉冲激光输出:其输出为一系列的重复激光脉冲。为此,器件可相应地以重复脉冲的方式激励;或以连续方式进行激励,但以一定方式调制激光振荡过程,以获得重复脉冲激光输出。

(4) 调Q激光输出(Q表示谐振腔的品质因数):为压缩激光器输出脉冲宽度和提高脉冲峰值功率而采取的一种特殊技术。采用调Q技术后,输出激光的脉冲时间宽度可压缩到原来的$1/10^4$,峰值功率可提高到10^3倍以上。

(5) 锁模激光输出:其工作特点是由谐振腔内不同纵向模式之间有确定的相位关系,因此可获得一系列在时间上来看是等间隔的激光超短脉冲(脉宽$10^{-11}\sim10^{-13}$s)序列,若进一步采用特殊的快速光开关技术,还可以从上述脉冲序列中选择出单一的超短激光脉冲输出。

2. 安全保护控制系统 控制系统的另一个作用是为激光医疗设备提供安全保护,安全保护系统不仅为维修人员提供了方便,同时也为医生对设备的正确使用提供了安全保障。

(1) 冷却保护系统:装有传感器,用以检测冷却水流流量和激光器的温度,以保证激光器正常,在工作状态。

(2) 连锁开关:如果激光设备的重要部件没有被正确地安装、固定和连接,连锁开关将关断激光输出。连锁开关种类包括光纤连锁、开关连锁、门锁保护等。

(3) 光功率/能量输出保护:基于临床使用安全性和有效性考虑,应在使用前、使用中对激光器进行功率(或能量)的测量,当光功率输出大于设定值的2倍,将会采取输出保护措施(激光功率的测量方法见下节)。

(五) 传输系统

从激光器发射出的激光束必须通过适当的传输系统到达应用部位,在医用激光设备中传导激光,常见的有直接传导、导光关节臂和光纤传导三种方法。

1. 直接传导 指利用光学透镜或其他光学元器件将激光直接传导到治疗部位。优点是结构简单、造价较低;缺点是很难保证激光安全。适用于部分体积较小的半导体激光和某些用于人体照射的激光如氦氖激光等。

2. 导光关节臂传导 指采用精密机械加工的、具有多个可以自由转动的关节并带有一定角度反射镜的激光传输装置。如图6-5所示转动式导光关节臂是通过能转动的45°反射镜反射传导激光,反射镜表面镀全反膜以提高激光的反射率。关节臂每一节都由一个反射镜基座、反射镜和轴承组成,关节臂采用硬质铝合金加工而成。

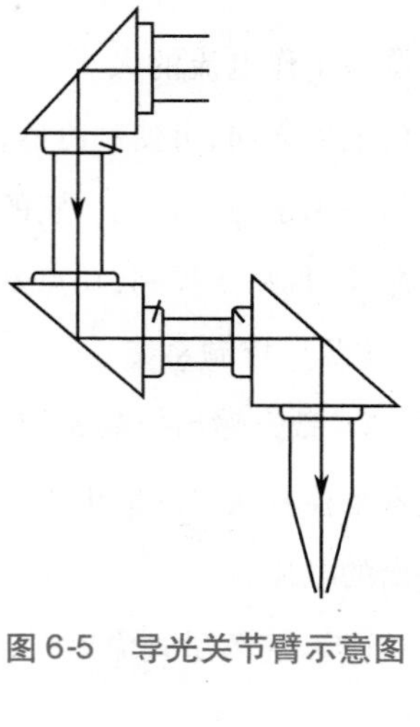

图6-5 导光关节臂示意图

为了能把激光束稳定地传输到手术区,导光关节臂必须有合适的长度和关节数以保证足够的自由度,关节臂的前端安装手柄,通常在手柄中有聚光镜,使平行的激光聚焦在手术部位。关节臂的另一端加以配重或弹簧,保证手术操作时非常轻巧灵活。

3. 光纤传导　光导纤维柔软容易弯曲，不会影响手术操作的特性，使其成为医用激光设备中传输激光的理想媒介。光纤一般被固定在光纤架上（图6-1中7），光纤架可以调整光纤的位置，使光纤端面中心垂直对准激光，由于激光的原光束较大，光纤的直径在50～1000μm，因此在光纤架内通常会装有聚焦系统。

二、激光器的分类

激光器的种类很多，分类方法也有很多。除第二章第六节提到的按激光工作物质分之外，还有按激光输出方式、输出波长范围等进行分类。

1. 按激光输出方式　分为连续、重复脉冲、单脉冲激光器等。

2. 按激光输出波长　分为中红外、近红外、近紫外、真空紫外、可调谐激光器（见表6-1）。由于不同的激光波长产生的生物效应是不同的，因此在实际临床应用中，必须仔细考虑激光的输出波长和输出方式。

3. 按激光光辐射危害程度分类　一般依据GB 7247.1-2012《激光产品的安全 第1部分：设备分类、要求》可分为1类、2类、3A类、3B类和4类激光设备，见表6-1。

表6-1　不同输出波长激光器分类

类型	输出波长	典型激光器
中红外激光器	中红外区（2.5～25μm）	CO_2 分子气体激光器（10.6μm）
近红外激光器	近红外区（0.75～2.5μm）	掺钕固体激光器（1.06μm）、半导体激光器（约0.8μm）和某些气体激光器等
近紫外激光器	近紫外光谱（200～400nm）	氮分子激光器（351.1nm）、氟化氙（XeF）准分子激光器（351.1nm）
真空紫外激光器	真空紫外光谱（200nm以下）	氟化氩（ArF）准分子激光器（193nm）
可调谐激光器	可在一定范围内连续调节	可调谐染料激光器

点滴积累

一台典型的医用激光设备通常由激光器、同光路指示器、驱动电源、冷却系统、控制系统、光路传输系统等组成。

激光器的种类很多，分类方法也有很多。可按激光工作物质分、按激光输出方式分、按输出波长范围等进行分类。

医学上常用激光器
及其临床应用

第二节　医用激光设备

目前可用于医学临床应用的激光器很多，常见的激光器有：①固体激光，包括 Nd：YAG 激光、Ho：YAG 激光、Er：YAG 激光、Tm：YAG 激光等；②气体激光，包括激光氦氖激光、氩离子激光、CO_2 激光、氪离子激光、准分子激光；③各种液体染料激光；④半导体激光。下面对一些最为常用的医用激光设备作出介绍。

一、固体激光设备

固体激光功率高、体积小，易使用光纤输出，可靠性高。目前使用较广泛的固体激光采用掺稀土元素钕（Nd）的玻璃材料（钕玻璃激光器）以及掺钕的钇铝石榴石晶体材料（Nd：YAG 激光器），该类激光器基波波长为 1.06μm，可采用倍频和四倍频技术得到 532nm、266nm 的激光以适应不同的临床应用的需要。

由于水对上述激光的吸收率很小，在手术中对组织的穿透深，容易损伤正常的生物组织。因此，近年来在水的吸收峰附近的激光器在临床上的应用大量增加。该类激光主要有 1.4～1.5μm 左右的固体和半导体激光，以及 2μm 左右的掺 Tm（铥激光 1.960μm）、Ho（钬激光 2.100μm）、Er（铒激光 2.936μm）、YAG 激光，可以增强对组织的切割和汽化能力，减少对切口的损伤，提高外科手术精度。

还有一类为光纤激光器和全固态激光，也开始少量进入了临床的应用，它们大量地采用了现代半导体集成技术，相对传统的固体激光器，无论是其输出谱线、体积、使用性能上均有本质的提高，是固体激光未来的发展方向。

现以 Nd：YAG 激光设备为例，介绍医用固体激光设备。

（一）Nd：YAG 激光的产生

Nd：YAG 激光器是一个四能级系统（图 6-6），外界作用阈值较低，激光效率比较高。当 Nd：YAG 晶体受到强光照射时，处于基态 E_0 的钕离子吸收能量跃迁到高能级 E_3。这些受激态的粒子不稳定，以无辐射跃迁的形式回到亚稳态 E_2，并在这个能级上与下能级 E_1 之间形成粒子数反转。当这些粒子由 E_2 向下能级 E_1 跃迁时，就会辐射出光子，激励其他 E_2 能级粒子产生受激辐射，并在谐振腔内产生光放大。下能级 E_1 的粒子也是不稳定的，很快会以无辐射跃迁的方式回到基态 E_0，因此下能级 E_1 通常是空能级。

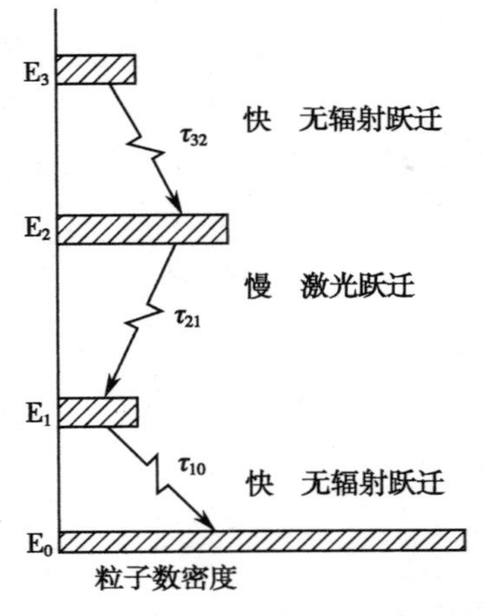

图 6-6　Nd：YAG 激光能级原理图

（二）Nd：YAG 激光器的基本结构

Nd：YAG 激光手术设备由 Nd：YAG 激光器、光路系统、冷却装置、光纤传输系统、激光驱动源组成（图 6-7）。

1. Nd：YAG 激光器　Nd：YAG 激光器有以下四种常见类型。

（1）灯泵浦 Nd：YAG 激光器（图 6-8）：工作物质是掺钕钇铝

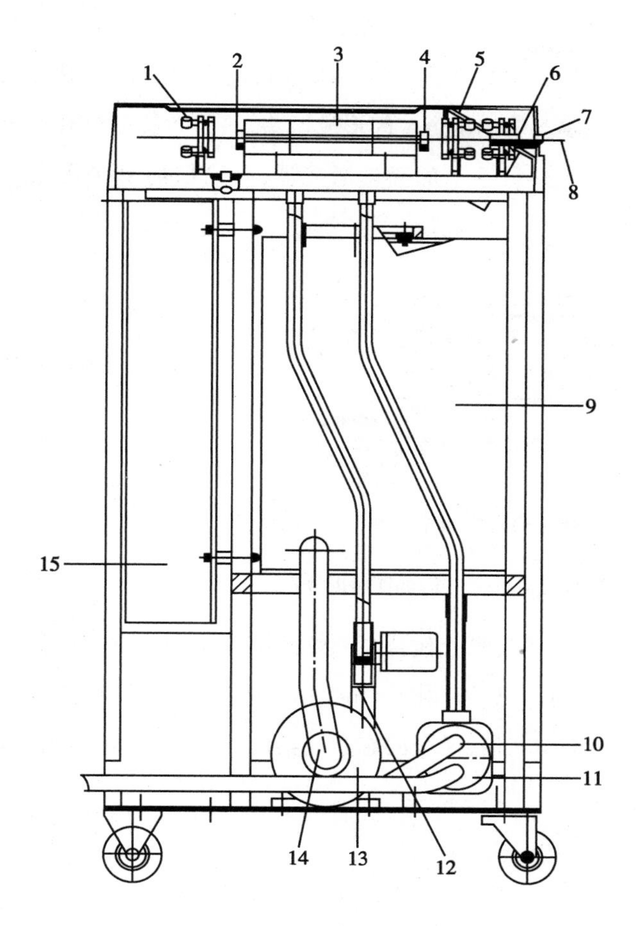

图 6-7　灯泵 Nd:YAG 激光治疗机
1. 后调节架;2. 灯架柱;3. 激光器和指示光;4. 灯架柱;5. 前调节架;6. 光纤架;7. 光纤耦合器;8. 光纤;9. 水箱;10. 外冷却水管;11. 冷热交换器;12. 水路保护器;13. 内循环水泵;14. 连接水管;15. 激光电源控制箱

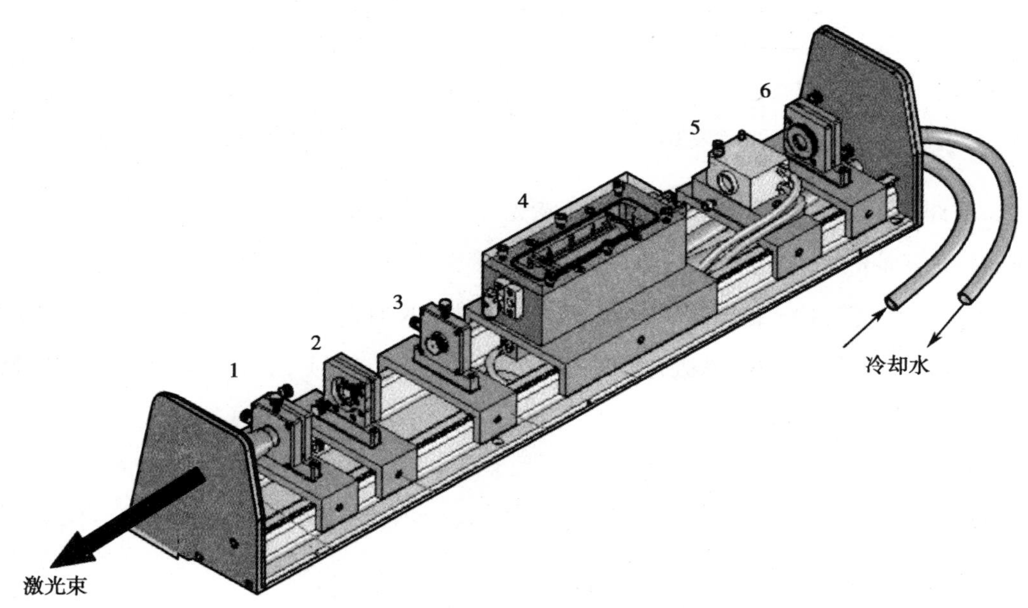

图 6-8　典型的灯泵 Nd:YAG 激光器
1. 光束整形器;2. 前反射镜;3. 光闸;4. 激光谐振腔;5. Q 开关;6. 后反射镜

石榴石晶体，性能非常稳定。

激光谐振腔（图 6-8 中 4）内 Nd：YAG 晶体与泵浦灯（通常为氪灯或氙灯）同置于一个反射腔体内（图 6-9），外套有滤紫外的玻璃护套（紫外光会影响晶体棒的活性），泵浦灯的光能量充分耦合到 Nd：YAG 晶体棒上。晶体受激产生的辐射在全反镜与输出耦合镜间形成振荡，部分能量由输出镜出射，形成波长为 1.064μm 的激光输出。目前，用于外科手术的固体激光器，其输出功率在几瓦到 100W 左右。

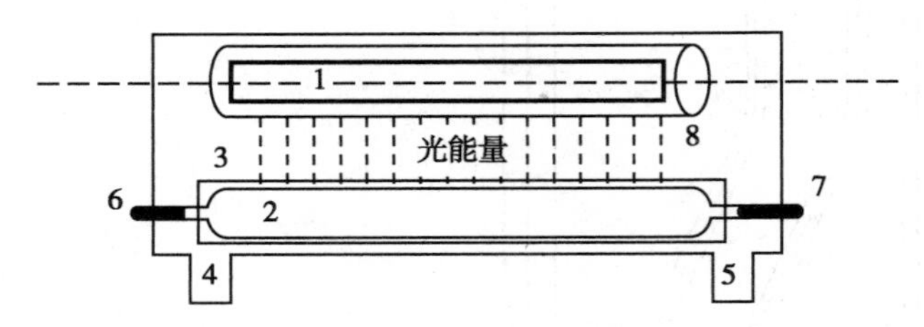

图 6-9　Nd：YAG 激光的灯泵浦示意图

1. 掺钕钇铝石榴石 Nd：YAG 晶体；2. 泵浦灯；3. 灯玻璃保护套；
4. 进水口；5. 出水口；6. 灯柱架+；7. 灯柱架-；8. 晶体棒护套

（2）全固态 Nd：YAG 激光器（图 6-10）：用半导体激光管代替泵浦灯的固态激光器是一种新型激光器。全固态激光器的总体效率至少要比灯泵浦高 10 倍，由于单位输出的热负荷降低，可获取更高的功率，系统寿命和可靠性大约是灯泵浦系统的 100 倍，使全固态激光器同时具有固体激光器和半导体激光器的双重特点。

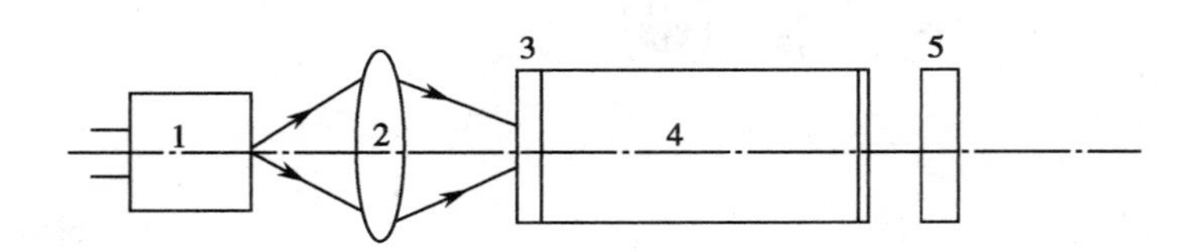

图 6-10　半导体端泵浦全固态 Nd：YAG 激光器

1. 半导体激光器；2. 自聚焦透镜或光纤；3. 后反射镜；4. Nd：YAG 晶体；5. 前反射镜

（3）光纤 Nd：YAG 激光器（图 6-11）：光纤激光器是用多种掺稀土元素玻璃光纤作为激光物质的激光器。在泵浦光的作用下光纤内极易形成高功率密度的光，使激光物质吸收后发生粒子数反转，当加入正反馈回路（构成谐振腔）便可获得多种红外波长的激光输出。当前临床上应用较多是掺镱和掺铒离子（Yb^+、Er^+）的光纤激光器。由于光纤激光器的谐振腔内无光学镜片，具有传统激光器无法比拟的免调节、免维护、高稳定性的优点。

（4）倍频 Nd：YAG 激光器：利用倍频晶体在强光作用下的两次非线性效应，使频率为 f 的激光通过倍频晶体后变为频率为 $2f$ 的激光，此即激光的倍频技术或称为“二次谐波振荡”。对于Nd：YAG

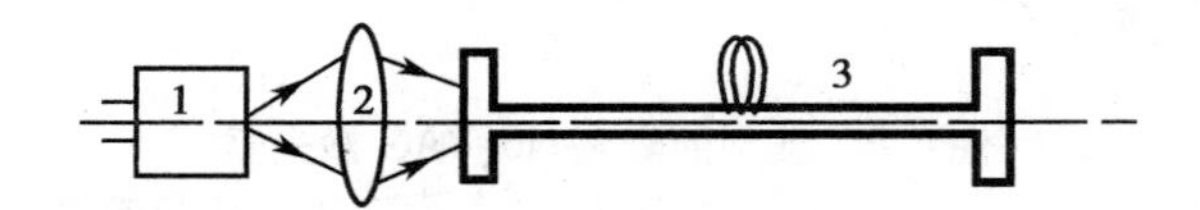

图 6-11　光纤激光器

1. 半导体激光器；2. 自聚焦透镜或光纤；3. 掺杂光纤

激光，通过倍频技术可以使波长为 1.064μm 的近红外激光变为波长 532nm 的绿色激光。激光倍频技术的关键是在振荡光路中放入倍频晶体，如磷酸氢钾（KDP）、铌酸锂（$LiNbO_3$）、磷酸钛氧钾（KTP），倍频方法分为谐振腔外倍频和腔内倍频两种。

2. 激光光路系统　激光光路系统如图 6-12 所示。

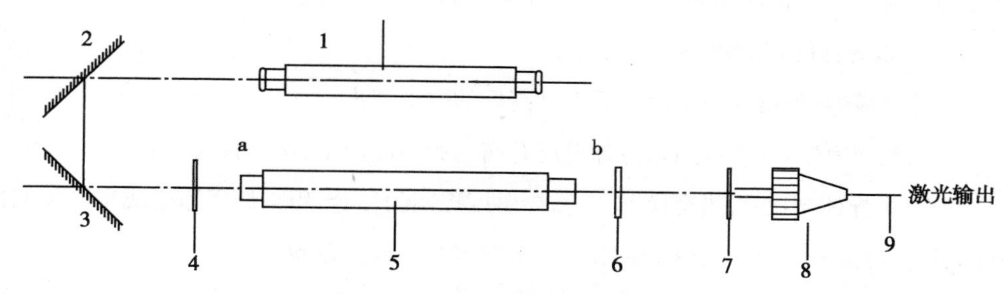

图 6-12　Nd:YAG 激光光路图

1. 指示光；2、3. 指示光反射镜；4. 后反射片；5. Nd:YAG 晶体；6. 前反射片；7. 光纤架；8. 光纤耦合器；9. 光纤

（1）激光指示器：由于 1.064μm 的激光是不可见的红外光，因此在进行光路调整时需要采用可见光波段的氦氖激光或半导体激光，作为调整前后反射镜片和激光物质保持垂直的基准光源。

（2）指示光路调节架：可进行多维空间调整，内有全反镜或部分反射镜片，其作用是使指示光、前后反射镜和激光物质保持同轴。

（3）光纤：主要用于传导手术用激光至目标病灶或手术部位，常采用石英光纤。光纤的一端为与设备输出端相连的耦合器（光纤架），其直径为 0.2～0.4mm。由于纯石英玻璃对激光的吸收很小，端面抛光良好的光纤是不会被损坏的。在操作时注意避免断面受污染而导致受污处吸收激光能量而烧毁光纤。因此，一旦受污，必须重新作清洁处理后再行使用。

（4）光路调整方法

方法一：①指示光与激光晶体（工作物质）同轴。以黑相纸中间扎一小洞，贴于指示激光管出光端，黑面向指示光管，白面向外，使激光刚好从小洞中射出。调整指示激光管上的调整指示光调节架的螺钉，使指示激光从晶体正中通过，用镜头纸在晶体靠全反端遮盖后观察，而且要使由晶体端面反射回的光点与出射光的小洞重合。②反射镜与激光晶体同轴。装上前反射镜，调节镜架上的调节螺钉使由前反射镜反射回在相纸上的光点与出射光小洞重合。装上后反射镜，调节后反射镜的调节螺钉使由后反射镜反射回在黑相纸上的光点与出射光小洞重合，取下黑相纸完成调节。

方法二：在谐振腔输出端置一黑屏，调节指示光管上调整螺钉及指示光调节架螺钉，使指示激光从晶体正中透射出（用镜头纸在晶体靠全反端遮盖后观察），在黑屏上形成光点 P1。按上后反射镜，调节镜上的调节螺钉使其在黑屏上的光点与 P1 重合。按上前反射镜，调节反射镜上的调整螺钉使其在黑屏上的光点与 P1 重合移去黑屏完成调节。待点燃了氪灯，输出激光后同时微调前后反射镜上调整螺钉，使烧灼点最圆最亮以修正以上调节形成的误差。

> **课堂互动**
>
> 为什么要用带孔的相纸调光？
>
> 光路调整，重要的是指示光与晶体同轴，如何才能判断？

3. 冷却系统　由于 Nd:YAG 激光器的能量转换效率通常仅为 3% ~5%，当激光输出 100W 时，其整机的功耗高达 3kW 左右，其中大部分都转化为热量，通常激光器须用冷却水加以冷却。为保证水质，Nd:YAG 的冷却系统一般采用内外双冷却系统。外冷却系统通过冷热交换器来冷却内冷却水。

（1）内冷却系统：内冷却系统由水泵、水箱和水压传感器组成，冷却水流过激光腔体，因此必须用去离子水或蒸馏水。根据使用的频率一般每三个月到半年换一次水。

（2）外冷却系统：外冷却系统有三种形式。

1）水-水热交换器：外接水源来冷却温度升高后的内冷却水。

2）空气-水热交换器：外接风扇来冷却温度升高后的内冷却水，这是目前较通用的方法。

3）压缩机/半导体制冷-水热交换器：在需要温度控制的场合，用空调压缩机或半导体制冷来冷却温度升高后的内冷却水。可以精确地控制冷却水的温度，缺点是价格较昂贵。

冷却系统为封闭式，手术间无需外接水源和地漏。对冷却系统的要求是应无渗漏现象，当冷却系统发生阻断故障时，激光电源应能自动切断。

4. 激光驱动系统　提供泵浦光源工作所需要的起辉电压及工作电压。Nd:YAG 激光电源的功率较大，前期一般采用可控硅整流得到直流 30 ~50A 的电流。现在基本采用 IGBT（绝缘栅双极晶体管）开关管的脉宽调制型的开关电源作为驱动源（图 6-13）。采用高压气体氪或氙灯的灯泵固体激光，它们的工作电压和点火电压差距较大，为保证激光的稳定输出，一般采取预电离技术，即在工作时使泵浦光源先点火进入预燃状态，由于此时的光强较弱，无激光输出，等需激光输出时才加上工作电流。泵浦光源的预燃是一项重要的技术，由于此时无激光输出，从功耗上考虑，要求预燃的电流越小越好。一般预燃的维持电流在 7 ~8A，但采用适当的技术可以做到 0.5A 以下。

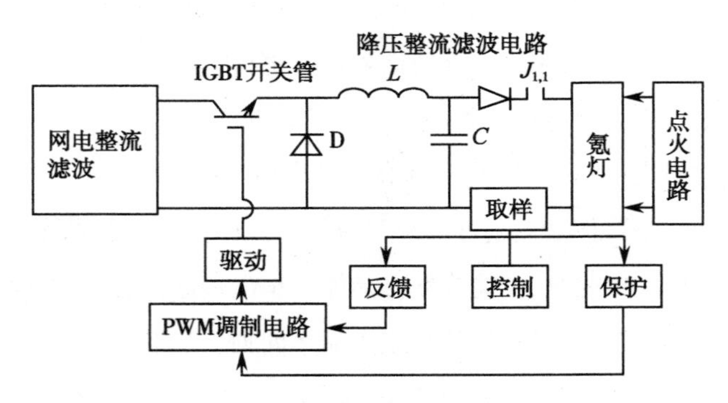

图 6-13　固体激光驱动系统原理图

（1）引燃点火：在初次上电时，考虑到电源滤波电容较大，直接上电有可能造成很大的电源输入电流冲击，故加入了软起动电路，保证电源电流不大于最大工作电流。根据氪灯管的伏安特性曲线，需要一个两万伏左右的高压脉冲将氪灯管的气体击穿，并利用次高压电容维持工作电流大于最低燃弧电流，当次高压电容能量放完，两端电压下降，恒流源开始工作，这时氪灯被点燃，工作电流越大灯输出的泵浦光越大。

（2）电流调节：电流的大小由 PWM 电路驱动 IGBT 开关管控制，IGBT 工作在开关状态，能耗极小，当频率不变时，通过控制开关管的占空比就达到了控制电流大小的目的。每个采样周期都是一个完整的控制过程，由霍尔电流传感器反馈的实际电流值和给定电流的差值来决定通断。

（三）Nd:YAG激光治疗机的应用以及维护保养

激光机一般有过压、过流、水压、水温等联锁保护电路和急停开关，维修时首先要检查它们的工作状态。

（1）激光电源部分：现医用Nd:YAG激光机多用氪灯作激励源。氪灯电源有点火触发、预燃维持和主供电电路三部分组成。触发失败是常见故障，通常是氪灯损坏或触发板损坏。换氪灯时，先去除灯架上的电极连接线，从腔体中抽出氪灯进行更换，换完后需进行光路的调整。

（2）内循环冷却水：采用去离子水或蒸馏水，根据使用情况3～6个月更换一次。

（3）指示光：一般用氦氖激光或半导体激光作指示光。氦氖激光寿命较短，半导体激光易受电击而损坏或被透过全反镜的Nd:YAG激光打坏。更换指示光等光路器件时要重新调整准直。

（4）输出激光功率偏低：要检查相关镜片是否镀膜脱落或被污染，可用镜头纸蘸乙醇、乙醚混合液清洁。

（5）光纤：光纤头污染阻碍激光的输出和光纤座耦合不良是常见故障。光纤使用一段时间后用宝石刀进行光纤的切割，要做到光纤端面切得平整。如果是光纤耦合不良可以调节光纤耦合架的螺丝，使激光垂直对准光纤的端面。

二、气体激光手术设备

气体激光器的工作物质主要是气体或蒸汽，其产生的激光波长分布很广，几乎遍布了紫外到远红外整个光谱区。

在可见波段内最为常见的是氦氖（He-Ne）激光器，它是气体激光器中第一个被研制成功的。激光是由氖受激辐射产生的，氦气是作为辅助剂。氦氖激光器所产生的主要激光波长为632.8nm，具有鲜红的色泽，其输出功率一般为毫瓦级。其次是Ar离子激光器，由于是电弧放电，电流密度很大，最大的激光输出功率可达20W以上，最强的两条谱线波长为514.5nm和488.0nm。

在紫外波段目前经常使用的是准分子激光器。惰性气体如Ar、Kr、Xe的外层电子中的一个受到激励时，它也可能与其他活性强的原子如氟、氯等组成寿命很短（约10^{-8}s）的激发态分子，称为准分子。准分子的基态寿命更短，只有约10^{-13}s。由于准分子基态的寿命比它激发态的寿命更短，故准分子系统总是满足粒子数反转的条件的。ArF准分子激光的输出波长在193nm，ArCl准分子的波长为170nm，XeF、XeCl及XeBr的波长分别为353nm、308nm及282nm。

在中红外波段，CO_2激光器是最常见的气体激光器，它既能以连续波形式又能以重复频率的脉冲方式发出10.6μm的红外辐射。下面以CO_2激光作为代表来分析气体激光的一些特点。

（一）CO_2激光设备的工作原理

CO_2激光器是一种混合气体激光器。CO_2为工作气体，其他气体如He、N_2、Xe、H_2O等都是辅助气体，它们的作用都是为了增强激光的输出。

在CO_2分子中，已发现有200条输出谱线。这些谱线都是CO_2分子的基电子态中能量较低的振动能级之间的跃迁所致。谱线波长的范围在9～18μm之间，其中最强的有两组跃迁：10.6μm和

9.6μm。由于它们有共同的上能级 E_3，因此这两种跃迁是相互竞争的。相对来说 10.6μm 的跃迁概率大得多，它是 CO_2 激光器的最常见波长（图 6-14）。

（二）CO_2 激光手术设备的基本结构

CO_2 激光手术设备由 CO_2 激光器、激光电源、激光耦合系统、冷却装置、同轴指示光源、传输系统（导光关节臂）组成（图 6-15）。医用 CO_2 激光器采用封离式 CO_2 激光管、直流高压电源或射频电源作为激励源。目前大多数 CO_2 激光手术设备仍采用中空的反射镜式传光关节臂传送 CO_2 激光束，多晶锗空芯光纤已在临床中传输 20W 左右的 CO_2 激光用于手术。传光装置的手柄外都装有聚焦透镜以达到控制光斑大小的目的，使外科医生可以改变激光功率密度。

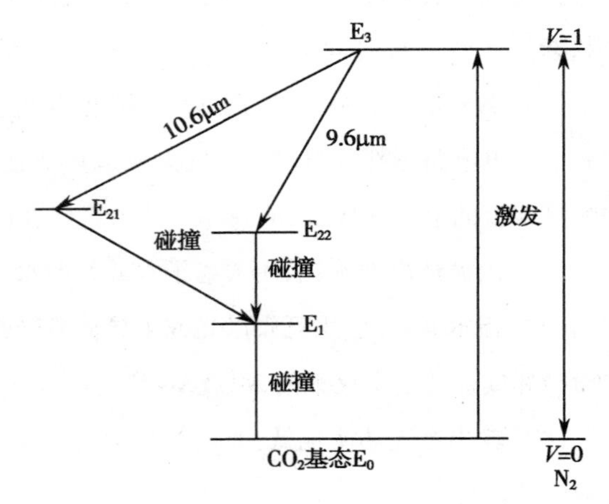

图 6-14　CO_2 和 N_2 的部分能级图

1. 激光器件　如图 6-16 所示。目前小型封离型纵向放电 CO_2 激光器是国内医用 CO_2 激光器的主要器件，功率从 5W 到 50W 不等。

激光管常用光学玻璃或石英玻璃制成，采用层套筒式结构。最里面一层是放电管，第二层为水冷套管，最外一层为储气管。放电管的粗细影响功率的输出和光束质量，一般而言，放电管细光束质量好，但输出功率小。放电管长度与输出功率成正比。在一定的长度范围内，每米放电管长度输出的功率随总长度而增加。加水冷套的目的是冷却工作气体，使输出功率稳定。放电管在两端都与储

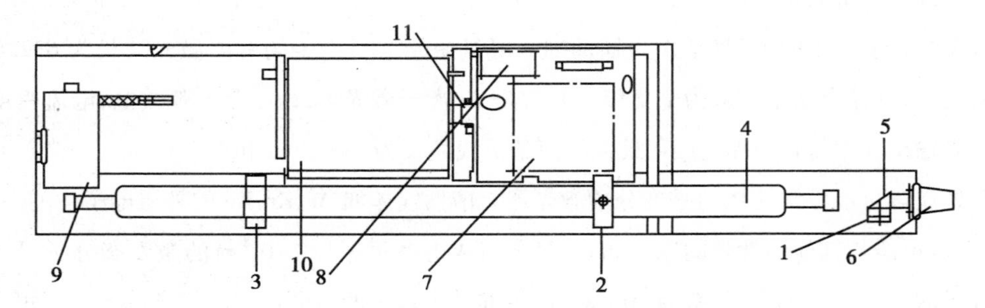

图 6-15　CO_2 激光手术设备的基本结构

1. 指示光系统；2. 前调节架；3. 后调节架；4. 激光管；5. 45°分束镜片；6. 关节臂座；7. 激光电源；8. 指示光电源；9. 水泵；10. 水箱；11. 断水传感器

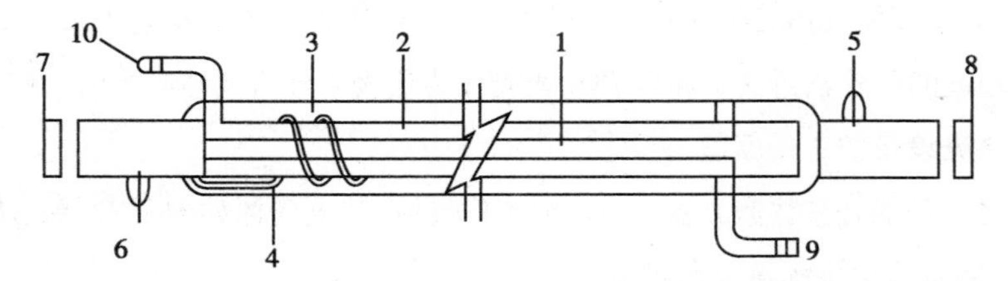

图 6-16　典型封离型纵向电激励 CO_2 激光器的结构

1. 放电管；2. 水冷管；3. 储气室；4. 回气管；5. 阳极；6. 阴极；7. 输出镜；8. 全反镜；9. 进水；10. 出水

气管连接，这样就可使气体在放电管中与储气管中循环流动，放电管中的气体随时交换。

CO_2 激光器的谐振腔常用平凹腔，反射镜采用大曲率半径的凹面镜，镜面上镀有高反射率的镀金膜，在波长 10.6μm 处的反射率达 99%。二氧化碳发出的光为中远红外光，所以输出镜需要应用透红外光的材料，一般采用锗或硒化锌，10.6μm 的透过率约 10%。

2. 激光电源系统　如图 6-17、图 6-18 所示。现在采用 VMOS 大功率管制成脉宽调制型的开关电源，使其电流输出范围从 0～40mA 可调，电流稳定性好。其原理是利用高频高反压开关管进行高频变换，使原来 50Hz 的工频变压器（交流电）变为 20～40kHz 的高频变压器（交流电）。由于变换效率的提高，激光电源的体积变小，稳定性大大提高。

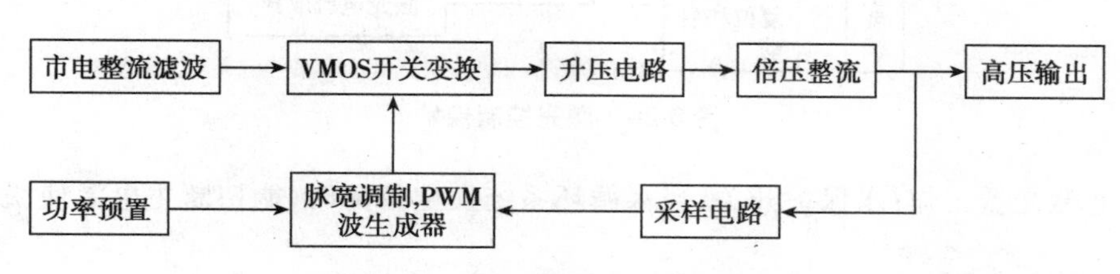

图 6-17　CO_2 激光器电源原理图

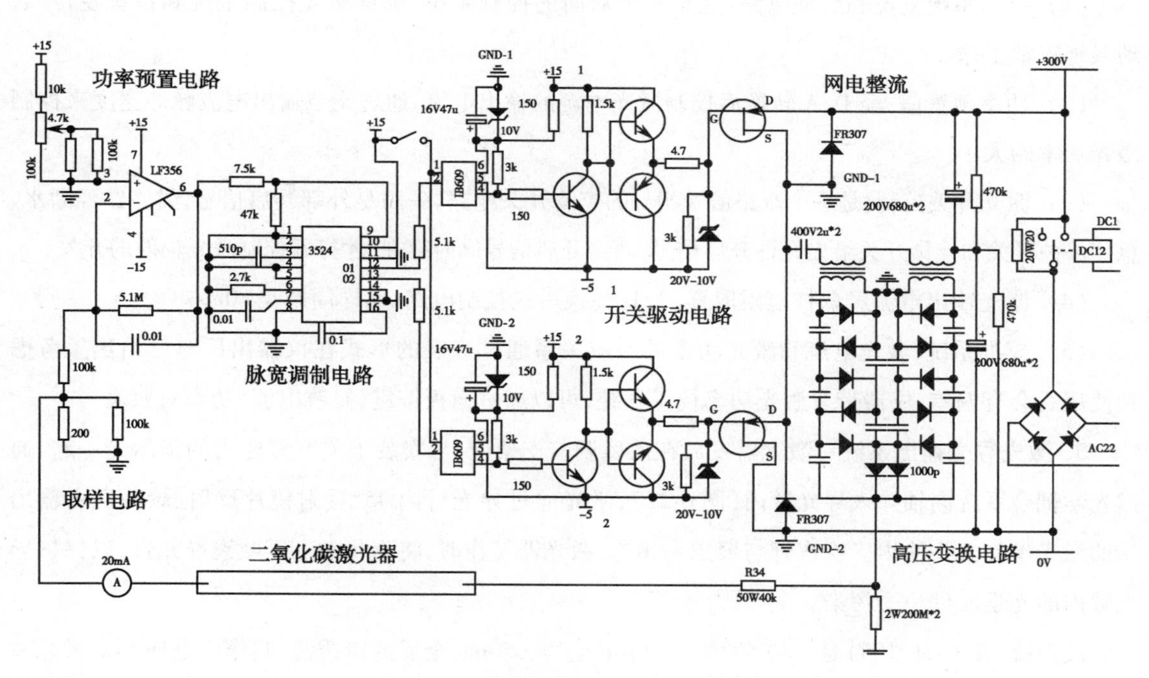

图 6-18　典型 CO_2 激光电源线路图

3. 冷却系统　一般采用内循环水冷却系统，由水泵、水箱、连接水管等组成（图 6-19）。水箱最好采用不锈钢水箱，以确保水质和散热。

4. 控制与保护系统　如图 6-20 所示，控制系统保证激光设备和相关保护设备的安全运行，一般具有控制激光的能量和输出方式的功能。此外还有机箱连锁开关、急停开关、水保护开关。机箱联锁开关：当机箱被打开时能自动切断电源；急停开关：当仪器发生故障时，按下急

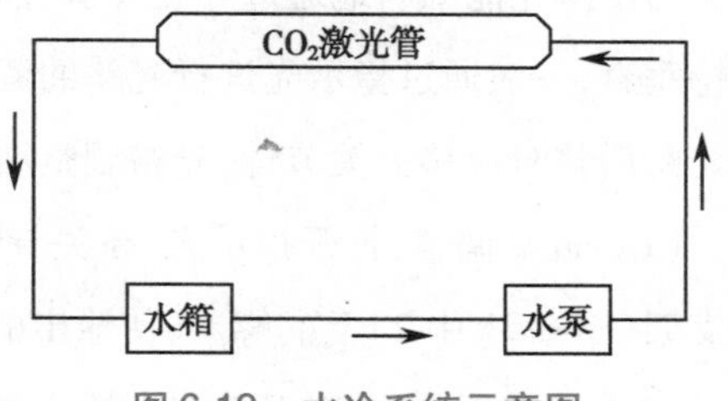

图 6-19　水冷系统示意图

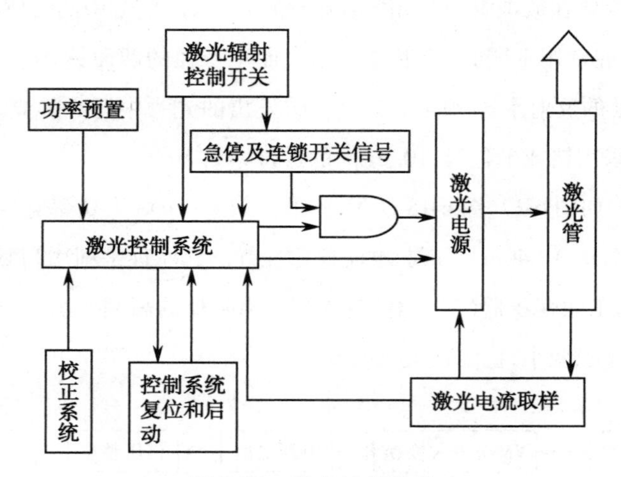

图 6-20 激光控制保护

停开关能终止激光器工作;水保护开关:当水循环系统发生故障时,能切断主电源使激光器停止工作。

(1) 控制系统复位和启动电路:这是一个双向的控制系统,确保激光控制系统和系统复位/启动系统正常工作。

(2) 功率预置值:经 D/A 转换后控制激光电源的输出电流,通过调节输出电流脉冲宽度来控制激光功率的大小。

(3) 激光开关控制:是一个双路信号相与的控制开关电路,一路是外部开启信号,另一路经断水、急停保护开关和连锁开关给出允许开启信号,两路开启信号同时存在,才打开控制激光辐射的开关。

(4) 激光输出电流经取样电阻取样、A/D 转换后送控制电路,取样周期是 80ms。

(5) 校准系统:激光电流和激光功率的对应关系通过查表的形式在仪器出厂时已给出。考虑到使用后会有偏差,仪器带有激光功率校正系统,可以通过面板按键,修改电流/功率对照表。

5. 激光导光输出系统 激光器安放在前后调节支架上,与安装于关节臂座内的指示光一起,通过光学耦合系统同轴导入导光臂内(图 6-21),激光通过导光臂内 45°反射镜片反射、聚焦后由输出端的激光聚焦刀头输出。吹汽管与聚焦头相连,激光器工作时,将汽化的烟雾吹离导光臂,以保护导光臂内的光学元件免受污染。

反射镜(图 6-21 中 5)是一块 45°的 10.6μm 全透、650nm 全反的锗透镜,其作用是使 CO_2 激光和指示光同轴,指示光一般采用 650nm 半导体激光,光功率小于 5mW。

6. 光路调整 如图 6-21 所示,CO_2 激光的指示光和导光臂在出厂时已调校完毕,不需要再次调整。为使激光能顺利地通过导光关节臂后到达输出端,要求激光必须尽可能的与导光臂输入端中心保持垂直,一般通过指示光进行光路的调整,要求指示光与激光在尽可能的距离内保持同轴。在进行光路调整时应移去关节臂,光路调整结束后再装上。

(1) 近端调整:打开指示光,在关节臂座(图 6-21 中 6)外端面用白纸找到指示光点,调节前调节支架(图 6-21 中 2)上的螺丝,使输出的激光与指示光重合。

(2) 远端调整:在离开激光器输出端(图 6-21 中 6)大于 5m 的地方(越远调整的精度越高),固

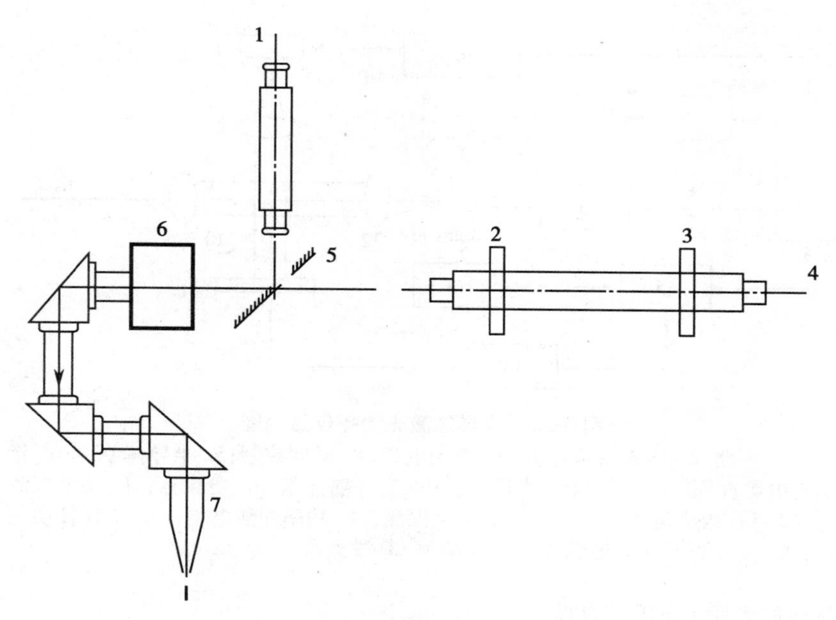

图6-21　CO_2 激光光路系统

1. 指示光；2. 前调节支架；3. 后调节支架；4. CO_2 激发器；5. 45°分束镜；6. 关节臂座；7. 导光关节臂

定一块耐火材料，找到指示光点，调整后调节支架上“4”的螺丝使激光与指示光点重合。

（3）重复上述过程，使激光的近端和远端都保持重合。

课堂互动

在光路调整时，如果导光臂的反射镜片是4块，导光臂内整个光路的长度是1.5m，为保证激光与导光臂同轴，理论上需要多远的距离使指示光与激光点保持重合？

三、半导体激光设备（治疗仪）

半导体激光器（laser diode，缩写 LD），又称激光二极管，是一种基于半导体带隙中载流子复合辐射的激光器，主要的工作物质有砷化镓（GaAs）、镓铝砷（GaAlAs）等，其激励方式主要有三种，即电注入式、光泵式和高能电子束激励式。半导体激光器的特点是体积小、重量轻、工作寿命长、发光效率高、结构简单而坚固不需要水冷却，而且适合光纤传输，所以 LD 在组织切除、融合、刺激和光动力学治疗等领域的临床应用越来越广泛。在某些波段范围的临床应用中，LD 已开始全面替代传统的气体和固体激光器。

一个典型的半导体激光治疗仪结构如图 6-22 所示，主要包括大功率红外 LD 激光器、激光电源系统、同光路指示、温度控制、光纤耦合和系统控制等部分。由于该治疗激光为不可见的红外光，为方便操作和确保安全，采用650nm 半导体激光器作为可见指示光。控制系统采用嵌入式系统，光功率及温度采样模拟信号经 A/D 转换器转换为数字信号，送入嵌入式系统进行处理，反馈控制信号经 D/A 转换后再分别送往激光恒流源电路和温控电路，形成光功率和温度的闭环控制。

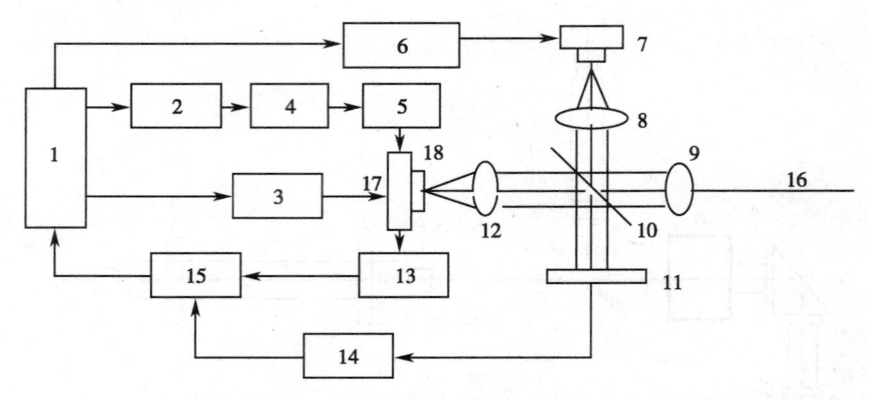

图6-22 半导体激光治疗仪结构图

1. 控制电路;2. D/A 转换电路;3. 激光电源;4. 温度控制;5. 半导体制冷;6. 指示光电源;7. 指示光;8. 指示光耦合器;9. 光纤耦合器;10. 分束器;11. 功率探测器;12. LD 微透镜阵列准直器;13. 温度探测;14. 功率探测电路;15. A/D 转换电路;16. 光纤输出;17. 散热片;18. 大功率 LD 激光器

（一）半导体激光器 LD 工作原理

LD 的工作原理如图 6-23 所示，由于偏置电压及外加电场的作用，PN 结中的载流子向对方扩散，一部分导带的电子会自发跃迁回价带，放出一个能量等于带隙宽度的光子，这个过程叫自发辐射，此时 LD 就相当于一个普通的发光二极管（LED）。LED 光子成为了最初的泵浦光。随着输入的偏置电压超越某一限值时，在 PN 结面附近电子和空穴的数目会很大，形成粒子数的反转，从而引发受激辐射，若器件的两端是该半导体晶体材料的解理面，相当于形成一个谐振腔，就会产生共振。受激发射的光子会在增益介质中不断振荡放大，使更多的光子产生受激发射，便会有稳定的激光输出。

LD 的工作物质常由 GaAs、InGaAs 或 InGaAsP 等材料做成，一般为三层或多层异质 PN 结结构。例如 GaAs/AlGaAs 的组合，结区可以很薄而获得高的增益，结区两边的势垒阻止电子的外逸，AlGaAs 的折射率比 GaAs 的略大一些，从而形成一个光波导以限制光子的外逸。这样由于折射率的内大外小自然构成了光约束，又由于异质结结构形成的量子井结构，对载流子形成了约束，使受激发射大都发生在增益介质的带边，大大提高了激光器的效率。

由于单个的 LD 功率较小（毫瓦到几瓦的水平），因此在具体的大功率应用（10 瓦以上）时是采用将许多的小 LD 组成阵列的形式（如图 6-24）。

大功率半导体激光器阵列（LDA）是在同一外延片上（标准长度 1cm）由多个条形 LD 在一维方向上组合而成，具有体积小、光电转换效率高、工作寿命长和性价比较高等优点，在材料加工、激光医

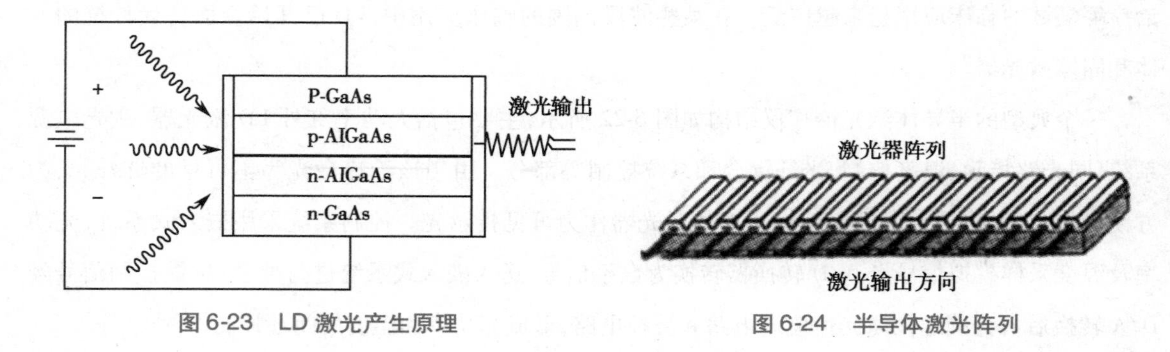

图6-23 LD 激光产生原理　　图6-24 半导体激光阵列

疗、固体激光器泵浦、激光探测和激光成像等方面得到广泛的应用，但是由于 LDA 本身固有的结构缺陷：有源层有多个发光单元组成，单个发光单元的尺寸在平行于 PN 结方向上为 150μm，在垂直于 PN 结方向上为 1μm，快慢轴发光单元尺寸的严重不对称性，导致其发出的光束在正交的两个方向上发散角相差很大（平行 PN 结平面为慢轴方向，发散角为 8°～12°，垂直于 PN 结平面为快轴方向，发散角为 30°～40°），并且存在固有像散，严重影响了半导体激光器线阵的应用，为了拓展其应用场所，一般采用相应的准直器。

（二）微透镜阵列准直器

微透镜阵列准直器的主要结构如图 6-25 所示。

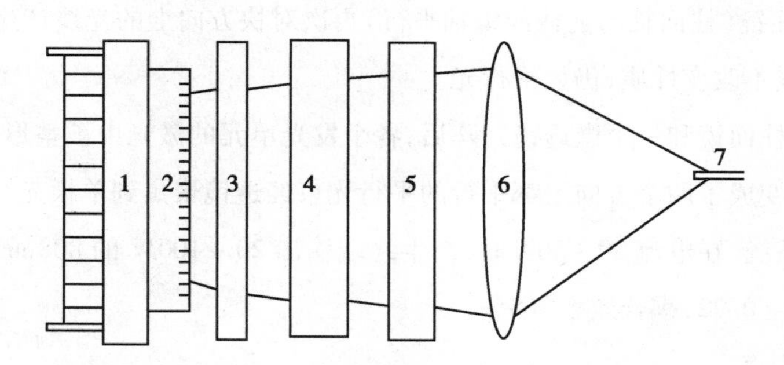

图 6-25　LD 的基本结构

1. 冷却器；2. LD 列阵；3. 前圆柱镜；4. 微透镜列阵；5. 后圆柱镜；6. 非球面镜；7. 光纤

LD 阵列激光源是一个中心波长为 808nm、输出功率为 30～100W 的红外半导体激光二极管阵列，大功率 LD 阵列牢靠地固定在冷却器上，光纤耦合系统采用合适的光学系统（图 6-25 中 3、4、5）对激光光束进行准直、整形、变换，最后通过凸透镜 6 进一步聚焦耦合到光纤 7 中。冷却器配有温度自动控制系统，使 LD 阵列能在最佳温度环境稳定工作。

有一种简单的方法，采用两组相互垂直的、柱面半径不一样的柱面透镜，将一个 LD 阵列单元的快轴与慢轴两个方向上的发散程度不同的光，分别进行会聚（柱面只能在一个方向上会聚光线），最后获得平行光（图 6-26），经透镜聚焦到单根光纤中。当然整个 LED 阵列须在 *y* 方向上重复延伸排列。这样，实际需要一个快轴柱面透镜以及一个慢轴柱面透镜组（图 6-27）。

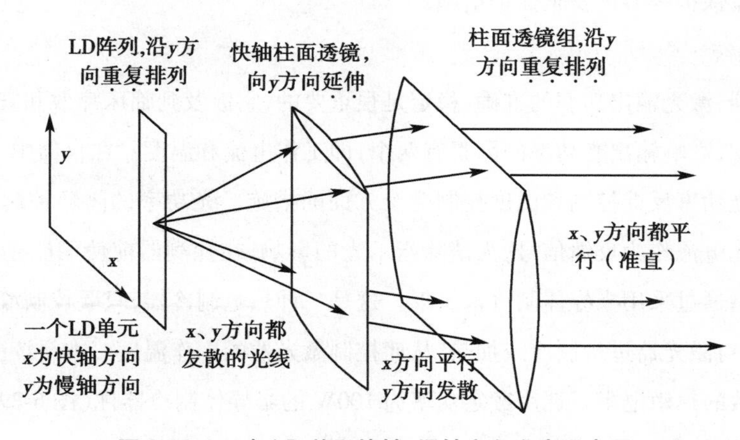

图 6-26　一个 LD 单元快轴、慢轴方向准直示意图

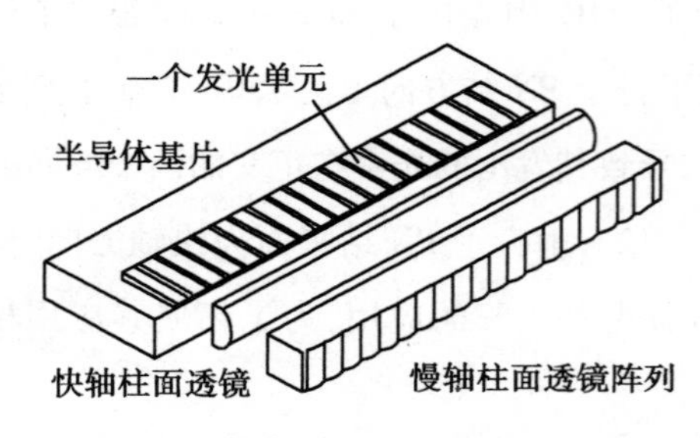

图6-27 整个LD阵列的准直示意图

而图6-25中的微光学耦合系统是由两块圆柱镜和一块微透镜阵列组成：

（1）采用前柱面镜3对激光束快轴方向进行准直、平行射向微透镜阵列，慢轴方向仍不平行（与上图相同）。

（2）选择合适焦距的微透镜阵列，使射过来的激光束在慢轴方向准直、平行，当然在快轴方向上产生了发散。

（3）采用后柱面镜（柱面轴与前柱面镜轴平行）再次对快方向上的光线产生会聚，变为平行光；而慢轴方向上的光线不改变性质，仍为平行光。

这样，经过两个柱面镜和一个微透镜列阵后，各个发光单元的激光束被整形，在 x、y 方向上不同程度扩散的发散光，变成了两个方向上都平行的平行光束经透镜聚焦到单根光纤中。

通过上述耦合系统，在电流30～50A时，产生终端输出20～100W的808nm LD激光，光纤芯径400μm，光纤数值孔径0.22，耦合效率>68%。

（三）LD激光电源

如图6-28所示，LD采用低噪声、低纹波、半导体激光器专用电源。电压源选择线性电源，其调整器件工作于线性区，通过串联负反馈实现对纹波的抑制，为实现精度和稳定度的要求，设计了两级调整模块，前一级使用稳压芯片，通过扩流送到后一级调整模块，再调整实现抑制纹波和降低噪声的要求。电流源电路也是采用串联负反馈调整电路来实现恒定电流，取样方式是电流取样，为了保证精度，采用多个并联的额定功率为10W，温漂<5PPM/℃的精密无感电阻。

为了使电路本身具有一定的自保护功能，避免由于过载等因素引起不可恢复的损害，在电压源中采用了限流型保护电路。考虑到半导体激光器的性质，仅纳秒宽度的瞬态电压或电流尖峰都能引起LD阵列内部小平面的瞬时过热造成的损伤。为了达到保护目的，在电路中加入了慢启动部分、温度控制、电源电压监测、电源涌浪电流抑制、快速吸收负载电压及电流尖峰、输出端开路或短路保护以及功率管过流保护等多项安全保护措施。

（四）控制系统

作为治疗仪器，激光输出功率的准确、稳定是很重要的，它涉及到临床疗效和安全。根据半导体激光器的特性可知，影响输出光功率的因素有两个，即工作电流和温度。在仪器中，输出光功率的稳定控制主要采取光功率反馈控制和温度控制两个方面的措施。光功率的闭环控制采用外部监测光电二极管的输出光电流作为反馈信号，为消除指示光的影响，在探测器前使用滤光片滤除650nm波长的光。温度控制通过采用半导体制冷来实现。这是一种热电制冷器，只要控制流过温控器电流的大小和方向，就能对激光器进行制冷或加热，从而控制激光器的工作温度。本系统中，温度传感器采用具有负温度系数的热敏电阻。选用额定功率为100W的半导体制冷器件（图6-29），最大驱动电流为10A，工作温度控制在（20±0.5）℃。

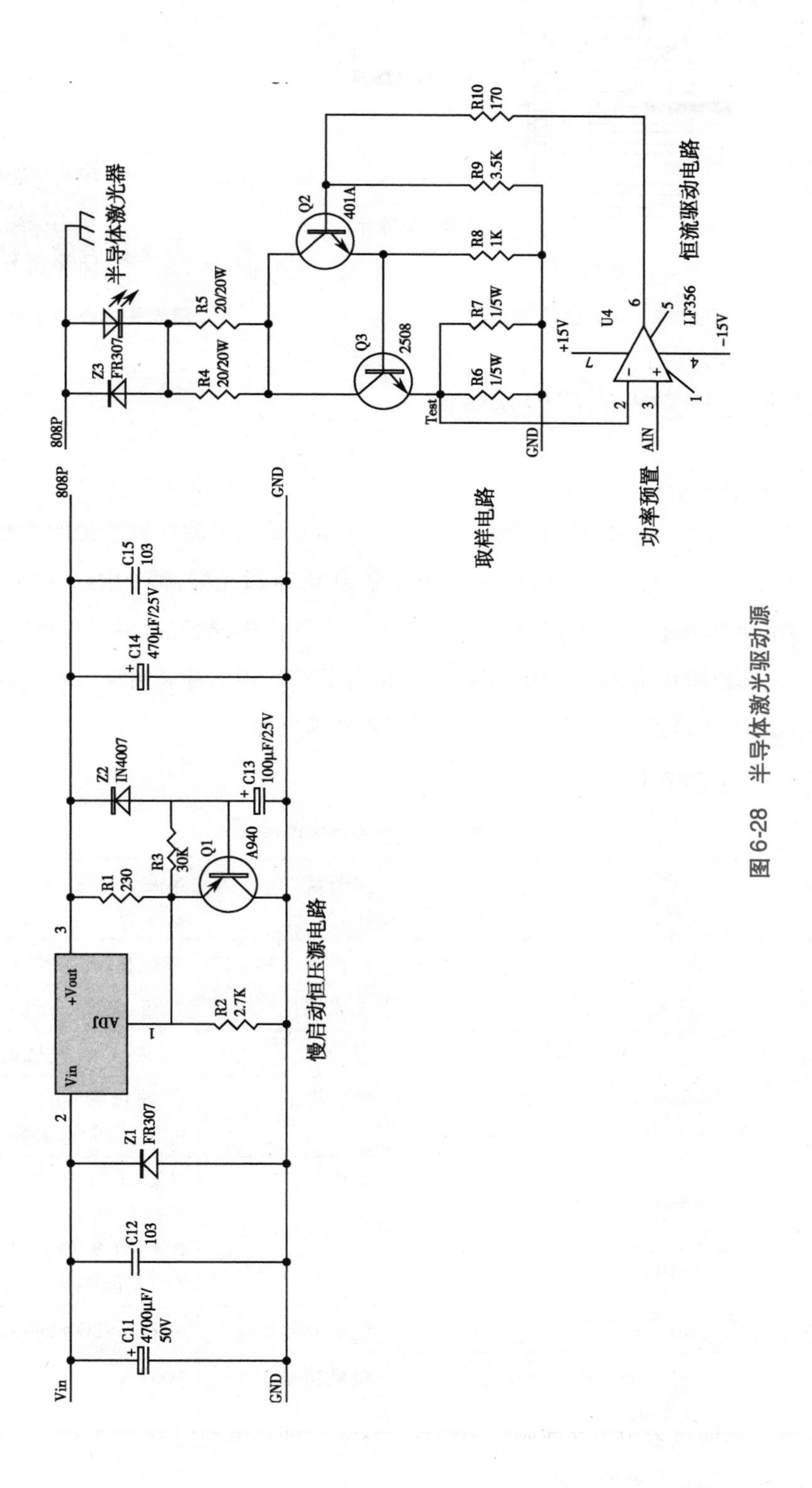

图 6-28　半导体激光驱动源

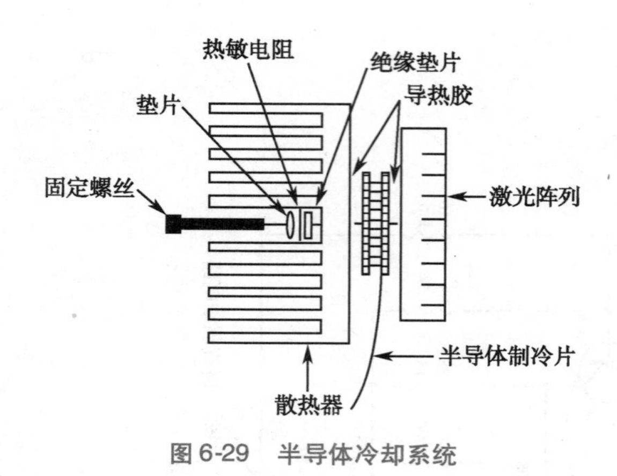

图 6-29　半导体冷却系统

激光手术器械在医学中的应用

四、二氧化碳激光治疗仪实例解析

（一）仪器特点

二氧化碳激光治疗仪，是由工作物质二氧化碳气体分子受电激励后产生的激光束，本仪器采用分离型的 CO_2 激光管和恒流激光电源，输出波长为 10.6μm 激光束，属于中红外光，具有连续或脉冲输出方式，输出功率密度大。治疗仪输出的激光经导光臂传输，配有适用于各种不同治疗用途的刀头，主要用于人体组织切割、烧灼、气化、凝固、照射等非接触性治疗。治疗仪对周围组织损伤小，手术时间短、出血少，伤口感染少，愈合快，手术后无需特殊处理。

（二）主要技术指标（表 6-2）

表 6-2　主要技术指标

激光器类型	封离型玻璃管 CO_2 激光器	关节臂	6 关节/7 关节（可选）扭簧式导光关节臂
激光模式	多模	操作和控制	液晶显示、触摸开关和微电脑控制
输出激光波长	10.6μm	工作模式	待机、准备、连续、单次、重复
激光器输出功率	大于 35W 可调	显示	功率、工作方式、时间（液晶显示）
功率不稳定度	<±10%	功率设定	按键预置为上调、下降可调 1～35W，最大为 35W
发散角	<4.0mrad	工作方式	方式 0：外控（输出时间由脚踏开关控制）；方式 1：单次脉冲（时间间隔 0.1～0.9 秒）；方式 2：重复脉冲（时间间隔 0.1～0.9 秒）
刀头焦距	f=100mm		
焦点光斑直径	≤0.5mm	主机外形尺寸	400mm×300mm×1200mm
同光路指示	波长（650±10）nm，功率小于 5mW 的半导体激光	整机功率	600VA

（三）仪器的结构和使用方法

1. 仪器结构

（1）内部结构：本仪器主要由激光电源系统、激光器、冷却系统、控制与保护系统、激光输出系统构成,其内部结构组成如图 6-30 所示。

(2) 控制部分:如图 6-31 所示。

1) 功能选择:仪器具有连续、单次、重复三种功能。操作者根据需要,按相应按键,控制面板液晶屏依次显示:工作方式 0(外控连续输出)、工作方式 1(单次脉冲输出)、工作方式 2(重复脉冲输出)。

2) 输出时间设定:①当功能设定外控激光输出时(方式 0),激光输出时间由脚踏开关踩下的时间而定。②当功能设定单次或重复激光输出时,时间设定为 1 ~9,表示激光输出时间为 0. 1 ~0. 9 秒。

方式 1:激光单次输出,每次激光输出时间为 0. 1 ~0. 9 秒;

方式 2:激光以 0. 1 ~0. 9 秒的方式重复输出。

3) 功率设定:功率设定预置上调键(▲)、下降键(▼),设定范围为 1 ~35W。

4) 指示光:CO_2 激光输出波长为 10. 6μm 的不可见激光。为使医生手术时能精确定位,仪器设有红色半导体激光作指示光束。

5) 待机:在待机时可以进行功能设置。

6) 准备:按准备键后,踩下脚踏开关激光输出。

7) 复位:机器掉电重新开启后,按复位键可以恢复到原来的设置。

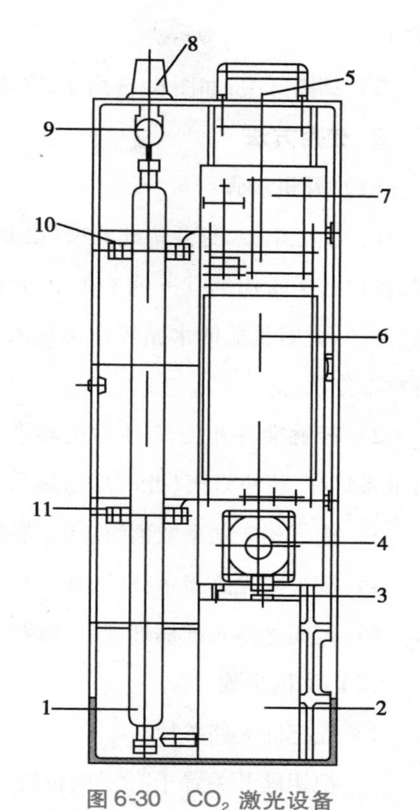

图 6-30 CO_2 激光设备

1. 激光管;2. 冷却水箱及水泵;3. 断水传感器;4. 风扇;5. 吹气孔;6. 激光电源;7. 气泵;8. 导光关节臂基座;9. 指示光系统;10. 上光路调节器;11. 下光路调节器

(3) 开关

1) 遥控开关的联锁:如图 6-32 所示,使用时应将治疗室门上的固定联锁开关接入出厂时被短接的插头(开关由用户自行配置、安装)将插头插入插座即可。当门被打开时,激光将被切断并有提

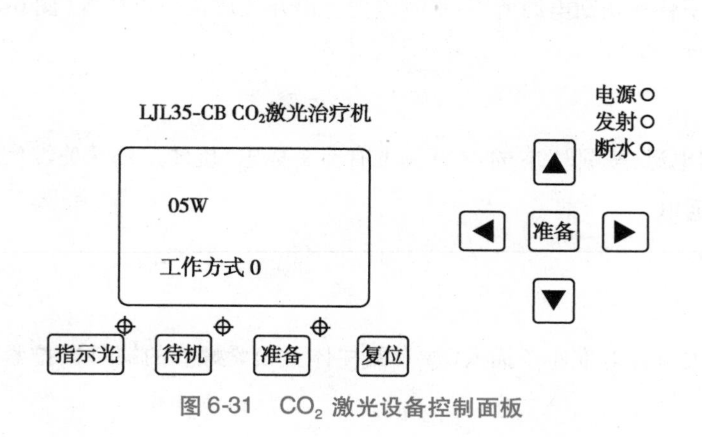

图 6-31 CO_2 激光设备控制面板

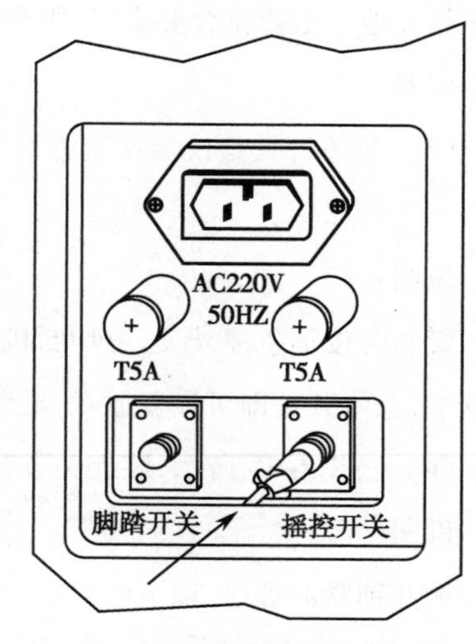

图 6-32 遥控开关的联锁

示声。

2）脚踏开关：如图6-33所示，在准备工作完成后，踏下脚踏开关即可出光。

2. 使用方法

（1）开机步骤

1）插上电源，打开钥匙开关（必须使用装有地线的插座，将钥匙插入钥匙孔并向右旋转至开机位置，各功率指示灯亮），此时机器的水循环系统进入工作状态，机器进入待机工作状态。

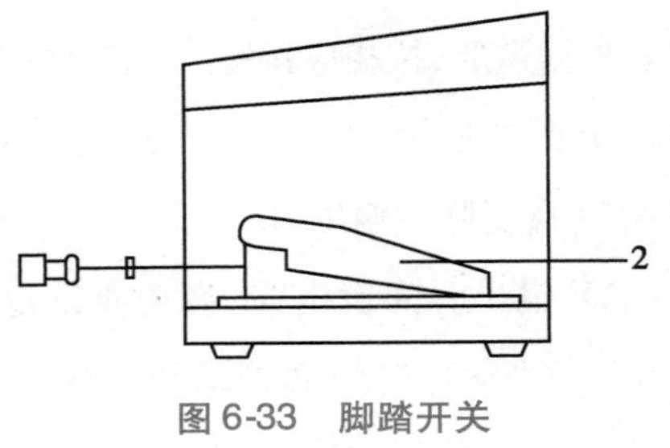

图6-33　脚踏开关

2）轻触准备开关，2秒后机器进入准备工作状态，此时准备灯亮，待机灯灭（此时功率显示为5W）。选择工作方式，按下相应的按键。

3）按下相应功率数值键，如需要按上、下键调整到所需功率。

4）按下同光路指示开关，在刀头处可以看见指示光点。

5）把同光路对准病灶，踏下脚踏开关即时开始工作。

（2）关机步骤

1）先把同光路关掉。

2）把钥匙开关置于“关”的位置。

（3）眼睛的防护

防护镜主要用于激光漫反射对人眼损伤的防护。操作者在使用本仪器时应配戴防护镜，患者在做脸部治疗时也应配戴防护镜，防护镜对输出为10.6μm波长激光的光密度为4.0。

（四）仪器安装及调整

1. 仪器安装及调整

（1）开箱后先检查仪器外壳有无严重的碰伤，连线有无脱落现象，仔细核对说明书上的附件清单，所配备的附件应齐全。

（2）检查电源电压是否正常及电源线中地线是否可靠接地。网电源电压为220V±10%，电源电压和接地一定要符合要求，否则会影响机器的正常使用。如果电压不符合要求，建议配有1000VA的稳压器。

（3）急停开关是仪器在紧急情况下快速切断电源所用，平时应把急停开关放在弹出位置（图6-34）。

说明：

紧急时按下急停开关，可切断机器电源；按顺时针方向（开关上有箭头标志）旋转急停开关红色蘑菇头，急停开关即可恢复原状，继续通电。

（4）按图6-35所示，装上关节臂。

说明：

松开锁紧的螺钉，取下防尘塞，将关节臂对准座子插入（注意圆柱体上锁紧螺丝的缺口），拧紧螺丝，将吹气管插入气嘴。

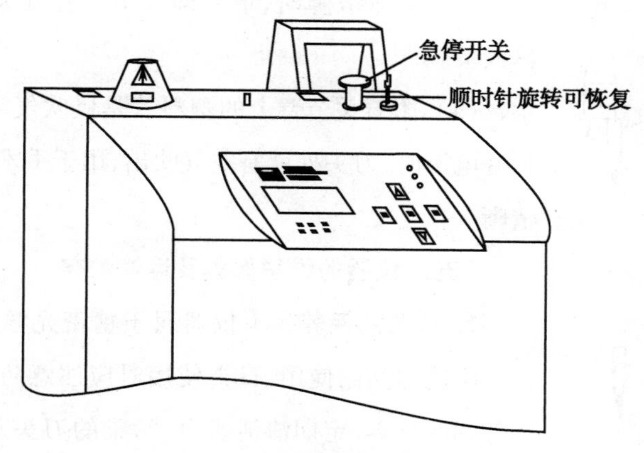

图 6-34　急停开关图

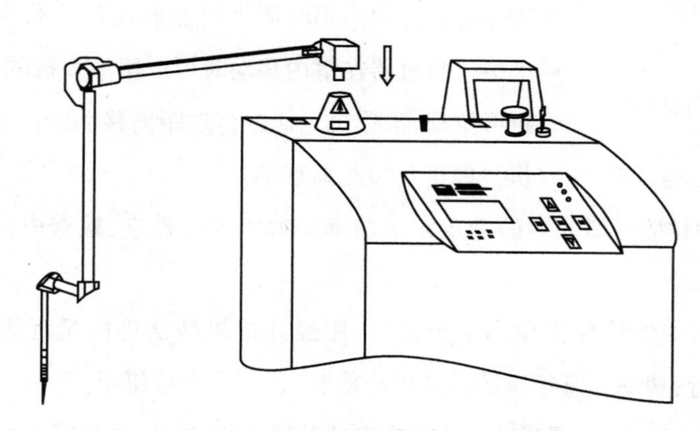

图 6-35　关节臂的安装

（5）将电源电线两头分别插入仪器电源输入插座及电源插座（再次确认电源插座必须有良好的接地）。

（6）将脚踏开关连线的插头插在仪器下端的插座上，缺口对准往里推，直听到“嘚”的弹子声，锁紧为止。

课堂互动

如何才能确定电源插座有接地线？

（7）将锁开关钥匙插入面板上的锁开关孔内，旋转到“开”的位置，检查风扇、水泵及水循环工作是否正常。如果上述部件没有被正确安装或有故障，面板上会有相应的故障显示，此时激光无法开启。

（8）按照所写的操作步骤开启激光器，应检查激光功率、激光光点、关节臂输出、同光路指示工作是否正常。

（9）根据需要按图 6-36 更换刀头。

2. 安全保护装置

（1）本机内部有高压电路保护装置，当门板打开时会自动切断高压，非专业人员请不要随便打开门锁。

（2）冷却系统发生故障时，蜂鸣器会发出“哔”的报警声，LED 发光管（COOLANT）闪烁，并自动切断高压。如要恢复工作，先关掉电源，排除故障，重新启动。

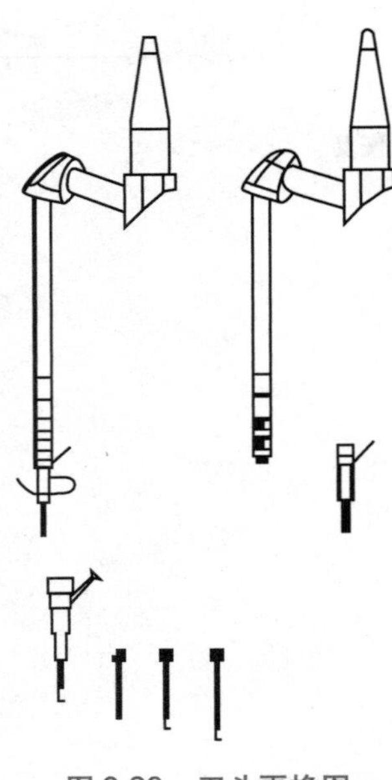

图 6-36　刀头更换图

(3) 出现故障时，请立即按下急停开关，切断电源，并通知维修人员。

(4) 附着关节臂上的塑料管是供吹气之用，机内装有空气泵。打开电源时，刀头处就有空气吹出，用于手术时吹散烟雾，保持视野清晰。

(五) 仪器的维护保养及运输贮存

1. 仪器的保养　本仪器属于精密光学设备，本机应放置在清洁少尘的房间内使用，日常使用时应注意防尘、防湿、防震，要有专人使用与保养，定期清洁机身、污染的刀头及镜片。每隔一年必须作一次激光功率检测，且做好记录。当功率有明显下降时要及时更换激光管。长期不用时请将仪器放入包装箱内并置于干燥无尘的环境中。当机器在室内移动时可以用治疗机的两个后脚轮为轴，微倾斜再拉动，治疗机只能进行短距离移动。仪器室内移动时可以用两个后脚轮为轴，微斜再拉动，治疗机只能进行短距离移动。

2. 激光器功率的校验　激光器的额定输出功率应每年进行检查，检查由省级计量机构进行并应保留计量记录。

平时如需检测时，应将治疗机预热 1 分钟后，用经计量机构认可的量程为 100W、测量波长为 10.6μm 的功率计进行，功率计每年应送计量机构检验，合格后方可使用。

方法为将关节臂的终端(用瞄准光)对准功率计的靶心并固定，关节臂的终端应与功率计的靶心相离 100mm 以防功率计损坏。用脚将脚踏开关打开 1 分钟后进行测检。检测时间每点应大于 10 分钟，功率测量点为 25W、13W、5W 三点。在这一时间内，激光功率的不稳定度应小于±10%。参见第七章第一节的内容。

3. 关节臂的保养　导光关节臂属精密光学器件，一定要注意防潮、防震。机器长期不用时要卸下关节臂，放入盒中妥善保管，并注意机器关节臂连接处的防尘。

4. 常见故障及处理

序号	故障情况	可能原因及解决办法
1	打开开关，仪器不工作	(1)检查电源是否接好 (2)检查保险丝，如损坏，更换新的保险丝 (3)电源坏，更换电源板 (4)急停开关被按下
2	激光电源高压无输出	(1)保护装置运作 1)断水 2)断水电路损坏 3)联锁装置损坏，更换相应的配件 (2)电源坏，更换电源板

续表

序号	故障情况	可能原因及解决办法
3	激光功率明显下降	(1)镜片污染 (2)激光管寿命到,须更换管子 (3)关节臂移位须调整 (4)同光路透镜损坏
4	有高压输出无激光输出	(1)激光管坏 (2)关节臂坏

5. 仪器运输贮存　本仪器的激光管为玻璃制品,运输时应小心轻放,避免强烈震动,如果运输储藏温度低于0℃,必须将激光管和水箱内的冷却水放掉,使用时再充水。本仪器内的激光管有使用寿命,即使长期不用也会导致激光功率下降。

6. 保险丝更换　当发生过流时,保险丝断路,本机器使用的保险丝为5A。检查保险丝是否断路,可以旋下胶木盒,看看玻璃管内保险丝是不是已断,也可用万用表测量。

7. 刀头消毒　每次手术完毕后,可将刀头放入消毒液(如双氧水或其他消毒液)中浸泡1小时,然后用纱布擦干。

点滴积累

目前可用于医学临床应用的激光器很多,常见的激光器有:

1. 固体激光　功率高、体积小,易使用光纤输出,可靠性高,主要有 Nd:YAG 激光、Ho:YAG 激光、Er:YAG 激光、Tm:YAG 激光等。
2. 气体激光　波长分布很广,几乎遍布了紫外到远红外整个光谱区。 主要有激光氦氖激光、氩离子激光、CO_2 激光、氪离子激光、准分子激光。
3. 半导体激光　体积小,重量轻,工作寿命长,发光效率高,结构简单而坚固不需要水冷却,适合光纤传输有主要工作物质有砷化镓(GaAs)、砷化铝镓(GaAlAs)等。

本章小结

一、学习内容

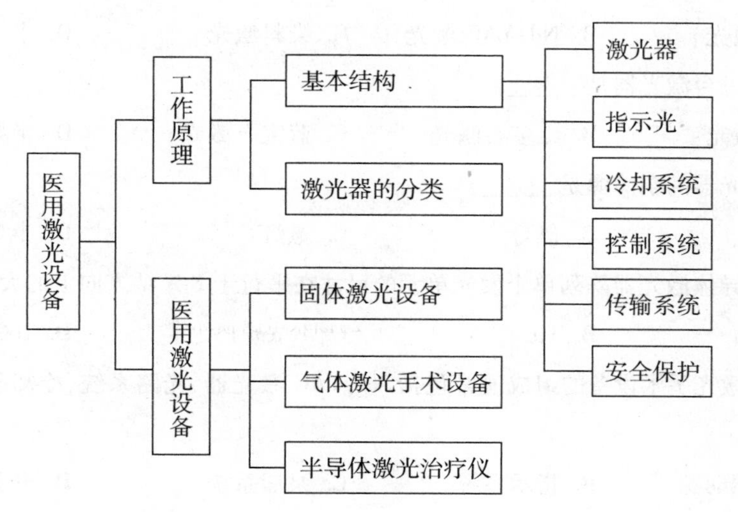

二、学习方法体会

1. 一个医用激光设备通常由激光光源、同光路指示器、控制系统、驱动电源、冷却系统、光路传输系统等组成。

2. 激光器的种类很多，分类方法也有很多。一般通常按激光工作物质、运转方式、输出波长范围等几个方面进行分类。

3. 目前可用于医学临床的激光器很多，较常使用的激光器有固体激光、气体激光、各种液体染料激光和半导体激光等。

4. 激光既是能量载体，又是信息载体。作为能量载体，激光可用于疾病治疗；作为信息载体，又可用于疾病诊断。激光在临床医学上的应用包括激光诊断和激光治疗。

5. 在进行激光维护时主要是掌握激光光路的调整。光路的调整分两类，一是激光腔的反射镜调整，二是指示光和激光输出系统的同轴调整。

6. 激光设备维护完成后还需进行激光功率或能量的测量，功率测量通常需要测三个指标：光功率、功率不稳定度和功率复现性。

目标检测

一、单项选择题

1. 激光反射镜要求______。

A. 一块全反一块半反　　B. 两块全反

C. 两块半反　　D. 一块全反一块全透

2. 医用激光设备的指示光输出的终端功率要求是______。

A. 小于 1mW　　B. 小于 3mW　　C. 小于 5mW　　D. 小于 8mW

3. 一个光子的特性的四个指标是______。

A. 色温、频率、相位、偏振性　　B. 方向、频率、相位、色散

C. 方向、频率、相位、偏振性　　D. 色差、频率、相位、偏振性

4. 下列属于气体激光的是______。

A. 氦氖激光　　B. Nd：YAG 激光　　C. 染料激光　　D. 半导体激光

5. 世界上第一台激光器是______。

A. CO_2 激光　　B. 红宝石激光　　C. 蓝宝石激光　　D. 半导体激光

6. 全固态激光器的泵浦源是______。

A. 电源　　B. 氙灯　　C. 氪灯　　D. 半导体激光

7. 大功率半导体激光器阵列单个发光单元的尺寸在平行于 P-N 结方向上的大小为______。

A. 150μm　　B. 1μm　　C. 10μm　　D. 100μm

8. Nd：YAG 激光手术设备的组成通常包括 Nd：YAG 激光器、光路系统、冷却装置、光纤传输系统及______。

A. 激光驱动源　　B. 指示系统　　C. 泵浦系统　　D. 开关系统

9. 氦氖激光器所产生的典型波长为______。

A. 514.8nm　　B. 488.0nm　　C. 632.8nm　　D. 1.06μm

10. CO_2 激光谐振腔常采用的形式为______。

A. 平凹腔　　B. 平行平面腔　　C. 对称凹面腔　　D. 凸面腔

二、多项选择题

1. 激光工作物质的种类包括______。

A. 固体　　B. 气体　　C. 液体　　D. 半导体　　E. 导体

2. 激光器的组成包括______。

A. 谐振腔　　B. 工作物质　　C. 激励源　　D. 粒子数反转　　E. 能级差

3. 激光的传输方式包括______。

A. 直接传输　　B. 间接传输　　C. 光纤　　D. 导线　　E. 关节臂

4. 激光按输出方式分类可包括______。

A. 连续　　B. 脉冲　　C. 可调谐　　D. 重复脉冲　　E. 调 Q

三、简答题

1. 阐述激光谐振腔的基本结构和作用。

2. 简述灯泵 YAG 激光腔体的调整方法。

3. 简述固体、气体激光的典型设备和工作原理。

四、实例分析

1. 某 CO_2 激光器的故障现象为激光不能从光关节臂中输出。试分析其原因，并指出如何解决。

2. 某激光设备的故障现象激光电源无法启动，经查激光电源和激光控制系统完好，试分析其原因，并指出如何解决。

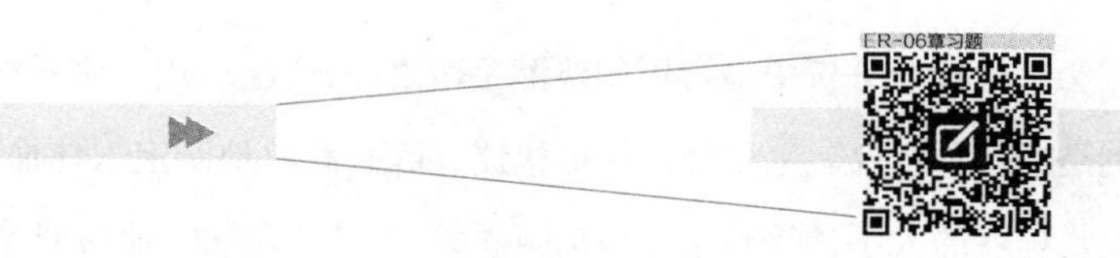

（郑　建）

第七章

医用光学分析仪器及其维护

导学情景

情景描述：

王小明有一位同学学化学检验专业，他们在互相交流各自专业学习的内容时，对方经常提到光谱仪、色谱仪、质谱仪等在物质成分检测中经常用到，属于化学检验和分析工作中的基本仪器。小明在医院就诊的时候，医生曾开单要求做一些生化指标的检查，而这类指标往往是借助于生化分析仪进行的，但是不知道在自己所学的医疗器械相关专业中是否也用到该类仪器。

学前导语：

学习医用光学分析仪器，首先应具有光谱学的基础知识，了解光的色散、滤光、光栅原理等知识。

本章主要内容包括光学分析的基本方法（光谱和非光谱分析法），以及分光光度计、旋光仪、折射仪、浊度计等光学分析仪器的基本原理及结构。

学会了本章，王小明将了解到医院常用的光学分析仪器的光学原理及结构，掌握分光光度计、熟悉旋光仪、了解折射仪及浊度仪等光学分析仪器的基本结构和工作原理、操作使用和维护保养方法，了解基于光散射法的血细胞分析方法，以及这些仪器在临床上的应用。

光学分析法作为医学检验分析中最常用的检测手段之一，广泛应用于多种医学分析仪器中。其应用的一个典型范例是生化分析仪。生化分析仪可快捷、准确、高效地测定人体血与特质的含量，利用吸收光谱的形状和吸收程度的大小，能测定红蛋白、胆固醇、肌肝、转氨酶、葡萄糖等60多种生化指标。生化分析仪已成为临床必需的仪器之一，在现代化医院中占有重要地位。当今的生化分析仪除了利用比色法和分光光度法外，还可同时使用反射比色法、荧光比色法、荧光偏振法、比浊法等测量方法进行检验分析。生化分析仪具有灵敏度高、选择性好、成本低等特点，这些特点也是光学分析方法所固有的优点。

光辐射与物质的原子或分子相互作用，光被透射、吸收、反射或散射，效果随着物质性质的不同而有所不同。利用光与物质相互作用的现象，对物质成分、含量、结构以及某些物理特性进行分析的方法称为光学分析法，相应的仪器称为光学式分析仪器。按受到光的辐射作用时，物质内能发生变化和不发生变化的两种现象，可以把光学式分析仪器分成光谱仪器和非光谱仪器两大类。

1. 在光的作用下，如果物质的分子或原子内部能级发生变化，就会产生反映物质特性的特征发射或吸收光谱，利用这些光谱可以用来测定物质的组成和结构，对物质成分进行定性和定量分析。

用以研究和测量光谱信息的仪器称为光谱仪器，例如测量发射光谱的摄谱仪、光电直读光谱仪；测量吸收光谱的紫外分光光度计、红外分光光度计等。

2. 而在光的作用下，如果物质内能不出现变化，只是引起光的传播方向或能量分布发生改变，此时不需要进行光谱测定同样也可以对物质成分和结构进行分析，这种用非光谱方法进行分析的仪器称为非光谱仪器。例如利用光的反射、折射、散射（非喇曼散射）、干涉和偏振等现象，制造出折射仪、浊度仪、散射仪、干涉仪和旋光仪等仪器。

第一节　医用光学分析概述

一、光谱分析法

光谱分析法是以光的发射、吸收和荧光为基础建立起来的方法，通过检测光谱的波长和强度来进行分析。根据发射光的来源，发射光谱仪器和吸收光谱仪器又分别可以分为分子光谱仪器和原子光谱仪器两大类。光谱的形状与物质的成分、结构有关，光谱的强度与物质成分的含量有关。因此利用光谱分析仪器，可以对物质进行定性、定量分析。

（一）发射光谱分析法

以测量物质受到外界能量激励所发出的特征光的光谱以及强度为基础的分析方法称为发射光谱分析法。常见的火焰原子发射光谱法、等离子体发射光谱分析法、X 射线发射光谱分析法是原子发射光谱分析法；分子荧光光谱分析法为分子发射光谱分析法。

荧光分析的依据为荧光强度与物质浓度的关系。对于某一荧光物质的溶液，在激发光频率、强度以及溶液厚度一定，且溶液浓度较低时，其荧光强度 I 与其浓度 c 近似成正比，即 $I=k \cdot c$。

（二）吸收光谱分析法

光作用于物质时，有一部分光会被物质吸收。改变入射光波长，并依次记下物质随着波长变化对光的吸收程度，就得到该物质的吸收光谱。每一种物质都有其特定的吸收光谱，因此，可根据物质的吸收光谱来分析物质的结构和含量。按波谱区范围划分，有紫外-可见吸收光谱分析法、红外吸收光谱分析法、核磁共振波谱分析法、电子自旋共振波谱分析法等。

比色法和分光光度法就是基于不同分子结构的特质对电磁辐射的选择性吸收而建立起来的分析方法，属于分子吸收光谱分析。比色法和分光光度法的定量分析依据是朗伯-比尔定律。

二、非光谱分析法

非光谱分析法是指那些不以光的特征波长为基础，而仅以测量物质对光的反射、折射、干涉、衍射和偏振作用为基础的分析方法。如折射分析法、干涉分析法、旋光分析法、X 射线衍射分析法、电子衍射分析法等。

本章第二节将要详细介绍的旋光仪、折射仪就分别属于旋光分析法以及折射分析法。光散射法是测定物质内在质量和表观品质的重要技术。浊度分析是一种基于散射法进行样品测定的方法。

根据检测器的位置及其接收光信号的性质，浊度分析可分为透射比浊法和散射比浊法两大类。前者可用分光光度计进行测定，后者需要专用的浊度仪。

透射比浊法测定的信号主要是溶液的光吸收及其变化，即溶液的光吸收因散射作用造成的总损失之和，因此，本方法测定的光信号中包含了透射、散射、折射等因素，是难于区别的。常用的散射比浊法检测的是与入射光成某一角度（通常选取90°）的散射光强度。图7-1为浊度分析光路示意图。

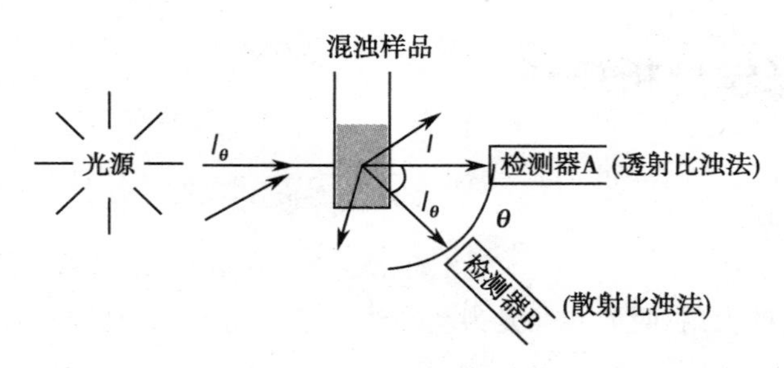

图7-1　浊度分析光路示意图

浊度测定多用于免疫浊度测定，其基本原理是，抗原抗体在特殊缓冲液中快速形成抗原抗体复合物，使反应液出现浊度。当反应液中保持抗体过量时，形成的复合物随抗原量增加而增加，反应液的浊度亦随之增加，与一系列的标准品对照，即可计算出受检物的含量。此外，浊度测定还可应用于尿液的浊度检查、药敏实验等。

点滴积累

医用光学分析主要有：

1. 光谱分析法　包括：发射光谱分析法和吸收光谱分析法。
2. 非光谱分析法　不以光的特征波长为基础，而仅以测量物质对光的反射、折射、干涉、衍射、散射和偏振作用为基础的分析方法。典型仪器有旋光仪、折射仪、浊度仪等、流式细胞仪等细胞分类仪器也用到光散射分析法。

第二节　医用光学分析仪器及其维护

一、分光光度计

分光光度计（比色计）是基于分光光度法（比色法）进行分析检测的仪器，利用物质在光的照射激发下具有选择性吸收的现象来对物质进行定性和定量分析，其物理基础为第二章第五节中提到的朗伯-比尔定律。

分光光度法的应用范围较为广泛。生化分析仪、酶标仪、血红蛋白的测定、色谱的分析检测等其实质就是比色法或分光光度法。另外，在一些仪器中，还常常用比色法产生一些控制信号，控制仪器的运行状态。如血透机的报警、血球计数仪的定量控制等。

（一）测量原理

分光光度计（比色计）的测量依据朗伯-比尔定律：单色光通过厚度相同的溶液时，浓度越小，光通量衰减越小，反之浓度越大，衰减越大，即：

$$I = I_0 e^{-KCx} \qquad 式(7\text{-}1)$$

式中：I_0 为入射光的强度；C 为溶液的浓度；x 为液层的厚度；I 为透射光强度。如图 7-2 所示。$\lg \frac{I_0}{I} = KCx$ 表示光线透过溶液时被吸收的程度，一般称为吸光度（A）或消光度（E），因此，上式可以写成：

$$A = KCx \qquad 式(7\text{-}2)$$

式中 K 称为吸光系数，它表示有色溶液在单位浓度和单位厚度时的吸光度。在入射光的波长、溶液种类和温度一定的条件下，K 为定值。吸光系数是有色化合物的重要特性之一，在比色分析中有着重要的意义。K 值越大，表示该物质对光的吸收能力越强，浓度改变时引起吸光度的改变越显著，因此比色测定时灵敏度越高，应该选择溶液对其吸光系数大的波长的光作为检测光。

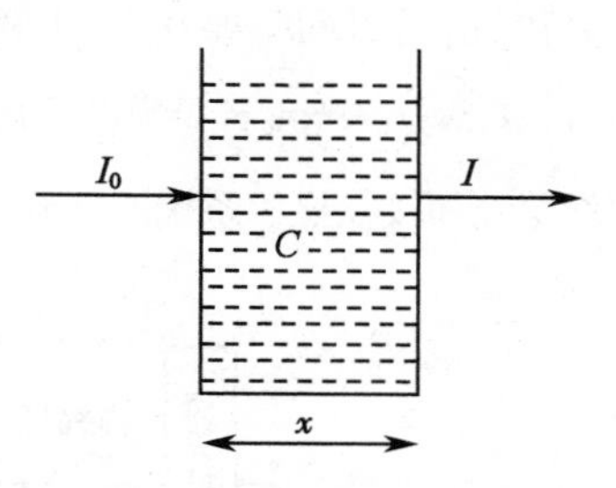

图 7-2　光吸收示意图

假定有两种有色溶液，其中一种是已知浓度的标准溶液，另一种是待测溶液。根据公式：

在标准溶液中，$A_s = K_s C_s x_s$　　式(7-3)

在待测溶液中，$A_x = K_x C_x x_x$　　式(7-4)

将式(7-3)除以式(7-4)可得：$\frac{A_s}{A_x} = \frac{K_s b_s}{K_x b_x} \cdot \frac{C_s}{C_x}$　　式(7-5)

如果上述两种溶液的液层厚度相等、温度相同而且是同一种物质的两种不同浓度的溶液，测定时所选用的单色光的波长亦相同，则有 $K_s = K_x$、$b_s = b_x$，代入式(7-5)可得：

$$C_x = \frac{A_x}{A_s} C_s \qquad 式(7\text{-}6)$$

上述过程就是比色法测溶液浓度的基本原理，是光电比色计的设计依据，也是比色分析的基本计算公式之一。式中标准溶液的浓度 C_s 为已知，A_s 和 A_x 可用光电比色计测量出来，则待测溶液的浓度 C_x 即可求出。

> **课堂互动**
>
> 1. 分光光度计和光电比色计有什么区别和联系？
>
> 2. 单光束与双光束分光光度计在结构上有何异同点？

（二）分光光度计的基本结构与分类

1. 分光光度计的基本结构　目前，各种商品牌号的分光光度计种类很多，但就其结构而言，分光光度计是由分光计和光度计组成，一般包括光源、单色器（分光元件）、吸收池、检测器和测量信号显示系统（记录装置）等五个基本部分。其工作原理如图 7-3 所示。

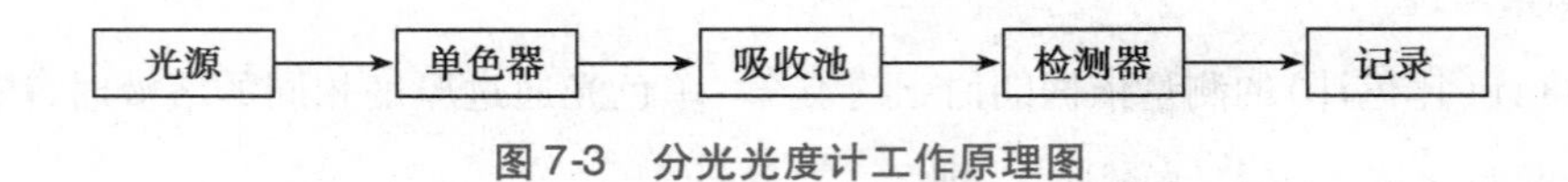

图 7-3　分光光度计工作原理图

其中，单色器是分光光度计的重要部件，常用棱镜或光栅作为色散分光器件(比色计则用滤光片作为单色器，这是它们的区别)，以获得所需要的不同波长的单色光。

光源产生的复合光通过单色器时形成单色光，当一定波长的单色光通过吸收池中的被测溶液时，一部分被溶液所吸收，其余的透过溶液到达检测器并被转换为电信号，常用的光电检测器有光电池、光电管和光电倍增管、光电二极管矩阵等。自动测量中，经常采用光电二极管阵列，可以在一个硅片上集成400个独立的光电二极管形成阵列。单色光在光谱带上的宽度接近于各光电二极管的间距，每个具有一定谱宽的单色光信号由一个光电二极管接收，这样分光光度计一次扫描即可获得全光谱，所需时间只要0.1～1秒，便于连续自动测量以获得相应参数。

721型分光光度计是目前国内最常见、应用较广的一种可见分光光度计，主要由光源系统、分光系统、测量系统和接收显示系统四部分组成。该仪器的结构方框图、光学系统图分别如图7-4、图7-5所示。

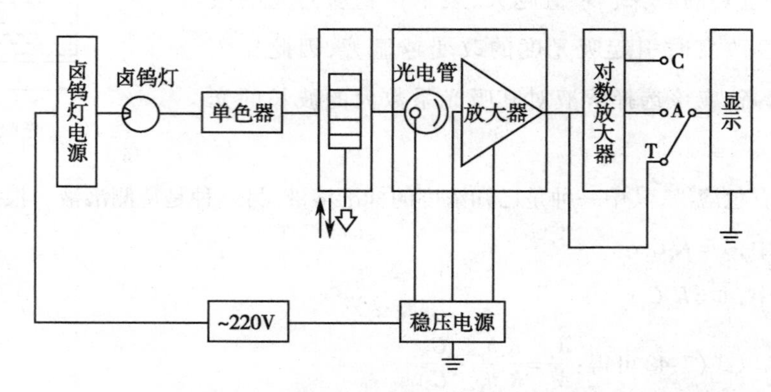

图 7-4　721 型分光光度计结构方框图

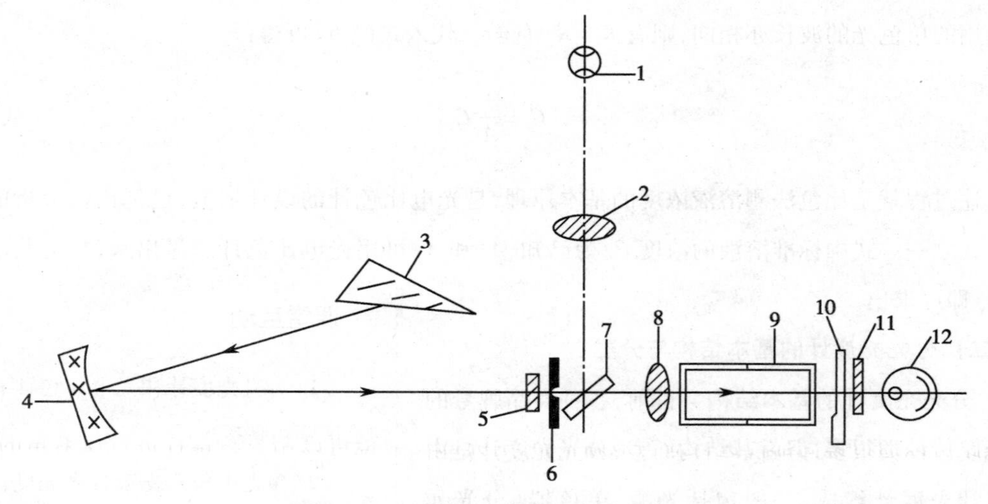

图 7-5　721 型分光光度计光学系统图

1. 光源灯12V、25W；2. 聚光透镜；3. 色散棱镜；4. 准直镜；5. 保护玻璃；6. 狭缝；7. 反射镜；8. 聚光透镜；9. 比色皿；10. 光门；11. 保护玻璃；12. 光电管

721 型分光光度计的具体结构组成如下。

(1) 光源系统:光源灯采用 12V、25W 的白炽钨丝灯,安装在仪器的单色器右后端固定的灯架上,能进行一定范围的上、下、左、右移动,以使得灯丝产生的光辐射正确地射入单色器内,光源电压由仪器内的稳压装置供给。

(2) 分光系统:分光系统由单色器部件及入、出射光调节部件等组成,其功能为用于获得测量所需的单色光。单色器部件包括了狭缝部分、棱镜转动部分、准直镜、凸轮与波长刻度盘等几个部分,图 7-6 是单色器的内部结构示意图。

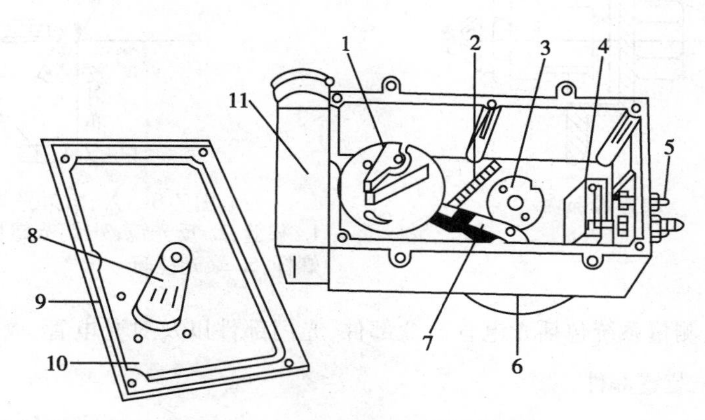

图 7-6　单色器的内部结构示意图

1. 色散棱镜;2. 拉长弹簧;3. 波长凸轮;4. 反射镜部件(准直镜);5. 波长校正调节螺杆;6. 波长刻度盘;7. 杠杆部件;8. 干燥剂筒部件;9. 密封圈;10. 盖板;11. 入、出射光调节部件

为了减少谱线通过棱镜后呈弯曲形状对单色性的影响,因此将狭缝的二片刀口常制成弧形,以便近似地吻合谱线的弯曲度,而使谱线得到适当的校直,保证了仪器有一定幅度的单色性。棱镜安装在一个圆形活动板上,使活动的转轴由上下两个滚珠轴承定位,并支持它的转动。圆形活动板的一端固定了一个杠杆,前端有一只小的滚珠轴承,紧紧靠在凸轮边缘上,凸轮轴的上端安装了一块波长刻度盘。按照波长刻度盘上的指示刻度,凸轮跟着旋转一定的角度,凸轮的边缘推移了杠杆的位置,因而使棱镜也偏转了一定的角度,出狭缝的光波波长就得到了选择。

准直镜是一块长方形玻璃凹面镜,装在镜座上,后部装有三套精密的细牙螺纹调节螺钉,其功能为用于调整出射光,聚焦于狭缝,以使出射于狭缝时光的波长与波长刻度盘上所指示的相对应。如图 7-7 所示。

在单色器部件暗盒盖上,装置了一只硅胶筒,可装干燥硅胶,以保护单色器部件,防止受潮而损坏光学元件,影响波长精度。硅胶筒可以从仪器底部旋下及时更换干燥硅胶。

入、出射光调节部件:入射光在进入狭缝以前,先用一只聚光透镜将光源成像在狭缝上,聚光透镜的焦距可以通过镜筒部件进行适当地调整,入射光的反射镜可以用一只螺杆进行反射角的调整,以使得光束能正确地投射入狭缝,如图 7-8 所示。

在单色器出孔处采用了一块圆形透镜,使光束通过狭缝以后,能进入比色皿前再一次聚光,这一措施使得光束进入比色皿时是很集中的,不会产生比色皿框架有挡光的现象。

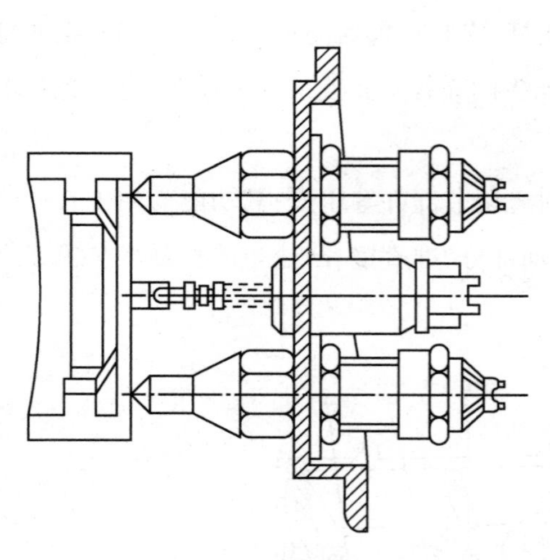
图 7-7　准直镜部件

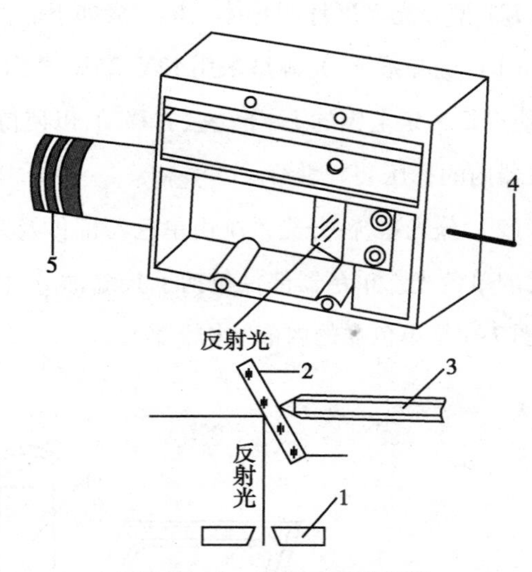

图 7-8　入、出射光调节部件

1. 狭缝;2. 反光镜;3. 调节螺杆;4. 反射角调节螺杆;5. 聚光镜筒

(3) 测量系统:测量系统包括光电管暗盒部件、光门部件以及对光电管、放大器及光源灯等起稳压作用的稳定电压装置部件。

光电管暗盒部件包括了整个微电流放大器部分。暗盒内的光孔前装有 GD-7 型光电管和一块晶体管放大电路板,光电管暗盒内还有一只干燥筒,存放变色硅酸,可以从仪器底部拆下来,以更换硅胶,保证光电管暗盒内始终干燥,放大器正常工作。

(4) 光门部件:在光电管暗盒外部,比色皿的右侧装有一套光门部件(见图 7-9),用以控制光电管的工作。当吸收池暗盒盖打开时,光门挡板依靠其自身重量及弹簧向下垂落遮住透光孔,光束就被阻挡而不能进入光电管阴极面;当吸收池暗盒盖关闭,即顶杆向下压紧时,顶住光门挡板上端,在杠杆作用下,使光门挡板打开,从而使光电管对光束进行检测。

稳定电压装置部件分成两个部分,大功率整流管、晶体三极管(大功率调整管)及高容量电容器等装于仪器的左侧。整流堆连同散热片一起装在底板上,一只大功率晶体管 3DDl5A 装在一个大散热板上,以便于这些电子元件的散热,使其能长时间地正常工作。稳压电源部分的采样、信号放大、电压调整的一部分以及一组辅助稳压电源部分同装于一块电路板上。整个仪器只有一个电源变压器,输出 15 ~ 17V,15 ~ 0 ~ 15V 及 6V 三档电压。

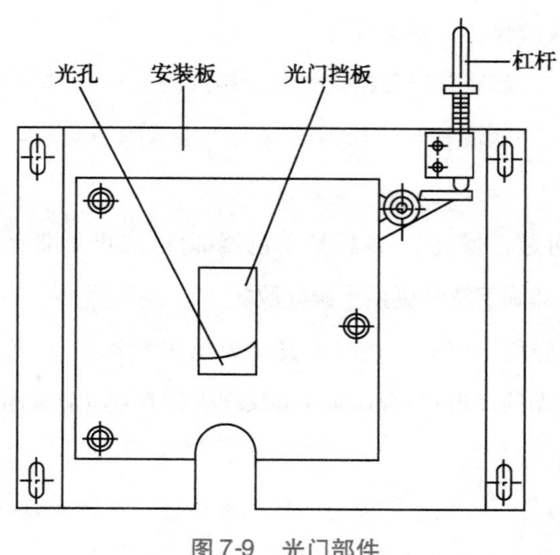

图 7-9　光门部件

(5) 接收显示系统:比色皿的透射光束经光电管转变为光电流,通过放大器放大后用 LED 数码管以吸光度 A 或百分透射比 $\tau\%$ 显示其结果。

2. 分光光度计的分类　医学上常用分子吸收分光光度计，根据波长范围不同，可分为紫外-可见光和红外两个系列。其中紫外-可见光系列又可分为可见光分光光度计和紫外分光光度计两类，但所有的紫外分光光度计都可以在可见光区工作。红外、紫外分光光度计主要用来分析物质的结构，如药品的成分等。可见光分光光度计则主要应用于医学检验。

按分析光的光学系统不同，可分为单光束、双光束、双波长/双光束3种分光光度计。与计算机技术结合之后，现在有些单光束分光光度计也可以像双波束分光光度计一样，进行波长扫描，测量溶液在整个使用波长范围之内的吸收光谱。

（三）分光光度计的使用与维护

1. 分光光度计的使用　以721型可见光分光光度计为例，其使用程序如下：

（1）打开仪器电源开关，预热约20分钟。

（2）调节波长（λ）旋钮，选择需用的单色光波长。

（3）将黑体置入四槽位样品架中，用样品架拉杆来改变四槽位样品架的位置，使黑体遮断光路后，合上比色皿暗箱盖，按“0%”键自动置0%（T）（或调电表指针于透光率“0%”处）；“告诉仪器”，现在光零透射（实际当然不是，目的是排除杂散光的影响）。

（4）将参比溶液（空白）推入光路，合盖，按“100%”键自动置100%（T）（或调电表指针于透光率“100%”处），“告诉仪器”，现在光零吸收（实际不是，目的是排除器皿的吸收）。

以上（3）、（4）两步，实质是对光路的校准补偿过程。

（5）将校准溶液和待测溶液推入光路，读取校准溶液吸光度（A）值。

（6）将待测溶液推入光路，读取待测溶液吸光度值。

（7）根据校准溶液和待测溶液的吸光度值及校准溶液的浓度计算待测物的浓度。

2. 分光光度计的日常保养与维护　为保证测量结果的准确性，要注意对分光光度计进行日常保养与维护。

（1）仪器应安放在干燥的房间内，放置在坚固平稳的工作台上，室内照明不宜太强。热天时不能用电扇直接向仪器吹风，防止光源灯丝发光不稳定。

（2）为确保仪器稳定工作，在220V电源电压波动较大的地方要预先稳压，最好备一台220V磁饱和式或电子稳压式稳压器。

（3）仪器要接地良好。

（4）仪器底部及比色皿暗箱等处的硅胶应定期烘干，保持其干燥性，发现变色应立即换新或烘干后再用。

（5）仪器连续使用时间不宜过长，可考虑在中途间歇后再继续工作。

（6）当仪器停止工作时，必须切断电源，开关放在“关”。

（7）为了避免仪器积灰和沾污，在停止工作时用塑料套子罩住整个仪器，在套子内应放置防潮硅胶，以保持仪器的干燥。

（8）仪器工作数月或搬运后，要检查波长精确性等方面的性能，以确保仪器的使用和测定的精确程度。

（9）仪器若暂时不用则要定期通电，每次不少于20分钟，以保持整机呈干燥状态，并且维持电子元器件的性能。

二、旋光仪

平面偏振光通过含有某些光学活性的化合物液体或溶液时，能引起旋光现象，使偏振光的平面向左或向右旋转，即为“旋光现象”，旋转的度数称为旋光度。偏振光透过长1dm且每毫升中含有1g旋光性物质的溶液，在一定的波长和温度下（常用589.3nm波长的钠光D线及温度20℃条件下），测得的旋光度称为比旋度。测定比旋度可以区别或检查某些药品的纯杂程度，亦可用以测定含量。旋光仪是用来测定物质旋光度的仪器，主要用于药物分析如葡萄糖与青霉素等纯度检查，及在制糖工业、发酵工业中糖或药物在溶液中的浓度测定，在医院用于测定尿中含糖量及蛋白质，旋光仪应用极广。

（一）旋光仪原理与结构

1. 旋光仪　根据第二章所述的旋光现象，旋光仪是用来测定物质的旋光度，进而测定样品成分、浓度的仪器，两个尼科尔棱镜分别作为起偏镜和检偏镜。使用时先将旋光仪中起偏镜和检偏镜的偏振面调到相互正交，这时的视野光亮度最暗。加上测试样品后，转动检偏镜，使因偏振面旋转而变亮的视场重新达到最暗，此时检偏镜的旋转角度即表示被测溶液的旋光度。

因为人的眼睛难以准确地判断视场是否最暗，故多采用半荫法比较相邻两光束的强度是否相等来确定旋光度。这样，就需要有两束线偏振光，方法是用半波片，将入射线偏振光旋转一个角度，具体如下：

在起偏镜后加一石英半玻片，两者在视场中重叠，将视场分为两部分（图7-10a所示）或三部分（图7-10b），同时在石英片旁装上一定厚度的玻璃片，补偿由石英片产生的光强变化。取石英片的光轴平行于自身表面并与起偏轴成一角度θ（仅几度）。光源发出的光经起偏镜后变成线偏振光，其中一部分光再经过石英半波片后，其偏振面相对于入射光的偏振面转过了2θ（见第二章半波片相关介绍），所以进入测试管里的光是振动面间的夹角为2θ的两束线偏振光，分别在起偏镜及石英视场中。

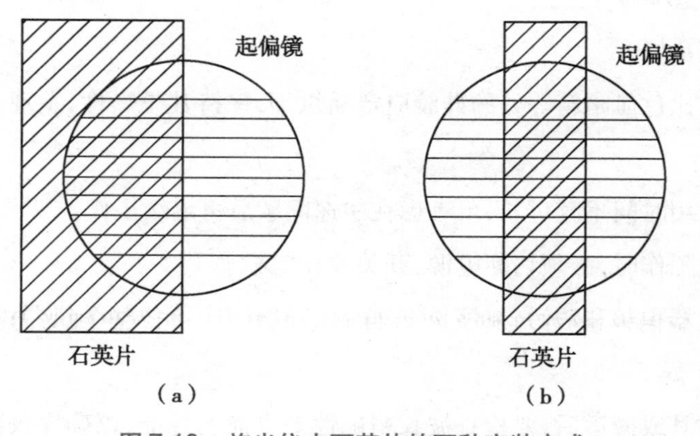

图7-10　旋光仪中石英片的两种安装方式

在图 7-11 中，如果以 OP 和 OA 分别表示起偏镜和检偏镜，OP' 表示透过石英片后偏振光的振动方向，β 表示 OP 与 OA 的夹角，β' 表示 OP' 与 OA 的夹角；再以 AP 和 AP' 分别表示通过起偏镜和检偏镜加石英片的偏振光在检偏镜轴方向的分量；则由图 7-11 可知，当转动检偏镜时，AP 和 AP' 的大小将发生变化，反映在从目镜中见到的视场上将出现亮暗交替变化（图 7-11 的下半部分），图中列出显著不同的情形：

图 7-11a：$\beta'>\beta$、$AP>AP'$ 通过检偏镜观察时，与石英片对应的部分为暗区，与起偏镜对应的部分为亮区，视场被分成清晰的两（或三）部分。当 $\beta'=\pi/2$ 时，亮暗反差最大。

图 7-11b：$\beta'=\beta$、$AP=AP'$ 通过检偏镜观察时，视场中两（或三）部分界线消失，亮度相等，较暗。

图 7-11c：$\beta'<\beta$、$AP<AP'$ 通过检偏镜观察时，视场又被分成清晰的两（或三）部分，与石英片对应的部分为亮区，与起偏镜对应的部分为暗区。当 $\beta=\pi/2$ 时，亮暗反差最大。

图 7-11d：$\beta'=\beta$、$AP=AP'$ 通过检偏镜观察时，视场中两（或三）部分界线消失，亮度相等，较亮。

由于在亮度不太强的情况下，人眼辨别亮度微小差别的能力较大，所以常取图 7-11b 所示的视场作为参考视场，并将此时检偏的偏振轴所指的位置取作刻度盘的零点。在旋光仪中放上测试管后，透过起偏镜和石英片的两束偏振光均通过测试管，它们的振动面转过相同的角度 φ，并保持两振动面间的夹角 2θ 不变。如果转动检偏镜，使视场仍旧回到图 7-11b 所示的状态，此时检偏镜转过的角度即为被测试溶液的旋光度。

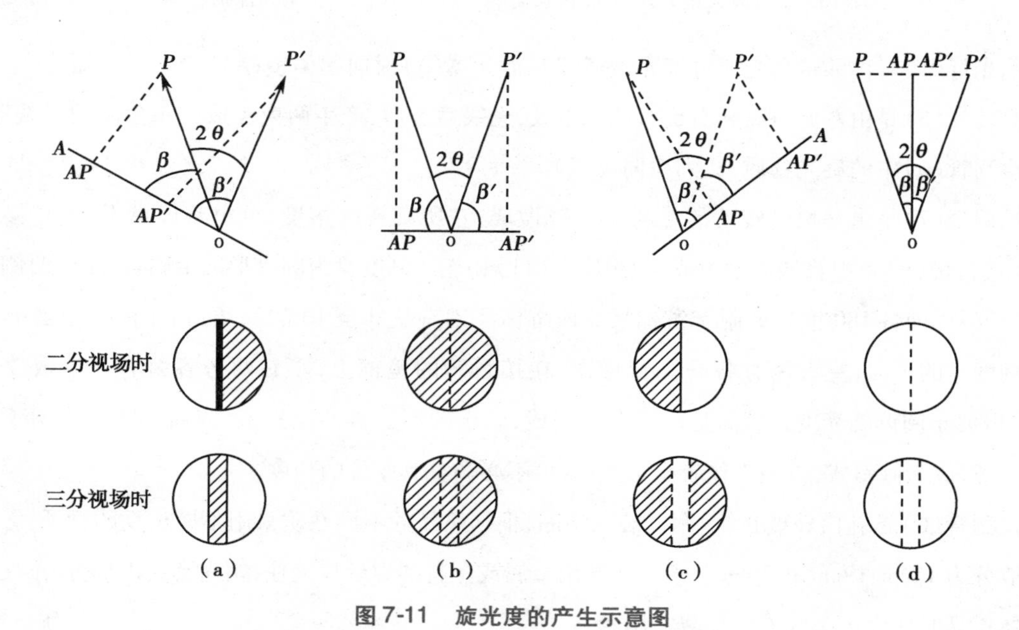

图 7-11　旋光度的产生示意图

2. 圆盘旋光仪结构　圆盘旋光仪是早期出现的仪器，现在大都被自动指示旋光仪所取代，但由于其结构简单，使用方便和价格低廉等原因，所以现在仍在使用。圆盘旋光仪（图 7-12）由光源、起偏镜、半影板、测定管、检偏镜、读数盘和支架等组成。光源为一能发出钠光 D 线的钠光灯，通过交流电源和扼流圈，给钠光灯稳定的电流。钠光灯在仪器的最前端，由仪器的支架固定。对准钠光灯有一个向上倾斜，便于观察的圆形镜筒，也由支架固定。在镜筒的下部靠近钠光灯端，有起偏镜和半影板。筒的中部为样品室，样品室的前端，装有检偏镜与读数盘同步连在一起。检偏镜的前端装有观察镜。转动检偏镜可以从观察镜看到钠光的视野。当转动检偏镜至一定位置时，由于检偏镜与起偏镜及半影板的角度关系，视野亮度一致，即为仪器零点。当放进旋光性样品时，由于角度改变，视野又出现半明半暗。转动读数盘，使视野恢复至原零点的亮度，读取读数盘的读数，即为样品的旋光度。有些仪器为了提高读数盘的清晰度，在观察读数的位置前装有放大镜，便于观察。

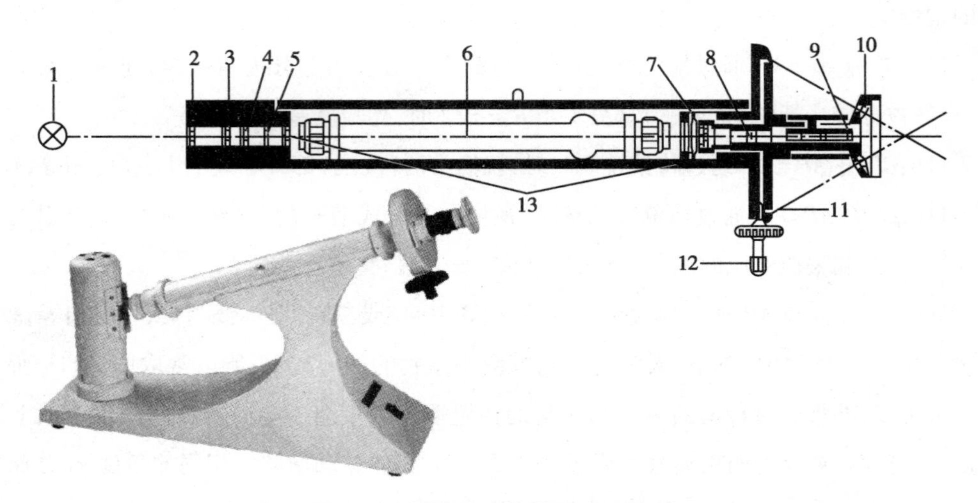

图 7-12　圆盘旋光仪及组成示意图

1. 光源；2. 聚光透镜；3. 滤光器；4. 起偏镜；5. 双石英玻片；6. 检测管；7. 检偏镜；8. 物镜；9. 目镜；10. 读数放大镜；11. 刻度盘及游标尺；12. 调节旋钮；13. 保护片

钠光灯(1)发出的黄色光通过聚光透镜(2)、滤光器(3)射向起偏镜(4)，产生线偏振光，这里的双石英玻片(5)是由左旋石英和右旋石英所组成，光线通过后，产生两束互成一小角度的线偏振光。通过检测管(6)中的旋光物质，达到检偏镜(7)。

检偏镜(7)是由一块可转动的尼科尔棱镜做成，它所旋转的角度，可由刻度盘上读出，接物镜(8)和接目镜(9)系由普通透镜组成，与刻度盘(11)相连。刻度盘为圆盘形的金属盘，左右两侧各划分 180 等分(即各 180 度)，并附有游标尺。该游标尺刻有从 0 至 10 的标线，相邻标线相当于 0.05 度。刻度盘的平面，左右两方各开一肾形窗，在接目镜的镜框上，左右两旁各装有一读数放大镜(10)，以便于阅读旋光度。镜筒是用轻金属制成，装于圆形底板的支柱上，镜筒头部稍斜向下方并朝着光源，成为倾斜式，以便工作者坐下操作，可不必调整其座位的角度。

检测管(6)是乳白玻璃长管，用以装入检品，根据检品的不同性质采用不同长度的管子，管子长度一般分为 15cm、19cm 和 20cm。管子两端用金属或塑料的螺丝帽盖住，帽内有突出部分，系便于装入液体检品时所生产小气泡作隐蔽之用。

首先不装检测管，调节检偏镜使三分视野最暗，记下刻度盘上检偏镜角度；装入检测管后，视野出现变化，调节检偏镜，使再次出现最暗的三分视野，记下检偏镜角度。两个角度之差，即为偏振光旋转角度。

3. 自动指示旋光仪结构　自动数字旋光仪是在圆盘旋光仪的基础上发展起来的。圆盘旋光仪的最大缺点是用眼睛观察，这样不仅眼睛容易疲劳，而且观测的误差也大。自动指示旋光仪采用了法拉第线圈或石英片对偏振光的调制，再由光电倍增管进行检测，由精密电机带动检偏镜，利用光电检测自动平衡原理，进行自动测量。一般是用大功率发光二极管，代替了以前使用寿命短、易损坏的钠光灯。自动指示旋光仪的组成示意图，如图7-13所示。

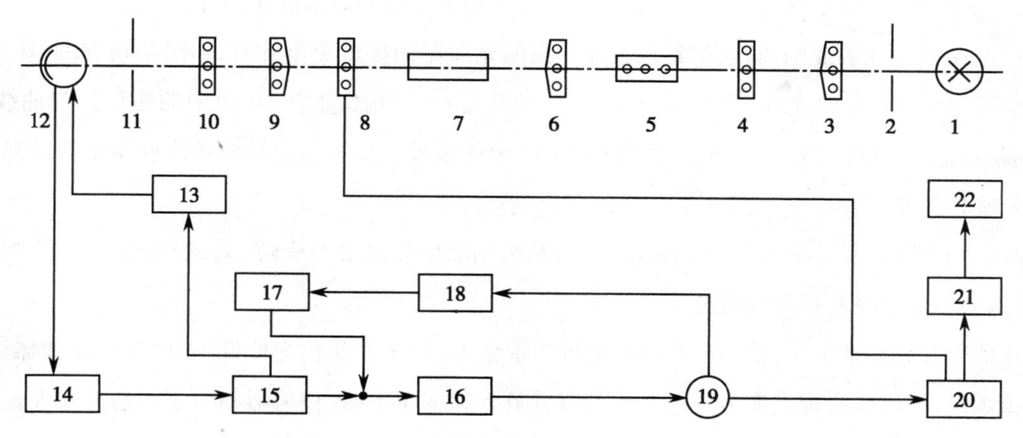

图7-13　自动指示旋光仪组成示意图

1. 发光二极管；2、11. 光阑；3. 聚光镜；4. 起偏器；5. 调制器；6. 准直镜；7. 试管；8. 检偏器；9. 物镜；10. 滤色片；12. 光电倍增管；13. 自动高压；14. 前置放大；15. 选频放大；16. 功率放大；17. 非线性控制；18. 测速反馈；19. 伺服电机；20. 机械传动；21. 模数转换；22. 数字显示

发光二极管发出的光依次通过光阑、聚光镜、起偏器、法拉第调制器、准直镜。形成一束振动平面随法拉第线圈中交变电压而变化的准直的平面偏振光，经过装有待测溶液的试管后射入检偏器，再经过接收物镜、滤色片、光阑、产生的波长为589.3nm的单色光进入光电倍增管，光电倍增管将光强信号转变成电信号，并经前置放大器放大。

如图7-14所示，图7-13中调制器5中的法拉第线圈两端加以频率$f=50$Hz的正弦交变电压$u=U\sin 2\pi ft$时，按照法拉第磁光效应，通过的平面偏振光振动平面将叠加一个附加转动：$\alpha'=\beta\cdot\sin 2\pi ft$。当在相互正交的起偏器与检偏器之间有法拉第线圈时，出射检偏器光强信号如下：

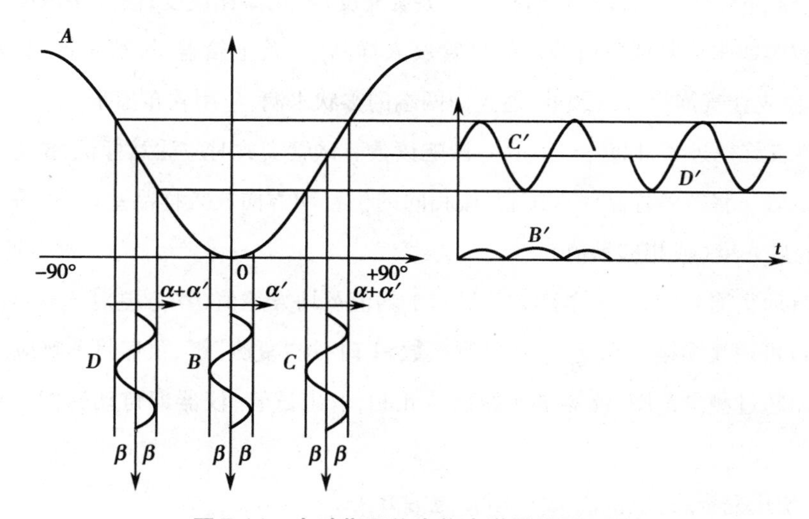

图7-14　自动指示旋光仪光学零位原理图

（1）若光路中无旋光物质，入射光如图7-14曲线B所示，检测器检测到的光强信号为B'，频率为$2f$。（反之，可判断起偏器与检偏器是否正交）

（2）由于放入旋光物质，入射到检偏器的偏振光向右偏离正交位置，如图 7-14 曲线 C 所示，光强信号为某一恒定的光强叠加一个频率如 f 的交变光强，见曲线 C′。这时需将检偏器向右旋转一个角度，才能得到（1）中的信号。检偏器旋转的角度就是试管样品对偏振光的旋光角度。

（3）由于放入旋光物质，入射到检偏器的偏振光向左偏离正交位置时，如图 7-14 曲线 D 所示，光强信号为某一恒定的光强，叠加一个频率为 f 的交变光强（相位正好与（2）中的相反），见曲线 D′。这时需将检偏器向左旋转一个角度，才能得到（1）中的信号。检偏器旋转的角度就是试管样品对偏振光的旋光角度。

故鉴别光强信号中是否有 $2f$ 周期信号，可精确判断偏振光是否旋转，鉴别 f 分量交变光强的相位，可判断检偏器是左还是右偏离正交位置。

仪器一开始正常工作，检偏器在伺服电机的带动下，自动停在正交位置上，此时将计数器清零，定义为零位；若将装有旋光度为 α 的样品的试管放入试样室中时，检偏器相对于入射的平面偏振光又偏离了正交位置 α 角，于是检偏器按照前述过程再次转过 α 角获得新的正交位置。模数转换器和计数电路将检偏器转过的 α 角转换成数字显示，于是就测得了待测样品的旋光度。

（二）旋光仪的使用与维护

1. SGW-1 自动旋光仪使用方法

（1）仪器应放在干燥通风处，防止潮气侵蚀，尽可能在 23℃±5℃，相对湿度不大于 85%，无强烈电磁干扰的工作环境中使用仪器，搬动仪器应小心轻放，避免振动。

（2）将仪器电源插头插入 220V 交流电源（要求使用交流电子稳压器），并将接地脚可靠接地。

（3）打开仪器右侧的电源开关。

（4）液晶显示器显示“请等待”，约 6 秒后，液晶显示器显示模式、长度、浓度、复测次数、波长等选项。默认值：模式＝1；长度＝2.0；浓度＝1.000；复测次数＝1；波长＝589.3nm。

（5）显示模式的改变：选择测量项目，模式 1-旋光度；模式 2-比旋度；模式 3-浓度；模式 4-糖度。

（6）将装有蒸馏水或其他空白溶剂的试管放入样品室，盖上箱盖，按清零键，显示 0 读数。试管中若有气泡，应先让气泡浮在凸颈处；通光面两端的雾状水滴，应用软布擦干。

试管螺帽不宜旋得过紧，以免产生应力，影响读数。试管安放时应注意标记、位置和方向。

（7）取出试管。将待测样品注入试管，按相同的位置和方向放入样品室内，盖好箱盖。仪器将显示出该样品的旋光度（或相应示值）。

（8）仪器自动复测 n 次，得 n 个读数并显示平均值及均方差值（均方差对 $n=6$ 有效）。如果复测次数设定为 1，可用复测键手动复测，在复测次数>1 时，按“复测”键，仪器将不响应。

（9）如样品超过测量范围，仪器来回振荡。此时，取出试管，仪器即自动转回零位。此时可稀释样品后重测。

（10）仪器使用完毕后，应依次关闭光源、电源开关。

（11）每次测量前，请按“清零”键。

（12）仪器回零后，若回零误差小于 0.01°旋光度，无论 n 是多少，只回零一次。

（13）若要将数据保存在 PC 机内，请先安装随机软件，并将 USB 电缆连接仪器与计算机 USB

接口相连,然后按“复位”键,运行软件。

2. SGW-1 自动旋光仪维护保养方法

(1) 仪器的保养:仪器应安放在干燥的地方,避免经常接触腐蚀性气体,防止受到剧烈的振动。经过一段时间的使用之后由于外界环境的影响,仪器的光学系统表面可能积灰或发霉,影响仪器性能,可用小棒缠上脱脂棉花蘸少量无水乙醇或醋酸丁脂轻轻揩擦。如有霉点可用棉花蘸酒精后,再蘸少量的氧化铈(红色粉末)或碳酸钙轻轻揩擦,光学零件一般勿轻易拆卸。光学零部件一经拆卸就破坏了原来的光路,必须重新调整,否则仪器性能将受影响甚至无法工作。若因故必须拆卸更换光学零件,应送原厂解决。

(2) 光路的检查:可用外径 $\varphi=30mm$ 的一个圆片放入试样槽中测试光束的出口处,在较暗的室内光线下可以看到测试光束投射到此圆片上的光斑,此光斑应呈圆形且与圆片基本同心,如光斑明显不圆,或明显偏离中心则必将影响仪器的性能,应送原厂处理。

三、折射仪

折射仪可以检测体液比重渗透压、总固体量、蛋白等指标。尿液等体液的蛋白质与其折射率有密切关系,折射仪直接读取的蛋白质即可认为是该体液标本的蛋白浓度;此外,折射仪常用来检定药品及食品的纯度,也可用来测定溶液的成分,如糖浆中糖的成分等。

(一) 折射仪的原理与结构

1. 物质的折射率　当一束光线自一介质进入另一介质时,在两种介质的分界面上可以观察到有部分反射和部分折射现象,根据第二章光的折射定律得知:入射角的正弦 α 与折射角的正弦之比为一常数。折射率与光线的波长及温度有关,温度越高则折射率越小,光线的波长越长则折射率越小。折射率通常以 n_D^{20} 来表示,即指以钠光线为光源,在 20℃时测得的折射率。几种常用液体的折射率见表 7-1。

表 7-1　几种常用液体的折射率

物质＼温度	15℃	20℃
苯	1.504 39	1.501 10
丙酮	1.381 75	1.359 11
甲苯	1.499 8	1.496 8
醋酸	1.377 6	1.371 7
氯苯	1.527 48	1.524 60
氯仿	1.448 53	1.445 50
四氧化碳	1.463 05	1.460 44
乙醇	1.363 30	1.361 39
环已烷	—	2.025 0
硝基苯	1.554 7	1.552 4
正丁醇	—	1.399 09
二硫化碳	—	1.625 46

光线从光疏介质射到光密介质，入射角为90°时，折射角为 α_0，根据折射定律，可计算出折射率 $\frac{n_1}{n_0}=\sin\alpha_0$。一般光线的入射角都小于90°，所以折射光线都在 α_0 的范围内。若逆着折射光线看过去，视野中出现一半明亮，一半黑暗（图7-15）。

2. 折射仪光学系统　折射仪的光学系统如图7-16所示，它的主要部分是由两个折射率为1.75的直角棱镜所构成，上部为测量棱镜，是光学平面镜，下部为辅助棱镜，其斜面是粗糙的毛玻璃，两者之间约有0.10～0.15mm厚度空隙，用于装待测液体，并使液体展开成一薄层（图7-16中2、3）。当从反射来的入射光进入辅助棱镜至粗糙表面时，产生漫散射，以各种角度透过待测液体，从各个方向进入测量棱镜而发生折射。折射光都落在临界角内，成为亮区，其他部分为暗区，构成了明暗分界线。所以在测定时将明暗分界线调节在位于视野中十字交叉线的交点上，观察刻度盘可得临界角，进一步可算得折射率。

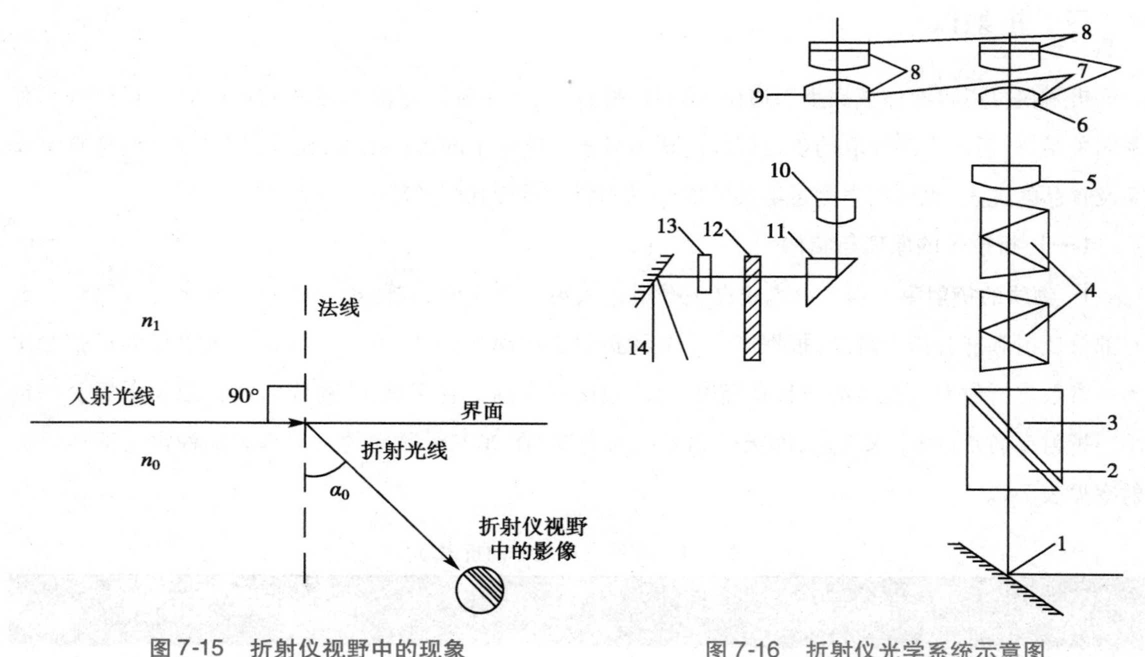

图7-15　折射仪视野中的现象

图7-16　折射仪光学系统示意图

1. 反射镜；2. 辅助棱镜；3. 测量棱镜；4. 消色散棱镜；5、10. 物镜；6. 分划板；7、8. 目镜；9. 分划板；11. 转向棱镜；12. 照明度盘；13. 毛玻璃；14. 小反光镜

3. 全自动数字折射仪结构　全自动数字折射仪的工作原理与上面讲的完全相同，都是基于测定临界角。它由角度-数字转换系统将角度量转换成数字量，再输入微机系统进行数据处理，而后数字显示出被测样品的折射率。其外形结构如图7-17所示。

将被测液体滴在工作台上，合上盖子，按一下测试键，所有工作自动进行，所需数据显示在显示屏上，包括：日期、温度、折射率、浓度，以及根据当前温度修正后的折射率和浓度值，并配有内置打印机，可将测试数据打印存档。

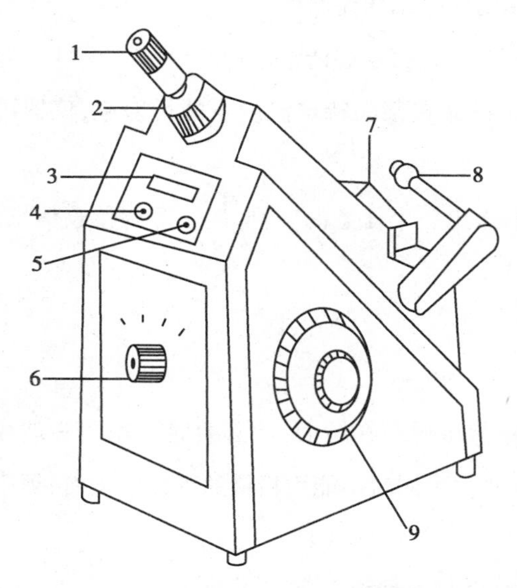

图 7-17　全自动数字折射仪结构示意图
1. 接目镜；2. 色散校正手轮；3. 数字显示窗口；4. 温度显示按钮；5. 折射率显示按钮；6. 功能旋钮；7. 被检试样口；8. 恒温水入口；9. 调节手轮

仪器内部具有恒温结构，并装有温度传感器，按下温度显示按钮可显示温度。按下测量显示按钮可显示折射率。它不必进行人工对准和读数，可以省去很多人工作和计算、记录。可以避免很多差错和计算误差，测试、记录数据真实、可靠，便于保存和处理。

（二）折射仪的使用与维护

1. 某典型型号的数字阿贝折射仪使用方法（其他类似）

（1）按下“POWER”波形电源开关，聚光照明部件中照明灯亮，同时显示窗显示 00000。有时先显示“-”，数秒后显示 00000。

（2）打开折射棱镜部件，移动擦镜纸，这张擦镜纸是仪器不使用时放在两棱镜之间，防止在关上棱镜时，可能留在棱镜上的细小硬粒弄坏棱镜工作表面。擦镜纸只需用单层。

（3）检查上、下棱镜面，并用水或酒精小心清洁其表面。测定每一个样品以后也要仔细清洁两块棱镜表面，因为留在棱镜上少量的原来样品将影响下一个样品的测量准确度。

（4）将被测样品放在下面的折射棱镜的工作表面上。如样品为液体，可用干净滴管吸 1～2滴液体样品放在棱镜工作表面上，然后将上面的进光棱镜盖上。如样品为固体，则固体样品必须有一个经过抛光加工的平整表面。测量前需将抛光表面擦净，并在下面的折射棱镜工作表面上滴 1～2 滴折射率比固体样品折射率高的透明液体（如溴代萘），然后将固体样品抛光面放在折射棱镜工作表面上，使其接触良好。测固体样品时不需将上面的进光棱镜盖上。

（5）旋转聚光照明部件的转臂和聚光镜筒使上面的进光棱镜的进光表面（测液体样品）或固体样品前面的进光表面（测固体样品）得到均匀照明。

（6）通过目镜观察视场，同时旋转调节手轮，使明暗分界线落在交叉线视线中。如从目镜中看到视场是暗的，可将调节手轮逆时针旋转。看到视场是明亮的，则将调节手轮顺时针旋转。明亮区域是在现场的顶部。在明亮视场情况下可旋转目镜，调节视度看清晰交叉线。

（7）旋转目镜方缺口里的色散校正手轮，同时调节聚光镜位置，使视场中明暗两部分具有良好的反差和明暗分界线具有最小的色散。

（8）旋转调节手轮，使明暗分界线准确对准交叉线的交点。

（9）按“READ”读数显示键，显示窗中 00000 消失，显示“-”数秒后“-”消失，显示被测样品的折射率。

（10）检测样品温度，可按“TEMP”温度显示键，显示窗将显示样品温度。

（11）样品测量结束后，必须用酒精或水（样品为糖溶液）进行小心清洁。

（12）本仪器折射棱镜中有通恒温水结构，如需测定样品在某一特定温度下的折射率，仪器可外接恒温器，将温度调节到所需温度再进行测量。

（13）计算机可用 RS232 连接线与仪器连接。首先，送出一个任意的字符，然后等待接收信息。（参数：波特率 2400，数据位 8 位，停止位 1 位，字节总长 18）。

2. 数字折射仪维护保养方法

（1）保持整个折射仪的整洁，在使用完毕后均须清洁一次。

（2）滴加检品时，可上下移动棱镜位置，使检液成一薄层展布在镜面上，必要时可用圆头玻棒来完成，切不可将玻棒或管的头部撞击棱镜面，以免损伤镜面。同时不能用粗糙的纸擦拭镜面，须用擦镜纸或洁净脱脂棉花来擦拭。

（3）使用完毕后，在镜面上均需用二甲苯或丙酮淋洗或轻轻拭净。

（4）若有检品流出，凡沾有之处，均需用丙酮或乙醚拭净。

（5）勿用有酸性的乙醚棱镜，勿用折射计来测定强酸、强碱或有腐蚀性物质的折射率。

（6）校正用玻块，应保持完整，绝不可碰跌，以免损伤。

（7）折射仪应在一定期限内（每隔三个月）校正。

（8）折射仪必须放置于光学仪器专用房间内干燥通风处。不可在有酸、碱气体或潮湿的实验室中使用，更不应放置于高温炉或水槽旁。

（9）仪器中各零件应于使用完毕后仔细检查，收拾干净。不使用时，须保存在干燥特制木盒中，并放硅胶等防潮。

四、光散射仪器

光散射法是测定物质特别是液体物质内部微粒有关性质的重要技术方法。其基本依据为第二章中介绍的光散射原理，包括米-德拜散射、瑞利散射等。较典型的光散射仪器包括浊度仪以及血细胞分析仪等。

（一）浊度仪

浊度仪是利用液体试样微粒对入射光的散射量做定性或定量分析的一种手段。它有两种不同的工作原理，一是比浊法，二是浊度测定法。

1. 浊度仪的原理与结构　当探测器的光敏面的法线方向与入射光束成一直线时，直接测量因试样微粒散射而降低了的入射光强度，这种测量方法被称为比浊法，它与吸收光谱法非常相似。不同的是，比浊法中入射光强度降低是由散射造成的，吸收光度测量中是由吸收造成的。可用推导比尔定律的相似方法导出浊度 S 与散射微粒浓度 c 之间的数学关系式：

$$S=-\lg\frac{I}{I_0}=kbc \quad \text{式(7-7)}$$

式中,I:散射光强度;I_0:入射光强度;k:浊度系数;b:试样池的光程长。

当探测器光敏面的法线方向与入射光轴成90°时,这种测量方法被称为浊度测定法。它与荧光光谱法非常相似。当严格控制实验条件时,散射光强度 I 与入射光强度 I_0 以及散射微粒浓度 c 之间的关系为:

$$I = kI_0c \tag{7-8}$$

基于浊度测定法原理的浊度仪结构如图7-18所示,浊度仪由六部分组成:①光源,常常选用在可见光谱区发射连续谱的钨灯。②、④波长选择器,在简易浊度仪中可以省去,在荧光光谱仪或光度计进行浊度测定时则是单色器或滤光片。选择波长应避开溶液的吸收和荧光波长,以减少干扰。③样品池,池壁应能很好地透过入射光,而且没有反射。对于浊度测定法,为了消除反射,常常在池壁的通光面积以外部分涂以黑色吸收物质。⑤检测器,一般采用光电管或光电倍增管,也可采用光电二极管。⑥读出装置,常常将电流-电压转换器与记录器相连。

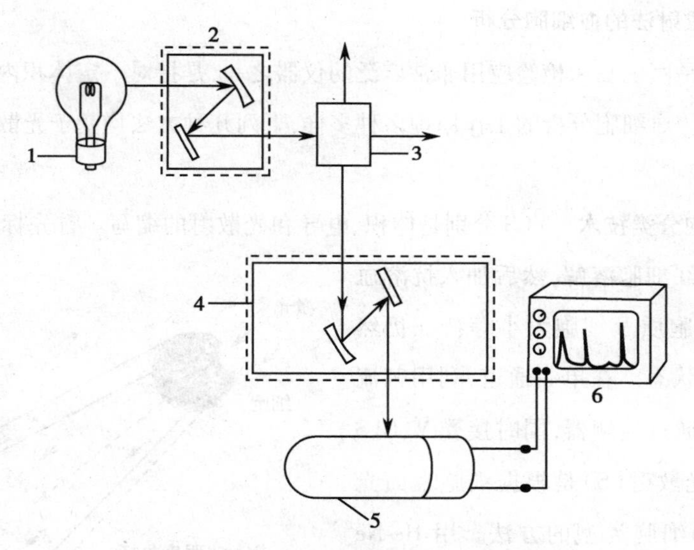

图7-18　浊度仪的结构示意图

1. 光源;2. 第一波长选择器;3. 样品池;4. 第二波长选择器;
5. 检测器;6. 读出装置

由于浊度强度或散射辐射强度与试样浓度的关系在较大范围内通常不是线性的,因此分析试样时经常应用工作曲线法。采用微粒大小尽量接近试样的标准悬浮液制备工作曲线,以浊度或者与入射光束成一定角度的散射强度对于浓度作图,则试样浓度可以从该曲线上查到。

2. 浊度仪的应用现状　生化和医药领域内浊度测量是不可缺少的。如估计细菌繁殖生长的数目、啤酒酵母的浓度等。在生化领域内浊度仪多用激光作为光源,可得到分析液中更详细的微粒的数目及形状。比如用于测量血液中血红蛋白的含量,通过加入试剂使血红蛋白变成不稳定,浓度发生变化。此外,还有免疫物及其他蛋白质浓度的测定。

知识链接

浊度测量仪的发明

最早出现的浊度测量仪是 Wipple 和 Jackson 于 1900 年设计的“Jackson 蜡烛浊度计”，它使用烛光作为光源（主要是红黄光）和用肉眼接收光信号，所以在精度和测量范围上都比较落后，同时散射信号受色度影响比较明显，测量带有颜色的溶液时容易受影响。后来人们用光电检测替代了肉眼，并用钨灯取代了 Jackson 浊度计中的蜡烛光源。1966 年，根据米散射原理，出现了两种测量浊度的方法，即透射光测量法和散射光测量法。通过测量光束经过水样在某一方向产生的散射信号或透过水样的信号来测量浊度值。至 20 世纪末及 21 世纪初，浊度仪已取得巨大的发展，出现了红外发光二级管（LED）、激光等先进的光源；在接收光信号方面出现了硅光电二极管阵列的多角接收；在测量过程中通过采用聚光镜和单色器等光学器件对光信号的调理更加准确；电子器件和电子线路的发展使光电信号处理更加精确，由此提高了测量范围和精确度。

（二）基于光散射法的血细胞分析

血细胞分析仪是医院临床检验应用非常广泛的仪器之一，是指对一定体积内血细胞数量及异质性进行分析的仪器。血细胞分析的工作原理多种多样，下列几种方法均基于光散射法进行血细胞定量分析。

1. VCS 白细胞分类技术　VCS 分别是体积、电导和光散射的缩写。首先标本内加入只作用于红细胞的溶血剂使红细胞溶解，然后加入抗溶血剂，使白细胞表面、胞质及细胞大小等特征仍然保持与体内相同的状态。在单一通道，利用鞘流技术使白细胞单个通过检测器，同时接受 V、C、S 三种检测。其中，光散射（S）是根据细胞表面光散射的特点来鉴别细胞类型的方法。用 He-Ne 激光发出的一束椭圆形光照射，在 10°～70°范围内检测散射光，如图 7-19 所示。

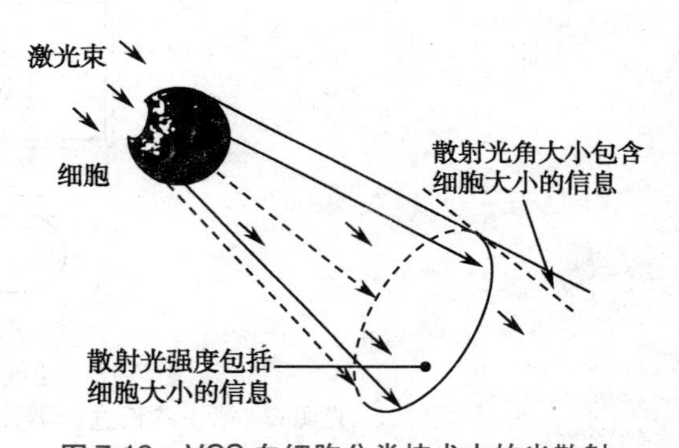

图 7-19　VCS 白细胞分类技术中的光散射

2. 多角度偏振光散射分析技术　多角度偏振光散射白细胞分类技术（MAPSS）的原理是一定体积的全血标本用鞘流液按适当比例稀释。其白细胞内部结构近似于自然状态，因嗜碱性粒细胞颗粒具有吸湿的特性，所以嗜碱性粒细胞的结构有轻微改变。红细胞内部的渗透压高于鞘液渗透压而发生改变，红细胞内的血红蛋白从细胞内游离出来，而鞘液内的水分进入红细胞中，细胞膜的结构仍然完整，但此时红细胞的折射率与鞘液相同，故红细胞不干扰白细胞检测。在鞘流系统的作用下，样本被集中为一个直径 30μm 的小股液流，该液流将稀释的血细胞单个排列，然后通过激光束，激光照射于细胞上，在各个方向都有其散射光出现。如图 7-20 所示。

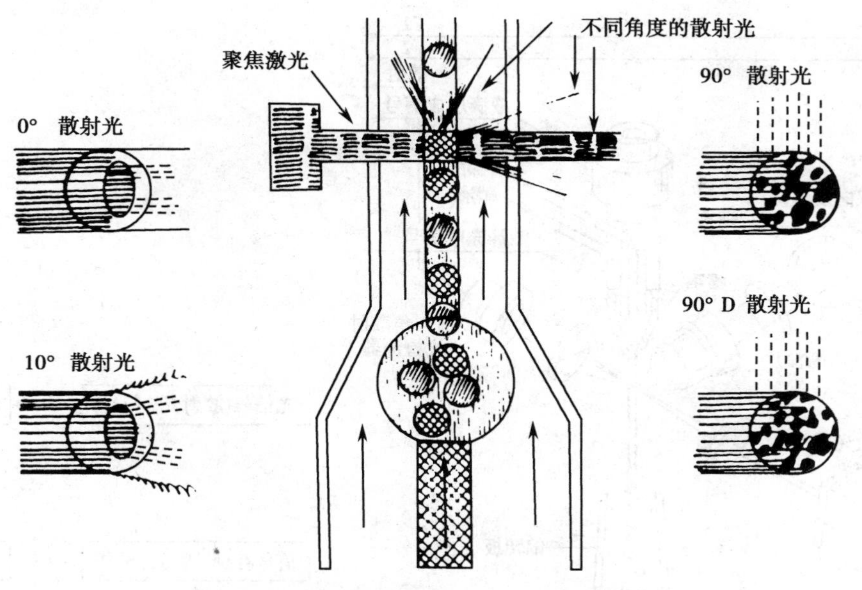

图 7-20　多角度偏振光散射分析技术示意图

（1） 0°（1°～3°）前向角散射光，可粗略地测定细胞大小。

（2） 10°（7°～11°）为狭角散射光，可测细胞结构及其复杂性的相对特征。

（3） 90°（70°～110°）垂直光散射，主要对细胞内部颗粒和细胞成分进行测量。

（4） 90°D（70°～110°）为消偏振光散射，基于颗粒可以将垂直角度的偏振激光消偏振的特性，将嗜酸细胞从中性粒细胞和其他细胞中分离出来。

（5） 这四个角度同时对单个白细胞进行测量和分析后，即可将白细胞划分为嗜酸性粒细胞、中性粒细胞、嗜碱性粒细胞、淋巴细胞和单核细胞 5 种。

3. 流式细胞仪（FCM）的工作原理　如图 7-21 所示，将待测细胞染色后制成单细胞悬液，用一定压力将待测样品压入流动室，不含细胞的磷酸缓冲液在高压下从鞘液管喷出，鞘液管入口方向与待测样品流成一定角度，这样，鞘流就能够包绕着样品高速流动，组成一个圆形的流束，待测细胞在鞘流的包被下单行排列，依次通过检测区域。

（1） 光学系统：常用的激光管是氩离子气体激光管。激光光束在到达流动室前，经过两个圆柱形透镜，将激光光源发出的激光光束（横截面为圆形）聚焦成横截面较小的椭圆形激光光束（22μm×66μm）。这种椭圆形激光光斑内的激光能量成正态分布，使得通过激光检测区的细胞受照射强度一致。FCM 光学系统由若干组透镜、小孔、滤光片组成，它们分别将不同波长的荧光信号送入到不同的电子探测器。当细胞携带荧光素标记物通过激光照射区时，受激光激发，产生包含细胞信息的散射光和荧光信号。光电倍增管用来检测这些不同方向的散射光和荧光信号，同时将光学信号转换为数字信号，并通过计算机对实验数据进行存储、显示和分析。如图 7-22 所示。

（2） 散射光信号检测及其意义：

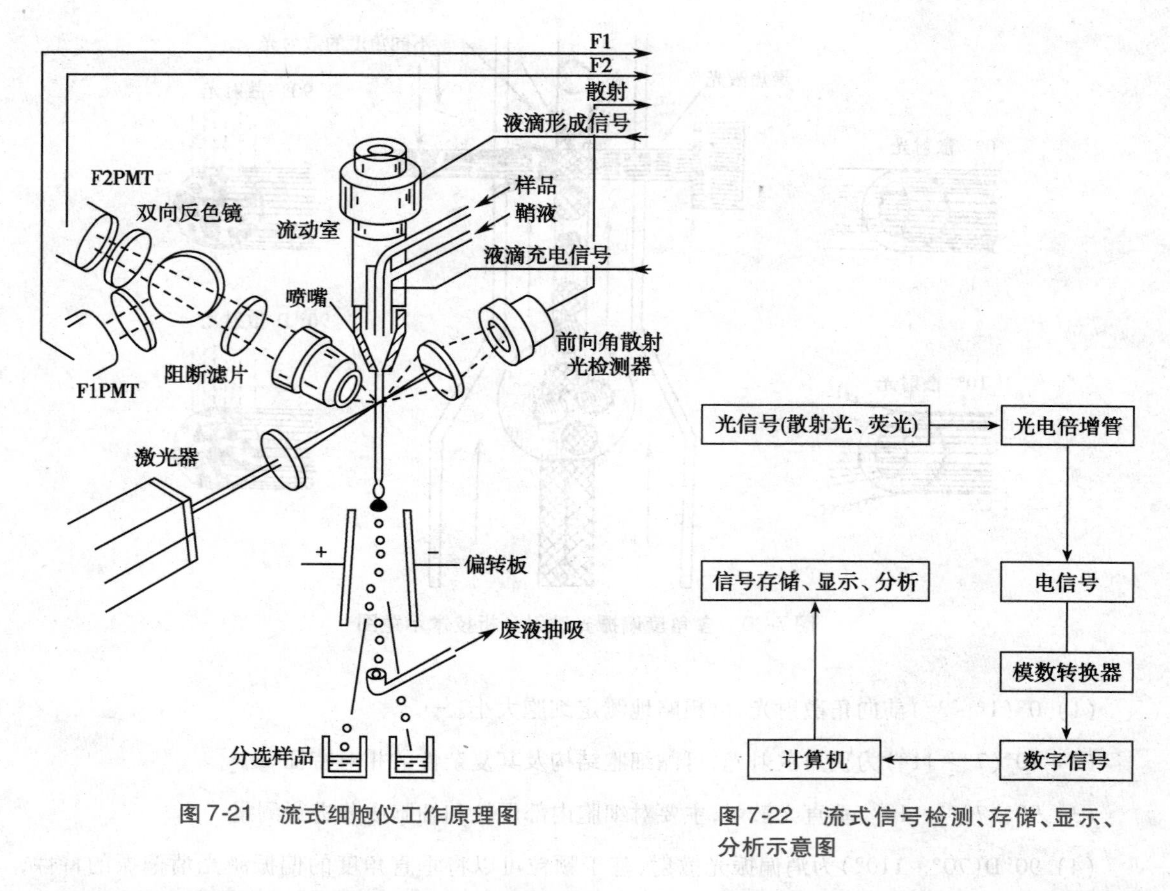

图 7-21　流式细胞仪工作原理图

图 7-22　流式信号检测、存储、显示、分析示意图

1） 前向散射光（forward scatter，FSC）：前向散射光的检测原理如图 7-23 所示。它与被测细胞的大小有关，细胞直径越大，FSC 信号越强。

2） 侧向散射光（side scatter，SSC）：侧向散射光的检测原理如图 7-24 所示。它对被测细胞的细胞膜、细胞质、核膜的折射率更为敏感，可提供细胞表面状况、胞内精细结构和胞质颗粒性质等信息，细胞内颗粒越多，SSC 信号越强。

根据前向散射光和侧向散射光就可以把不同类型的细胞群加以区分，如图 7-25 所示。

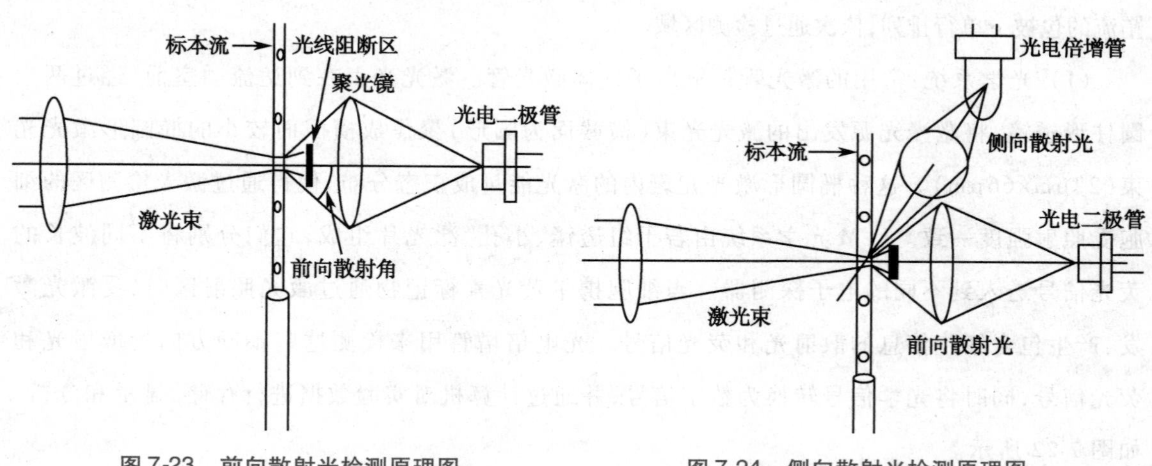

图 7-23　前向散射光检测原理图

图 7-24　侧向散射光检测原理图

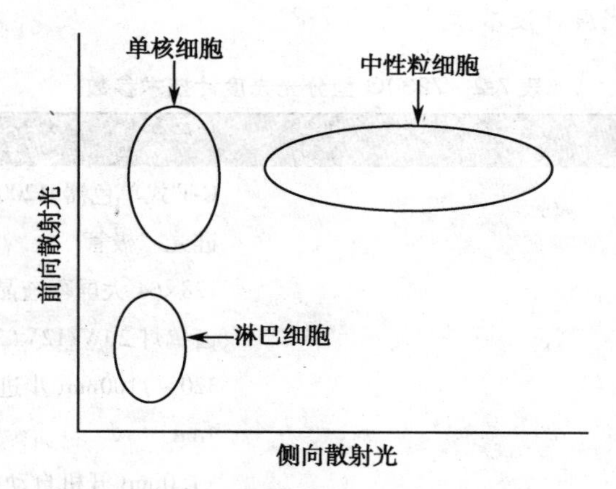

图 7-25　不同类型的细胞群示意图

知识拓展

流式细胞仪的应用

1. 细胞生物学　定量分析细胞周期并分选不同细胞周期时相的细胞；分析生物大分子如 DNA、RNA、抗原、癌基因表达产物等物质及其与细胞增殖周期的关系，进行染色体核型分析。

2. 肿瘤学　检测肿瘤细胞增殖周期，检测肿瘤细胞表面标记、癌基因表达产物，进行多药耐药性分析，检测肿瘤细胞凋亡；DNA 倍体含量测定是鉴别良、恶性肿瘤的特异指标。

3. 免疫学　分析细胞周期或 DNA 倍体与细胞表面受体及抗原表达的关系；检测细胞因子；进行免疫活性细胞的分型与纯化；分析淋巴细胞亚群与疾病的关系；器官移植后的免疫学监测等。

4. 血液学　检测白血病和淋巴瘤细胞、活化血小板；白血病与淋巴瘤的免疫分型，网织红细胞计数，造血干细胞移植后、免疫重建和免疫状态监测等。

五、7230G 型分光光度计实例解析

（一）7230G 型分光光度计特点

7230G 型分光光度计外型如图 7-26 所示，适用于对可见光谱区域内物质的含量进行定量分析，可广泛应用于工厂、学校、冶金、农业、食品、生化、环保、石油化工、医疗卫生等单位的基础实验室，其特点有：自动波长，键盘输入，波长设定和转换快速；一阶过零、一阶线性标准曲线测试，最多可建立 12 个标样点的标准曲线；标定曲线拟合度、浓度结果直接显示，可保存 50 条曲线参数；浓度因子设定和浓度设定的浓度直读功能，可保存 200 条测试记录；系统时钟管理，暗电流校正，波长校正，USB 数据接口。

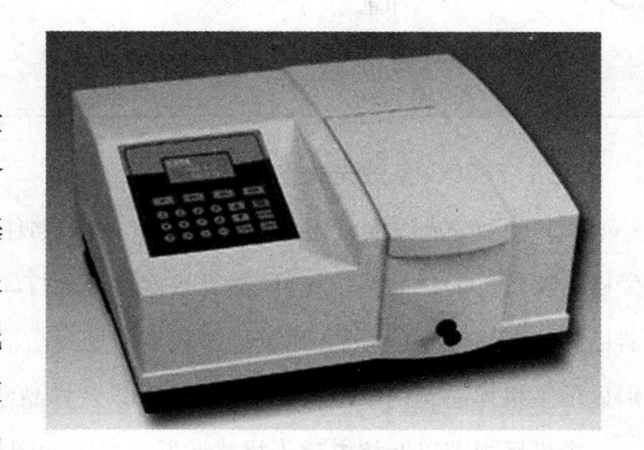

图 7-26　7230G 型分光光度计

(二) 7230G 型分光光度计技术参数(见表 7-2)

表 7-2 7230G 型分光光度计技术参数

型号	7230G
单色器	C-T 式单色器,1200 线全息光栅
检测器	硅光二极管
显示器	128×64 大屏幕液晶显示
光源	卤钨灯 20W/12V(2000 小时)
波长范围	320~1100nm(步进间隔 0.1nm)
光谱带宽	4nm
波长准确度	±1.0nm(开机自动校准)
波长重复性	0.5nm
光度范围	-1.0%~200.0%T -0.5~3.000Abs 0~9999C 0~9999F
透射比准确度	±0.5%T(0~100%T)
透射比重复性	±0.2%T
杂散光	0.3%T(在 360nm 处)
亮电流	±0.5%T
暗电流	±0.2%T
基线平直度	/
基线漂移	/
数据输出	USB 端口,LPT 并行打印口
软件支持	VIS-Solution 工作站软件(选配)±
电源	220V 10% 50Hz 120VA
标准样品架	四槽位标准样品架
仪器尺寸	456mm(长)×375mm(宽)×220mm(高)
仪器净重	12.5kg
包装尺寸	625mm(长)×520mm(宽)×348mm(高)
仪器毛重	16.0kg

(三) 7230G 型分光光度计结构解析

7230G 型分光光度计主要包括样品室,用来挡住外部光线、降低仪器杂散光的挡光面板,用于改变样品架位置的样品架拉杆,能够直接连接针式打印机的 LPT 并行打印端口、USB 端口、用于显示仪器信息的 128×64 液晶屏和用于操作仪器的密封防溶剂的触摸键盘。其结构如图 7-27、7-28 所示,分别显示主机样品室内部结构(标准配置),以及样品室内部结构。

主机后视图以及抗电磁干扰滤波器前视图如图 7-29、图 7-30 所示,在名义电压达到 250V、名义频率达到 60Hz 下,本滤波器能够滤过达到 2A 额定电流所引起的电磁干扰。该滤波器包括抑制电磁干扰部件、电源线插口、保险丝座和电源开关。

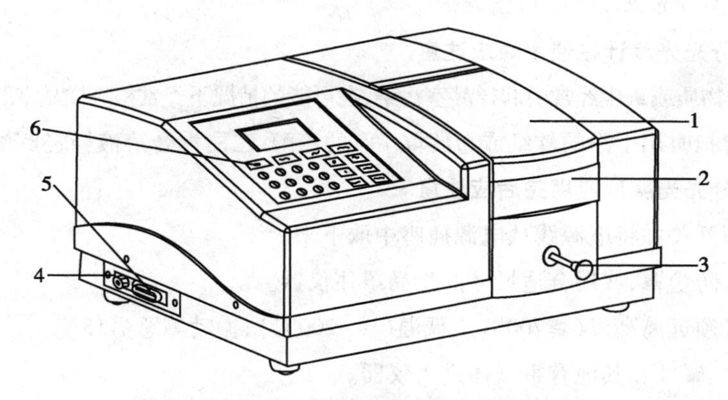

图 7-27　7230G 型分光光度计主机左前视图

1. 样品室;2. 挡光面板;3. 样品架拉杆;4. LPT 端口;5. USB 端口;6. 128×64 液晶屏和键盘

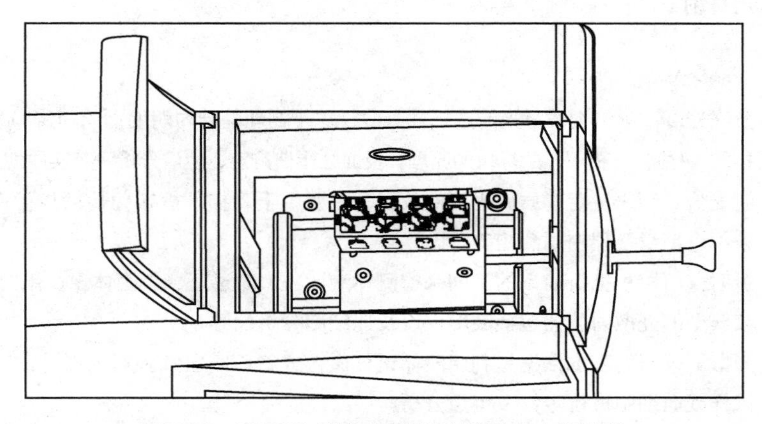

图 7-28　7230G 型分光光度计样品室内部结构

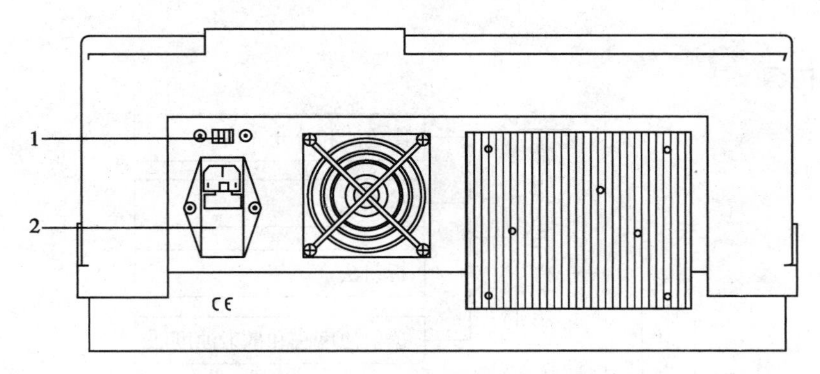

图 7-29　7230G 型分光光度计主机后视图

1. 电压选择开关;2. 抗电磁干扰(EMI)滤波器

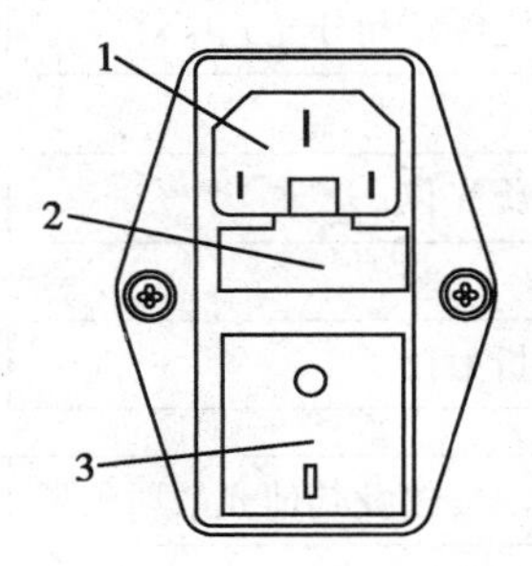

图 7-30　7230G 型分光光度计抗电磁干扰滤波器前视图

1. 电源插口;2. 保险丝座;3. 电源开关

（四）7230G 型分光光度计的日常维护

1. 7230G 型分光光度计在使用时应注意

（1）由于外来物质或灰尘经常引起样品室污染，在可能的情况下经常检查样品室的污染情况并清洁。

（2）聚焦镜清扫时用干净的软纸或布蘸取 1∶1 的乙醇、乙醚混合溶液轻轻擦拭。

2. 7230G 型分光光度计使用完后应注意

（1）关掉电源开关并将电源线从电源插座中取下来。

（2）确保罩上防尘罩，或用合适尺寸的物品罩住仪器。

（3）本仪器必须远离高温（≥700℃），低温（≤-200℃）、振动等恶劣环境。

（4）防止酸性、碱性和其他有害气体进入仪器。

（5）避免放置在电磁场的场所。

（6）避免放置在灰尘环境。

（7）避免阳光直射。

点滴积累

1. 分光光度计利用物质对光的选择性吸收现象（物理基础为朗伯-比尔定律）来定性和定量分析物质。 生化分析仪、酶标仪的原理，及血红蛋白测定、色谱分析等其实质就是分光光度法。
2. 旋光仪是用来测定物质旋光度的仪器，主要用于药物分析如葡萄糖与青霉素等纯度检查，尿中含糖量及蛋白质测定等。
3. 折射仪可以根据折射率的不同来检测体液比重、渗透压、总固体量、蛋白等指标。
4. 较典型的光散射仪器包括浊度仪以及血细胞分析仪等。
5. 光散射仪器的基本依据是利用液体试样微粒或者不同血细胞对入射光的不同散射特征来对试样或血细胞进行定性及定量分析。

本章小结

一、学习内容

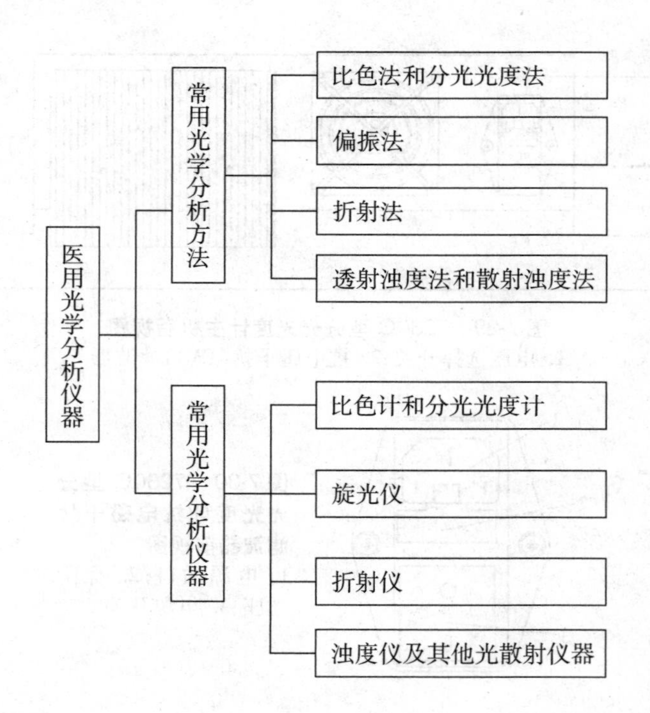

二、学习方法体会

1. 光是一种电磁波，光子与物质相互作用过程中出现辐射被透射、吸收、反射或散射等现象，由此建立了对物质成分进行分析的光学式分析方法。

2. 不同的光学分析方法是建立在不同的物理效应上的，光学分析法可分为光谱分析法和非光谱分析法两大类。分类的依据是看此物理效应是否只是引起光的传播方向或能量分布发生改变，若是则为非光谱分析法；而光谱分析法伴随着物质的分子或原子内部能级发生变化，以特征光谱为表征。

3. 光电比色计是用滤光片作单色器进行光吸收分析的仪器，是各种分光光度计的雏形，也是分光光度计发展的基础。分光光度计按波长范围可分为紫外-可见光分光光度计、红外分光光度计等，医学检验分析中最常用的是可见光分光光度计。

4. 与分光光度计不同，旋光仪和折射仪利用的是非光谱分析方法，分别基于旋光现象和全反射现象，可用来进行医药成分分析。随着光电测量技术的发展，目前出现了全自动数字化显示的仪器，替代了原来的分划目视系统。

5. 包括浊度法测量在内的各种光散射法目前广泛应用于医学检验分析中，根据检测对象的不同，可以结合其他单元技术，从不同角度收集散射光，有利于更加准确地进行医学检验分析。

目标检测

一、单项选择题

1. 可见分光光度计中最常使用的光源是______。

A. 钨灯　　B. 卤钨灯

C. 汞灯　　D. 荧光灯

2. 在分光光度计中光栅的维护下列方法正确的是______。

A. 用擦镜纸擦拭　　B. 用酒精冲洗

C. 用清洗液冲洗　　D. 用吹气球吹去灰尘

3. 比色分析中透射比的定义是______。

A. 反射光强度与入射光强度的百分比　　B. 折射光强度与入射光强度的百分比

C. 吸收光强度与入射光强度的百分比　　D. 透过光强度与入射光强度的百分比

4. 吸光度 A 与透射比 T 的关系式是______。

A. $A=-\lg T$　　B. $A=+\lg T$

C. $A=\sin T$　　D. $A=\cos T$

5. 绘制样品吸收曲线的主要目的在于______。

A. 选择测定光波长　　B. 选择显色剂

C. 选择比色皿　　D. 测定样品含量

6. 下列<u>不会</u>用作分光光度计单色器组成部分的是______。

A. 棱镜　　B. 光栅

C. 滤光片　　D. 狭缝

7. 散射比浊法通常选取与入射光成______角的散射光来检测。

A. 30°　　B. 90°

C. 60°　　D. 0°

8. 旋光仪中起偏镜和检偏镜的偏振面的夹角最初应设定为______。

A. 90°　　B. 60°

C. 30°　　D. 0°

9. 关于流式细胞仪，下列说法**错误**的是______。

A. 常用的激光管是氩离子气体激光管　　B. 细胞直径越大，FSC 信号越强

C. 细胞内颗粒越多，SSC 信号越强　　D. 光电倍增管仪用来检测散射光信号

10. 下列哪种方法**不属于**吸收光谱分析法______。

A. 紫外-可见吸收光谱分析法　　B. 红外吸收光谱分析法

C. 分子荧光光谱分析法　　D. 核磁共振波谱分析法

二、简答题

1. 简述光学分析仪器的分类。
2. 浊度仪在医药领域有哪些应用？试举例说明。
3. 流式细胞仪中细胞流经激光束时影响激光照射细胞的两个因素是什么？

三、实例分析

分光光度计应如何进行日常维护保养？在多灰尘环境中应特别注意采用哪些有效措施对其维护？

（郑　建）

实训部分

实训项目一　光学材料、光学零件的识别和清洁

实训目的

通过实践使学生增强对光学材料和光学零件实物的感性认识，了解其光学性能，学会对一般光学材料、光学零件的识别和光学零件的清洁处理，从中锻炼学生的实际动手能力，培养认真细致的工作作风。

实训器材

光学材料、光学零件若干；光学零件擦拭工具（脱脂棉、瓶、透镜夹子、棱镜夹子、透镜擦拭回转器、卷绵棒、卷绵座等）；酒精和酒精、乙醚混合液。

实训内容

光学材料、光学零件的识别和光学零件的清洁处理。

实训步骤

1. 识别光学材料、光学零件：结合实物指出光学材料、零件的名称和类别，并指出各类光学零件的光路走向。

2. 擦拭光学零件。

实训提示

（1）在操作中对光学零件要轻拿轻放，在擦拭光学零件和调换擦拭面过程中，要全部使用专用工具操作，严禁用手直接触摸光学零件。

（2）在光学零件擦拭过程中，严禁说笑、吃东西。操作地点应选择在非水泥地面房间，避免光学零件掉落地面损坏。

实训思考

（1）冕牌玻璃和火石玻璃通常用于制作凸透镜还是凹透镜？

（2）在擦试光学零件过程中，应注意哪些？

实训项目二　光学透镜组的分解与组装

实训目的

通过实践使学生增强对光学透镜组拆装过程的感性认识，学会对光学透镜组的分解与组装，从而锻炼学生的实际动手能力，培养认真细致的工作作风，为今后从事本专业工作打下基础。

实训器材

显微镜的目镜和物镜，专用工具，酒精和酒精、乙醚混合液若干。

实训内容

光学透镜组的分解与组装。

实训步骤

（1）分解透镜组：用专用工具按先后顺序将透镜组依次拆卸、有序放置，对每个金属件和透镜的位置、方向、角度做好记号，并绘制简图，以防重新组装时装错。

（2）清洁处理镜座：用镊子将绸子布卷紧，蘸酒精乙醚混合液脱脂镜座内壁，然后用罩盅罩好待装。

（3）组装透镜组：将擦拭好的透镜用粘有麂皮的透镜夹子，将透镜和间隔环按拆卸记录的方向和顺序依次装回镜座并固定紧，然后用罩盅罩好。

实训提示

（1）在分解与组装过程中，应注意零件的位置、方向、顺序并做好记号。

（2）在分解与组装过程中，注意工具不要伤及光学零件，否则将造成光学件报废。

（3）在组装过程中，对于罗纹金属件在旋入罗纹时，应先紧靠罗纹并沿旋转的反方向转动一定角度，当听到"咔嚓"一声时，说明两罗纹已准确对接，方可旋紧。否则若强推硬拧，将会造成罗纹损坏甚至零件报废。

实训思考

（1）透镜组拆下的零件或透镜为什么不能装错？装错会造成什么结果？

（2）在光学零件擦试和组装过程中，怎样避免光学零件的生霉生雾？

（3）经过擦拭后的透镜装入镜座后，发现有灰点、毛等，怎样清洁处理？

实训项目三　生物显微镜的认识及操作

实训目的

通过实践使学生增强对生物显微镜实物的感性认识，熟悉显微镜各部位名称、作用，学会显微镜的实际操作，加深对显微镜工作原理的进一步理解，巩固课堂上所学的理论知识，为今后走上工作岗位打下基础。

实训器材

生物显微镜。

实训内容

生物显微镜的认识及操作。

实训步骤

参照第三章第三节普通型显微镜实例解析。

实训提示

操作时应精力集中，在老师的指导下，严格按照使用说明书进行操作，并做好实训记录。

实训思考

1. 显微镜的各部位名称及其作用。
2. 生物显微镜在操作前应做哪些准备？为什么？
3. 生物显微镜的操作步骤。
4. 生物显微镜在操作中应注意哪些？

实训项目四　生物显微镜的拆装

实训目的

通过对显微镜的实际拆装操作，进一步掌握生物显微镜的结构，掌握精密仪器的拆卸和装配，提高学生的实际动手能力，为今后走上工作岗位打下基础。

实训器材

生物显微镜；专用工具若干。

实训内容

生物显微镜的拆装。

实训步骤

参照第三章第三节普通型显微镜实例解析的组装调试方法与步骤进行。

实训提示

拆装前应认真阅读产品说明书，看清装配图，参照以下原则进行：

1. 依照先光学部件后机械部件的顺序进行拆卸。
2. 光学部件的拆卸要按自下而上的顺序进行。
3. 组装的顺序恰好与拆卸的顺序相反。
4. 在拆装过程中，必须牢记部件之间的组装关系，避免错漏。
5. 在拆装过程中，零部件要拿稳、放置要到位，顺势自然，紧固要适中，不可强装强卸。
6. 注意保护光学元件不受损受污，机械配合面避免损伤、污染。

实训思考

1. 显微镜为什么依照先光学部件后机械部件的顺序进行拆卸？
2. 光学系统的安装为什么要按先上后下的顺序进行？

实训项目五　膀胱镜的使用与维护

实训目的

1. 加深理解膀胱镜的光学成像原理。

2. 进一步掌握膀胱镜的操作及使用保养方法。

实训器材

1. 膀胱镜、冷光源。

2. 图像显示仪。

3. 检修专用工具。

4. 测量器具:百分表、卡尺、钢板尺。

实训内容

1. 熟练掌握膀胱镜的使用操作方法。

2. 熟练掌握膀胱镜的维护保养方法。

实训步骤

1. 膀胱镜的操作使用

(1) 连接膀胱镜与冷光源,将冷光源的导光束对膀胱镜的接光头并顺时针旋紧。

(2) 打开冷光源电源开关,膀胱镜出光口应有光线射出,将光线照在一白纸上(膀胱镜出光口距白纸10mm)为完整清晰光斑。再将膀胱镜移置于一张彩色图片下,从接目镜中应观察到彩色逼真、文字清晰,边缘与中心像质应无畸变。另外还可以用手握住膀胱镜的物镜部,应观察到手心纹线景深层次分明。

(3) 连接膀胱镜的接目镜与CCD摄像头,观看显示器图像应该清晰,无失真。

2. 膀胱镜的维护保养可参照书中相关内容。

3. 数据记录及分析

膀胱镜数据记录及分析,可用百分表测量每组透镜之间的间隔,特别是在拆卸和组装时,应该认真测量记录,还要记录透镜头尾方向。同时可用数码照相机记录。还可以用膀胱镜参数检测仪测量。

实训提示

在实训中要轻拿轻放,严防失手落地,导致膀胱镜损坏,乃至报废。

实训思考

1. 说出膀胱镜各部分的名称、作用。

2. 描述膀胱镜使用注意事项、保养要点方法。

实训项目六　电子内镜的使用与维护

实训目的

1. 加深理解电子内镜的成像原理。

2. 掌握电子内镜的基本结构以及操作使用。

实训器材

1. 电子内镜(胃镜或肠镜)。

2. 图像处理器、显示器、冷光源。

3. 彩色视频打印机。

4. 高频电灼器及附件。

5. 活检钳子、清洁刷。

6. 检修专用工具。

实训内容

1. 熟练掌握电子内镜的使用方法。

2. 掌握电子内镜的维护保养方法。

实训步骤

1. 电子内镜的操作

(1) 电子内镜的连接:把电子内镜与图像处理器、冷光源连接;打开电源开关,电源指示灯和其他功能指示灯点亮。

(2) 送气送水功能:把气量调至偏高,送气量就大。把水瓶与电子内镜导光插头上的插孔连接。用手指按下操作部上的气水按钮,这时先端气水喷嘴开始连续向镜面喷水;用手指轻轻堵住操作部上的气水按钮,这时先端气水喷嘴开始连续喷气。

(3) 白平衡调节:内镜先端对着白色的纸或布,显示器上显示白色,调节图像处理器上白平衡旋钮,把白色调至真实亮度。通常仪器会自动调整,白色调不好,彩色就会失真,就会造成误诊。最后可用手握住先端,观察手掌的图像,应该清晰,彩色逼真。

(4) 操作部上各按键功能:应该在显示器上显示调节焦距、图像放大缩小、冻结图像、照相等。

(5) 吸引功能:把电子内镜接光部上的吸引管与吸引器连接,把电子内镜先端插入水杯中,打开吸引器开关,观察水杯中的水被吸引到吸引器的储水瓶里。

(6) 活检功能:用一把本机配备的标准活检钳子,从电子内镜的活检孔慢慢插入,注意关闭活检钳子的活检帽,否则插不进去,甚至损坏管道和活检钳子。

(7) 高频电灼发生器:把电子内镜与高频电灼器正确连接,用一块肉或肥皂模拟人体,对其电灼、电切。

2. 实训提示

(1) 认真熟悉仪器使用说明书,掌握仪器操作程序。

(2) 按照实训要求,注意细节,防止差错。

实训思考

(1) 说出电子内镜各部分的名称及作用、操作和保养方法。

(2) 说明电子内镜测漏的重要性,怎样测漏。有漏点会造成什么后果。

实训项目七　直接检眼镜的使用与维护

实训目的

1. 通过操作和实物观摩,加深理解直接检眼镜的光学原理和基本结构。

2. 掌握直接检眼镜的使用、拆装、维护保养方法。

3. 利用直接检眼镜检查眼底。

实训器材

直接检眼镜一台。

实训内容

1. 学生使用直接检眼镜互相检查眼底。

2. 学会拆装检眼镜,更换灯泡、保险丝,以及常规维护保养。

实训步骤

1. 直接检眼镜的操作使用

(1) 将电源输入插头插入电源插座。打开电箱主体上的电源开关,从电箱搁架上拿起检眼镜,电路自行接通,指示灯和检眼镜同时点亮。

(2) 检眼镜出光口应有光线射出,将光线照在一白纸上(检眼镜出光口距白纸 60mm),为完整清晰光斑。若光斑内有阴影或不清晰则必须对检眼镜焦点做调节,调节方法如下:将检眼镜从电筒头上逆时针旋转 90°后卸出,用镊子钳夹住检眼镜连接口内的灯泡后端转动一定的角度然后与电筒连接后再试,反复试验直到光斑在出光口 60mm 处的白纸上完整清晰为止。

(3) 根据需要调节拨盘按标识位置选择合适的光阑。

(4) 将光源对准被检者眼底,由检眼镜检查孔观看被检者眼底,同时转动屈光度拨盘直至最清楚,查看(+)、(-)数字显示孔,所示数字红色为负,黑色为正,这就是医生所需的屈光度,这时就可方便地检查被检者的眼底。基本步骤为:

1) 相对暗室中,调整检查者的座椅,使被检者的眼睛略低于检查者的眼睛位置。指导被检者取下眼镜,看远处非调节视标。

2) 右手持检眼镜,将窥孔放在自己的右眼前,对准被检者的右眼。将检眼镜靠在自己的脸上或者眼镜上,找到支撑位置,用右手的示指转动度数转轮。

3) 将检眼镜放在被检者眼前 10cm 处,与视线呈 15°夹角。选择合适透镜,让点光源聚焦在被检者的虹膜上。上下前后移动 30°,观察屈光介质。如果看到橘红色的眼底反光中有黑色区,表明介质浑浊。

4) 缓慢减少透镜度数,慢慢靠近被检者的眼睛,直到检查者拿着检眼镜的手碰到被检者的脸,继续减少正度数,直到聚焦到眼底。移动检查者自身的位置,直到和被检者的视轴对齐,这样可看到黄斑。

(5) 用毕将检眼镜放回搁架上,电路即自行断开。

(6) 数据记录及分析

1) 分别记录每一眼的屈光度数:右眼(OD),左眼(OS)。

2) 每一眼的眼底黄斑的颜色是否均匀,能否看到中心凹反光。

2. 直接检眼镜的拆装维护

(1) 更换灯泡

1）取下头部，待灯泡冷却后，用一只手捏住头部，另一只手握住手柄，逆时针转动并朝外拉，使头部与手柄分离。

2）用小钟表起子将旧灯泡取出，将新灯泡的定位销对准灯座的定位槽，插入新灯泡，直至到位。

3）将手柄的定位凸起和头部的定位槽对准，然后将手柄插入头部，顺时针稍作旋转即可。

（2）更换保险丝

关闭电源开关，将电源输入插头从电源插座上拔出，旋出保险盒盒盖，更换新保险丝管，再旋上盒盖（保险丝管规格为250V，63mA）。

（3）清洁

1）若有灰尘粘于反光镜上，可用毛笔拂去或用无水酒精棉花擦拭。

2）仪器外表若有灰尘，可用干净的软布擦拭。

（4）防护

检影镜应在较洁净的环境下使用。如果长期不用，应将其置于包装盒中，以免灰尘侵入仪器内部。

实训提示

1. 确保检眼镜在不使用状态下电源处于关断状态。

2. 为了延长灯泡的使用寿命，不能使灯泡满负荷工作，即不要把光源亮度调至最大。

实训思考

1. 说出仪器各部分的名称、作用。

2. 为何能通过改变拨盘上补偿镜片屈光度来得出被检者的眼屈光度？

实训项目八　裂隙灯显微镜使用与维护

实训目的

1. 通过实物观摩和操作，进一步掌握裂隙灯显微镜的光学原理和基本结构。

2. 掌握裂隙灯显微镜的使用方法、拆装、维护保养方法。

实训器材

裂隙灯显微镜一台。

实训内容

1. 学生使用裂隙灯显微镜互相检查。

2. 学会拆装及更换灯泡、反射镜、保险丝。

3. 总结裂隙灯显微镜使用的注意事项。

实训步骤

1. 操作使用

（1）使用前对仪器的检查

1）首先将对焦棒插入仪器相应的插孔中，打开照明电源（开关）。

2）按照使用者的屈光不正度，分别转动两个目镜的调节圈。

3）转动两目镜筒，使两镜中心距与观察眼的瞳距相一致。

4）沿运动滑台移动显微镜，一只手握手柄前后推移进行粗调焦，另一只手握操纵杆前后移动进行细调焦，直至所看到的裂隙像最清晰为止。

5）观察裂隙像亮度是否足够、均匀，其照度一般应不低于2000Lx。

6）开大裂隙，转动光圈盘，观看光圈形状、滤色片是否良好及光圈转动是否灵活。裂隙像高度最大8mm，最小0.2mm。

7）开大光圈，调整裂隙，观看裂隙像开合是否灵活均匀，两边是否平行，有无毛刺，裂隙像最窄处应为0.2mm以下，最宽应为8mm。

8）检查裂隙像方位调整是否良好，裂隙像应绕中心轴可做自由旋转。

9）检查共焦共轴是否良好，此时应将显微镜置于正前方，裂隙系统处于略偏左或偏右的位置。

10）最后取下对焦棒，使用人员更换时，必须重新校正。

（2）检查步骤

1）首先使被检者坐位舒适，头部固定于颌托和额靠上。

2）通过调节台面高度、头架上下和调节仪器高度，使裂隙像上下位置适中。注意：调整后被检眼外眦部与头架侧方的刻线记号“-”对齐。

3）通过操纵手柄和操纵杆调整仪器的左右和前后位置，以保证裂隙像位置正确且可清晰观察。注意：操纵手柄为粗调焦用，操纵杆为精细调焦用，它可以使裂隙像清晰地出现在患眼需要观察的不同深浅部位。调节时应先粗调焦，再细调焦。

4）转动手轮，可改变裂隙宽窄。①改变裂隙照明系统和双目立体显微镜系统的夹角，也可用此手轮做拉手。②裂隙长短用转动光圈进行调节。③旋紧螺钉可固定裂隙照明系统和双目立体显微镜系统。④注视灯可左右旋180°，并可上下、远近自由选用，需要时令患眼注视目标方向。

5）按照先右眼后左眼的顺序，依次从眼睑—角膜—前房—前房角—瞳孔—后房—晶状体分别用相应的照明方法进行检查。

2. 裂隙灯显微镜的拆装维护

（1）更换与调整灯泡：如果需要更换灯泡，应在闭灯20分钟，让灯泡充分冷却后进行。握住灯盖，按标示箭头方向旋转，灯盖即可取下。拧松红点螺钉，取出灯头，用螺丝刀拧松灯头两侧的螺丝，拔出旧灯泡。

换上新灯泡后，将灯头重新插入灯座上孔内。接通电源，将裂隙开到最大孔径，并插上对焦棒，把对焦面对向医师一方。然后前后移动灯头，当在对焦面上看到一个照明均匀、边界清晰、明亮的圆光斑时，表示灯泡位置已经正确。然后拧紧红点螺钉。

将灯盖上的红点对准灯座上的红点，装上灯盖后，按标示箭头相反方向旋转，灯盖即可固定。

（2）更换反射镜：当反射镜上的镀膜层损蚀后，必须更换反射镜，用拇指与食指握住反射镜的颈部，然后将反射镜抽出。在更换中，切勿将手指触及镜面。

3. 数据记录及分析

记录角膜直径、形状、透明度，巩膜的纹理、颜色、有无充血。

实训提示

在进行实训操作前，要仔细阅读裂隙灯显微镜产品的使用说明书，了解仪器各部分的作用及操作、调节方法。

实训思考

1. 说出仪器各部分的名称、作用。
2. 裂隙灯显微镜各种照明方式有何特点，使用中的注意事项是什么？

实训项目九　检影镜使用及维护

实训目的

1. 通过实物观摩和操作，进一步掌握检影镜的光学原理和基本结构。
2. 掌握检影镜的使用、拆装和维护保养方法。

实训器材

检影镜一台。

实训内容

1. 学生使用检影镜互相检查。
2. 学会拆装及更换灯泡、保险丝。
3. 总结检影镜使用的注意事项。

实训步骤

1. 检影镜的操作使用

（1）本仪器的使用方法与点状光检影法相同。

（2）检影固定以被检眼与验光者眼为标准进行。验光者右手执镜柄，食指置缺口处旋转转动块，使灯泡做360°转动，以改变光带轴向位置，将大拇指置于推手处，使推动块上下移动以改变聚光镜和灯泡间距离，用以控制出射光带集散程度。

（3）检查时，镜柄偏动方向须与光带垂直。例如做左右偏动检查180°经线上屈光状态时，光带应置于90°；检查45°线上屈光状态时，光带应置于135°沿45°经线偏动，依次类推。

（4）由于被检眼与验光者眼距离为1m，则被检眼的远点为1m，也就是在客观上存有1.00D近视。无散光者（各经线上瞳孔内光带无差别，就证明无散光）检查单纯近视或远视，须将推动块推向最高位置，被检眼若佩戴合适镜片能使各经线上眼内的像不动，则只需将检影结果进行加减，近视眼增加1.00D，远视眼减去1.00D，这样才是被检眼的实际屈光度数。

（5）散光检影：将推动块推向最高位置，旋转转动块，观察在什么轴位上，眼瞳外光带与眼瞳内光带完全平行，即为散光轴位。如果眼瞳外光带位于90°时眼瞳内光带最细最亮，并且与眼瞳外光带完全平行，证明散光轴位是90°。两个主要经线上度数之差即为散光度数。若散光度数太大，瞳孔内光太暗、太宽,可将推手逐渐下移,下移程度以瞳孔内光带达最细最亮为标准。

(6) 注意:在转动块做360°旋转时,切勿将推动块上下移动。

2. 检影镜的拆装维护

(1) 更换灯泡

1) 关闭电源开关。逆时针旋转套圈,将上手柄与下手柄分离。

2) 向外拔出灯泡外罩后,旋下旧灯泡,换上新灯泡。

3) 将灯泡外罩及上手柄复位。

(2) 更换保险丝管:先关闭电源开关,再将电源输入插头从电源插头座上拔出。旋下保险丝座盒盖,换入新保险丝管,然后旋上盒盖即可。注意:请使用相同型号、规格和额定值的保险丝管。

(3) 保养及防护

1) 检影镜出公司前已经过校验,请不要随意拆动。

2) 检影镜应在较洁净的环境下使用。如果长期不用,应将其置于包装盒中,以免灰尘侵入仪器内部。

3) 保持仪器清洁。仪器表面若有灰尘,可用干净的软布擦拭。如镜片有灰尘而影响工作,可用小毛笔轻轻拂去或用无水酒精棉花轻轻擦拭。

4) 勿使检影镜受到振动、冲击或跌落。

(4) 注意事项

1) 请勿用手指或任何硬物擦拭光学镜片。

2) 请勿使用任何腐蚀性清洁剂擦拭,以免损坏表面。

3. 数据记录及分析

分别记录左右眼的矫正眼镜度数。例如:右眼 R-1.50DS/-0.50DC×180°;左眼 L-1.50DS。

实训提示

1. 注意被检查者的瞳孔必须充分扩大,否则仍有调节,会影响检查结果。

2. 要根据被检查者的年龄大小来选择适合的镜架及选择适当的坐位,以便更好地观察影动。

3. 检查者与被检查者之间的距离必须是1m,否则会影响检查的准确性。

实训思考

1. 说出仪器各部分的名称、作用。

2. 检影过程中如检影距离发生变化,屈光度应如何处理?

实训项目十　电脑验光仪的使用及维护

实训目的

1. 通过实物观摩和操作,进一步掌握电脑验光仪的光学原理和基本结构。

2. 掌握电脑验光仪的使用及维护保养方法。

实训器材

电脑验光仪一台。

实训内容

1. 学生使用电脑验光仪测量模拟眼，并互相检查。

2. 学会拆装及更换保险丝。

3. 总结电脑验光仪使用的注意事项。

实训步骤

1. 操作准备

（1）消毒颌托和头靠。

（2）调整坐椅高度和仪器的高度，使被检者和检查者的位置舒适。

（3）指导被检者将下颌放在颌托上，额头贴紧头靠；要求测量过程中被检者保持头位不动，并正视前方；任何头位和眼位的倾斜，都有可能使结果偏差，尤其是散光的轴向和散光度数的偏差。

2. 操作步骤

（1）选择测量的项目，通常包括屈光度或角膜曲率，设定 VD 值、散光符号等。

（2）指导被检者正视前方，注视验光仪内的光标。

（3）通过仪器的监视器来观察右眼的位置，并使用操纵杆前后调焦使图像清晰。上下左右移动操纵杆，直至出现红色的对准提示符号，如实训图 10-1 所示，显示屏上 8 个光点标志最清晰时迅速按操纵杆的测量按钮，测量屈光度或角膜曲率，如果选择自动模式，对焦和定中心完成后，仪器会进行自动测量。

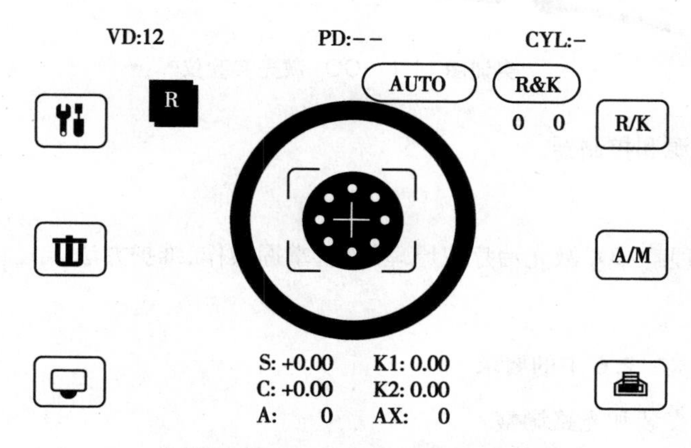

实训图 10-1　电脑验光仪测量界面

（4）重复上述步骤测量左眼的屈光度或角膜曲率。

（5）打印或记录测量结果。

（6）电脑验光结果的解读。

3. 电脑验光仪的维护

见本书第五章第三节验光仪相关内容。

4. 数据记录及分析

分别记录每一眼的屈光度数，包括 S、C、A、VD、PD 等具体数值。

实训提示

在进行实训操作前，要仔细阅读电脑验光仪产品的使用说明书，了解仪器测量前的各项设置内容及其意义。

实训思考

1. 说出电脑验光仪各部分的名称、作用。

2. 验光过程中电脑验光仪是如何控制眼睛的调节的？

实训项目十一　CO_2 激光治疗仪的使用及维护

实训目的

1. 通过实物观摩，加深对 CO_2 激光治疗仪原理和设备基本结构的理解。

2. 掌握 CO_2 激光器的光路调整方法。

3. 掌握 CO_2 激光拆装、维护保养方法。

实训器材

1. CO_2 激光实验仪一套如实训图 11-1 所示，四关节导光臂一套，同光路指示器一套。

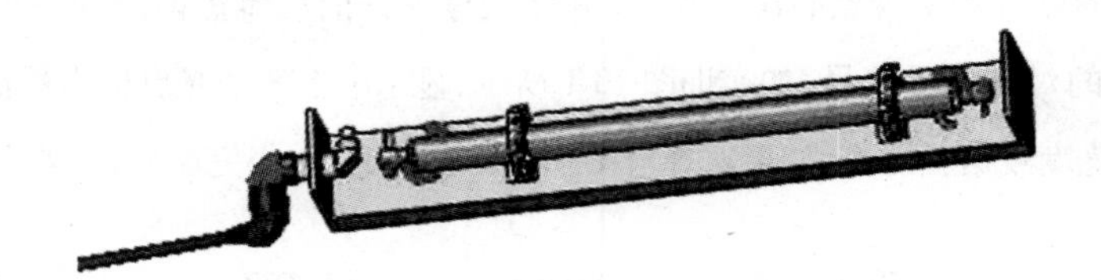

实训图 11-1　CO_2 激光实验仪

2. 配套的激光电源和控制器。

实训内容

通过实训进一步理解 CO_2 激光治疗仪原理结构，掌握操作、维护方法。

实训步骤

按第六章第二节(二)2.6 中的要求

1. CO_2 激光管的安装和光路调整

2. 指示光的安装和光路的调整

3. 导光关节臂的安装

4. 激光的功率测量

5. 数据记录及分析

实训提示

1. 在实训中要轻拿轻放，严防失手落地，导致激光管损坏，乃至报废。

2. 开机时需先开冷却装置，后开激光。关机时先关激光，后关冷却装置。

3. 开启激光时要仔细检查连线不能接错或未被连接。

4. 激光输出时注意安全防护。

5. 激光管两端有高压输出，注意防范。

实训思考

1. 说出 CO_2 激光治疗仪各部分的名称、作用。

2. CO_2 激光是如何被传送到激光刀头的？

实训项目十二　Nd3+：YAG 激光器的使用与维护

实训目的

1. 通过实物观摩，加深对 Nd3+：YAG 激光器原理和基本结构的理解。

2. 掌握 Nd3+：YAG 激光器的调整方法。

3. 掌握 Nd3+：YAG 激光器拆装、维护保养方法。

实训器材

Nd3+：YAG 激光实验仪一套（实训图 12-1），指示光一套，配套光纤一套。激光电源、冷却系统和控制器一套。

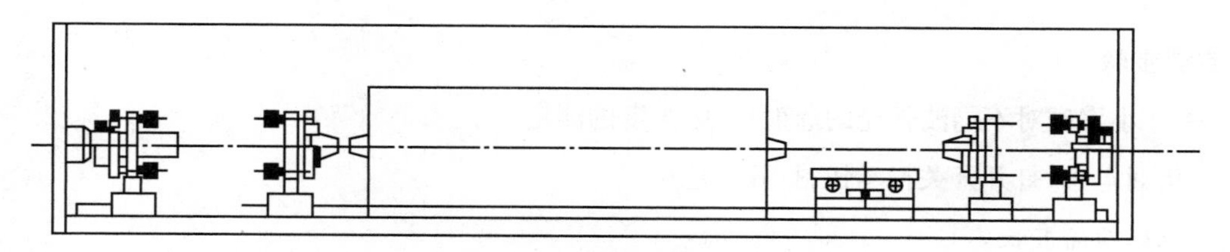

实训图 12-1　Nd3+：YAG 激光实验仪

实训内容

通过实训进一步理解 Nd3+：YAG 激光器原理结构。

实训步骤

按第六章第一节 2.4 和第二节（一）1.2 中的要求

1. 氪灯的拆装维护

2. 指示光的安装调试

3. 前后反射镜片的调整

4. 激光功率测试

5. 光纤安装

6. 数据记录及分析

实训提示

1. 在实训中要轻拿轻放，严防失手落地，导致光学器件的损坏，乃至报废。

2. 开机时需仔细检查连接线是否安装正确和牢固，先开冷却装置，后开激光。关机时先关激光，后关冷却装置。

3. 激光输出时注意安全防护。

实训思考

1. 说出 Nd^{3+}:YAG 激光器各部分的名称、作用。

2. 如何才能判断反射镜和激光物质的端面相互垂直?

实训项目十三　分光光度计的使用及维护

实训目的

1. 通过实物观摩,加深对分光光度计的光学原理和基本结构的理解。

2. 掌握分光光度计的使用方法。

3. 熟悉分光光度计的维护保养方法。

实训器材

721 型分光光度计,比色杯,已知和未知浓度的小檗碱溶液。

实训内容

利用分光光度计测定小檗碱对不同波长光的透射比、吸光度,以及不同溶液吸光度与浓度关系。

实训步骤

(一) 小檗碱对不同波长光的透射比、吸光度的测定

1. 接通电源,打开开关指示钮,打开比色箱盖。

2. 选择所需波长。

3. 将空白液、标准液分别倒入 2 个比色杯中,将比色杯放入比色盒,再将比色盒放入比色箱中,使空白液对准光路,合上比色箱盖。

4. 拉动定位杆,使遮光物挡住光路,按下 0 按钮,使数字电流计读数为 0;拉动定位杆,使光通过参比液,按下 100 按钮,使数字电流计读数为 100;拉动定位杆,使光通过标准液,读出透光率 $T=I_t/I_0\times100\%$ 和吸光度 $A=\lg(1/T)=-\lg T$;并记录数据。

5. 重复 2 ~ 4,每改变波长要重新调 0、调 100。

(二) 不同溶液吸光度与浓度关系的测定

1. 接通电源,打开开关指示钮,打开比色箱盖;

2. 选择所需 340nm 波长,转动灵敏度旋钮,选择适宜的灵敏度;

3. 将空白液、测定液 1、测定液 2 分别倒入 3 个比色杯中,将比色杯放入比色盒,再将比色盒放入比色箱中,使空白液对准光路,合上比色箱盖;

4. 拉动定位杆,使遮光物挡住光路,按下 0 按钮,使数字电流计读数为 0;拉动定位杆,使光通过空白液,按下 100 按钮,使数字电流计读数为 100;拉动定位杆,使光通过测定液 1,读出透光率 $T=I_t/I_0\times100\%$ 和吸光度 $A=\lg(1/T)=-\lg T$;拉动定位杆,使光通过测定液 2,读出透光率 $T=I_t/I_0\times100\%$ 和吸光度 $A=\lg(1/T)=-\lg T$;并记录数据;

5. 依次测定剩余溶液；

6. 轻轻拉动比色槽拉杆，先后将标准液、测定液对准光路，分别记录标准液的吸光度 $A_{标}$ 和测定液的吸光度 $A_{测}$；

7. 比色完毕，关闭电源，拔下插头，取出比色杯，放入干燥剂，合上比色箱盖；将比色杯洗净后倒置晾干；

8. 计算根据记录的 $A_{测}$、$A_{标}$ 和已知的标准液的浓度 $C_{标}$ 3 个数值，按 $C_{测}=A_{测}/A_{标}\times C_{标}$ 公式算出 $C_{测}$ 数值。

实训提示

按下表记录数据

记录表格一

波长（nm） 测量值		310	320	330	340	350	360	370
标准液	*T* 值							
	吸光度 *A*							

记录表格二

溶液测量值	标准液	溶液1	溶液2	溶液3	溶液4	溶液5
实际浓度（根据上述数据自行计算）	100%					
T 值						
吸光度 *A*						
浓度（相对于标准液）	100%					

实训思考

1. 说出仪器各部分的名称、作用。
2. 为何在预热后，连续几次调整“0”和“100%”，仪器方可进行测定工作？

实训项目十四　旋光仪的使用及维护

实训目的

1. 通过实物观摩，加深对圆盘旋光仪的光学原理和基本结构的理解。
2. 掌握旋光仪的使用方法。
3. 熟悉旋光仪的维护保养方法。

实训器材

WXG-4 圆盘旋光仪，盛液玻璃管，温度计，已知和未知浓度的葡萄糖溶液。

实训内容

利用 WXG-4 圆盘旋光仪测量葡萄糖溶液的浓度。

实训步骤

（一） 准备工作

1. 先把预测溶液配好，并加以稳定和沉淀。

2. 把预测溶液盛入试管待测。但应注意试管两侧螺旋不能旋的太紧（一般以随手旋紧不漏水为止），以免护玻片产生应力而引起视场亮度发生变化，影响测定准确度。将两端残液擦拭干净。

3. 接通电源，约点燃 10 分钟，待完全发出钠黄光后，才可观察使用。

4. 检验度盘零度位置是否准确，如不准确，可旋松度盘盖四只相连接的螺钉、转动度盘壳进行校正（只能校正 0.5°以下）或把误差值在测量过程中加减。

（二） 测定工作

1. 打开镜盖，把试管放入镜筒中测定，并应把镜盖盖上和试管有圆泡一端朝上，以便把气泡存入，不致影响观察和测定；

2. 调节视度螺旋至视场中三分视界清晰为止；

3. 转动度盘手轮，至视场照度相一致（暗现场）时为止；

4. 从放大镜中读出度盘所转的角度；

5. 利用公式，求出物质的比重、浓度、纯度和含量。

实训提示

（一） 视场变化情况

如图 7-12 所示，光线从光源投射到聚光镜、滤光镜、起偏镜后，成平面直线偏振光，再经半波片分解成寻常光与非常光后，在目镜的视场中出现了三分视界。旋光物质盛入试管放入镜筒测定，由于溶液具有旋光性，故把平面偏振光旋转了一个角度，通过检偏镜起分析作用，从目镜观察，就能看到中间亮（或暗）左右暗（或亮）的照度不等三分视场（如实训图 14-1a 或 b 所示），转动度盘手轮，带动度盘，检偏镜，使得视场照度（暗视场）相一致（如实训图 14-1c 所示）时为止。然后从放大镜中读出度盘旋转的角度（如实训图 14-2 所示）。

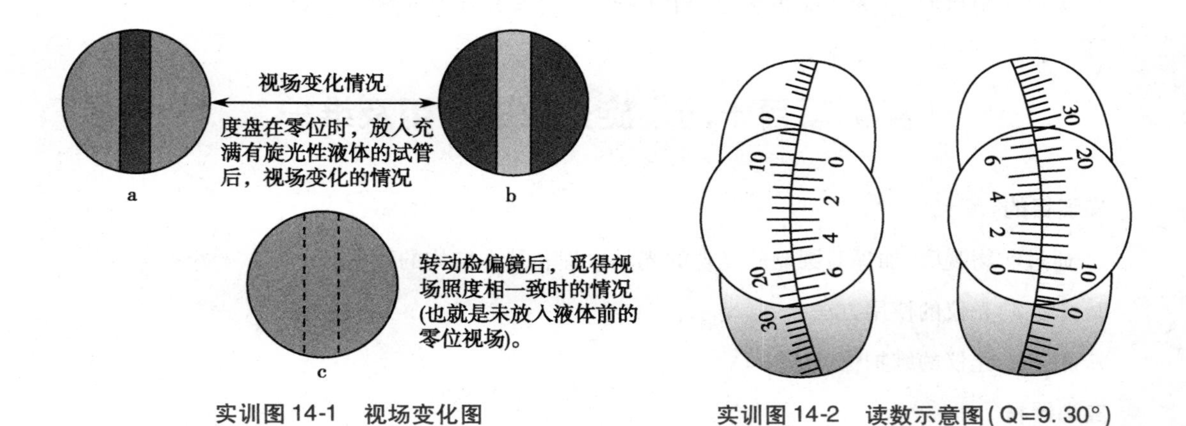

实训图 14-1　视场变化图　　实训图 14-2　读数示意图（Q=9.30°）

（二） 仪器读数方法

为便于操作，仪器的光学系统以倾斜 20°安装在基座上，光源采用 20W 钠灯光（波长λ=

589.44nm)。钠灯光的限流器均为聚乙烯醇人造偏振片。三分视界是采用劳伦特石英板装置(半波片)。转动起偏镜可调整三分视界的影阴角(本仪器出厂时调整在3.5°左右)。仪器采用双游标读数,以消除度盘偏心差。度盘分360格,每格1°,游标分20格,等于度盘19格,用游标直接读数到0.05°(如图7-32所示)。度盘和偏检镜固定一体,借手轮能作粗、细转动。游标窗前方装有两块4倍的放大镜,供读数时使用。

实训思考

1. 说出仪器各部分的名称、作用。
2. 旋光仪的精度是多少?读数时为什么采用对顶读数法?

(冯 奇)

参考文献

1. 王殊轶，张敏燕. 医用光学仪器. 北京：中国计量出版社，2009
2. 蔡履中. 光学. 北京：科学出版社，2007
3. 郁道银. 工程光学. 北京：机械工业出版社，2000
4. 章志鸣，沈元华，陈惠芬. 光学. 北京：高等教育出版社，2000
5. 安连生. 应用光学. 北京：北京理工大学出版社，2000
6. 崔宏滨，李永平，段开敏. 光学. 北京：科学出版社，2008
7. 安连生. 应用光学. 北京：北京理工大学出版社，2000.
8. 张三慧. 波动与光学. 北京：清华大学出版社，2000.
9. 姚启均. 光学教程. 北京：高等教育出版社，2000.
10. 吕庆友，官丽梅. 医用内镜使用与维修技术. 沈阳：辽宁科学技术出版社，2006.
11. 王成. 医疗仪器原理. 上海：上海交通大学出版社，2008.
12. 陈明哲. 现代实用激光医学. 北京：科技文献出版社，2006.
13. 李正佳，何艳艳，周海，等. 激光生物医学工程基础. 北京：国防工业出版社，2007.
14. 中华医学会. 临床技术操作规范激光医学分册. 北京：人民军医出版社，2010.
15. 朱平，吴小光. 激光与激光医学. 北京：人民军医出版社，2011.
16. 王殊轶，张敏燕. 医用光学仪器. 北京：中国计量出版社，2009.
17. 苏承昌，梁淑萍，揭新明. 分析仪器. 北京：军事医学科学出版社，2000.
18. 朱根娣. 现代检验医学仪器分析技术及应用. 第2版. 上海：上海科学技术文献出版社，2008.
19. 邹雄，丛玉隆. 临床检验仪器. 北京：中国医药科技出版社，2010.
20. 吕庆友，陈兆涛，郭爱华. 医用光学仪器使用与维修技术. 沈阳：辽宁科学技术出版社，2009.

目标检测部分参考答案

第一章

一、单项选择题

1. A 2. C 3. A 4. C 5. C 6. D 7. C 8. A 9. B 10. B 11. D 12. A 13. A 14. B 15. C 16. B 17. C

二、简答题(略)

三、综合、计算题(略)

第二章

一、单项选择题

1. C 2. D 3. B 4. D 5. D 6. A 7. B 8. C 9. D 10. A 11. C 12. D 13. B 14. B 15. B 16. D 17. A 18. B 19. A

二、简答题(略)

三、实例分析(略)

第三章

一、单项选择题

1. C 2. A 3. A 4. A 5. A 6. B 7. D 8. B 9. C 10. D

二、简答题(略)

三、实例分析(略)

第四章

一、单项选择题

1. A 2. B 3. C 4. A

二、多项选择题

1. ABCD 2. BCD 3. AC 4. BC

三、简答题

1. 答：有操作部、插入软管、弯角部、CCD头端部、导光软管、导光插头和视频线接头部、显示器、图像处理器等。

2. 答：纤维内镜与电子内镜外形基本一样，内部结构大体相同。主要区别是成像元件不同，纤维内镜是物镜成像，电子内镜是CCD成像，胶囊内镜如胶囊状，内部图像是CMOS成像。

3. 答：外径5～10mm，长度300～335mm，视向角分为0°、15°、25°、30°、45°。

4. 答：光学元件，镜管，导光束。

四、实例分析

1. 答：膀胱镜视野模糊原因，可能是开胶进液、柱状透镜断裂。解决方法是更换新件，重新涂胶密封。

2. 答：纤维内镜送气送水不畅通原因，首先检查冷光源气泵供气是否正常，如正常再检查送水瓶是否密封可靠，如可靠再检查操作部上的气水按钮是否动作良好，密封圈是否有破损，如正常再检查头端气水出口喷嘴是否被异物堵塞，可取下喷嘴清洁后安装。如果还是不通，则证明气水三通管堵塞。更换三通管，必须大修。

3. 答：首先用手旋转角度钮，向上角度发现镜身扭曲，向下角度、向左右角度都不出现镜身扭曲。初步判断向上角度牵引钢丝外层螺旋管脱焊。打开操作部盖板，用手拉动这条螺旋管，发现可以向外拉出，证明脱焊，属于产品质量欠佳。保修期内，可以提出更换一条新电镜，保修期外厂家应该免费更换插入软管。

第五章

一、单项选择题

1. A　2. A　3. B　4. D　5. D　6. D　7. D　8. B

二、多项选择题

1. CD　2. BD　3. CD　4. ABCD　5. ABD　6. ACD　7. BC

三、简答题（略）

四、实例分析（略）

第六章

一、单项选择题

1. A　2. C　3. C　4. A　5. B　6. D　7. B　8. A　9. C　10. A

二、多项选择题

1. ABCD　2. ABC　3. ACE　4. ABDE

三、简答题(略)

四、实例分析

1. 提示:光的传输系统故障。

2. 提示:仪器的安全保护系统故障。

第七章

一、单项选择题

1. B　2. D　3. D　4. A　5. A　6. C　7. B　8. A　9. D　10. C

二、简答题(略)

三、实例分析(略)

医用光学仪器应用与维护课程标准